DEUTSCHE DEMOKRATISCHE REPUBLIK
DEUTSCHE AKADEMIE DER LANDWIRTSCHAFTSWISSENSCHAFTEN ZU BERLIN
INSTITUT FÜR LANDWIRTSCHAFTLICHE INFORMATION UND DOKUMENTATION

Landwirtschaftliches Zentralblatt

ABTEILUNG I

LANDTECHNIK

14. JAHRGANG
1968

AKADEMIE-VERLAG · BERLIN

LZ. I. LANDTECHNIK · JG. 1968 · NR. 9 · SEITE 1357–1532 · BERLIN · NOVEMBER 1968

DEUTSCHE DEMOKRATISCHE REPUBLIK
DEUTSCHE AKADEMIE DER LANDWIRTSCHAFTSWISSENSCHAFTEN ZU BERLIN
INSTITUT FÜR LANDWIRTSCHAFTLICHE INFORMATION UND DOKUMENTATION

Landwirtschaftliches Zentralblatt

ABTEILUNG I

LANDTECHNIK

14. JAHRGANG – 1968

SEITE 1 – 678

AKADEMIE-VERLAG · BERLIN

LZ. I LANDTECHNIK · 14. JAHRGANG 1968 · BERLIN NOVEMBER 1968

LANDWIRTSCHAFTLICHES ZENTRALBLATT

ABTEILUNG LANDTECHNIK

14. JAHRGANG 1968

Seitenzahlen der Hefte

Nr. 1	1–164
Nr. 2	165–304
Nr. 3	305–480
Nr. 4	481–678

Herausgeber: Deutsche Demokratische Republik · Deutsche Akademie der Landwirtschaftswissenschaften zu Berlin, Institut für Landwirtschaftliche Information und Dokumentation, 108 Berlin, Krausenstraße 38/39; Fernsprecher: 225161. Chefredakteur: Dr. Werner Kleeberg, 108 Berlin, Krausenstraße 38/39; Fernsprecher: 225161. Redaktion der Abteilung I — Landtechnik: Dr. Joachim Güssefeldt. Verlag: Akademie-Verlag GmbH, 108 Berlin, Leipziger Straße 3–4; Fernsprecher: 220441. Telex-Nr. 112020, Postscheckkonto Berlin 35021. Bestellnummer dieser Hefte: 1030 I — XIV/1–4. Das Landwirtschaftliche Zentralblatt, Abt. Landtechnik, erscheint jährlich in 9 Heften. Einzelheft 25,— M; einseitig bedruckte Ausgabe 29,— M. Jahresbezugspreis 225,— M; einseitig bedruckte Ausgabe 261,— M. Sonderpreis für die DDR: Einzelheft 20,— M; einseitig bedruckte Ausgabe 24,— M. Jahresbezugspreis 180,— M; einseitig bedruckte Ausgabe 216,— M. Preise einschließlich Register zuzüglich Porto und Versandkosten. Offsetdruck und buchbinderische Weiterverarbeitung: VEB Druckerei „Thomas Müntzer", 582 Bad Langensalza. Veröffentlicht unter der Lizenznummer 1289 des Presseamtes beim Vorsitzenden des Ministerrates der Deutschen Demokratischen Republik.

DEUTSCHE DEMOKRATISCHE REPUBLIK
DEUTSCHE AKADEMIE DER LANDWIRTSCHAFTSWISSENSCHAFTEN ZU BERLIN
INSTITUT FÜR LANDWIRTSCHAFTLICHE INFORMATION UND DOKUMENTATION

Landwirtschaftliches Zentralblatt

ABTEILUNG I

LANDTECHNIK

14. JAHRGANG – 1968

SEITE 679 – 1532

AKADEMIE-VERLAG · BERLIN

LZ. I LANDTECHNIK · 14. JAHRGANG 1968 · BERLIN · NOVEMBER 1968

LANDWIRTSCHAFTLICHES ZENTRALBLATT

ABTEILUNG LANDTECHNIK

14. JAHRGANG 1968

Seitenzahlen der Hefte

Nr. 5	679 – 866
Nr. 6	867 – 1032
Nr. 7	1033 – 1172
Nr. 8	1173 – 1356
Nr. 9	1357 – 1532

Herausgeber: Deutsche Demokratische Republik · Deutsche Akademie der Landwirtschaftswissenschaften zu Berlin, Institut für Landwirtschaftliche Information und Dokumentation, 108 Berlin, Krausenstraße 38/39; Fernsprecher: 225161. Chefredakteur: Dr. Werner Kleeberg, 108 Berlin, Krausenstraße 38/39; Fernsprecher: 225161. Redaktion der Abteilung I – Landtechnik: Dr. Joachim Güssefeldt. Verlag: Akademie-Verlag GmbH, 108 Berlin, Leipziger Straße 3–4; Fernsprecher: 220441, Telex-Nr. 112020, Postscheckkonto Berlin 35021. Bestellnummer dieser Hefte: 1030 I – XIV/5–9. Das Landwirtschaftliche Zentralblatt, Abt. Landtechnik, erscheint jährlich in 9 Heften. Einzelheft 25,– M; einseitig bedruckte Ausgabe 29,– M. Jahresbezugspreis 225,– M; einseitig bedruckte Ausgabe 261,– M. Sonderpreise für die DDR: Einzelheft 20,– M, einseitig bedruckte Ausgabe 24,– M. Jahresbezugspreis 180,– M; einseitig bedruckte Ausgabe 216,– M. Preise einschließlich Register zuzüglich Porto und Versandkosten. Offsetdruck und buchbinderische Weiterverarbeitung: VEB Druckerei „Thomas Müntzer", 582 Bad Langensalza. Veröffentlicht unter der Lizenznummer 1289 des Presseamtes beim Vorsitzenden des Ministerrates der Deutschen Demokratischen Republik.

LANDWIRTSCHAFTLICHES ZENTRALBLATT
ABTEILUNG LANDTECHNIK

1968 **NR. 9** **NOVEMBER**

I. A L L G E M E I N E S

A. ALLGEMEINE FRAGEN DER LANDTECHNIK

1-68/09-0001 H e r n a l s t e e n, H. L'évolution de la mécanisation de l'agriculture belge depuis 1945. (Die Entwicklung der belgischen Landtechnik seit 1945.) - Rev. Agric., Bruxelles 21 (1968) Nr. 1. S. 19-37.

Von 1950...1966 hat sich in Belgien die Zahl der Traktoren auf das 7fache, der Mähdrescher auf das 10fache und der Melkmaschinen auf das 4,5fache vergrößert. Die Traktoren sind stärker geworden und verfügen über Hydraulikanlagen für Anbaugeräte. Den Traktorenleistungen entsprechend wurden die Pflüge von 2 auf bis zu 5 Schare verbreitert. Größere Genauigkeit wurde bei Drillmaschinen und Einzelkornablage erreicht. Bei den Pflanzenschutzgeräten, die auch zur Herbizidausbringung verwendet werden, setzt sich die Kunststoffanwendung durch. Leistungsfähige Mähdrescher kommen über Lohnunternehmen oder Maschinenringe zum Einsatz. Heckmähwerke mit Doppelmessern oder Scheibenmäher dienen zur Futtermahd. Die Ladewagen werden zu Selbstfahrern entwickelt. Mitteldruckpressen überwiegen. Die Gemüseernte ist erst bei Erbsen und Bohnen mechanisiert. In der Rübenernte geht der Trend von der 1reihigen Kombine zur mehrreihigen 2-Phasenernte. Die Kartoffelkombines sind mit Verlesetischen ausgerüstet. Zur Futterkonservierung kommen Hochsilos nur bei vollmechanisierter und automatisierter Viehhaltung zur Anwendung. Mehrzwecktrockner, Kartoffellagerhäuser und klimatisierte Obstlager finden Verbreitung. Die großen Rückstände in der Mechanisierung der Viehhaltung Belgiens werden damit begründet, daß die stürmische Entwicklung noch keine langfristigen Lösungen erkennen läßt; gleichzeitig müssen genetische, zootechnische, bautechnische Probleme beachtet werden.

H.Kaiser. 1005.

1-68/09-0002 R e e c e, A.R. An automatic electric arable farm. (Ein automatisierter elektrifizierter Ackerbaubetrieb.) - Farm Mechanizat. & Buildings, London 20 (1968) Nr. 226. S. 18-20. - 3 Zeichn.

Ausgehend vom augenblicklichen Entwicklungsstand der Landwirtschaft, ist es schwierig, ein möglichst exaktes Bild vom vollautomatischen landwirtschaftlichen Betrieb der Zukunft zu entwerfen. Obwohl einige Teilprobleme, wie z.B. die automatische Kontrolle des konventionellen Traktors, als teilweise gelöst betrachtet werden können, bleiben sehr viele Fragen offen. Positiv ist die Frage nach den Überlebenschancen der Landwirtschaft zu beantworten, denn eine wirkliche Alternative zum bisherigen Prinzip der Ausnut-

zung der Sonnenenergie für eine billige Produktion von Nährstoffen ist äußerst unwahrscheinlich. Einige wesentliche Faktoren, die für die zukünftige Landwirtschaft strukturbestimmend sein werden, sind bereits abzusehen. Es kann als sicher betrachtet werden, daß die Vollelektrifizierung aller landwirtschaftlichen Maschinen eine notwendige Folgeerscheinung des sich erschöpfenden fossilen Energiereservoirs an Kohle und Erdöl sein wird.
S.Lehmann/Bornim. 1005.

1-68/09-0003 S c h l e g e l, Hermann. Technische Tendenzen in der Mechanisierung der landwirtschaftlichen Außenwirtschaft. - Metalltechnik, Wolfratshausen 22 (1968) Nr. 8. S. 182-184.
Die Traktoren haben mehr Betriebssicherheit, Leistungen bis 150 PS und kosten 45000...50000 DM. Neben erhöhtem Bedienungs- und Fahrkomfort erweitern Allradantrieb und zahlreiches Zubehör die Einsatzfähigkeit, Pflüge mit Steinsicherung und größeren Arbeitsbreiten sowie zapfwellenangetriebene Bestellgeräte sind für die Bodenbearbeitung maßgebend. Für die Futtergewinnung sind neben Kreiselmähwerken und Feldhäckslern der Häcksler-Ladewagen und die Heubrikettiermaschinen von Interesse. Die Drillmaschinen haben größere Arbeitsbreiten, Mähdrescher weisen Detailverbesserungen auf. Auch die Kartoffellegemaschinen können mit Verbesserungen aufwarten. Sammelroder besitzen größere Behälter und Hydromotore zum Antrieb der Förder- und Trennelemente. Im Rübenbau setzten sich die Einzelkornsaat mit Bandspritzung und der Bunkerköpfroder durch. Einachswagen mit Tandemachse sowie selbstfahrende Arbeitsmaschinen zum Mähen, Laden und Stalldungstreuen kennzeichnen die Entwicklung auf dem Gebiet des Transports. G.Wünsche/Bornim. 1005.

C. UNTERRICHT, BERUFSAUSBILDUNG

1-68/09-0004 A n o n y m. Agricultural engineering phases of teacher education in agriculture. (Die landtechnischen Abschnitte in der Ausbildung von Landwirtschaftslehrern.) - Agric. Engng. 49 (1968) Nr. 3. S. 148-151.
1205.

D. FORSCHUNG

1-68/09-0005 H a u g e n, Øivind. Årsmelding 1967. (Jahresbericht 1967.) - Landbrukstekn. Inst., Vollebekk, Årsmeld. 1967 (hrsg. 1966) S. 1-75. - nach engl. Zus.
Auf dem Gebiet der Forschung wurden die im Zusammenhang mit der Ernte, Handhabung und Konditionierung von Gras und Kleesaaten angestellten Experimente fortgesetzt und dabei die Untersuchungen der 2-Stufen-Trocknung von Heu in Scheunen abgeschlossen. Andere Untersuchungen zur Ermittlung des Leistungsbedarfes von Feldhäckslern wurden in Angriff genommen. Die Bearbeitung des Themas "Anwendung der Elektrizität in der Landwirtschaft" wurde fortgesetzt, wobei die Betrachtungen über den Energiebedarf von Bauernhöfen mit der Erarbeitung von geeigneten Tarifempfehlungen zum Abschluß kamen. Versuche mit Beregnern sollten Aufschluß darüber bringen, wie sich Arbeitsdruck, Abstand zwischen den Regnern und andere Faktoren auf die Gleichmäßigkeit der Verteilung auswirken. Diese Auswirkungen wurden an Getreidefeldern nachgeprüft.

Ferner wurde die Entwicklung von Pflanzenschutzeinrichtungen für Beerenobst und Spezialsprüher für Waldbaumschulen weitergeführt und mit ersten Experimenten an Pflanzenschutzeinrichtungen für Obstplantagen in bergigem Gelände begonnen. Eine Reihe von Versuchen beschäftigten sich mit der Urbarmachung und Meliorierung von Böden, einschließlich ihrer Mechanisierungsmöglichkeiten. Es wurde ein spezieller Untergrundlockerer für serienmäßige 2-Furchen-Pflüge entwickelt, der Kalk oder andere Substanzen zur Stabilisierung in den Boden einbringt. Die Auswirkungen der Spurenelemente und damit verbundene Probleme werden auch im kommenden Jahr weiter verfolgt. Weiterhin ist mit den Untersuchungen über das Fließverhalten in Milchleitungen von Rohrmelkanlagen begonnen worden. Das Prüfprogramm umfaßte 1967 eine Vielzahl landwirtsch. Maschinen und Geräte. Darüber wurden 19 offizielle Prüfberichte veröffentlicht. Hinsichtlich der Lösung der Probleme der Hangmechanisierung wurden verschiedenartige Fabrikate von Zugmaschinen und Winden getestet und die Untersuchungen an neuen Mischeinrichtungen und Mischmethoden für Gülle fortgesetzt. D.Spiewok/Bornim. 1305.

1-68/09-0006 A n o n y m. Kurzberichte über abgeschlossene Forschungsarbeiten 1966. - Inst. Landmaschinen- u. Traktorenbau Leipzig, Ber. techn.-wiss. Arb. 1967 Nr. 16. S. 1-25.

Untersuchung der Arbeitsweise neuer Trennelemente für Mähdruschnachreiniger. Drehmomentbegrenzer. Technische und ökonomische Untersuchungen mit Arbeitsgeschwindigkeiten über 9 km/h bei der Bodenbearbeitung. Wartungsarme Lager. Erprobung von verschleißfestem Guß für Drillscharspitzen. Nitrierverfahren für Landmaschinenteile. Druckluftloses Spritzen. Studienentwurf über die Anwendungsmöglichkeiten des Querwalzens im Industriezweig Landmaschinenbau. Ausarbeitung von Kriterien zur Einstufung der Betriebsmittel in Schwierigkeitsgruppen als Grundlage für die Ausarbeitung von Normativen für Konstruktion, Vorbereitung und Bau von Betriebsmitteln. 1305.

II. T E C H N I S C H E G R U N D L A G E N

B. GRUNDLAGENWISSENSCHAFTEN, ERFINDUNGEN, KONSTRUKTIONEN

1-68/09-0007 Z a k s, M.N., B e l o k u r o v, V.N. und K o b r i n, M.M. Issledovanie pročnosti uzlov ram na kručenie. (Untersuchung der Torsionsfestigkeit von Rahmenknoten.) - Traktory i sel'chozmašiny, Moskva 1968 Nr. 5. S. 17-19. - 14 Schemata, 2 Tab., 3 Lit.

Es wurden 11 verschiedene Ausführungen von T-förmigen Schweißverbindungen (Längsträger vorwiegend U-förmigen Querschnitts mit rechtwinklig an seine Mitte angeschweißtem Querträger) durch statische Beanspruchung auf Torsion (Angriffe von Drehmomenten an den Trägerenden) experimentell geprüft. Die Spannungen im Knoten wurden mit an die Flanschen der Träger angeklebten Dehnmeßstreifen bestimmt. Aus einer Tab. mit den gemessenen Steifigkeiten und Spannungen ist u.a. zu ersehen, daß jede Verstärkung mit Versteifungsblechen die Steifigkeit des Rahmens und damit zumeist auch seine Belastung erhöht. Ferner wurden die Knoten auf Dauerschwingfestigkeit beansprucht. Aus einer Tab. mit Angaben über die bei 2 verschiedenen Torsionsamplituden entstandenen Torsionsmomente, Belastungswechsel und Stellen der eingetretenen Zerstörungen geht hervor, daß die Dauerschwingfestigkeit am größten ist, wenn der Querträger an wenig beanspruchte Stellen, z.B. an den Steg des Längsträgers, angeschweißt ist. Verstärkung durch Versteifungsbleche senkt die Dauerschwingfestigkeit. W.Balkin. 2135.

1-68/09-0008 K r a s n i č e n k o, L.V., T i m o f e e v, A.F. und K o b z a r, L.A. Podšipniki skol'ženija iz voloknita. (Gleitlager aus dem Hartgewebe "Voloknit".) - Traktory i sel'chozmašiny, Moskva 1968 Nr. 4. S. 21 bis 22. - 1 Abb., 2 Diagr., 2 Lit.

Vff. berichten über Versuche zum Feststellen der Eignung des Hartgewebes "Voloknit" (mit Kunstharz getränkter Baumwollfaserstoff, GOST 5689-60) für das Fertigen von Gleitlagern. Die Versuchsmuster hatten Segmentform und eine Gleitfläche von 5 cm^2. Aus einem Diagr. geht hervor, daß bei einer Gleitgeschwindigkeit von 0,55 m/s und einem Druck von 5...30 kp/cm^2 die Reibungszahl bei Schmierung mit "Solidol S" 0,10...0,12 und mit "CIATIM-201" 0,08...0,10 beträgt. Die wellige Form der Kurven wird von Vff. mit einer Theorie von Kragel'skij und Vinogradova erklärt. In einem weiteren Diagr. zeigen Vff. die Abhängigkeit des Verschleißes von der Zeit, der bei einem Druck von 7,6 kp/cm^2 und einer Geschwindigkeit von 0,47 m/s in den ersten 10 Std. $(10...18) \cdot 10^{-3}$ mm/km und danach $(1...5) \cdot 10^{-3}$ mm/km beträgt. Ferner wurden in Prüfstand- und Feldversuchen 4 verschiedene Lagerschalen aus "Voloknit" geprüft und z.T. mit Lagerschalen aus in Maschinenöl gekochtem Buchenholz verglichen. Sie erwiesen sich als verschleißfester und lassen sich leichter herstellen. W.Balkin. 2135.

1-68/09-0009 B e l y j, V.A., L a p i c k i j, I.M. und S y s o e v, P.V. Nekotorye osobenosti zaceplenija privodnych rolikovych sepej s zub'jami polimernogo venca veduščej i vedomoj zvezdočki. (Einige Besonderheiten des Kämmens der Antriebsrollenketten mit aus Polymeren bestehenden Zahnkränzen der An- und Abtriebsräder.) - Traktory i sel'chozmašiny, Moskva 1968 Nr. 5. S. 27-29. - 2 Schemata, 7 Lit.

Vf. betrachtet und vergleicht das Kämmen von Rollenketten mit Zahnrädern aus Stahl oder dem sowj. Polymeren "Polykaproamid", berechnet die auftretenden Kräfte und stellt wesentliche Unterschiede fest. Beim Verwenden von Plastzahnrädern wird die Arbeit der Kettengelenke erleichtert, während der Zahnkranz des Triebrades unter erschwerten Bedingungen arbeitet. Entsprechend verhält sich der Verschleiß. Verschleißuntersuchungen im Labor und in der Praxis ergaben u.a., daß bewehrte Zahnräder, z.B. aus glasfaserverstärkten Polymeren, insbesondere mit dämpfendem Zahnkranz eine um 30...60 % höhere Verschleißfestigkeit und die gleiche mechanische Festigkeit haben wie Stahlzahnräder. Befürchtungen, daß Plastzahnräder altern könnten, haben sich als unbegründet erwiesen. Die Verschleißfestigkeit von Kettentrieben erhöht sich durch Verwenden von Zahnrädern aus Polymeren mit metallischen Füllstoffen um 20...30 %. W.Balkin. 2135.

C. FERTIGUNG, INSTANDSETZUNG, PFLEGE

1-68/09-0010 P u z e y, George A. und H u n t, Donnell. Field machine repair cost patterns. (Kostenmodelle auf dem Gebiet der Maschinenreparatur.) - Agric. Engng. 49 (1968) Nr. 3. S. 139-141. - 5 Diagr., 1 Tab.

Vff. teilen die Reparaturkosten, die durch Verschleiß oder Leistungsminderung hervorgerufen werden, in folgende 4 Gruppen: Kosten, die durch zufällige Ereignisse oder Vorkommnisse entstehen, Kosten durch Bedienungsfehler, Kosten durch Schäden beim Transport, Kosten durch normalen Verschleiß beim Einsatz. Zur Aufstellung des Reparaturkostenmodelles wird nur der Punkt 4 herangezogen und ein Diagr. "Kosten als Funktion der Einsatzstunden" aufgestellt. Die einzelnen Stufen des Diagr. ergeben sich aus der Summierung der nach einer bestimmten Einsatzzeit notwendig werdenden Reparaturkosten. Art und Weise der Aufstellung der Diagr. wird erläutert. W.Bohrisch/Bornim. 2205.

1-68/09-0011 B u n g e, H. Methodische Hinweise für die Instandhaltungskostenprognose, dargestellt am Mähdrescher "E 512". - Dtsch. Agrartechn. 18 (1968) Nr. 6. S. 265-267. - 4 Tab., 3 Lit. 2215.

D. TECHNISCHE BETRIEBSANGELEGENHEITEN

1-68/09-0012 H o r s n a i l, A.G. Labour and machinery planning. (Arbeits- und Maschinenplanung.) - Farm Mechanizat. & Buildings, London 20 (1968) Nr. 225. S. 30-31. - 3 Tab.

Im Verlaufe des Jahres (vornehmlich im Frühjahr oder zur Erntezeit) häufig auftretende Arbeitsspitzen oder Überbelastungen lassen sich durch Umstrukturierung (Austausch von Feldwirtschaft gegen Viehwirtschaft oder Änderung im Anbauplan) oder durch erhöhte Mechanisierung (modernere und leistungsstärkere Maschinen und Geräte) erreichen. Eine detaillierte Kostenaufstellung ergänzt und vervollständigt die Arbeits- und Maschinenplanung. Anhand eines Beispieles demonstriert Vf. das genaue Vorgehen bei der Aufstellung eines derartigen Planes. W.Bohrisch/Bornim. 2325.

E. MESS- UND PRÜFWESEN

1-68/09-0013 W i e l a n d, K. Landmaschinen-Prüfungen 1963-1967 - Prüfbericht Wieselburg, N.Ö. - Bundesversuchs- u. Prüf.-Anst. landwirtsch. Maschinen Geräte, Wieselburg/N.Ö., Prüfber. Nr.A-3250. (1967) 18 S. 2405.

1-68/09-0014 R e e c e, Floyd N. und D e a t o n, J.W. Recording dual data points with single-pen recorders. (Einfachschreiber, der zwei Werte registrieren kann.) - Agric. Engng. 49 (1968) Nr. 3. S. 146-147. - 1 Tab., 2 Zeichn.

Es ist oftmals zweckmäßig, auf einem Diagrammstreifen 2 zusammengehörige Daten, beispielsweise die Anfangs- und die Momentantemperatur oder Feuchtigkeit zu registrieren. Anstelle eines Zweifachschreibers, der normalerweise doppelt so viel kostet wie ein Einfachschreiber, kann der letztere durch einen einfachen Umbau seines Schaltschemas zur Registrierung zweier Werte verwendet werden. Benötigt werden dazu eine Schaltuhr mit Nocken, die ein Relais betätigt, das die Umschaltung von einem Zustand auf den anderen vornimmt. Durch entsprechende Ausbildung des Nocken kann der zeitliche Abstand der Umschaltung variiert werden. Die für den Umbau erforderlichen Zusatzteile werden mit den techn. Daten in einer Tab. angegeben (Hersteller, Typ, Preis), und im Schaltschema werden Anschluß und Einbau in das vorhandene Gerät dargelegt. Die Fühler des Instrumentes arbeiten nach dem Prinzip der Änderung des elektrischen Widerstandes unter dem Einfluß von Temp., Feuchtigkeit u.ä. W.Bohrisch/Bornim. 2410.

1-68/09-0015 Škimenkov, S.G. und Nikitin, V.F. Universal'nyj pribor dlja opredelenija iznosa detalej metodom vyrezannych lunok. (Universalgerät zum Verschleißbestimmen mit eingeschnittenen Vertiefungen.) - Traktory i sel'chozmašiny, Moskva 1968 Nr. 4. S. 36-37. - 4 Schemata, 1 Lit.
Im Staatl. Technol. Forschungsinst. für Instandsetzung und Betrieb des Maschinen- und Traktorenparks ist ein Gerät zum Bestimmen des Verschleißes innerer und äußerer Oberflächen von Maschinenelementen entwickelt worden. Das diesem Meßverfahren zugrunde liegende Prinzip besteht darin, daß in die zu prüfende Oberfläche eine kleine, sich in der Tiefe verengende Vertiefung von bestimmter geometrischer Form eingeschnitten wird. Nach ihrer im Verlauf des Verschleißes eintretenden Verkleinerung kann über die Verschleißstärke geurteilt werden. Das Gerät ist mit einer Schneidvorrichtung und einer optischen Meßvorrichtung (Mikroskop) versehen. Vff. erläutern das Verfahren anhand einiger Schemata und bringen die Gleichungen für das Bestimmen des Verschleißes ebener sowie äußerer und innerer zylindrischer Oberflächen. W.Balkin. 2410.

1-68/09-0016 Beer, M., Helbig, W. und Rettig, H. Bewegungsuntersuchungen mit radioaktiv markierten Stoffen. - Dtsch. Agrartechn. 18 (1968) Nr. 6. S. 304-305. - 1 Abb., 3 Diagr., 1 Zeichn., 8 Lit.
Die Messung der Bewegung von Stoffen ist mit herkömmlichen Mitteln gar nicht oder nur mit großem Aufwand möglich. Die Markierung der innerhalb eines Systems zu verfolgenden Stoffe mit radioaktiven Nukliden bringt wegen der hohen Nachweisempfindlichkeit große Vorteile. Mit von den Vff. entwickelten Meßmethoden konnte die Homogenität bei Herstellung, Lagerung und Transport von Mischfutter; der Reinigungsverlauf in Milchtanks; die Verweilzeit in Druckverdampfern der Zuckerindustrie und in Kartoffeldämpfern sowie die Belüftung von Gewächshäusern, Heu- und Zuckerrübenstapeln untersucht werden. Es wird über Messungen der Bodenverlagerung beim Pflügen berichtet sowie über Bewegungsmessungen der Gülle bei der Schwerkraftentmistung, über Geschwindigkeitsmessungen beim pneumatischen Transport von Strohhäcksel und über das Verhalten von roh gemusten Kartoffeln bei der Lagerung in Behältern. G.Wünsche. 2415.

F. EIGENSCHAFTEN, VERHALTEN UND NATURWISSENSCHAFTLICHE GRUNDLAGEN DES BODENS, DER LANDWIRTSCHAFTLICHEN PRODUKTE UND DER HILFSSTOFFE

1-68/09-0017 Schuring, D. A contribution to soil dynamics. (Ein Beitrag zur Bodendynamik.) - J. Terramechanics 5 (1968) Nr. 1. S. 31-37. - 6 Abb., 1 Lit.
Untersuchungen zur Abgrenzung der Geschwindigkeitsbereiche, in denen Trägheitserscheinungen bei der Bestimmung der Bodenkräfte mitberücksichtigt werden müssen. Hierzu wurden in kreisringförmiger Bodenrinne mit verschiedenen Werkzeugen Messungen mit Geschwindigkeiten bis zu 30 m/s in 2 schlam-

migen Böden unterschiedlicher Kohäsion durchgeführt. Vf. konnte nachweisen, daß der statische Bereich durch $v^2 \cdot \frac{\ }{c} = < 3$ und der dynamische Bereich durch $v^2 \cdot \frac{\ }{c} = > 300$ mit zwischenliegendem Übergangsbereich gekennzeichnet ist. (v Werkzeuggeschwindigkeit, ρ Bodendichte, c Kohäsion.) Trägheitseffekte müssen bei dynamischen Bodenprüfungen berücksichtigt werden.

K.Baganz/Bornim. 2510.

1-68/09-0018 W i t n e y, B.D. The determination of soil particle movement in two dimensional failure. (Bestimmung der Bodenteilchenbewegung im zweidimensionalen Bruch.) - J. Terramechanics 5 (1968) Nr. 1. S. 39-52. - 13 Abb., 1 Tab., 9 Lit.

Für die häufig angewandte Methode der Untersuchung des Bodenbruches unter Stempeln oder Werkzeugen hinter Glasplatten wird der Einfluß unterschiedlicher Glasplattenvorbereitung (ungeschmiert, geschmiert, bewegt) bei unterschiedlichen Böden untersucht. Versuchseinrichtung und -vorbereitung werden ausführlich beschrieben. Untersuchungen mit Sand ergaben, daß theoretische Analyse des zweidimensionalen Problems nur anwendbar ist, wenn Material während des Belastungs- und Bruchvorgangs homogen bleibt. Fotografien der Bodenbewegung können leicht zu falschen Schlußfolgerungen führen, wenn Teilchenbahnen mit Bruchpunkten gleichgesetzt werden. Versuchsergebnisse für verschiedene Eindringbedingungen sind angeführt. Bei bindigen Böden wirkt sich der Einfluß der Adhäsion an den Glasflächen stärker aus.

K.Baganz/Bornim. 2510.

1-68/09-0019 S c h a f e r, Robert L., C l y d e, O. und P r a t h e r. Track and hold for electronic zeroing. (Weg und Haltepunkt für einen elektronischen Nullstromkreis.) - Agric. Engng. 49 (1968) Nr. 5. S. 292-293. - 2 Diagr., 1 Tab., 1 Zeichn.

Zur Bestimmung der Senk- oder Eindringfestigkeit in den Erdboden wurde ein elektronisch arbeitendes Meßgerät entwickelt, das gegenüber den konventionellen Meßgeräten (Bodensonden) hauptsächlich den Vorteil einer großen Zeiteinsparung hat. Es beruht im Prinzip darauf, daß ein elektronischer Nullstromkreis dazu benutzt wird, die Grenze der Bodenbearbeitungstiefe (Spur) und das weitere Eindringen des Stabes in den festen unbearbeiteten Boden genau anzuzeigen. Es ist praktisch eine elektronische Bodensonde, deren Nullpunkt elektronisch festgehalten wird und der als Ausgangspunkt für den weiteren linearen Spannungsanstieg dient. Anhand eines Schaltschemas mit techn. Angaben der verwendeten Bauelemente werden der Aufbau und die Funktion des Meßgerätes ausführlich erläutert. W.Bohrisch/Bornim. 2510.

1-68/09-0020 B u d z k o, I.A. und M i š i n a, L.A. Otražatel'naja sposobnost' semjan bobovych i kolosovych kul'tur v oblasti vidimogo spektra. (Das Reflexionsvermögen der Samenkörner von Hülsen- und Halmfrüchten im Bereich des sichtbaren Spektrums.) - Doklady Vsesojuznoj ordena Lenina akademii sel'skochozjajstvennych nauk imeni V.I. Lenina, Moskva 1968 Nr. 5. S. 40-43. - 6 Diagr., 1 Schema, 3 Lit.

Vff. beschreiben eine Vorrichtung, in der ein Lichtstrahl zunächst mit einem Prisma in ein Spektrum zerlegt wird. Aus diesem Spektrum wird durch eine Blende ein Strahl von bestimmter Wellenlänge herausgeschnitten, der durch weitere Prismen in 2 Teile geteilt wird. Diese beiden Strahlhälften werden auf das zu untersuchende Samenkorn und ein Vergleichskorn gelenkt. Mittels einer komplizierten Vorrichtung zum Abgleichen beider Strahlen kann das Reflexionsvermögen des untersuchten Korns zwischen 0 und 100 % ermittelt werden. Vff. bringen Diagr. mit recht eng nebeneinander liegenden Streifen für das in Prozenten ausgedrückte Reflexionsvermögen von verschiedenen Erbsen-, Bohnen-, Weizen-, Gersten- und Flughafersorten in Abhängigkeit von der Wellenlänge. Daraus ist zu ersehen, daß sich die einzelnen Samenkornsorten nach ihrem Reflexionsvermögen in verschiedenen Wellengebieten trennen lassen. W.Balkin. 2530.

G. ALLGEMEINES ZU TECHNOLOGISCHEN PROZESSEN FÜR ZWECKE DER LANDTECHNIK

1-68/09-0021 G o l d i n a, V.N. K voprosu ob opredelenii tolščiny lezvija. (Zur Bestimmung der Schneidendicke.) - Doklady Vsesojuznoj ordena Lenina akademii sel'skochozjajstvennych nauk imeni V.I. Lenina, Moskva 1968 Nr. 5. S. 43-44. - 1 Diagr., 2 Schemata.

Želigovskij betrachtet als Schneidendicke den Abstand l zwischen 2 Punkten des Schneidenquerschnittes, in denen der Winkel β zwischen der Normalen zur Oberfläche und der Bewegungsrichtung gleich dem Reibungswinkel ϱ ist. Wenn die Schneide sich unter einem gewissen Winkel α zur Normalen durch den Boden bewegt, ändert sich bei kreisbogenförmigem Schneidenprofil l in Ab-Abhängigkeit von α nach einem bestimmten Gesetz, weil l in einer zur Schneide mit dem Winkel α geneigten Ebene zu bestimmen ist und das kreisförmige Schneidenprofil in ein elliptisches übergeht. Demnach ist die wirkende Schneidendicke von α abhängig. Vf. bestimmt diese Abhängigkeit mathematisch und stellt sie mit einer Kurve $l = f(\alpha)$ graph. dar. W.Balkin. 2611.

III. E N E R G I E , K R A F T M A S C H I N E N U N D T R A K T O R E N

B. ENERGIE UND KRAFTMASCHINEN

1-68/09-0022 C r u q c e, M. van der. L'electrification des exploitations agricoles. (Elektrifizierung der Landwirtschaftsbetriebe.) - Rev. Agric., Bruxelles 21 (1968) Nr. 1. S. 39-45.

In der Nachkriegszeit führte der Mangel an Arbeitskräften zu einer schnellen Mechanisierung der Arbeiten in der Innenwirtschaft sowie zur Elektrifizierung der Hausarbeiten. Zur Anpassung der Versorgungsnetze an den wachsenden Bedarf und zum Anschluß weiterer ländlicher Gemeinden und einzelner Gehöfte wurden in Belgien staatliche Beihilfen von 30...50 % der erforderlichen Investitionen gegeben. Eine in 50 Gemeinden erarbeitete Studie zeigte auf, daß in Dörfern mit geringer Bevölkerungsdichte (Personen/ha) und überwiegender Landwirtschaft mit dem Netzausbau ein finanzielles Defizit verbunden ist. Während bei Vollmechanisierung der Betriebe und Vollversorgung der Haushalte mit einer Verdreifachung gerechnet wird, entsteht bei Dörfern mit 0,47 Personen/ha selbst bei Versechsfachung des Verbrauches noch ein Defizit. Erst bei 0,80...0,99 Personen/ha wird Kostengleichheit und bei mehr als 3 Personen/ha bereits im 1. Jahr nach der Investition ein Gewinn erzielt. H.Kaiser. 3130a.

1-68/09-0023 C u r t i n, Paul J. Outdoor lighting on the farm. (Außenbeleuchtung auf der Farm.) - Agric. Engng. 49 (1968) Nr. 5. S. 294-295. - 1 Diagr., 1 Tab., 1 Zeichn.

Bei der Festlegung der Außenbeleuchtung eines landwirtsch. Betriebes müssen folgende Punkte berücksichtigt werden: 1) Auswahl und Bestimmung der Flächen bzw. Zonen, für die eine Beleuchtung erforderlich ist (z.B. Gänge, Wege, Straßen). 2) Bestimmung von zusätzlicher Beleuchtung zwecks Erhöhung von Produktion, Leistung, Sicherheit sowie Gesundheit. 3) Auswahl der Beleuchtungsart, z.B. Glühlampen, Leuchtstofflampen oder Quecksilberdampflampen. Die letzteren liefern bei gleichem Stromverbrauch rd. 2...3mal mehr Leuchtkraft als die Glühlampen, benötigen aber ebenso wie die Leuchtstofflampen eine spezielle Einschaltvorrichtung, hier bes. zum Aufwärmen. 4) Anbringungsart der Beleuchtungselemente (z.B. Wandarme, Lichtmasten). Für das Ein- und Ausschalten wird zweckmäßigerweise eine lichtgesteuerte Schaltuhr (Selenzelle) angewendet. W.Bohrisch/Bornim. 3130h.

1-68/09-0024 A n o n y m. Supercharging Diesel engines boosts power. (Vorverdichtete Dieselmotore erhöhen die Leistung.) - Power Farming & better Farming Digest, Sydney 77 (1968) Nr. 5. S. 18-20. - 3 Abb.

Die Leistung eines Kolbenmotors läßt sich erhöhen, wenn man die angesaugte Frischluft vorverdichtet. Hierbei treiben die Auspuffgase eine hochtourige Turbine an, welche die einströmende Frischluft komprimiert. Dadurch wird erreicht, daß in einem bestimmten Zeitintervall mehr Luft in den Verbrennungsraum gelangt und infolgedessen sich die Motorleistung erhöht. Ein großer Teil der neueren australischen Farmertraktoren ist bereits mit einer Vorverdichtungsturbine ausgerüstet. S.Lehmann/Bornim. 3135e.

1-68/09-0025 D ž e b a š v i l i, L.Ja., G v i n i a n i d z e, I.I. und K a m i n s k i j, V.N. Rabota traktornogo dizelja D-50 s turbonadduvom v vysotnych uslovijach. (Arbeit des Traktorendiesels "D-50" mit Turboaufladung.) - Traktory i sel'chozmašiny, Moskva 1968 Nr. 4. S. 1-3. - 7 Diagr., 3 Lit.

Vom Inst. für Maschinenmechanik und polymere Stoffe der Akad. der Wiss. der Grusin. SSR und dem Staatl. Unionsforschungsinst. für Traktoren (NATI) wurde die Arbeit des Motors "D-50" (68 PS bei 1800 U/min und normalem Atmosphärendruck) in Höhen von 450, 1100, 1800 und 2300 m ü. NN bei 1800 U/min und verschiedener Regelung der max. Kraftstoffzufuhr mit und ohne Turboaufladung geprüft. Vff. bringen und diskutieren Kurven der Höhenabhängigkeit der Motorkennwerte N_e (PS), G_T (kg/h), g_e (g/PSh$_{eff}$), des Füllungsgrades η_v, der Dichte der unkomprimierten und komprimierten Luft sowie der Turbokompressorkennwerte P_k, P_r (mm HG-Säule), n (U/min), π_k (Kompression), δ_T (Expansion). Ferner prüfte man den Effekt der Aufladung in Feldversuchen, bei denen der mit dem Motor "D-50" und dem Anbaupflug "PN-3-30" ausgerüstete Traktor "MTZ-50" für das Pflügen in Höhen von 550, 1100, 1750 und 2200 m verwendet wurde. Vff. bringen Kurven für den Kraftstoffverbrauch G/ha und die Produktivität ha/h in Abhängigkeit von der Höhenlage und bei verschiedenen Motoreinstellungen (N_e = const, G_T = 11 und 13,5 kg/h) mit und ohne Aufladung. Im Gegensatz zum Betrieb ohne Aufladung ist die Produktivität mit Aufladung bis in Höhen von 2500 m unveränderlich gut. W.Balkin. 3135e.

1-68/09-0026 R y k, G.M., Ė f r o s, V.V. und Č i r i k, P.I. Vlijanie perekosov osej detalej cilindro-poršnevoj gruppy na mechaničeskie poteri dizelja. (Einfluß der Schiefstellung der Zylinder- und Kolbenachsen auf die mechanischen Verluste im Dieselmotor.) - Traktory i sel'chozmašiny, Moskva 1968 Nr. 4. S. 14-15. - 1 Diagr., 1 Schema, 1 Zeichn., 4 Lit.

25 % des Kraftstoffes werden im Dieselmotor für das Überwinden mechanischer Widerstände, insbes. der Reibung zwischen Kolben, Kolbenringen und Zylindern verbraucht. Diese Verluste wachsen mit steigender Schiefstellung der Kolben- und Zylinderachsen. Vff. betrachten die Kolbenverkantung und ihre Folgen und berichten über Versuche mit Kolben und Zylindern des Dieselmotors "D37E", bei denen die Kolbenbolzenachse β = 0 und 0,03 mm und der Zylinderfuß α = 0,003 und 0,06 mm verkantet waren. Es wurden Belastungskennlinien bei n = 1600 und 2200 U/min aufgenommen. Der für die Aufnahme der Diagr. entwickelte Druck-Meßwertgeber wird von Vff. anhand einer Zeichnung beschrieben. Aus einem Diagr. mit Kennlinien für Leistung, Wirkungsgrad, Kraftstoffverbrauch und Temp. bei n = 1600 U/min ist zu ersehen, daß jede Abweichung von der genauen geometrischen Form die mechanischen Verluste des Motors erhöht und seine Wirtschaftlichkeit senkt. W.Balkin. 3135e.

1-68/09-0027 R u b i n š t e j n, S.Ja., G o r š t e j n, V.A., K u p e r š m i d t, V.L., P o n o m a r e n k o, Ju.A. und Č i ž k o v, Ju.P. Puskovye kačestva traktornogo dizelja s kameroj sgoranija CNIDI. (Anlaßeigenschaften des mit einem Brennraum Typ CNIDI ausgerüsteten Traktordieselmotors.) - Traktory i sel'chozmašiny, Moskva 1968 Nr. 5. S. 3-5. - 7 Diagr., 2 Tab., 7 Lit.

Der Einkammer-Brennraum Typ "CNIDI" gewährleistet geringen Kraftstoffverbrauch bei geringem und langsam ansteigendem Verbrennungsdruck. Bei der Gemischbildung wird der größte Teil des Kraftstoffes auf die Brennkammerwände gespritzt, wodurch das Anlassen mit kaltem Motor erschwert wird. Vff. berichten über Anlaßversuche mit den Dieselmotoren "D60" und "D260", bei denen Früheinspritzwinkel, Außenlufttemp. sowie Kraftstoffzufuhr variiert und mit und ohne Luftvorerwärmung angelassen wurde, vergleichen die Ergebnisse mit den Betriebsdaten von Motoren mit anderen Brennkammern und geben die günstigsten Anlaßbedingungen an. In Tab. werden techn. Kennwerte beider Motoren sowie Einspritzwinkel und optimale Kraftstoffzufuhr beim Anlassen sowj. Dieselmotore angegeben und in Diagr. die Abhängigkeit der Anlaßzeit von der Drehzahl, der Kraftstoffzufuhr je 4-Takt-Zyklus, dem Früheinspritzwinkel und der Drehzahl dargestellt. W.Balkin. 3135e.

1-68/09-0028 V o z n e s e n s k i j, N.P. und A n i š č e n k o, V.V. Pokazateli dejstvitel'nogo cikla traktornogo gazovogo dvigatelja. (Kennwerte des tatsächlichen Zyklus des Traktor-Gasmotors.) - Traktory i sel'chozmašiny, Moskva 1968 Nr. 5. S. 5-7. - 3 Diagr., 1 Tab., 1 Zeichn., 5 Lit.

Vom Lehrstuhl für Traktoren und Kraftfahrzeuge des Kubaner Landwirtschaftsinst. wurde der Dieselmotor "D-48PL" unter Vergrößerung des Brennraumes durch zusätzliche Zylinderkopfunterlagen zum Gasmotor mit Kerzenzündung und äußerer

Gemischbildung umgebaut. Vff. berichten über Vergleichsversuche mit dem umgebauten und dem ursprünglichen Dieselmotor und bringen Diagr. für die Abhängigkeit einer großen Anzahl von Wärme-, Leistungs-, Druck-, Temperatur-, Kraftstoffverbrauchskennwerten und Wirkungsgraden von der Drehzahl, eine schematische Darstellung der Leistungsbilanzen sowie ein Diagr. für die Abhängigkeit des Druckes P, des Druckanstieges $dP/d\varphi$, der Wärmeabgabezahl und der Gastemperatur vom Winkel φ vor und hinter dem O.T. Der Gasmotor liegt mit den meisten Kennwerten besser als der Dieselmotor, z.B. ist die Leistung um 19,5 % höher, jedoch ist auch der Wärmeverbrauch in $kcal/PS_e$ um 3,5 % höher und der eff. Wirkungsgrad etwas niedriger. Der Verlauf der Kennlinie $dP/d\varphi = f(\varphi)$ ist günstiger und der Gasmotor arbeitet weniger hart.

W.Balkin. 3135g.

1-68/09-0029 W a l t e r, H. Flüssiggas als Heizenergie für landwirtschaftliche Trocknungsanlagen. - Landtechnik 23 (1968) Nr. 13. S. 434-440. - 5 Abb., 1 Diagr., 1 Schema, 3 Tab.

In den USA und einigen westeuropäischen Ländern wird verstärkt Flüssiggas (Propan) als Energieträger für landwirtsch. Trocknungsanlagen verwendet. Beim Großbezug von Propan ergeben sich Brennstoffkosten, die nur unwesentlich über denen von Heizöl liegen. Günstig auf die Kostensituation wirkt sich ferner der etwas höhere Heizwert von Propan gegenüber Heizöl aus. Als Vorteile bei der Verwendung von Flüssiggas werden u.a. die einfache und klein gehaltene Ausführung des Brenners und seine gute Regelbarkeit aufgeführt. Die wesentlichsten techn. und physikal. Eigenschaften der Flüssiggase - vor allem von Propan - werden dargestellt. Flüssiggase sind niedrigsiedende Kohlenwasserstoffe, die bei Raumtemperatur unter erhöhtem Druck flüssig sind. Für die Verbrennung von Propan ist zuvor eine Umwandlung in den gasförmigen Zustand notwendig. Es wird ein Gasbrenner einfacher Bauweise beschrieben, der gleichzeitig durch eine eingebaute Rohrschlange die Verdampfung des flüssig zugeführten Propans besorgt. Schließlich werden Sicherheits- und Kontrolleinrichtungen erläutert, die die Aufgabe haben, das Ausströmen unverbrannten Gases zu verhindern und den Betriebszustand der Anlage zu überwachen.

J.Dräger/Bornim. 3160.

C. TRAKTOREN MIT AUSRÜSTUNG UND ZUBEHÖR

1-68/09-0030 K ä m m e r l i n g, H.J. Schlepper und Zubehör auf der 50. DLG-Ausstellung. - Mitt. dtsch. Landwirtsch.-Ges. 83 (1968) Nr. 25. S. 926. 928. 930. - 3 Abb.

Vf. vermittelt ein Gesamtbild des derzeitigen Standes der Traktorentechnik. Die Tendenz zu größeren und leistungsstarken Traktoren besteht weiterhin. Die Herstellung der Traktorenmotoren zeichnet sich durch einheitliche Baureihen aus. Die Direkteinspritzung hat sich weitgehend durchgesetzt. Wassergekühlte Motoren mit wartungsfreiem und frostsicherem Kühlsystem sind anzutreffen. Neu ist die Vorwärmung der Motoren durch Heizspiralen,die sich im Motorblock befinden. Das stufenlose Getriebe konnte sich bisher nicht durchsetzen, dagegen bieten einige Hersteller Getriebe mit Umkehreffekt an. Scheibenbremsen und die hydraulische Differentialsperre sind verstärkt anzutref-

fen. Veränderungen des Reifenprofils (Hochstollen, amerikanische AS-Reifen und Niederquerschnittreifen) sollen die Zugeigenschaften der konventionellen Reifen verbessern. Die Entwicklung des Kleintraktorenprogramms läßt erkennen, daß der Gartentraktor den schweren Einachstraktor (300...500 kg) ablöst.
R.Klamke/Bornim. 3205.

1-68/09-0031 K ä m m e r l i n g, H.J. Schlepper auf der 50. DLG-Ausstellung. - Landmaschinen-Rdsch. 20 (1968) Nr. 6. S. 181-184. - 8 Abb.
Die Traktorenindustrie ist um ausgereifte Konstruktionen mit Detailverbesserungen bemüht. Bei den Traktorenmotoren hat sich die Direkteinspritzung durchgesetzt. Motorenbaureihen mit vielen Gleichteilen verbilligen die Ersatzteilhaltung und die Reparaturkosten. Teil- und Vollsynchronisation, Getriebe mit Umkehreffekt, Lastschaltgetriebe sowie unter Last zuschaltbarer Allrad- und Zapfwellenantrieb sind für die Getriebeentwicklung kennzeichnend. Neben zusätzlichen Vorderradbremsen werden immer mehr Traktoren mit hydraulisch betätigten Scheibenbremsen ausgerüstet. Die Reifenindustrie bietet Reifen mit weniger und höheren Stollen sowie Niederquerschnittreifen an. Die Hydraulikanlage großer Traktoren arbeitet mit Radialkolbenpumpen, die bei Ölüberdrücken von 250 at 60...80 l/min fördern. Üblich ist das offene Hydrauliksystem. Als Besonderheiten werden ein Geräteträger mit liegendem Motor, ein Spezial-Forsttraktor und Gartentraktor erwähnt.
G.Wünsche. 3205.

1-68/09-0032 L o h d e, Hans-Herbert. Neues vom Schlepper? - Landwirtsch.-Bl. Weser-Ems 115 (1968) Nr. 26. S. 10-12. - 4 Abb.
DLG-Ausstellungsbericht. Von den zahlreich angebotenen Traktorentypen sind solche zu wählen, die auch bei großen Geschwindigkeiten Lasten noch gut bewegen. Für extreme Bedingungen steht der Allradantrieb zur Verfügung. Wesentlich für den Einsatz im Betrieb ist die Zapfwellenleistung. Das Hydrauliksystem soll eine Mindestleistung von 16 l/min bei einem Überdruck von 150 at haben, da an der Ackerschiene bis zu 2200 kp benötigt werden. Neben Kleintraktoren wird ein Geräteträger mit 45-PS-Unterflurmotor angeboten. Bei den Traktorenmotoren hat sich die Direkteinspritzung mit den guten Kaltstarteigenschaften und dem niedrigen Kraftstoffverbrauch durchgesetzt. Der vollhydraulische oder hydrostatische Fahrantrieb konnte das mechanische Stufengetriebe nicht verdrängen. Wichtig ist, daß der erste Gang wesentlich unter 1 km/h liegt.
G.Wünsche. 3205.

1-68/09-0033 K ä m m e r l i n g, Hans-Jochen. Stand und Entwicklung der Ackerschlepper. - Landtechnik 23 (1968) Nr. 14. S. 470-475. - 8 Abb., 2 Tab.
Der Schwerpunkt des Traktorenangebotes liegt in der Leistungsklasse zwischen 50 und 70 PS. Die Traktorenmotore mit Direkteinspritzung haben Drehzahlen zwischen 2000 und 2300 U/min und mittlere Kolbengeschwindigkeiten von 6 bis 9 m/s. Hervorzuheben sind die Vereinheitlichungen im Programm der Traktorenfirmen, was sich günstig auf die Ersatzteilhaltung und die Reparaturkosten auswirkt. Vorherrschend sind Vielganggetriebe mit 8...16 Vorwärtsgängen. Sie werden synchronisiert, mit Strömungskupplung, als stufenlose Getriebe, Lastschalt- oder Reversiergetriebe angeboten. Die unabhängige Zapfwelle ist

häufig als Duo-Zapfwelle für 540 und 1000 U/min ausgebildet. Daneben gibt es die Wegezapfwelle als Sonderausrüstung. Die Reifenindustrie bietet Hochstollen-, Niederquerschnitt- und Gürtelreifen für Ackertraktoren an. Die Bedeutung der Hydraulik nimmt zu. Üblich ist das offene Hydrauliksystem. Größere Traktoren haben Pumpen mit Förderleistungen von 60...80 l/min und Überdrücken von 250 at und mehr. Dem Fahrkomfort und der Sicherheit des Fahrers dienen Wetterschutzverdecke, Sicherheitsbügel und hydraulische Scheibenbremsen. G.Wünsche/Bornim. 3205.

1-68/09-0034 V a s e y, G.H. und B a i l l i e, W.F. How the australian tractor testing station operates. (Wie eine australische Traktorprüfstation arbeitet.) - Power Farming & better Farming Digest, Sydney 77 (1968) Nr. 3. S. 12-13. 84-87. - 1 Abb., 4 Diagr.

Sowohl zur Information der Hersteller als auch der Käufer ist in Australien eine Traktorprüfung gesetzlich vorgeschrieben. Sie wird von einer unabhängigen Stelle (staatlichen Institution) durchgeführt, die auch die jeweiligen Prüfberichte veröffentlicht. Grundlage der Prüfung ist der Nebraska-Test. Hauptpunkte der Prüfung sind: Überprüfung der physikal. Eigenschaften des Traktors; Leistung des Motors, der Zapfwelle und der Riemenscheibe; Zugkraft in den einzelnen Gängen; Beobachtungen des Traktors unter Prüfbedingungen und Inspektion nach der Prüfung, um den Verschleiß zu bestimmen. Im einzelnen werden folgende Werte ermittelt: Leistung bei verschiedenen Drehzahlen; Leistungs- und Verbrauchsmessung in Teillastgebieten, wobei die Geschwindigkeit variiert wird; Kraftstoff- und Ölverbrauchsmessungen; Leistung an Zughaken, Riemenscheibe sowie Zapfwelle; Leistungsgrenze bei Schlupf; 10-Stunden-Test bei voller Belastung und einer Fahrgeschwindigkeit von 4 m.p.h. (6,4 km/h); Eignungsprüfung; Abfassung eines Berichtes, in dem auch Besonderheiten, Störungen und Schäden aufgeführt werden.

W.Bohrisch/Bornim. 3205.

1-68/09-0035 H e i n r i c h. Schlepperangebot in München. - Landmaschinen-Markt 47 (1968) Nr. 14. S. 12-17. - 9 Abb., 1 Übersicht. 3205.

1-68/09-0036 R e h r l, Karl. Die optimale Traktorleistung für den bäuerlichen Betrieb. - Förderungsdienst, Wien 16 (1968) Nr. 6. S. 186-188. 3205.

1-68/09-0037 A n o n y m. Einachsschlepper und Motor-Kleingeräte (DLG-Ausstellung). - Landmaschinen-Markt 47 (1968) Nr. 14. S. 19-20. 23. - 6 Abb., 1 Tab. 3210.

1-68/09-0038 C r a d o c k, Hammond T. A detailed look at the MF-1100. (Einzelheiten vom "MF-1100".) - Farm Mechanizat. & Buildings, London 20 (1968) Nr. 224. S. 45-49. - 1 Abb., 2 Diagr., 6 Zeichn.

Der leistungsstärkste Traktor der Fa. Massey-Ferguson ist in England der "MF 1100". Motor: 6-Zylinder, Wasserkühlung, Diesel (Fa. Perkins), Hubraum 354 cu.in. (5801 cm^3), Verdichtung 1 : 16, Drehzahl 1200 U/min, Leistung bei Nenndrehzahl 105 h.p. (106,5 PS), max. Drehmoment 275 lb.ft. (38,42 kpm) bei einer Drehzahl von 1350 U/min. - Zapfwellen-Leistung bei 540 oder 1000 U je min bis zu 92 h.p. (93,3 PS). 12 Vorwärts- und 4 Rückwärtsgänge. Außerdem kann zusätzlich durch die Multi-power-Einrichtung eine Drehzahl- bzw. Geschwindigkeitsänderung auf Kosten des Drehmoments automatisch vorgenommen werden.

Die in den einzelnen Gängen erzielbaren Geschwindigkeiten können einem Diagr. entnommen werden. - Hinterachsantrieb (Achsgewicht 8800 lb. [3991,6 kg]). Der Öldruck im Hydraulikkreislauf ist in einen Hoch- und einen Niederdruckkreis unterteilt (max. Druck im Hochdruckkreis 2200...2400 p.s.i. [139,6 bis 168,7 kp/cm^2]). Max. Hubkraft der Hydraulik 5000 lb. (2267,9 kg). Länge des Traktors 13 ft. 8 in. (4,17 m), Breite 7 ft. 6 in. (2,29 m), Höhe 6 ft. 8 in. (2,03 m). W.Bohrisch/Bornim. 3215.

1-68/09-0039 A n o n y m. Dutra tractors on trial. (Dutra-Traktoren in der Erprobung.) - Farm Mechanizat. & Buildings, London 20 (1968) Nr. 224. S. 32. - 2 Abb.

Der ungar. "Dutra 8000 D"-Traktor ist ein allradgetriebenes Fahrzeug mit einem 6-Zylinder-Csepel-Dieselmotor (Nenndrehzahl 1850 U/min), Motorleistung 100 h.p. (101,4 PS), max. Drehmoment 305 lb.ft. (42,17 kpm) bei 1350 U/min. Der Traktor hat 10 Vorwärts- und 2 Rückwärtsgänge, Vorwärtsgeschwindigkeit 0,6...14,5 m.p.h. (0,96...23,34 km/h), Rückwärtsgeschwindigkeit 2,9 und 8,8 m.p.h. (4,67 und 14,16 km/h). Hubkraft des unteren Hydraulikarmes 2,5 Mp. Die Zapfwelle ist von der Fahrgeschwindigkeit unabhängig und kann in 2 verschiedenen Drehzahlbereichen (540 oder 1000 U/min) betrieben werden. Zapfwellenleistung max. 90 h.p. (91,2 PS). Das Gewicht des Traktors 11200 lb. (5080,2 kg). Zur Standardausrüstung gehört eine oben offene Stahlkabine und ein Luftkompressor. Als Zusatzeinrichtung ist eine hydraulisch arbeitende Tiefensteuerung vorgesehen, die am unteren Hydrauliklenker angebaut ist und als Meßfühler über die unbearbeitete Erdoberfläche hinweggeführt wird. Die Senkrechtabstände bilden hierbei das Maß der Tiefensteuerung, das sich innerhalb der 3-in.-(76,2 mm)-Grenze bewegt. Der Traktor, der sich bes. bei der Arbeit im schweren Boden bewährt hat, besitzt eine hydraulische Lenkhilfe. W.Bohrisch/Bornim. 3215.

1-68/09-0040 L o v e l i d g e, Brian. Why they still use tracklayers. (Gründe für den Einsatz von Kettentraktoren.) - Farm Mechanizat. & Buildings, London 20 (1968) Nr. 224. S. 61-62. - 4 Abb., 1 Tab.

Der Einsatz von Ketten- oder Radtraktoren wird von den jeweiligen Bodenverhältnissen und -bedingungen bestimmt. Hinzu kommt, daß durch die schweren Radtraktoren eine erheblich größere Bodenverdichtung erfolgt, die eine Verminderung des Ernteertrages mit sich bringt. Da die Kettenfahrzeuge in der Regel für die schwere Bodenbearbeitung eingesetzt werden, kann ihre geringere Leistung in der Zeiteinheit (geringere Arbeitsgeschwindigkeit) durch eine größere Arbeitsbreite ausgeglichen werden. Anhand von 2 Beispielen, (Kosten als Vergleichsgrundlage) zeigt Vf., daß eine generelle Entscheidung über die Zweckmäßigkeit des Einsatzes des einen oder des anderen Traktortypes nicht gefällt werden kann. Für jeden einzelnen Fall ist eine gesonderte Betrachtung anhand des Kostenaufwandes erforderlich. Auf Grund der vorliegenden Boden- und Landschaftsverhältnisse kann der Kettentraktor dem leistungsstarken Radtraktor durchaus überlegen sein.

W.Bohrisch/Bornim. 3220.

1-68/09-0041 L o v e l i d g e, Brian. Single tracklayer is the hub on 800 acres. (Ein Kettentraktor für 800 acres.) - Farm Mechanizat. & Buildings, London 20 (1968) Nr. 227. S. 31-32. - 6 Abb.
Ein britischer Farmer aus Hertfordshire hat seinen Zugmaschinenpark von 5 Traktoren auf einen einzigen Kettentraktor reduziert. Durch diese Reorganisation konnte er die Anzahl der Arbeitskräfte von 11 auf 3 verringern. Um die Leistung des Kettentraktors voll ausnutzen zu können, wurden 5 Geräteträger gebaut. Die Gestelle besitzen eine Breite von 35...40 ft. und ermöglichen eine erhebliche Arbeitsbreite. So werden 3 zwanzigreihige Drillmaschinen (35 ft. Arbeitsbreite) miteinander gekoppelt. Die Arbeitsleistung liegt hier bei 10...12 acres/h. Beim Pflügen wurden 20 acres je Arbeitstag mit einem 6-Furchenpflug erzielt. Es werden verschiedene Gerätekombinationen und Zusatzgeräte, die auf dem Kettentraktor basieren, beschrieben.
S.Lehmann/Bornim. 3220.

1-68/09-0042 S i e g, Roman. Transportfahrzeuge für den Bergbauern. - Landtechnik 23 (1968) Nr. 12. S. 414-417. - 11 Abb.
Transporter werden mit Motoren zwischen 10 und 30 PS ausgerüstet. Die Lärmentwicklung (105...110 Phon) ist für den Fahrer im Dauerbetrieb nicht zumutbar. Die Antriebsart mit sperrbarem Differential an beiden Achsen ist am günstigsten. Vierradantrieb mit sperrbarem Differential an der Hinterachse ist sicherheitstechnisch gesehen günstig, während sich Vorderradantrieb mit Differentialsperre und zuschaltbarer Hinterradantrieb ohne Differentialsperre auf morastigen Wegen als unvorteilhaft erwiesen hat. Die derzeitigen Transporter haben 6 Vorwärts- und 2 Rückwärtsgänge; neuerdings auch ein Wendegetriebe, das ein Fahren mit 8 Vor- und Rückwärtsgängen ermöglicht. Ferner ist die Ausstattung mit einer gangabhängigen und einer gangunabhängigen Zapfwelle notwendig. Die Bereifung sollte vorn einfach und hinten doppelt sein. Die Bremsen müssen auf alle 4 Räder wirken. Für zusätzliche Ladeaggregate und Stalldungstreuer dürften die Motorleistungen zu gering sein.
G.Wünsche/Bornim. 3230.

1-68/09-0043 M i l l e r, Merle L. Field modifications of tractors. (Veränderungen an Traktoren.) - Agric. Engng. 49 (1968) Nr. 3. S. 136-138. - 1 Abb., 5 Diagr., 1 Tab.
Um bei Traktoren mit konventionellen Dieselmotoren eine höhere Leistung zu erzielen, werden häufig folgende Veränderungen vorgenommen: Erhöhung der eingespritzten Kraftstoffmenge durch eine größere Kraftstoffpumpe, Erhöhung der Kraftstoff- und Luftmenge durch Aufladung mittels eines Turboladers. Da die Motoren für derartige Maßnahmen nicht konstruiert sind, treten meistens folgende Erscheinungen auf: höhere Auspufftemp., größere Einspritzdrücke, höhere thermische Belastung des Motors sowie größere Abgasmengen. Diese physikal. Erscheinungen haben auf den Verschleiß und die Lebensdauer des Motors negative Auswirkungen, die Vf. aufführt. Die auftretenden Nachteile sind wesentlich schwerwiegender als die erzielten Leistungssteigerungen, die häufig nur durch ein größeres Traktorengewicht (Zusatzgewichte) ausgenutzt werden können. Durch die Einspritzung von LP-Gas (Niederdruckgas) wird der Druck auf die Kolben und damit die Leistung des Motors erhöht, ohne daß die erwähnten nachteiligen Erscheinungen auftreten. W.Bohrisch/Bornim. 3235.

1-68/09-0044 L y s o v, A.M. und V a g n e r - N e m č i n o v a, I.A. Opredelenie optimal'nogo sovmeščenija charakteristik dvigatelja i gidrotransformatora s pomoščju AVM. (Optimales Übereinstimmen der Kennlinien von Motor und Drehmomentenwandler mit Hilfe eines Analogrechners.) - Traktory i sel'chozmašiny, Moskva 1968 Nr. 5. S. 7-10. - 4 Diagr., 1 Schema, 6 Lit.

Beim Konstruieren von Strömungsgetrieben für Traktoren müssen die Motor- und Getriebe-Kennlinien einander angepaßt sein. Im Staatl. Unionsforschungsinst. für Traktoren (NATI) wird zu diesem Zweck das bei max. Turbinenleistung eintretende Optimum eines "Übersetzungsverhältnisses der Anpassung" $i_{a\ opt}$ ermittelt. (i_a = Übersetzungsverhältnis, bei dem die Belastungskennlinie des Getriebeeinganges durch den Punkt des Motor-Leistungsmaximums läuft). Dieses Rechnungsverfahren ist jedoch so aufwendig, daß elektronische Digital- oder Analogrechner verwendet werden müssen. Die Möglichkeit, einen Analogrechner zu verwenden, wurde am Drehmomentenwandler "GTR-21" und 3 Motoren mit verschiedener Drehmomentenreserve k geprüft. Vff. bringen eine Reihe von Ausdrücken für die Arbeit des Getriebes (Drehmomente, Leistungen, Übersetzungsverhältnis u.a.), gehen von ihnen zu den Maschinengleichungen über und betrachten das Blockschaltbild für das Lösen der Gleichungen. Die Rechnungsergebnisse werden in Diagr. für die Abhängigkeit der Turbinenleistung von der Turbinendrehzahl mit i_a als Parameter und von i_a mit k als Parameter wiedergegeben. Eine Gegenüberstellung mit graphisch-analytisch ermittelten Kurven zeigt gute Übereinstimmung, so daß die Verwendbarkeit von Analogrechnern für diesen Zweck erwiesen ist. W.Balkin. 3235.

1-68/09-0045 R a b i n k o v, B.I. Opredelenie raboty trenija mufty sceplenija s učetom faktorov, ograničivajuščich uskorenija pri razgone mašinno-traktornogo agregata. (Bestimmung der Reibungsarbeit der Kupplung unter Berücksichtigung der Faktoren, die die Beschleunigung beim Anfahren des Landmaschine-Traktor-Aggregats beschränken.) - Traktory i sel'chozmašiny, Moskva 1968 Nr. 4. S. 15-18. - 4 Diagr., 2 Tab., 5 Lit.

Vf. behandelt anhand eines schematisierten Anfahrdiagr. (Momente und Drehzahlen als Funktion der Zeit) den Anfahrvorgang, den er in die Zeiträume vom gegenseitigen Berühren der Kupplungsscheiben bis zum Anfahren und vom Anfahren bis zum völligen Greifen der Kupplung teilt. Unter Berücksichtigung des Bedienens des Kupplungs-Fußhebels durch den Fahrer berechnet er die in diesen Zeiträumen geleistete Reibungsarbeit der Kupplung und ermittelt einen Beiwert für die Motordrehzahlsenkung n_0/n_1 am Ende des 2. Zeitraumes, einen Ausdruck für die Kupplungssicherheit β sowie die Beziehung zwischen β und der rel. Beschleunigung b/g. Anhand von Diagr. für (b/g, β) = f(v) betrachtet Vf. die Möglichkeit zügigen Anfahrens ohne Abwürgen des Motors und das Anfahren eines Traktors mit Grubbern auf lockerem Boden. In Tab. bringt er für Pflügen, Schälen und Säen Beziehungen zwischen agrotechnischen Daten und Kupplungs-Anfahrwerten. W.Balkin. 3240.

1-68/09-0046 S o n n e, Josef. Die Zugfähigkeit von Ackerschleppern mit großer Motorleistung bei Hinterrad- und Allradantrieb. - Grundlagen d. Landtechn. 18 (1968) Nr. 2. S. 41-46. - 10 Diagr., 1 Tab., 2 Zeichn., 19 Lit.

Die Leistungsfähigkeit der Traktoren hängt davon ab, wie gut sie den Bedingungen, unter denen sie arbeiten müssen, angepaßt sind. Durch den Allradantrieb wird bes. bei ungünstigen bis mittleren Bodenverhältnissen die Zugfähigkeit wesentlich verbessert, auch dann, wenn die angetriebenen Vorderräder kleiner sind als die Hinterräder. Ein Vergleich von Traktoren mit Motorleistungen von 60 und 90 PS zeigt, daß bei ungünstigen bis mittleren Triebkraftbeiwerten der 60-PS-Traktor mit Allradantrieb (kleine Vorderantriebsräder) bessere oder gleiche Zugkräfte liefert wie der 90-PS-Traktor mit Hinterradantrieb; erst bei günstigen Triebkraftbeiwerten ist die Zugfähigkeit des 90-PS-Traktors größer. Die Zugkräfte liegen bei Allradtraktoren mit gleich großen Vorder- und Hinterrädern noch günstiger als bei Traktoren mit kleinen angetriebenen Vorderrädern.

G.Wünsche/Bornim. 3240.

1-68/09-0047 K n a p, Jerome. Hydrostatic transmission. Part I. (Hydrostatisches Getriebe. 1. Mitt.) - Canad. Farm Equipment Dealer 64 (1968) Nr. 6. S. 42-43. - 6 Zeichn.

Anhand von 3 Schnittzeichnungen erläutert Vf. ausführlich Aufbau und Funktion eines hydrostatischen Antriebes. Das Antriebsaggregat basiert auf einer hydraulischen Pumpe und einem Hydraulikmotor. Die Pumpe wird von dem Verbrennungsmotor angetrieben. Sie besteht in der Regel aus 9 kleineren Kolbenpumpen, die die Hydraulikflüssigkeit über Röhren und Ventile an den Hydraulikmotor liefern, in dem eine Rückwandlung der Hydraulikenergie in mechanische erfolgt. Pumpe und Motor besitzen eine Taumelscheibe, auf die die einzelnen Kolbenpumpen arbeiten. Mit der Veränderung des Winkels der Pumpentaumelscheibe wird eine Änderung des Kolbenhubes und somit eine Änderung der Ölmenge, die an den Hydraulikmotor geliefert wird, erreicht. Die Steuerung des Taumelscheibenwinkels auf der Pumpenseite ist somit ein Maß für die Geschwindigkeit bzw. Leistung auf der Motorseite. Die 3 Schnittzeichnungen geben die Verhältnisse beim Vor- und Rückwärtsgang sowie bei der Nullstellung (keine Geschwindigkeit) an. W.Bohrisch/Bornim. 3245.

1-68/09-0048 K n a p, Jerome. Hydrostatic transmission. Part II. (Hydrostatische Getriebe. 2. Mitt.) - Canad. Farm Equipment Dealer 64 (1968) Nr. 6. S. 44-45. - 1 Abb.

Die geplante Anwendung hydrostatischer Getriebe ist bei den verschiedenen Firmen in einem unterschiedlichen Entwicklungsstadium. Bes. vorteilhaft ist die Anwendung im Bereich von Klein- oder Gartentraktoren zwischen 6 und 12 h.p. Der größte Vorteil dieser Getriebeart besteht in der praktisch stufenlosen Geschwindigkeitsregelung, so daß das Gerät den jeweiligen Bedingungen hinsichtlich Boden- und Wachstumsverhältnissen angepaßt und mit optimalem Wirkungsgrad betrieben werden kann. Die Nachteile sind: 1) Erheblicher Mehrkostenpreis gegenüber den konventionellen Traktoren mit Zahnradgetrieben. 2) Die Umwandlung von mechanischer Energie in hydraulische, und die Rückverwandlung in mechanische kann nur mit schlechtem Wirkungsgrad erfolgen, was sich in einem höheren Kraftstoffverbrauch von rd. 20 % bemerkbar macht. Ein Traktor von 80 h.p. kann mit hydrostatischem Getriebe lediglich 65 h.p. abgeben. W.Bohrisch/Bornim. 3245.

1-68/09-0049 S p i r i n, A.P. Poteri na trenie v šarnirach rezino-metalličeskoj gusenicy. (Reibungsverluste in Gleisketten-Gummigelenken.) - Traktory i sel'chozmašiny, Moskva 1968 Nr. 4. S. 12-13. - 4 Diagr., 1 Schema, 2 Lit.

Vf. berichtet über die Ergebnisse von Versuchen zum Bestimmen der Reibung in normalen Gelenken und in Gummigelenken der Gleisketten von Kettenfahrzeugen. Die Bolzen der Gummigelenke waren in Gummihülsen gelagert und mit Bünden versehen, die das Zusammendrücken des Gummis begrenzten. Vf. betrachtet die Vorgänge und bringt Diagr. für die Abhängigkeit der Reibung in den Gelenken von der Belastung, aus denen folgendes hervorgeht: In normalen Gliedern steigt die Reibungszahl von μ = 0,08...0,30 bei nur mit der Vorspannung belasteten Ketten regressiv auf μ = 0,22...0,46 bei max. belasteten Ketten. Bei den Gummigelenken hängt sie nicht nur von der Belastung, sondern auch vom Verdrehungswinkel ab und fällt von rel. hohen Werten bei geringer Belastung zunächst mit steigender Belastung stark ab, durchläuft bei T = 750 bis 1000 kp ein Minimum und wächst dann wieder an, bleibt dabei aber wesentlich unter den Werten der normalen Gelenke. Die durch die Reibung in den Gummigelenken verursachten Energieverluste und ihre Beeinflussung durch die Begrenzungsbünde zeigen Hysteresisschleifen, die in Diagr. mit dem Verdrehungswinkel auf der Ordinatenachse und dem Drehmoment auf der Abszissenachse enthalten sind. W.Balkin. 3245.

1-68/09-0050 F a r o b i n, Ja. E. Obobščennoe differencial'noe uravnenie tjagovogo balansa traktorov i metodika ego rešenija s pomošč'ju ĖVM. (Allgemeine Differentialgleichung des Kräftegleichgewichts der Traktoren und die Möglichkeit ihrer Lösung mit einer elektronischen Rechenmaschine.) - Traktory i sel'chozmašiny, Moskva 1968 Nr. 4. S. 7-10. - 4 Diagr., 3 Schemata, 4 Lit.

Die techn. Vollkommenheit eines Traktors kann nach seiner theoretischen mittleren Geschwindigkeit bewertet werden, die er bei bestimmten Arbeiten entwickelt. In diesem Zusammenhang ist es erforderlich, Differentialgleichungen des Kräftegleichgewichts für den allg. Bewegungsfall (Kurvenfahrt) abzuleiten und eine Methodik für das Programmieren und Lösen der Gleichungen auf einer elektronischen Rechenmaschine zu entwickeln. Vf. geht bei seinen Darlegungen von einer Lagrangeschen Gleichung 2. Ordnung aus, bringt eine Anzahl von Kräftegleichungen, die alle Glieder der Lagrangeschen Gleichung bestimmen und erhält für den Ketten- und den Radtraktor Gleichungen des Kräftegleichgewichts im allg. Bewegungsfall, die die Kennwerte des Bewegungsvorganges mit den Kennwerten der Maschine und des Lenksystems verbinden. Die Methodik der für die Integration der Gleichungen erforderlichen Umwandlungen wird am Beispiel des ungleichmäßigen Wendens der Zugmaschine "M-2" betrachtet. Vf. bringt das Schema für das Programmieren der elektronischen Rechenmaschine "ĖMU-8" und Diagr. für die zeitliche Änderung experimentell ermittelter und elektronisch errechneter kinematischer Kennwerte (Übersetzungsverhältnis und Geschwindigkeit), die gut übereinstimmen.

W.Balkin. 3250.

1-68/09-0051 M u d r j a k, V.I., P e t r o v, Ju.N. und B u k i, A.A. Ustanovka dlja opredelenija proizvoditel'nosti šesterenčatych nasosov gidrosistem traktorov. (Anlage zum Bestimmen der Förderleistung der Zahnradpumpen von Hydauliksystemen für Traktoren.) - Traktory i sel'chozmašiny, Moskva 1968 Nr. 5. S. 15-17. - 1 Schema, 3 Lit.

Die vorhandenen Anlagen für das Untersuchen von Zahnradpumpen und Ermitteln des Einflusses der Betriebsbedingungen auf ihre Kennwerte sind mangelhaft und messen z.B. die Förderleistung mit großen Fehlern. Vff. beschreiben eine Anlage, mit der folgende Kennwerte bestimmt werden können: Förderleistung, Druck am Ausgang, Unterdruck am Eingang, Drehzahl, Drehmoment, Zeit für das Füllen des Meßbehälters, Öltemperatur, Vorhandensein von Luft. Ein Hauptvorzug der Anlage ist die vollkommenere Konstruktion des Meßbehälters, auf die Vff. genauer eingehen. Anschließend behandeln sie die Meßfehler-Ermittlung und geben eine Reihe von Ausdrücken für die Fehlerbestimmung an. Die Anlage ermöglicht das Bestimmen der Förderleistung in Abhängigkeit von den Betriebsbedingungen und dem Verschleiß, des Verschleißes in Abhängigkeit von der Betriebszeit und des max. zulässigen Verschleißes. W.Balkin. 3255.

1-68/09-0052 H a i n, Kurt. Systematik und Kinematik der Ladegeräte mit zwei Schubkolben-Zylindern für den Lasthub. - Grundlagen d. Landtechn. 18 (1968) Nr. 2. S. 47-54. - 15 Abb., 10 Lit.

Bei der Auslegung von Ladegeräten mit 2 Schubkolbenaggregaten soll der vertikale Wirkungsbereich stets möglichst groß sein, der durch die Bestimmung der Getriebeabmessungen und die Art der gegenseitigen Anordnung der Teile beeinflußbar ist. Da solche Getriebe immer zu den ungleichförmig übersetzenden Getrieben zählen, ist es das Ziel, einer am Lasthaken bewegten Last möglichst konst. Kräfte an den Schubkolben zuzuordnen, was bei 2 Schubkolbenzylindern nur mit Annäherung gelingt. In der vom Vf. vorgenommenen Getriebesystematik wird von kinematischen Ketten mit F=2, g=8 und n=7 ausgegangen und die 16 möglichen Bauarten dargestellt. Bei der Auswahl der besten konstruktiven Lösung entscheiden die Größe des vertikalen Wirkungsbereiches, die Übertragungsgüte, die Erzielung einer optimalen Annäherung an die Gleichförmigkeit der Übersetzung. Der höchste Ausnutzungsgrad ist dann erreicht, wenn von dem Ladegerät eine rechteckförmige Wirkungsfläche bestrichen wird, vertikal durch die Hubhöhe und horizontal durch die Ausladung begrenzt. Dazu kommt noch die Forderung, daß der Gesamtschwerpunkt des Ladegerätes möglichst weit in die Traktorenstandfläche verlegt wird. Ferner wird von einer hohen Übertragungsgüte gesprochen, wenn die Kleinstwerte der Übertragungswinkel wenig von 90° nach oben wie nach unten abweichen. Hinsichtlich der angestrebten Gleichförmigkeit der Übersetzung bei einer gleichgroß angenommenen Belastungskraft über den ganzen Wirkungsbereich ist dann ein Optimum gefunden, wenn der Unterschied zwischen der maximal und minimal auftretenden Kolbenkraft ein Minimum bildet. Abschließend wird festgestellt, daß Ladegeräte mit 2 Schubkolbenantrieben den an sie gestellten Anforderungen nur annähernd gerecht werden können und bei höheren Anforderungen andere Möglichkeiten zu erwägen sind.

D.Spiewok/Bornim. 3255.

E. FLUGZEUG MIT AUSRÜSTUNG UND ZUBEHÖR

1-68/09-0053 K u l i k o v a, V.V. S pomošč'ju aviacii. (Flugzeugeinsatz.) - Zaščita rastenij, Moskva 13 (1968) Nr. 6. S. 20. - 1 Abb.

Die Ausbringung von "Dikotex-80" mit Hilfe der "AN-2" brachte bei Wintergetreide gute Ergebnisse (77 %ige Vernichtung der mehrjährigen und 98,7 %ige Vernichtung der einjährigen Unkräuter; Ertragszuwachs: 4,8 dt/ha). - Die Bekämpfung der Cercospora in Zuckerrüben mit 6 %iger Cupritox-Lösung (100 l/ha) brachte einen Ertragszuwachs von 88 dt/ha. Der bes. Vorteil bestand darin, daß die Behandlung zu einem Zeitpunkt durchgeführt werden konnte, zu dem sie mit Bodengeräten nicht möglich war. - Mit Erfolg wurden auch Hubschrauber zur chem. Grabenentkrautung eingesetzt (Fluggeschwindigkeit: 35 km/h; Arbeitsbreite: 8...10 m). I.Giesecke. 3405.

IV. T R A N S P O R T U N D F Ö R D E R U N G

A. ALLGEMEINES

1-68/09-0054 L i n d e m a n n, G. Anwendung moderner Datenverarbeitung und elektronischer Rechentechnik bei der Ermittlung der Verkehrsbeanspruchung und des Verkehrsablaufes auf Wirtschaftswegen. - Meliorations-Inform., Bad Freienwalde 1968 Nr. 7. S. 19-22. - 3 Lit. 4005.

1-68/09-0055 L i n d e m a n n, G. Vorschläge zu Begriffsbestimmungen zur Verkehrsbeanspruchung und zum Verkehrsablauf auf Wirtschaftswegen sowie ihre Einteilung und Klassifizierung. - Meliorations-Inform., Bad Feienwalde 1968 Nr. 7. S. 29-34. 4005.

B. FAHRZEUGE

1-68/09-0056 D o h n e, E. Transport und Düngung im Spiegel der 50. DLG-Ausstellung. - Mitt. dtsch. Landwirtsch.-Ges. 83 (1968) Nr. 25. S. 935-938. - 6 Abb.

Ladewagen werden für Langgut, Häcksel und Ballen in verschiedenen Größen und auch als Selbstfahrer angeboten. Anhänger mit Nutzlasten bis 6,5 t werden bereits serienmäßig produziert. Einachshänger mit höheren Nutzlasten werden in zunehmendem Maße mit Tandemachse ausgerüstet. Starkes Interesse wird Kippanhängern entgegengebracht. Auch Stalldungstreuer werden in den Nutzlasten den leistungsfähigen Traktoren angepaßt. Maschinen für die flüssige Mineraldüngung sind noch nicht auf dem Markt. Die Industrie versucht, den festen Mineraldünger durch den Ausbau der losen Düngerkette mit Hoflagersilos, Förderbändern, Schnecken, Aufsatztanks und Großflächenstreuer attraktiver zu machen. M.Müller/Bornim. 4105.

1-68/09-0057 S c h u l z, Heinz. Neues bei den Ladewagen. - Landmaschinen-Rdsch. 20 (1968) Nr. 6. S. 184-186. 188. - 5 Abb.

Das Fassungsvermögen der Ladewagenaufbauten erstreckt sich von 5...40 m^3 und die Verkaufspreise reichen von 3000...20000 DM (Selbstfahrer). Die Zugöse an der Ladewagendeichsel ist bei fast allen Fabrikaten leicht und schnell verstellbar. Viele Wagen haben schon eine große Bodenfreiheit unter der Pick-up. Die Schwenkdeichsel ist in den Hintergrund getreten. Bei den Förderorganen galt die Weiterentwicklung der Verbesserung der Stabilität und Erleichterung der Wartung. Erhebliche Verbesserungen sind an den Schneidwerken vorgenommen worden. Die Wagenaufbauten haben zweckmäßige Rückwandkonstruktionen und eine verbesserte Kratzbodenentleerung. Großraumwagen sind mit größeren Reifen und Tandemachse ausgerüstet. Als Sonderausführungen werden ein Ballenladewagen, ein Ladewagen, der wahlweise lang laden oder häckseln kann, Häckselladewagen, ein Häckselladewagen mit einem Scheibenhäcksler als Abladegebläse und eine große Zahl von selbstfahrenden Ladewagen angeboten.

G.Wünsche. 4111.

1-68/09-0058 D o h n e, E. Ackerwagen, Dungstreuer, Futterwagen.-Landmaschinen-Rdsch. 20 (1968) Nr. 6. S. 188. 190. 192. - 4 Abb.

Einachshänger mit höherer Nutzlast rüstet man in zunehmendem Maße mit Tandemachse und größeren Reifen aus. Kipper finden immer mehr Interesse. Zum Kippen wird eine Handhydraulik oder die Traktorhydraulik verwendet. Häufig werden schon Hochkipper eingesetzt. Für die Zuteilentleerung von losen Gütern können in die Wände Klappen eingebaut werden. Mehrere Hersteller verwenden für die Wagenaufbauten Stahl- und Walzprofile, die sich wie Bretter zusammensetzen lassen. Die Nutzlasten der Stalldungstreuer sind den Großtraktoren angepaßt. Ein neu entwickeltes Stalldungstreuwerk ermöglicht die Einstellung der Streubreite von 2...5 m. Neben Kombinationen von Stalldungstreuern mit Kippern werden Zugkraftverstärker für 2achsige Wagen, ein Universalfahrzeug für die Innenwirtschaft und ein Spezialfütterungswagen angeboten. G.Wünsche. 4111.

C. BELADE- UND ENTLADEVORRICHTUNGEN

1-68/09-0059 B u k š t a m, M. Mechanizmy dlja vygruzki mela i soli iz železnodorožnych vagonov. (Entlademechanismen für Kreide und Salz aus Eisenbahnwaggons.) - Mukomol'no-ėlevatornaja promyšlennost', Moskva 34 (1968) Nr. 1. S. 21.

Kreide und Salz gelangen normalerweise in geschlossenen Waggons mit einer Feuchtigkeit von 8...16 % zu den Mischfutterbetrieben. Die arbeitsaufwendigen Arbeiten wurden mechanisiert: die Entladezeit eines 4achsigen Waggons wurde von 10...15 Std. auf 3...4 Std. verkürzt, anstelle von 8...10 AK werden nur noch 2 AK benötigt. Der ab 1968 in Serie produzierte Universallader "MGU" für Salz, Kreide und andere Schüttgüter hat eine Leistung von 60 bis 70 t/h und wird von 2 AK bedient. Er wird von einem transportablen Steuerpult aus ferngesteuert. U.Lindner. 4205.

D. FÖRDERMITTEL

1-68/09-0060 K u c y n, L.M. und G r i g o ř e v, A.M. O proizvoditel'nosti vertikal'nych snekov. (Förderleistung vertikaler Förderschnecken.) - Traktory i sel'chozmašiny, Moskva 1968 Nr. 4. S. 26-27. - 1 Diagr., 2 Schemata, 2 Lit.

Vff. bringen Gleichungen für die Förderleistung vertikaler Förderschnecken, die mittlere axiale Fördergeschwindigkeit sowie die Reibungskraft zwischen Teilchen und Schneckenmantel und stellen Gleichungen für das Kräftegleichgewicht am Schneckenrand bei eingelaufenem Betrieb auf. Ferner bringen sie ein Nomogramm für die Beziehungen zwischen dem Produkt Sn^2 (S = Schneckensteigung, n = Schneckendrehzahl), der Reibungszahl, dem Verhältnis S/D, der Größe m = tn φ sowie dem Winkel φ zwischen dem Vektor der absoluten Geschwindigkeit und der Normalen zur Schneckenoberfläche. Mit Hilfe des Nomogramms und der abgeleiteten Gleichungen läßt sich die Förderleistung ermitteln. Experimentell gefundene Werte stimmten gut mit den errechneten Werten überein. W.Balkin. 4320.

V. P F L A N Z L I C H E P R O D U K T I O N

A. ALLGEMEINES

1-68/09-0061 J o n a s, Kurt. Moderne technische Ausrüstung im Versuchswesen. - Mitt. dtsch. Landwirtsch.-Ges. 83 (1968) Nr. 26. S. 967.968.970 bis 972. - 6 Abb.

Für Anbau- und Pflegearbeiten im Versuchswesen ist der Agria-Kleintraktor eingesetzt worden. Als Geräte wurden eine 80 cm breite Fräse, ein Hackrahmen, schwere und leichte Egge und die Drillmaschine "Walter-Wintersteiger" verwendet. Bewährt haben sich auch der Düngerstreuer "Rauch" und die Unkrautspritze "Platz". Die Ernte erfolgte mit dem Parzellenmähdrescher "Hege 125". Die Benutzung eines Parzellenteilers erwies sich als vorteilhaft. Für die Aufbereitung standen eine Trocknungsanlage "Schwarting", der Steigsichter "Pelz" und der Trockenschrank "Heraeus" zur Verfügung. Grünfutter erntete man mit dem Gutbrod-Mäher und Kartoffeln mit dem "Fux 66"-Schwingscharroder. Der Transport der Geräte ist mit einem Hanomag-Tempo-Matador durchgeführt worden. G.Wünsche/Bornim. 5005.

1-68/09-0062 P i r o n, F., P l e t i n c k x, A. und V i t l o x, O. La fenaison avec ou sans séchage artificiel. (Die Heugewinnung mit und ohne künstliche Trocknung.) - Rev. Agric., Bruxelles 21 (1968) Nr. 1. S. 63-123.

Nachdem eine zeitlang die Preßgutlinie als Ernteverfahren dem losen Langgut vorgezogen wurde, wird wegen der besseren Mechanisierbarkeit des Transportes und der Lagerung das lose Gut bevorzugt. Die robusten Scheibenmäher leisten auch unter schwierigen Bedingungen gute Arbeit, erfordern aber für 5...8 km/h Arbeitsgeschwindigkeit Traktoren von 50 PS. Zur Trocknungsbeschleunigung von Schwaden mit mehr als 4o % Wassergehalt werden Schwadlüfter, die gleichzeitig 2 Schwade auf der Stelle wenden, eingesetzt. Ihre Arbeitsgeschwindigkeit beträgt 5...7 km/h. Für Preßgut werden zur Belüftungstrocknung Niederdruckpressen vorgezogen, wogegen Mitteldruckpressen für Handelsware vorteilhafter sind. Bei der Belüftung soll die Luftgeschwindigkeit im Trockengut max. 0,20 m/s betragen. Auf einen Ventilator rechnet man 80...100 m^2 Belüftungsfläche und je PS 4,2 t Heu mit 15 % Wassergehalt, das von 4o % heruntergetrocknet wird. Der Energiebedarf beträgt 93 kW/t Heu. Lüfter mit Zusatzbeheizung erhöhen die Sicherheit. Dabei vergrößert sich die mittlere Leistung je PS auf 7,3 t Heu und der Energiebedarf je Tonne Heu beträgt 80 kW sowie 59 l Heizöl. Die Motorwärme von mit Dieselmotoren angetriebenen Ventilatoren erhöht die Lufttemperatur um ca. 3,5 °C. Ein Vergleich verschiedener Ernte- und Trocknungsverfahren zeigt auf, daß die unterschiedlichen Kosten mehr vom Klima als vom Mechanisierungsgrad der Ernte abhängig sind. H.Kaiser. 5005a.

1-68/09-0063 H e r t w i g, W. und P e t s c h e, A. Mechanisierungskette für die Silierung im Hochsilo. - Feldwirtschaft 9 (1968) Nr. 7. S. 307-310. - 4 Abb., 1 Tab., 4 Lit.

Gemäht wird mit den Mähwerken "E 143" und "E 092", die sich an die Traktoren der "RS 09" oder "RS 14" und RT-Reihe anbauen lassen. Für die Trocknungsbeschleunigung steht zur Zeit nur der Rüttelzetter "E 251" zur Verfügung. Das Wenden und Einschwaden erfolgt mit den Radrechwendern "E 247" und "E 249". Zum Aufnehmen und Häckseln ist als Übergangslösung der Feldhäcksler "E 066-1" vorgesehen, für dessen Antrieb Traktoren mit mehr als 60 PS Motorleistung erforderlich sind. Transportiert wird das gehäckselte Anwelkgut mit dem Anhänger "THK 5", der dafür mit dem Schwerhäckselaufbau "SHA 5" ausgerüstet ist. Das vom Transportfahrzeug abgegebene Erntegut wird dem Vorratsförderer "DoDS-7" übergeben. Vom Vorratsförderer gelangt das Gut über das Förderband "FB 82-1" zum Fördergebläse "FG 35-2". Dieses wirft das Gut durch eine senkrechte Rohrleitung in das Hochsilo. Für den Einsatz der genannten Maschinen werden Hinweise gegeben.

G.Wünsche. 5005a.

1-68/09-0064 K a i s e r, R. Hochsilobau und Gewinnung von Anwelkfutter im LVG Dummerstorf. - Feldwirtschaft 9 (1968) Nr. 7. S. 300-303. - 4 Abb., 1 Diagr., 1 schemat. Darst., 1 Tab., 4 Lit. - nach Zus.

Mit dem Ziel, Kennwerte über die Erzeugung von Anwelksilage zu gewinnen, erfolgten technol. Prüfungen und Funktionsbeobachtungen an einem importierten großvolumigen Betonhochsilo. Neben einer Beschreibung der baulichen Gestaltung und techn. Einrichtungen wird die Erntekette vom Schnitt bis zur Abfuhr zum Hochsilo erläutert. Zur Auswertung gelangten die Erfahrungen aus den Erntejahren 1966 und 1967 unter den Standortbedingungen des LVG Dummerstorf, Bezirk Rostock. Bes. Beachtung fanden der Feldhäckslereinsatz sowie die die Qualität des Häckselgutes beeinflussenden Faktoren.

5005a.

1-68/09-0065 A n o n y m, How the machines performed. (Was die Maschinen leisten.)- Dairy Farmer 15 (1968) Nr. 4. S. 46-49. - 10 Abb.

Vf. bringt eine Zusammenfassung der vom N.I.A.E. während der letzten 20 Monate durchgeführten Prüfungen an Maschinen für die Bewirtschaftung von Wiesen- und Weideland. Die für die einzelnen Maschinen gegebenen Einschätzungen sind Kurzfassungen der N.I.A.E.-Prüfberichte. Neben den einzelnen Kenndaten werden Angaben über die erreichten Flächenleistungen oder Durchsätze, die Art der Handhabung (Manövrierfähigkeit), die Betriebssicherheit, die Verschleißfestigkeit etc. gemacht. Zu den hierin erwähnten Maschinen gehören folgende Typen und Fabrikate: Die Ballenpresse "B-47" von McCornick, die Ballenpresse "MF-20", der Anbau-Schleuderscheibendüngerstreuer der norwegischen Fa. Bjerkes Maskinfabrik, 4 Axialgebläse zum Anbau an Traktoren, der Anhängedüngerstreuer "LF 12" von John Deere, der Schlegelhäcksler "Triumph MK II" der dänischen Maschinenfabrik Taarup, das Rotationsmähwerk "TTM" von der Fa. E.V. Twose und der Graszetter Vicon-Lely "Fan-Ted".

D.Spiewok/Bornim. 5005a.

1-68/09-0066 K l i n n e r, W.E. What the tester looks for. (Worauf schauen die Prüfer.) - Dairy Farmer 15 (1968) Nr. 4. S. 35-37. 51. - 3 Abb.
Das Hauptziel der Maschinenprüfung ist, herauszufinden, wie gut die Maschine die Aufgabe erfüllt, für die sie eigens entworfen wurde. Dabei ergeben sich auf eine spezielle Maschinenart zugeschnitten gewisse Bewertungsschwerpunkte. Für die Maschinenkette zur Bewirtschaftung von Wiesen- und Weideland werden für die einzelnen Maschinen und Geräte derartige Bewertungsschwerpunkte herausgearbeitet, anhand derer sich bei Maschinenvergleichsprüfungen die getesteten Maschinen in ihrer Gesamteinschätzung leichter einstufen lassen. Die Kenntnis dieser Bewertungskriterien helfen nicht zuletzt dem Käufer aus dem umfangreichen Maschinenangebot des Landmaschinenmarktes für seine Verhältnisse die richtige Wahl zu treffen. Die Maschinenkette umfaßt Düngerstreuer, Mähwerke, Feldhäcksler, Ballenpressen und Ballenladegeräte. D.Spiewok/Bornim. 5005a.

1-68/09-0067 B a u m g a r t e n, Oskar. Hrsg. Industriemäßige Getreideproduktion. - Markkleeberg: Landwirtsch.-Ausstellung der DDR. 1968. (96 S.) 4.
Das Buch enthält Arbeiten von 6 Autoren. Es vermittelt einen Überblick über die ökon. und techn. Aspekte der Getreideproduktion in der DDR. D. Ebert berichtet über Entwicklungstendenzen in der Getreideproduktion der DDR. Techn.-ökon. Gesichtspunkte beim Einsatz des Mähdreschers "E 512" werden von G. Listner behandelt. K. Hermann und H. Kollar teilen Ergebnisse der industriemäßigen Getreideproduktion unter den Bedingungen des Komplexeinsatzes des Mähdreschers "E 512" und der entsprechenden Nachfolgetechnik mit und ziehen Schlußfolgerungen für den effektiven Einsatz im Rahmen der Kooperation. J. Papesch geht auf die Planung und Leitung der Getreideernte mit Hilfe der Netzwerktechnik ein. Schließlich schreibt H.-P. Friedrich über die Aufgaben des Endproduzenten in der Getreidewirtschaft. Zahlreiche graph. Darst. erleichtern das Verständnis der Ausführungen. K.-D.Gellerich. 5005b.

1-68/09-0068 M e y e r, Franz. Die Mechanisierung des Getreidebaues. - Mitt.dtsch.Landwirtsch.-Ges. 83 (1968) Nr. 26. S. 959-961. - 3 Abb.
Die stärkeren Traktoren ermöglichen die Kopplung von 2 Drillmaschinen, so daß sich Arbeitsbreiten von 6 und 10 m ergeben. Eine andere Möglichkeit ist die Kombination mehrerer Geräte mit der Drillmaschine. Bei der pneumatischen Drillmaschine erreichte man durch Zwischenschalten von Unterverteilern eine größere Arbeitsbreite. Eine Maschine für die Breitsaat, die auch die Körner gleichmäßig tief einbringt, wird noch nicht angeboten. Die Mähdrescherhersteller widmen sich, den zunehmenden Traktorenleistungen Rechnung tragend, wieder dem gezogenen Mähdrescher. Für die Bewegung fast aller Bauelemente wird die Hydraulik eingesetzt. Die Steuerung der hydraulischen Elemente kann mit elektromagnetischen Einrichtungen wesentlich vereinfacht werden. Die Strohbergung erfolgt überwiegend mit der Hochdruckpresse.

Neben die Getreidetrocknung ist die Kühlkonservierung getreten. Getreide mit 18 % Wassergehalt kann bei 5 °C etwa 3 Monate gelagert werden.

G.Wünsche/Bornim. 5005b.

1-68/09-0069 Č u r b a n o v, L.S. Novye mašiny dlja uborki urožaja zernovych kul'tur i risa. (Neue Maschinen für die Getreide- und Reisernte.) Traktory i sel'chozmašiny, Moskva (1968) Nr. 5. S. 36-38. - 2 Abb., 2 Schem.

Vf. beschreibt folgende neue, im praktischen Betrieb geprüfte Maschinen: Reis-, Getreide- und Hülsenfrucht-Anbaudrillmaschine "ŽNU-4", Arbeitsbreite 4 m, Produktivität 1,78 ha/h; Mähdrescher "SKD-5 Sibirjak" mit 2 hintereinander geschalteten Dreschtrommeln, Durchsatz 5 kg/s, Motorleistung 100 PS; Mähdrescher "SK-5 Niva", Grundmodell einer Maschinengruppe mit 5...8 kg/s Durchsatz und 100 PS Motorleistung; Reis- und Getreide-Reinigungsanlage "ZAR-5", bestehend aus einem Vorreiniger "ĖVS-20", 2 Hauptreinigern "SVU-5", 2 Trieuren "BT-5", 3 Becherwerken "2TKN-10", 1 LKW-Kippbühne "GAP-2C", pneumatischen Förderern, Fallrohren, Bunkern, 1 Steuerpult, 2 Zyklonen und 2 Fliehkraft-Staubabscheidern; Getreidereinigungsanlage "ZAV-40", bestehend aus den zugehörigen Bauteilen sowie 2 Reinigern "ZVS-20", 2 Trieuren "BT-10", 2 pneumatischen Fliehkraft-Separatoren "CPS-20", 1 LKW-Kippbühne "GAP-2N", 2 Becherwerken "2NZ-20", 2 Aspirationssystemen, pneumatischen Förderern, Fallrohren und 1 Steuerpult. W.Balkin. 5005b.

1-68/09-0070 E s t l e r, Manfred. Die Maiswelle rollt - Technik und Entwicklungslinien. - Landtechnik 23 (1968) Nr. 14. S. 484-487. - 8 Abb.

Die neuen Arbeitsmethoden im Körnermaisanbau sind gekennzeichnet durch die Streifenbearbeitung und durch ein großes Angebot von Einzelkornsägeräten. Bei den Reihendüngungseinrichtungen bereitet die gleichmäßige Verteilung der geringen Mengen Schwierigkeiten. Die chemische Unkrautbekämpfung als Ganzflächenspritzung bedarf der Ergänzung durch die mechanische Pflege. Bei der Ernte geht der Trend zum Mähdrescher mit Maiserntevorrichtungen. Pflückvorsätze und Reißwalzen haben die Maismähvorsätze und die Pflückvorsätze mit Pflückwalzen fast völlig verdrängt. Pflückvorsätze mit über 3 m Arbeitsbreite können mit Hilfe von Schnellkupplungen für den Transport abgebaut werden. Zum Unterpflügen des zerkleinerten Maisstrohs werden Vorwerkzeuge für das saubere Einlegen in die Pflugfurche angeboten.

G.Wünsche/Bornim. 5005b.

1-68/09-0071 S p e c h t, Anton. Maschinen für den Kartoffelbau. - Mitt. dtsch. Landwirtsch.-Ges. 83 (1968) Nr. 26. S. 961-963. - 3 Abb.

Auf der 50. DLG-Ausstellung zeigte die Fa. Cramer eine Kartoffellegemaschine mit selbsttätiger Entnahme für vorgekeimte Kartoffeln. Eine Legemaschine mit Doppelbecherkette und beweglichen Scheiben im Vorratsbehälter zur Verhinderung der Brückenbildung wurde von der Fa. Gruse angeboten. Allg. sind die Vorratsbehälter größer und die Arbeitsbreite auf 6 Reihen erweitert worden. Eine Neuheit bei den Pflegegeräten ist die Rüttelegge mit Häuflern der Fa. Krone. Bei den Vorratsrodern herrschen die 1reihigen Siebrostroder mit Längs- oder Querrosten vor.

Kleinere Sammelroder kosten etwa 5000 DM. Roder der Mittelklasse, die mit rotierenden Bürsten oder mit Gummifingerband zum Trennen von Steinen und Kluten ausgerüstet sind, werden für 8000...12000 DM angeboten. Ein neuer Sammelroder der Fa. Hagedorn kann mit Hubrad zur Kartoffelaufnahme aus dem Schwad und ohne Hubrad zur Ablage der Kartoffeln im Schwad eingesetzt werden. Zum Antrieb der Trennvorrichtungen werden Hydromotoren verwendet. Ferner wurde ein Rollbodenbunker mit 1800 kg Fassungsvermögen vorgestellt.

L.Kunath/Bornim. 5005c.

1-68/09-0072 A n o n y m. Quality - bone of contention. (Kartoffelqualität - ein Streitobjekt.) - Farmers weekly, London 68 (1968) Nr. 22. S. 43-45. - 1 Abb.

Diskussion über die Bemühungen des Potato Marketing Board's, durch höhere Aufbereitungsqualität, Konzentration der Aufbereitung auf zentrale Sortierplätze und Verminderung der Anzahl der Produzenten ein hochwertiges, standardisiertes Produkt zu erzeugen. Firmierung der Verpackungen wird anerkannt, Zentralisierung und verschärfte Auslese stoßen auf Widerstand, da erhöhte Verkaufserlöse angezweifelt werden. Aufgestellter Vergleich mit amer. Kartoffelproduktion entspricht nicht britischen Verhältnissen.

K.Baganz/Bornim. 5005c.

1-68/09-0073 Z y m b a l, A.G. Mechanisierung des Anbaues und der Ernte von Zuckerrüben in der UdSSR. - Wiss. Beitr. Martin-Luther-Univ. Halle-Wittenberg (1966) Nr. 20. S. 225-232. - 1 Abb., 1 Tab.

Die Zuckerrübenanbaufläche betrug 1965 in der SU 4,45 Mill. ha, die Zuckerproduktion 8 Mill. t, wovon 6,5 Mill. t Zucker auf die Ukraine entfallen. Bei Verringerung des Arbeitszeitaufwandes für den Zuckerrübenanbau nahmen die Anbauflächen zu. Mit gewöhnlichen Pflügen wird 30...35 cm tief gepflügt. In den letzten Jahren wurde das sehr wirksame Halbbrache-System der Bodenvorbereitung eingeführt, bei dem die Unkrautbekämpfung im Herbst durch Hackmaschinen oder Scharschälpflüge erfolgt. Das Saatbett wird wegen Austrocknungsgefahr unmittelbar vor der Aussaat vorbereitet. Für die Aussaat werden 12reihige Einzelkornsämaschinen bei Arbeitsgeschwindigkeiten von 6,4...12 km/h verwendet. Für die Bodenbearbeitung vor und nach dem Aufgang werden Netzeggen und Rotationshacken eingesetzt. Der gewünschte Abstand in der Reihe wird durch Querhacken mit der Hackmaschine hergestellt. Beim ersten Hackarbeitsgang in Zuckerrübenbeständen wird die Bodenlockerung nicht nur zwischen den Reihen, sondern auch in den Reihen durchgeführt. Für diesen Zweck werden Elemente nach Art der Sterneggen (schwedische Eggen) an der Hackmaschine in der Breite der Schutzzonen angebracht. Die Zuckerrübenernte erfolgt vorwiegend mit Rodeköpfern oder Köpfrodeladern. Die Köpfroder arbeiten nach dem Raufprinzip (Rodeköpfer) oder nach Art des "Pommritzens". Die getrennte Ernte von Rüben und Rübenkraut ist nicht immer wirtschaftlich gerechtfertigt. Zuckerrübensamenträger werden in spezialisierten Betrieben auf Flächen von 300...2000 ha angebaut, wobei nicht Stecklinge, sondern Rüben ausgepflanzt werden.

K.Herzog. 5005d.

1-68/09-0074 D o h n e, E, Maschinen und Geräte für den Rübenbau. - Mitt. dtsch. Landwirtsch.-Ges. 83 (1968) Nr. 25. S. 941-943. - 3 Abb.
Das Angebot an Maschinen und Geräten für die Bestellung, Pflege und Ernte der Rüben beschränkt sich auf einige hochmechanisierte, arbeitsarme Verfahren. Die Einzelkornsaat mit Bandspritzung setzt sich allg. durch. Sämaschinen, geeignet für Fahrgeschwindigkeiten von 8 km/h und 6 m Arbeitsbreite sind anzutreffen. Bei mehrreihigen Sägeräten führt der Zentralantrieb zur besseren Arbeitsqualität und einfacheren Verstellung der Legeabstände aller Sägeräte. Zum maschinellen Vereinzeln werden Hackgeräte mit blindmechanischen Vereinzelungssätzen und mechanischem Antrieb der Hacksterne angeboten. Bei Heckanbaugeräten ist die Anwendung des Spurrillenverfahrens zur Einsparung des Steuermannes Voraussetzung. Einreihige Bunkerköpfroder überwiegen bei den Erntemaschinen. Beim Einsatz mehrreihiger Roder wird das geteilte Ernteverfahren empfohlen. Die Kampagneleistung des schwedischen 6reihigen Volvo-Köpfroders wird mit 75 ha angegeben. Zapfwellengetriebene Zuckerrübenreiniger sind z.Z. nicht gefragt. Für die Futterrübenernte scheint sich die Bunkerziehmaschine durchzusetzen.

R.Klamke/Bornim. 5005d.

1-68/09-0075 B o n d, R.A. Mechanizing the zugar beet crop. (Mechanisierung des Zuckerrübenanbaues.) - Farm Mechanizat. & Buildings, London 20 (1968) Nr. 224. S. 21-23. - 4 Abb.
In der Zukunft wird das Vereinzeln der Rüben mit elektronisch gesteuerten Maschinen, vor allem in Großbetrieben, eine zunehmende Bedeutung erlangen. Hierzu gehört auch die wachsende Anwendung von Monogerm-Saatgut. Für die Frühjahrssaatbettvorbereitung wird die gleichzeitige Ausführung von 2 Arbeitsvorgängen möglich sein, wobei leistungsstarke Traktoren (100 PS und mehr eingesetzt werden. Das Drillen wird mit 10...12reihigen Maschinen vorgenommen werden. Bei feuchtem Boden liegt die Drilltiefe allg. bei 1 1/2 in. (38,1 mm). Als Arbeitsgeschwindigkeiten werden 2 m.p.h. (3,2 km/h) bei älteren und 3 m.p.h. (4,8 km/h) bei modernen Drillmaschinen angewendet.

W.Bohrisch/Bornim. 5005d.

1-68/09-0076 T u r n e r, N.V. Mechanizing the sugar beet crop. (Mechanisierung des Zuckerrübenanbaues.) - Farm Mechanizat. & Buildings, London 20 (1968) Nr. 225. S. 18-19. - 7 Abb.
Vf. beschreibt die Arbeiten im Frühjahr, die das Ziel verfolgen, die Handarbeit beim Zuckerrübenanbau so weit wie möglich zu verringern. Einen wesentlichen Anteil hat die Verwendung von Monogermsaatgut. Sein Anteil am Gesamtanbau von Zuckerrüben liegt in England bei 25 %. Dadurch werden 30 % an Nachfolgearbeiten eingespart. Der Pflanzenabstand beträgt 3...4 in. (7,6...10,1 cm), der Reihenabstand 14...16 in. (35,6...40,6 cm). Zum Vereinzeln werden zunehmend elektronische Maschinen eingesetzt. Das Beseitigen der Rübenpflanzen erfolgt entweder durch Abschneiden mit einem rotierenden Messer oder durch Besprühen mit einem chem. Bekämpfungsmittel. Die Anwendung derartiger Maschinen setzt voraus, daß der Boden vollkommen unkrautfrei ist, da die elektronische Steuerung zwischen Unkraut und Pflanzen nicht unterscheiden kann. Einen wichtigen Beitrag zur Reduzierung der

Handarbeit leistet außerdem die vollmechanisierte Unkrautbekämpfung mit chem. Mitteln. Auf diese Weise werden etwa 80 % aller anfallenden Arbeiten bewältigt. Als Kontaktherbizid, das nach dem Aufgehen der Saat anzuwenden ist, hat sich im letzten Jahr Phenmedipham als bestes Mittel erwiesen. W.Bohrisch/Bornim. 5005d.

1-68/09-0077 U e z o n o, T. On the systems of mechanical cultivation of sugar beets by the small tractor. Part 2. (Systeme zur Mechanisierung der Zuckerrübenproduktion mit Hilfe von Kleintraktoren. [2. Mitt.]) Bull. Sugar Beet Res., Tokyo, Suppl. (1966) Nr. 8. S. 1-13. - 28 Abb., 6 Tab. Orig.: jap., Ausz.: engl.

Durch Versuche, die 3 Vegetationsperioden von Zuckerrüben umfaßten und vom 20. August 1963 bis 12. April 1966 liefen, sollte das Bearbeitungssystem für Zuckerrüben geprüft werden. Im folgenden werden die Untersuchungsergebnisse bei der mechanischen und bei der herkömmlichen Rübenbearbeitung wiedergegeben. 1) Bei der herkömmlichen Methode ergab sich ein Arbeitszeitaufwand von 19,5 Tagen je 10 a, beim Einsatz von Klein-Traktoren waren es 12,4 Tage je 10 a, das entspricht 61,8 % des ersten Wertes. 2) Werden Mehr-Nährstoff-Düngemittel zum maschinellen Streuen mit Borax gemischt, kann dies einige Tage vor dem Ausbringen erfolgen. Unmittelbar vor dem Befüllen des Düngerstreuers kann der Dünger von Hand zerkleinert werden. 3) Der mechanische Rübenausdünner wurde in guten Rübenbeständen eingesetzt, als diese max. 12 cm hoch waren. Mit einer Geschwindigkeit von 1,4 m/s wurden mit ihm 17,7 a/h bearbeitet. 4) Kartoffel-Krautschläger wurden zum Köpfen der Rüben verwendet; jedoch sind weitere Untersuchungen zu diesem Verfahren erforderlich. 5) Das Rübenroden mit Kartoffelrodekörpern, die mit Gabelzinken ausgerüstet wurden, ging gut, aber die Leistung hierbei betrug nur 0,53 a/h.
H.Reichenheim/Kleinwanzleben. 5005d.

1-68/09-0078 K o n i n g, K.de. Mechanisatie van de bietenzaadteelt. (Mechanisierung des Rübensamenanbaus.) - Inst. Landbouwtechn. Rationalisatie Wageningen, Publ. 1968 Nr. 117. S. 1-91.

Da die Landmaschinenindustrie der Niederlande die Mechanisierung des 2500 ha umfassenden Rübensamenanbaus nur in geringem Umfang förderte, befaßte sich das ILR-Wageningen in den letzten Jahren intensiv mit Untersuchungen hinsichtlich Mechanisierung der Steckrübenanzucht einschl. Ernte, Lagerung und Auspflanzung sowie der Ernte und der Trocknung des Rübensamens. Für die Aussaat empfiehlt sich die Verwendung von Präzisionssämaschinen auf gut gedüngten, unkrautfreien und in gutem Kulturzustand befindlichen Feldschlägen. Rodemaschinen, die das Erntegut sofort auf Wagen verladen (Borga, Roger), erfordern nur 35 AKh gegenüber 450 AKh bei Handarbeit. Verluste (2 %) und Beschädigungen (1...2 %) sind gering. Dagegen ist Wurzelspitzenverlusten (bis zu 12 %) große Aufmerksamkeit zu widmen. Maschinell gerodete Stecklinge sind zweckmäßig auf belüftbaren Lagerplätzen (0...4 °C) aufzubewahren. Für Groninger-Mieten und die Herrichtung der Stecklinge im Frühjahr werden bes. Mechanisierungsvorschläge entwickelt.

Das Auspflanzen wird durch Verwendung einer halbautomatischen Pflanzmaschine (Entwicklung ILR-Wageningen) wesentlich erleichtert. Mit einer Spezialmeßapparatur ist die Messung der Kräfte möglich, die für eine Trennung Samen-Stengel erforderlich sind. Aus diesbezüglichen Untersuchungen resultiert, daß Totspritzen (mit 4 l Reglone in 800 l Wasser/ha) die Druschfähigkeit gegenüber Schwadmähen schneller herbeiführt. Geringe Drehzahl (200 U/min) beim Schwaddrusch ermöglicht den Drusch feuchten Gutes (bis zu 50 %). Mähdrusch aus stehendem Bestand erfordert die Verwendung eines zusätzlichen vertikalen Mähbalkens zur Abtrennung des gemähten Gutes. Notwendig ist ferner die Abdeckung der Schüttler durch ein Sieb mit 10 mm quadratischen Öffnungen. Das Trocknen bzw. Belüften hat unmittelbar nach dem Drusch zu beginnen und erfolgt zumeist in traditionellen tunnelförmigen Stapeln von Säcken, die mit einem Axialgebläse belüftet werden. Rübensamen läßt sich ausgezeichnet im Schachttrockner trocknen. Als Mechanisierungseinheit wird aus ökonomischer Sicht eine Mindestanbaufläche für Stecklinge mit 15...20 ha und für den Samenanbau mit 5 ha empfohlen.

E.Kraaz/Bornim. 5005d.

1-68/09-0079 M a n f r e d i, Enzo. Macchine per i cicli produttivi. (Maschinen für Anbau und Ernte von Zuckerrüben.) - Agricoltura, Roma 17 (1968) Nr. 5. S. 91-99.

5005d.

B. FELDARBEITEN AUSSCHLIESSLICH ERNTE

1-68/09-0080 D r o z d o v, N.I. und G u l i n, M.A. Issledovanie pričnosti s.-ch. mašin pri rabote na povyšennych skorostjach. (Untersuchung der Festigkeit von Landmaschinen beim Arbeiten mit erhöhten Geschwindigkeiten.) - Traktory i sel'chozmašiny, Moskva (1968) Nr. 4. S. 19-21. - 3 Diagr., 1 Schema, 1 Tab.

1963...1966 wurde vom Laboratorium für Festigkeit und Berechnung von Landmaschinen des Unionsforschungsinst. für den Landmaschinenbau die Festigkeit von Landmaschinen bei normalen und erhöhten Geschwindigkeiten untersucht. Festgestellt wurden die am stärksten beanspruchten Elemente sowie die Beziehungen zwischen den Spannungen in wichtigen Querschnitten und der Fahrgeschwindigkeit bei Arbeiten auf dem Felde. Die Spannungen wurden mit Dehnmeßstreifen aufgenommen. Die Fahrgeschwindigkeiten erreichten 16,8 km/h. Untersucht wurden: Pflug "PN-4-35S", Sämaschine "SNP-24", Schwadmäher "ŽRS-4,9" und Grubber "KPG-4". Vff. berichten über die Ergebnisse, nennen die Spannungserhöhungen, festgestellten Sicherheitszahlen und am stärksten beanspruchten Querschnitte und bringen Diagr. für die Abhängigkeit der Spannung und Schwingungsbeschleunigungen von der Geschwindigkeit.

W.Balkin. 5105.

1-68/09-0081 A n o n y m. National meeting on environmental engineering of irrigation and drainage. (Nationale Tagung auf dem Gebiete der Bewässerungs- und Dränagetechnik.) - Agric. Engng. 49 (1968) Nr. 3. S. 141

Auf der am 13. und 14. Mai 1968 in Read Hoese in Chattanooga, Tennessee, abgehaltenen Tagung wurden folgende Referate gehalten: Das hydrologische Verhalten als Folge der Bewässerung von hügeligem Gelände mit aufbereiteten städtischen Abwässern (Problem der Rieselfelder).

Änderungen des Mikroklimas durch Versprühen von Wasser. Umwelteinflüsse der Bewässerung auf die biologischen Spezies. Eine Untersuchung über die Auftreffwirkung von Beregnungssystemen auf die Qualität der Umwelt. Umwelteinflüsse der Bewässerung im zentralen Tal von Arizona. Einfluß von undurchlässigen Schichten auf die Höhe des Wasserspiegels bei der Dränage. Umwelteinflüsse der Dränage auf das Gebiet östlich vom See Okeechobee, Florida. Das Torf- und Dungproblem. Verbindungsschlüssel zum Dränageprogramm von Landstraßen und Landwirtschaft. Kontrollen und Messungen des Flusses in offenen Kanälen mit Hilfe von Tainter-Wehren.

W.Bohrisch/Bornim. 5110.

1-68/09-0082 A n o n y m. Drainage - Key to 50 percent increase. (Dränung - Schlüssel zu einer 50%igen Steigerung.) - Agric. Machinery J. 22 (1968) Nr. 2. S. 37-45. - 20 Abb.

Es werden die für die Dränung erforderlichen Maschinen und Geräte mit ihren wichtigsten techn. Daten vorgestellt. Dazu gehören selbstfahrende Grabenbagger von John Allan & Sons (Oxford) Ltd., zapfwellengetriebene Grabenbagger von Barfords of Belton Ltd., Anbau-Löffelbagger von Barsyke Ltd., Dängrabenbagger von Barth-Holland, Maulwurfdränmaschinen von Blanch-Lely, Ltd., Dränbagger der British Crane and Excavator Corporation Ltd., eine Maulwurfdränmaschine Typ "Viscount mk.III" von Browns Agricultural Machinery Co. Ltd., Bagger der Clark International Marketing S.A. aus den USA, ein Maulwurfspflug der Critchley Bros. Ltd., Grabenbagger der Cumbrian Implement Co. Ltd., sämtliche Dränmaschinen der J.A. Cuthberthson Ltd., ein Bagger Modell "9" von R.I. Fleming (Stony Stratford) Ltd., hydraulische Löffelbagger von Foster Sales, die Grabenbagger von Howard Rotavator Co. Ltd., ein Pflug für das grabenlose Verlegen von Dränröhren aus Plaste von der Fa. Hudswell Yates Developments Ltd., weitere Grabenbagger von Leeford (London) Ltd., Anbaulöffelbagger verschiedener Typen von Massey-Ferguson (United Kingdom) Ltd., desgleichen von der Fa. F.W.McConnel. Von der Fa. Melroe Ltd. kommt ein Lader Typ "Bobcat 500". Für den Unimog hat Mercedes-Benz (Great Brit.) Ltd., einen Anbaulöffelbagger entwickelt. Ein hydraulischer Bagger mit Fräsrad wird von der norw. Fa. Muir-Hill hergestellt. Der hydraulische Löffelbagger Typ "Mustang 90" ist die neueste Entwicklung der Fa. Priestman Brothers. Weitere Anbaulöffelbagger werden von den Firmen E.V. Twose (Manufacturing) Ltd. und Ernest, A.Webb Ltd., produziert.

D.Voigt/Bornim. 5110c.

1-68/09-0083 A n o n y m. Trenching on an beam of light. (Das Ziehen von Gräben unter Benutzung eines Lichtstrahles.) - Power Farming 40 (1968) Nr. 5. S. 19-20. - 8 Abb.

Auf der Frühjahrsvorführung von Drängeräten und Grabenbaumaschinen in Boroughbridge wurde eine schwedische automatisch arbeitende Einrichtung vorgestellt, die die Arbeitstiefe und -richtung der Drängeräte bestimmt. Diese Einrichtung besteht im Prinzip aus einem Lichtstrahl, der von einem Ende des zu dränierenden Feldes zum anderen geschickt wird. Die Dränmaschine läuft parallel zu diesem Lichtstrahl und ihr Arbeitsorgan wird elektronisch auf stets die gleiche Arbeitstiefe, d.h. auf stets den gleichen Abstand zum Lichtstrahl gesteuert.

Der Lichtstrahl selbst wird von einem batteriegespeisten und auf einem Stativ montierten Gerät auf der einen Feldseite ausgesandt und von einem zweiten Gerät auf der anderen Feldseite empfangen. Da die Sende- und Empfangsgeräte in vertikaler Richtung verstellbar sind, kann sowohl die Arbeitstiefe als auch die Schrägneigung eingestellt werden. Auf der gleichen Vorführung zeigte sich, daß die Zahl der Maschinen, die Dränrohre aus Kunststoffmaterial verlegen, im stetigen Ansteigen begriffen ist.

W.Bohrisch/Bornim. 5110c.

1-68/09-0084 E m e l ' j a n o v, L. M. und J u š m a n o v a, I. Ju. Ispytanija poliėtilenovych trub bol'šogo diametra pri podzemnom založenii. (Prüfung von Polyäthylenrohrleitungen großen Durchmessers bei unterirdischer Verlegung.) - Gidrotechnika i melioracija, Moskva 20 (1968) Nr. 4. S. 35-43. - 6 Abb., 3 Tab.

Vom Lehrstuhl für Baumechanisierung am Moskauer Inst. für Hydromelioration wurden umfangreiche Labor- und Feldversuche mit Polyäthylen(PE)rohren von 400 mm Dmr. und 4...6 mm Wanddicke, die durch spiraliges Aufwickeln von Extruderband über eine Welle hergestellt werden, durchgeführt. Die Rohre wurden auf Zug- und Druckfestigkeit untersucht. So betrug z.B. die Grenzbelastung bis zur Verformung bei Überfahren mit den Traktoren "S-80" und "S-100" (0,42...0,48 kg/cm^2 spez. Bodendruck) bei 40 cm Überdeckung 0,44 kg/cm^2 und bei 60 cm Überdeckung 1,3 kg/cm^2. Nach dem Zuschütten fuhren die "S-80" mehrfach in Verlegerichtung über die Rohre. Die PE-Rohre werden mit Flanschen aus Glasfaserplaste verbunden. R.Teipel. 5110c.

1-68/09-0085 B a r e k j a n, A. Š., Č e l y š e v, A. K. und S n e g i r e v, I. A. Rabotosposobnost' drenažnych trub iz krupnoporistogo betona. (Erprobung von Dränrohren aus porösem Beton.) - Gidrotechnika i melioracija, Moskva 20 (1968) Nr. 4. S. 80-86. - 5 Abb., 1 Tab.

Vom Lehrstuhl für hydrotechn. Bauten am Polytechn. Inst. Kalinin werden seit 1963 Versuche mit porösen Betonröhren mit d = 100...150 mm, die in nicht bindigen Böden mit einer mind. 10 cm starken Filterschicht bedeckt werden, durchgeführt. Es wurden Durchlässigkeit, Filterumhüllung, mechan. Festigkeit, Reibungsbeiwert geprüft. Für die hydraul. Berechnung dieser Rohre wird ein Nomogramm gegeben. Auf dem Elektrointegrator "EGDA-9/60" wurden die Beziehungen zwischen Filtermaterial, Dränzufluß, Absenkungskurven berechnet. Nach 3 Jahren hat sich die Durchlässigkeit der Rohre in ungleichförmigem Staubsandboden etwas verringert, ist aber höher als bei Kies. Die Haltbarkeit der Rohre blieb praktisch unverändert. Sie werden als funktionssicher und ökon. eingeschätzt und für eine breite Praxisanwendung empfohlen.

R.Teipel. 5110c.

1-68/09-0086 G o l ' c o v, O. N. und K o z l o v, N. M. Perevozka drenažnych trub v kontejnerach. (Palettenumschlag von Dränrohren.) - Gidrotechnika i melioracija, Moskva 20 (1968) Nr. 4. S. 70-75. - 5 Abb., 2 Tab.

Die Holzpaletten für Dränrohre werden von Traktor-Anbaukränen von den LKW abgehoben und zu den Dränbaggern "ETN-171" gebracht. Die Einsparungen an Arbeitszeit und Kosten je 100 ha werden aufgrund von Untersuchungen auf 8000 ha Dränflächen im Moskauer Gebiet ausgewiesen. Die Umschlagzeit verkürzt sich auf 1/5, die Kosten verringern sich um 6,88 Rbl./ha.

Der "ETN-171" wird ferner mit 2 Bandrollen zur Aufnahme von 80...100 m Glasvlies- oder Glaswolleband ausgestattet, das während der Rohrverlegung unter und über die Dränrohre gelegt wird. Gleichzeitig wird mit passiven Schneidorganen, die mit 2 Seilen an der Eimerleiter befestigt sind, Mutterboden auf die Rohre gekratzt. Das weitere Verfüllen erfolgt mit dem Planiertraktor "DT-55". Mit dieser Technologie werden nur noch 3 AK je Dränbrigade gebraucht. In der Meliorationsmaschinen-Station Šachov konnten mit dieser Technologie die Leistungen um 36 % erhöht und die Kosten um 24 % gesenkt werden. R.Teipel. 5110c.

1-68/09-0087 B e n c m a n, M. und G a t a l ' s k i j, E. Sposob obnaruženija trass i mest zakuporki zakrytogo drenaža. (Methode zum Orten der Trasse und der Verstopfungen von Dränleitungen.) - Gidrotechnika i melioracija, Moskva 20 (1968) Nr. 4. S. 75-79. - 6 Abb., 2 Lit.

1966 wurde vom Spezialkonstruktionsbüro (SKB) "Meliormaš" das Dränspülgerät "D-910" entwickelt, das zusätzlich mit einem Generator als Stromerzeuger und dem nach dem Induktionsprinzip arbeitenden Kabelsuchgerät "VTR-IV M" komplettiert wurde, um auch Trassen und Verstopfungen orten zu können. Die Trasse wird mit ± 0,1 m und die Verstopfung mit ± 0,5 m Genauigkeit festgestellt. Eine erfahrene und aufmerksame Bedienung findet eine Verstopfung auf 150 m Meßstrecke in 6...7 Min. R.Teipel. 5110c.

1-68/09-0088 S u r i k o v, V. Primenenie kanaloočistitelja D-490 M. (Einsatz des Grabenreinigers "D-490 M".) - Technika v sel'skom chozjajstve, Moskva 28 (1968) Nr. 4. S. 29-30. - 1 Abb.

In der Meliorationsmaschinen-Fabrik Mosyr wird seit 1966 der Grabenreiniger (GR) "D-490 M" mit Frässcheibe und Kratzkette als Anbaugerät für den Moortraktor "DT-55 A S/2" (mit Kriechgang) gebaut, der parallel zur Grabenachse arbeitet und vom Traktoristen gut zu überblicken ist. Die Arbeitsorgane des GR können von 2 AK in 1,5...2 Std. an- und abgebaut werden. Bei 1,5 m Grabentiefe, 0,2...1 m Sohlbreite, einem Böschungsverhältnis von 1:1...1,5 und 2,48 m Arbeitsbreite leistet die GR 63 m^3/h. Die Arbeitsgeschwindigkeiten der GR betragen 0,53...0,93 km/h, der spez. Bodendruck im Mittel 0,38 kp/cm^2. Die Kratzkette hat eine Umlaufgeschwindigkeit von 3,14 m/s. Das Kettenlaufwerk des Traktors muß wegen hohen Verschleißes durch den Bewurf mit Schlamm 2...3mal in einer Saison ausgewechselt werden. Es wird ein Stahlschutzblech beschrieben, das den Aushub vor der Kette auffängt. Die Kratzketten halten 80...100 Std. Die vom Werk mitgegebenen 3 Ersatzketten reichen nicht aus, es wird vorgeschlagen, einzelne Kratzkettenteile mitzugeben. Die Kratzkette deformiert die Grabenböschungen und schränkt damit den Effekt der Arbeit ein, doch ist dieser Fehler auch bei anderen GR zu beobachten. Der GR ist einfacher im Aufbau und fördert den m^3-Aushub 1,5mal billiger als der Bagger "EM-152 A" und 2mal billiger als der GR "KOB-1,5". R.Teipel. 5110d.

1-68/09-0089 K a l m y k o v, P. Skašivanie sornjakov na orositel'nych kanalach. (Krautmähen an Bewässerungskanälen.) - Technika v sel'skom chozjajstve, Moskva 28 (1968) Nr. 4. S. 30-31. - 2 Abb.

In vielen Bewässerungswirtschaften werden die Bewässerungsgräben noch von Hand ausgemäht, wobei 1 ha 20...22 Rbl. kostet. Bei Einsatz der Mähwerke "KSCh-2,1", "KZN-2,1" und des Spezialmähers "KOK-5,8" (entwickelt im JuŽNIIGiM) verringern sich die Mähkosten erheblich. Im Sowchos "Prigorodnyj" im Gebiet Rostov schafft der "KSCh-2,1" in einer 7-Std.-Schicht 1,5 ha Grabenböschung. Die Mähkosten betragen nicht mehr als 3 Rbl./ha. Das nicht für Grabenböschungen konstruierte Mähwerk bricht aber oft, daher wird das Planieren der Grabenböschungen- und -ränder mit dem Planiertraktor POK-5-8 (Abb.), der ein Winkelschiebeschild vorn und 2 hinten hat, vorgeschlagen. Der Böschungsmäher "KOK-5,8" (Anbau an Radtraktor mit Stützrad auf dem anderen Grabenrand) hat 1966 im Nordkaukasus mehr als 1000 ha Grabenböschungen gemäht. Die Leistung betrug in 7 Std. bei nicht planierter Böschung bis 3 ha bei Kosten von 2 Rbl./ha. R.Teipel. 5110d.

1-68/09-0090 F u l d a, Eckart. Beregnung und Frostschutz: Zeit des schnellen Fortschritts vorbei. - Landtechnik 23 (1968) Nr. 14. S. 488-490. - 6 Abb.

Bei den Feldberegnungsanlagen sind die 1958 vorgestellten Rohr-Schlauchkombinationen weiter entwickelt worden. Der hohe Anschaffungspreis wird durch die erzielbaren Arbeits- und Transporterleichterungen aufgewogen. Durch das vollmechanisierte Auslegen und Einholen der aufspulbaren Plastrohre und der ziehbaren Regnerstative läßt sich jegliches Betreten des Feldes vermeiden. Weitere Neuerungen sind Dynalen-Kunststoffrohre mit symmetrischen Schnellkupplungen, Einspülstandrohre und Standortkupplungen mit Selbstschlussventilen. Die Feldnetzberegnung oder das Totalbedeckungssystem sind ortsfeste Anlagen auf Zeit, bei denen sich das Rohretragen erübrigt. Als Beregnungspumpen haben sich Schneckenpumpen bewährt.

G.Wünsche/Bornim. 5110e.

1-68/09-0091 B a l s e r, R. L. Sprinkler irrigation systems. (Beregnungssysteme.) - Agric. Nitrogen News, Memphis/Tenn. 18 (1968) Nr. 3. S. 23. 25. - 2 Abb.

Beregnung kommt vor allem auf leichten, sandigen Böden in Frage, wo die Oberflächenbewässerung nicht geeignet ist. Ein Planieren des Geländes ist nicht erforderlich. Der Übergang zur Beregnung ermöglicht außerdem die gleichzeitige Düngung, in erster Linie Stickstoffdüngung. Die Betriebskosten und der Arbeitsaufwand sind sehr gering. Kosten entstehen durch den Vorratsbehälter und eine Dosierpumpe. Die Düngergaben können dem zeitlichen Bedarf der Pflanzen gut angepaßt werden. Die Düngerverregnung wird vor allem bei selbstfahrenden drehenden Beregnungsanlagen wie z.B. dem Typ "Valley" angewendet. D.Voigt. 5110e.

1-68/09-0092 D o j k o v, K. Vlijanie na napojaveneto vărchu proizvoditelnostta na truda i njakoi văzmožnosti za nejnoto povišavane. (Einfluß der Bewässerung auf die Arbeitsproduktivität und über einige Möglichkeiten zur Steigerung der letzteren.) - Naučni trudove. Visš selskostopanski institut "Vasil Kolarov". Agronomičeski fakultet, Plovdiv 16 (1967) Nr. 1. S. 363 bis 372. - 4 Tab., 6 Lit. Zus. in Russ., Dtsch. - nach Zus.

Die Untersuchung wurde auf einer LPG im Bezirk Plovdiv durchgeführt. Untersuchungsergebnisse: Die Verwendung von Rohrleitungen aus Polyäthylenfolie bei der Bewässerung des Körnermaises führt zu einer wesentlichen Erhöhung (mehr als das Zweifache) der Arbeitsproduktivität der Bewässerungsarbeiter gegenüber der Bewässerung mit Hilfe der Hacke. Bei der Arbeit mit 13 Rohrleitungen aus Polyäthylenfolie wird die Arbeitszeit des Bewässerungsarbeiters nicht genügend ausgenutzt. Eine gute Zeitausnutzung wird bei 18 Rohrleitungen erreicht, ohne daß der Kraftaufwand des Arbeiters überfordert wird. 5110e.

1-68/09-0093 S o k o l o v, A. und K o r š i k o v, A. Peredvižnoj sifonnyj agregat. (Beweglicher Heber.) - Technika v sel'skom chozjajstve, Moskva 28 (1968) Nr. 5. S. 41-42. - 1 Abb., 1 Zeichn.

Vom JuŽNIIGiM wurde der transportable Heber "PAS-3" (Masse 250 kg) für den Traktor "MTZ" (als Transportmittel) entwickelt. Die Abwinklungen der Heberteile entsprechen einer Böschungsneigung von 1 : 1,5, der Durchlaß beträgt bei Wassertiefen bis 0,6 m und 400 mm Dmr. des Hebers 350 l/s, das Aufladen des Hebers auf den Traktor dauert 1...2 Min. Ein Traktorist bewässert mit 2 Hebern 18...20 ha/Schicht. R.Teipel. 5110e.

1-68/09-0094 G u s e j n - Z a d e, S. und C h u d i e v, F. Dizel'nyj dvigatel' na doždeval'nych mašinach. (Dieselmotoren auf Bewässerungsmaschinen.) - Technika v sel'skom chozjajstve, Moskva 28 (1968) Nr. 4. S. 31-32.

Bei den Beregnungsaggregaten "DDA-100M", "DDN-45" u.a. werden vom Dieselmotor mit der Luft 10...200 g/m^3 Wasser mit angesaugt. Im Aserbaidž. Forsch.-Inst. für Hydrotechnik und Melioration wurden Versuche über die Wirkung erhöhter Luftfeuchte auf Motoren durchgeführt. Bei 10...160 g/m^3 Wassergehalt erhöhte sich der Kraftstoffverbrauch bei Vollast um 10 % und bei 25%iger Belastung um 100 %. Die in den Zylinder eingesaugte Feuchtigkeit verschlechtert die Selbstentzündung. 120 Std. lang wurden Verschleißversuche mit 10 und 100 g Feuchtigkeit je m^3 Ansaugluft durchgeführt, wobei u.a. der Masseverlust der Kolben ermittelt wurde. Der Verschleiß war bei feuchter Luft um 52 % höher. Ferner wurden verschiedene Filter erprobt. Es ist zweckmäßig, Filter zum Trocknen der Luft vorzuschalten.

R.Teipel. 5110e.

1-68/09-0095 P e r e v e r z e v, S. K. und P o p o v a, T. I. Dizel'-nasosnyj agregat 08-35G - AM-01. (Dieselpumpenaggregat "08-35G-AM-01".) - Gidrotechnika i melioracija, Moskva 20 (1968) Nr. 4. S. 61-63. - 3 Abb., 2 Tab.

In den mittelasiatischen Republiken und in Südkasachstan sind in der Bewässerung mehr als 10000 kleinere halbstationäre Diesel- und Elektropumpaggregate in Betrieb. Die Werke produzieren jährlich etwa 3000 Aggregate, 5000...6000 werden gebraucht. Vom Mittelasiat. Forsch.-Inst. für Bewässerung (SANIIRI) wurde zusammen mit dem Konstruktionsbüro des Werkes "Selmaš" Mankent 1966/67 eine Versuchsserie der Dieselpumpe "08-35 G-AM-01" entwickelt.

Die auf Doppel-T-Rahmen montierte Pumpe leistet bei 980...1300 U/min 250...480 l/s bei 3,5...14,0 m WS Druck und 1,5...3 m Ansaughöhe mit 85 % Wirkungsgrad. Der Leistungsbedarf an der Pumpenwelle beträgt 30...97 PS. Die Pumpe kann auch als bewegliche Pumpstation "SNP-400/12" oder mit Elektromotor hergestellt werden. 1967 arbeiteten 6 Pumpaggregate in 3 Sowchosen Süd-Kasachstans jeweils 1200 Std. R.Teipel. 5110e.

1-68/09-0096 Š i š k o v, I. Peredvižnaja nasosnaja stancija SNP-500/10. (Bewegliche Pumpstation "SNP-500/10".) - Technika v sel'skom chozjajstve, Moskva 28 (1968) Nr. 5. S. 39-40. - 1 Abb., 1 Skizze, 1 Tab.
Vom Maschinenbaubetrieb "Selmaš" Mankent wurde zusammen mit dem Mittelasiat. Forsch.-Inst. für Bewässerung die Pumpstation "SNP-500/10" entwickelt. Sie besteht aus einer Axial-Propellerpumpe mit eingebautem Reduktor, die 545...700 l/s auch stark sandiges und schlammhaltiges Wasser 11...5 m hoch fördert und die durch den 110-PS-Dieselmotor "AM-01" angetrieben wird. Die Ansaughöhe beträgt 2,5 m, der Wirkungsgrad der Pumpe 75 %, der Kraftstoffverbrauch des Motors 185 g/PSh, die Länge der mitgelieferten Saug- und Druckrohrleitung 30 m, die Masse der gesamten Station 5500 kg. Das Aggregat kostet 4200 Rbl., 1 m^3 gefördertes Wasser 0,07 Kop. In 10 Std. kann die Station durchschn. 215000 m^3 umpumpen und bei einer Bewässerungsnorm von 1000 m^3/ha 20 ha/Schicht bewässern. Die erste Serie dieser Pumpen hat in der Bewässerungssaison 1967 in Betrieben des Ksyl-Ordinsker Gebietes zuverlässig gearbeitet. R.Teipel. 5110e.

1-68/09-0097 P a n a s e n k o, P. D. Opyt izgotovlenija malonapornych železobetonnych trub dlja orositel'nych sistem. (Versuchsherstellung von Niederdruck-Eisenbetonrohren für Bewässerungssysteme.) - Gidrotechnika i melioracija, Moskva 20 (1968) Nr. 4. S. 30-35. - 6 Abb.
1966/70 werden für den Bau von Bewässerungssystemen über 6000 km Eisenbetonrohre von 50...150 cm Dmr. benötigt. Das entspricht einer Produktion von 400000 m^3 Rohren je Jahr. Der Einsatz von Niederdruckrohren (bis 3 at Arbeitsdruck) wäre sehr ökonomisch, da die Selbstkosten der Hochdruckrohre (bis 10 at) 1,5...2mal höher sind. Seit 1960 werden in Betonwerken der BSSR 4,2 m lange Niederdruckrohre (NDR) nach der Zentrifugiermethode hergestellt. Auch in der Mold. SSR wurden damit Erfahrungen gesammelt, so daß die Herstellung von 4...5 m langen NDR der Dmr. 50...70 cm aus nicht vorgespanntem Eisenbeton mittels Keilriemenzentrifuge und 3schichtigem Auftrag des Betongemisches in das wasserwirtschaftliche Bauwesen eingeführt werden kann. Die Technologie der vertikalen Vibroformung 4...5 m langer NDR der Dmr. 80...150 cm muß noch erprobt werden. Im Eisenbetonwerk Suklei wurden 2 m lange Rohre der Dmr. 60...140 cm mit vertikalen Vibroformen und unbeweglichem Vibrokern hergestellt. R.Teipel. 5110e.

1-68/09-0098 B a u c h, W. Prinzipien des Bauens in der Landwirtschaft. - Arch. Naturschutz Landschaftsforsch. 8 (1968) Nr. 1. S. 89-93.
Die landschaftsverändernde Tätigkeit des Menschen war niemals einschneidender als gegenwärtig. Als Gestalter seines Lebensraumes formt der Mensch das Gesicht der Landschaft. Hierbei sind alle techn. Bauten des Ingenieurwesens von gleicher Bedeutung. Unter diesem Aspekt sollten auch die Prognose, künftige Generalraumplanungen und Territorialplanungen aufgestellt werden.

Die Mehrzwecknutzung muß zur Selbstverständlichkeit werden, um den Landverlust in erträglichen Grenzen zu halten. Besonders in der letzten Zeit vollzog sich ohne Einbuße an Heimatverbundenheit ein Wandel vom ehedem konservierenden Naturschutz zur modernen aktiven Landschaftspflege. Die aufgestellten Thesen werden an einigen Beispielen erläutert.

A.Juergens/Mel.Rostock. 5110h.

1-68/09-0099 G r o t h, K. Melioration von Feldsöllen in den Nordbezirken der DDR. - Feldwirtschaft 9 (1968) Nr. 7. S. 320-322. - 3 Abb., 3 Lit. 5110h.

1-68/09-0100 F e u e r l e i n, Walter. Geräte zur Bodenbearbeitung. - Mitt.dtsch. Landwirtsch.-Ges. 83 (1968) Nr. 25. S. 930-935. - 5 Abb.

Die 50. DLG- Ausstellung zeigte u.a. 6furchige Drehpflüge für 150-PS-Traktoren und einen 7furchigen Drehpflug von John Deere im Baukastenprinzip. Bei den Spezialpflügen waren verschiedene Firmen mit Maispflügen vertreten. Die Hydraulik wird am Pflug zum Drehen, zur Einstellung der Arbeitsbreite oder für die Betätigung der Steinsicherung verwendet. Die neuen Fräsen sind mit Schaltgetrieben versehen. Eine Howard-Fräse hat Zahnrad- statt Kettenantrieb. Rütteleggen mit 2...4 Balken wurden gezeigt, daneben Zinkeneggen (mit Wälzeggen gekoppelt) sowie 3wellige Spatenwälzeggen. Auch bei den Feingrubbern gab es Verbesserungen (Doppelwerkzeuge zur Verkleinerung des Strichabstandes). Fa. Hoes zeigte einen schweren tiefgreifenden schwingenden Grubber mit Zapfwellenantrieb. Zur Flüssigdüngung werden Pflug, Grubber oder Scheibenegge mit Amuniakdüsen versehen. Der Pumpenantrieb erfolgt über Zapfwelle oder Bodenrad. - Bei dem Rau-Rotex-System für die Minimalbearbeitung wird das Vorlaufgerät (Fräse, Rüttelegge, Grubber oder Egge) durch die nachlaufende Wälzegge abgestützt. L.Kunath/Bornim. 5115a.

1-68/09-0101 P o e s s e, G.J. und B o e r, J. Grond en werktuig (I). (Boden und Werkzeug. 1. Mitt.) - Landbouwmechanisatie 19 (1968) Nr. 7. S. 627-628. - Zus. in Engl.

Einleitend zu einer Artikelserie verweisen Vff. auf die z.Z. noch bestehende Notwendigkeit einer Bodenbearbeitung im Interesse der Unkrautbekämpfung, der Einarbeitung winterfester Gründungpflanzen, der Homogenisierung sowie des Einebnens der Ackerkrume und der Schaffung einer lockeren Bodenschicht. Diese 4 Faktoren sollten grundsätzlich durch Kombination verschiedener Werkzeuge entsprechend den Standortbedingungen der Kulturpflanzen zu realisieren sein, wobei ein optimales Resultat möglichst mit einem Minimum an Aufwand anzustreben ist. Die Bodenbearbeitung im Herbst bildet bei allen Varianten den Schwerpunkt, die Frühjahrsarbeit nur eine Ergänzung. E.Kraaz/Bornim. 5115a.

1-68/09-0102 H o o g e r k a m p, M. Een snelle methode van grasland verbeteren. (Ein Schnellverfahren für die Verbesserung von Grünland.) - Loonbedrijf Land- en Tuinbouw 21 (1968) Nr. 5. S. 345. 347. 349. - 2 Abb.

Die Fa. Lely hat eine Bodenfräse entwickelt, die in einem Arbeitsgang die alte Grasnarbe zerkleinert und ein einwandfreies Saatbett für die Neueinsaat schafft. Bewährt hat sich die Kopplung von Fräse und Cambridgewalze.

Für den Antrieb der Fräse wird ein 70...80-PS-Traktor benötigt. Auf Grünland mit starkem Queckenbesatz befriedigt die Arbeit der Lely-Fräse nicht. Die Neueinsaat kann direkt nach dem Fräsen und Walzen erfolgen. Als günstig hat sich der Einsatz der Brillion-Spezialdrillmaschine für Grassamen erwiesen. L.Machler. 5115b.

1-68/09-0103 S c h a c h t, H. Rosenstand. Ploven i fortid og nutid. (Der Pflug früher und heute.) - Landbrukstekn.Mag., København 47 (1968) S. 29-44. - 29 Abb., 22 Lit.

Überblick über die historische Entwicklung des Pfluges. Die Geschichte des Pfluges beginnt mit 2teiligen Kreuzpflügen. Durch Hinzufügen einer Gleitsohle entstanden die 3teiligen Sohlenpflüge bereits vor mehreren tausend Jahren. Die 4teiligen Pflüge - bekannt ist der Mecklenburgische Haken - enthalten eine zusätzliche Stütze. Diese Pflüge hatten mitunter einen 2rädrigen Vorderwagen. Radpflüge sind ebenfalls 4teilig. Das Alter ihrer Entstehung ist nicht völlig geklärt. In geschichtlicher Zeit lassen sich die vielen Verbesserungen verfolgen, die zu den heutigen Pflügen führen. Pflugvergleichsprüfungen fanden bereits 1820 in Dänemark statt. - Rotierende Werkzeuge (Scheibenpflüge, Schraubenpflüge, Spatenpflüge und Fräsen) haben die Bedeutung des Pfluges bisher noch nicht gemindert. H.Maltry/Bornim. 5115c.

1-68/09-0104 Z u m b a c h, W. Eignung und Wirtschaftlichkeit moderner Bodenbearbeitungsgeräte und -maschinen. - Traktor u. Landmaschine, Brugg 30 (1968) Nr. 8. S. 544-552. - 4 Abb., 4 Diagr.

Der Zugkraftbedarf eines Pfluges wird aus spezifischem Bodenwiderstand, Furchenbreite und -tiefe sowie aus dem dynamischen Pflugwiderstand, der von der Scharform und der Fahrgeschwindigkeit abhängt, ermittelt. Mit Hilfe dieses Zugkraftbedarfs, der Fahrgeschwindigkeit und des Rollwiderstandes kann die Motorleistung des Traktors errechnet werden. Eine größere Flächenleistung ist günstiger durch eine Vergrößerung der Arbeitsbreite als durch eine Erhöhung der Fahrgeschwindigkeit zu erreichen. Für die Wirtschaftlichkeit ist neben der Flächenleistung die jährliche Auslastung maßgebend. 2-Furchen-Pflüge sind bei einer jährlichen Ackerfläche von 6...8 ha einsetzbar; 3-Furchen-Pflüge erst bei ca. 40 ha/Jahr. Anbaupflüge werden vorwiegend als Volldreh- und Winkeldrehpflüge gebaut. Sie sind in der Schichtlinie beim Bergwärtswenden bis zu einer Neigung von 25...30 % einsatzfähig. Zur Ausrüstung eines Anbaupfluges sollte auch eine Steinsicherung gehören. G.Wünsche/Bornim. 5115c.

1-68/09-0105 L o v e l i d g e, Brian. Farmer's experiences of high-speed ploughing on various soils. (Erfahrungen der Landwirte mit dem Schnellpflügen auf verschiedenen Böden.) - Farm Mechanizat. & Buildings, London 20 (1968) Nr. 226. S. 46.47. - 4 Abb.

Noch vor einigen Jahren versuchte man, die Arbeitsproduktivität unter Verwendung allradangetriebener Traktoren größtmöglicher Leistung gekoppelt, mit Pflügen großer Scharbreite und hoher Scharzahl zu steigern. Die enorme Belastung hat einen hohen Materialverschleiß zur Folge. Eine bessere Alternative besteht in der Methode des Schnellpflügens, welche sich erst in den letzten Jahren nach der Entwicklung geeigneter Schnellpflüge durchsetzen konnte.

In den meisten Fällen erübrigt sich hierbei sogar ein nachfolgendes Eggen, da die schnellgepflügte Ackerfläche so gut umgebrochen ist, daß man nicht einmal mehr die Furchen erkennen kann. Gerade im Frühjahr hat sich der Einsatz von Schnellpflügen auf den verschiedensten Böden bestens bewährt.

S.Lehmann/Bornim. 5115c.

1-68/09-0106 V o g t, Cord. Die Einarbeitung von Mähdrescherstroh. - Lohnunternehmen in Land- u. Forstwirtsch. 23 (1968) Nr. 6. S. 168.170.

Stroh, das in den Boden gebracht werden soll, muß ausreichend zerkleinert sein. Gute Anbauhäcksler am Mähdrescher haben einen Leistungsbedarf von 10...15 PS. Saatpflüge bringen das Stroh sauber ein, vergraben es aber tief, so daß es schlecht verrottet. Mit dem Schälpflug wird nur eine unzureichende Vermischung von Stroh und Boden erreicht. Die Rahmenhöhe der Pflüge sollte mindestens 60...65 cm und der Körperabstand 90 cm betragen. Der Kreiselpflug bringt Stroh gut unter. Der Scheibenpflug, der ähnlich wie die Scheibenegge arbeitet, sollte für die Stroheinarbeitung mit gezackten Scheiben ausgestattet sein. Spatenwälzeggen oder Rollspateneggen mit einem Leistungsbedarf von 40 PS und mehr müssen zur Erzielung eines befriedigenden Arbeitseffektes mit Geschwindigkeiten von 10...12 km/h gefahren werden. Das wichtigste Gerät für die Stroheinarbeitung ist die Fräse, die das Stroh gut unterbringt, mit dem Boden vermischt und dabei den Boden gut krümelt.

G.Wünsche. 5115c.

1-68/09-0107 T u r b i n, B. I. K utočneniju teorii pluga. (Eine Berichtigung der Theorie des Pfluges.) - Doklady Vsesojuznoj ordena Lenina akademii sel'skochozjajstvennych nauk imeni V.I. Lenina, Moskva 1968 Nr. 4 S. 39-41. - 4 Schemata, 3 Lit.

Das bei der Untersuchung der Pflugbewegung übliche Verfahren, das räumliche Kräftesystem durch 3 ebene, zueinander rechtwinklig angeordnete Systeme zu ersetzen, ist fehlerhaft, weil diese 3 Systeme dem räumlichen System nicht äquivalent sind. Dieser Ersatz ist jedoch möglich, wenn beim Übergang von einem Kräftesystem zum anderen funktionelle Abhängigkeiten benutzt werden. Vf. leitet die diese Abhängigkeiten bestimmenden Gleichungen ab und entwickelt ein Verfahren für das Bestimmen der 3 am Pflug angreifenden oder in den Lenkern der Dreipunkt-Aufhängung wirkenden Kräfte. Er betrachtet hierbei am Beispiel eines Dreifurchen-Anbaupfluges den Übergang von den am Pflug angreifenden räumlichen Kräften zur Projektion dieser Kräfte auf mit dem Pflugrahmen verbundene, zueinander senkrecht stehende 3 Flächen sowie umgekehrt von den Kräfteprojektionen zum räumlichen Ausgangssystem.

W.Balkin. 5115c.

1-68/09-0108 A n o n y m. Automatplog fra Kverneland. (Automatpflug von Kverneland.) - Norsk Landbruk 1968 Nr. 10. S. 27. - 1 Abb.

Die norwegische Fa. Kvernelands Fabrikk A/S hat unter der Bezeichnung "Stenomat" einen neuen Pflugtyp auf den Markt gebracht, der vollautomatische Auslöser für jeden Pflugkörper besitzt. Infolgedessen hebt sich jeder Pflugkörper beim Auftreffen der Scharspitze auf einen Stein oder ein anderes Hindernis automatisch und senkt sich nach Passieren des Hindernisses wieder auf die vorherige Arbeitstiefe in den Boden. Unerwünschte Unterbrechungen des Pflügens werden dadurch vermieden.

Der Stenomat-Pflug besitzt einen Hauptrahmen in Rohrkonstruktion; jeder Pflugkörper wird durch eine Blattfeder im Auslösermechanismus belastet, deren Druck in der Arbeitsstellung des Pfluges am stärksten ist; beim Anheben des Pflugkörpers und Passieren des Hindernisses verringert sich der Federdruck. Scheibensech und Schälschar werden zusammen mit dem Pflugkörper angehoben. Der Stenomat-Pflug kann mit 2...5 Pflugscharen geliefert werden; bei schwierigen Arbeitsverhältnissen kann jeder Pflugkörper einzeln aufgeklappt und ausgeschaltet werden, wodurch die Zahl der arbeitenden Pflugschare verringert wird. A.Grönholm. 5115c.

1-68/09-0109 A n o n y m. Traktorplog Fiskars Aslak, typ PP 313. (Traktorpflug Fiskars Aslak, Typ "PP 313". - Staatlicher Maschinenprüfbericht Ultuna.) - Statens Maskinprovningar, Medd. Nr. 1903 (1967) S. 1-3. - 1 Abb.

Hersteller: Oy Fiskars AB, Finnland. Masse 565 kg; Preis in Schweden 2540 skr. (ca. 2000 M); Arbeitsbreite 1,00 m, größte Scharbreite in Querrichtung 270 mm, Abstand Sohle-Rahmen-Unterkante 580 mm. Der Pflug wurde im Sommer und Herbst 1967 im wesentlichen auf festem Boden eingesetzt. Der Pflug arbeitete gut. Er war sowohl für das Grundpflügen als auch für das Tiefpflügen geeignet. Beim Grundpflügen blieb oft eine schmale unbearbeitete Kante in der Furchensohle stehen. Der Pflug war bequem einzustellen. Er konnte mit verhältnismäßig hoher Fahrgeschwindigkeit gefahren werden. Die Auslösevorrichtung funktionierte beim Auffahren auf Steine gut. Während der Prüfung brachen einige Teile, die nach Angaben des Herstellers verstärkt sind. H.Maltry/Bornim. 5115c.

1-68/09-0110 S c h m i d, H. Anhänge-Scheibenschälpflüge "ETB 24" und "ETB 18" der Landmaschinenfabrik Mosonmagyaróvár/Ungarn. - DDR, Staatl. Komitee Landtechn. u. MTV. - Zentr. Prüfstelle Landtechn. Potsdam-Bornim, Prüfber. Nr. 502. (1968) Gr.-Nr. 3 c, - 1 Abb., 2 Tab.

Der Anhänge-Scheibenschälpflug ist zum Stoppelsturz auf geräumten Halm- und Blattfruchtflächen vorgesehen und kann mit einer Arbeitsbreite von 4700 mm und einer max. Arbeitstiefe von 200 mm eingesetzt werden. Das Gerät verfügt über 24 Scheiben, die in einem Abstand von 230 mm angeordnet sind. Die Arbeitsqualität des Scheibenpfluges ist wesentlich von der Arbeitstiefe abhängig, wobei auf leichtem Boden bis 20 cm tief gearbeitet werden konnte. Ein gleichmäßiges Abschneiden aller Wurzelunkräuter wird bei einer Arbeitstiefe von 10 cm erreicht. Die Einzelaufhängung der Scheibensätze wirkt sich positiv auf die Bodenanpassung aus. In der Durchführungszeit erzielte das Gerät im Einsatz mit Traktoren von 90 PS Motornennleistung auf Lehmboden Flächenleistungen von 3,16 ha/h. Hierbei betrugen die Aufwendungen 0,32 AKh/ha und 28,8 MPSh/ha. Die Masse des Scheibenschälpfluges wird mit 1790 kg angegeben. Der durchschnittliche Reparaturanteil von 4,1 min/ha liegt im vertretbaren Bereich. Der Anhänge-Scheibenschälpflug "ETB 24" hat in Verbindung mit dem Traktor "T 100 M" eine Einsatzberechtigung auf allen Böden, insbesondere auf schwerem Boden. Für den Traktor "ZT 300" wird der Scheiben-Schälpflug "ETB 18" empfohlen, der in allen Bauteilen dem Typ "ETB 24" entspricht, jedoch mit 18 Scheiben eine geringere Arbeitsbreite (3,30 m) aufweist. Prüfurteil: "geeignet". G.Müller/Bornim. 5115c.

1-68/09-0111 Z a g r a l o v, I. Bolgarskij diskovyj plug. (Bulgarischer Scheibenpflug.) - Mechanizacija i elektrifikacija na selskoto stopanstvo, Sofija 17 (1967) Nr. 12. S. 29.

Der 14-Scheiben-Pflug ist für das Anhängen an die Traktoren "DT-54" und "Belaruś' MTZ-5" vorgesehen. Bei einem Anstellwinkel von 36° hat der Pflug eine Arbeitsbreite von 2100 mm und bei 42° von 1630 mm. Er wird auf Böden mit einem Bodenwiderstand von 0,70 kp/cm² bei einer Arbeitstiefe von 10...12 cm eingesetzt. In Kombination mit dem Traktor "DT-54" beträgt die Flächenleistung 0,93 ha/h. NRB/CSNTI. 5115c.

1-68/09-0112 M a t j a š i n, Ju. Puti sniženija ėnergoemkosti frez. (Wege zur Herabsetzung des Energieverbrauchs von Bodenfräsen.) - Technika v sel'skom chozjajstve, Moskva 28 (1968) Nr. 5. S. 81-82. - 2 Diagr.

Bei der Gewinnung von Neuland sind Bodenfräsen unersetzbar. Theoretische und praktische Untersuchungen wurden mit Bodenfräsen mit Frästrommeln von 160, 240 und 320 mm Dmr. bei gleicher Arbeitstiefe und Schneidgeschwindigkeit durchgeführt. Am vorteilhaftesten arbeiten Fräsen, deren Dmr. um 1,2 ...1,4mal größer als die Frästiefe ist. Die theoretischen Berechnungen werden vom Vf. gegeben. Die Vergleiche zwischen den einzelnen Modellen sind in Form von Tab. angeführt. U.Lindner. 5115d.

1-68/09-0113 B o j a d ž i e v, P. Proučvanija vurchu eksploatacionnite pokazateli na težkata diskova brana BD-2,2 iz julzuvana za predseitbena podgotovka na počvata. (Untersuchungen über die Betriebseigenschaften der schweren Scheibenegge "BD-2,2" bei ihrem Einsatz vor dem Säen zur Bereitung des Saatbettes.) - Naučni trudove. Visš selskostopanski institut "Vasil Kolarov". Agronomičeski fakultet, Plovdiv 16 (1967) Nr. 1. S. 337-346. - 3 Abb., 3 Tab., 3 Lit. Zus. in Russ., Dtsch. - nach Zus.

Vf. untersucht den Einsatz der Scheibenegge "BD-2,2" vor der Herbstsaat zur Bereitung des Saatbettes. Die betriebstechn. Untersuchungen wurden bei ihrer Arbeit auf schweren Böden und bei großer Trockenheit durchgeführt. Ergebnis: Die Egge kann als selbständiges Werkzeug bei der Bodenbearbeitung vor der Herbstsaat eingesetzt werden. Es wurden die betriebstechnischen Kennzahlen, die erforderliche Leistung, die Art der Bewegung und die verschiedenen Betriebskoeffizienten bestimmt. 5115f.

1-68/09-0114 Z u m b a c h, W. Eignung und Wirtschaftlichkeit moderner Bodenbearbeitungsgeräte und -maschinen. - Traktor u. Landmaschine, Brugg 30 (1968) Nr. 9. S. 615-623. - 8 Abb., 1 Diagr.

Zinkeneggen mit 2...4 m Arbeitsbreite werden am besten mit einem Tragrahmen am Traktor angebaut. Neben Spitzzinken verwendet man auch Löffeleggen mit gänsefußförmigen Zinken. Der Leistungsbedarf beträgt 1,6...2,7 PS je m Arbeitsbreite, und die günstigste Geschwindigkeit liegt bei 5...7 km/h. Daneben werden 2...3 m breite Vibrierzinken-Kultivatoren eingesetzt, die mit Drahtwalzen eine ideale Kombination ergeben. Der Zinkenabstand beträgt 10 cm, so daß man eine volle Bearbeitung der Ackerfläche bei mehr als 10 cm Arbeitstiefe erreicht. Der Leistungsbedarf liegt je nach Bodenwiderstand zwischen 6 und 10 PS je m Arbeitsbreite. Eine optimale Arbeitsqualität wird bei Geschwindigkeiten von 6...8 km/h erreicht.

G.Wünsche/Bornim. 5115f.

1-68/09-0115 A n o n y m. Harv Prela typ SH-5. (Zinkenegge Prela, Typ "SH-5" - Staatlicher Maschinenprüfbericht Ultuna.) - Statens Maskinprovningar, Medd. Nr. 1901. (1967) S. 1-4. - 2 Abb.

Hersteller: Maschinenfabrik Prela, Prastö, Dänemark. Masse 630 kg; Arbeitsbreite 523 cm. Die Egge hat 80 Zinken (5 Felder). Sie ist vorwiegend zur Saatbettbereitung vorgesehen und arbeitete sowohl auf schwerem als auch auf leichtem Boden gut. Der Boden wurde bes. bei hohen Fahrgeschwindigkeiten (ca. 8 km/h) gut eingeebnet. Für ein gutes Saatbett sind auf schwerem Boden zwei Arbeitsgänge erforderlich. Auf sehr klutigem Lehmboden vermochte die Egge die Kluten nicht in größerem Ausmaß zu zerteilen. Die Egge mußte zuweilen belastet werden, um ausreichend Arbeitstiefe zu erreichen. Pflanzenteile in der Egge konnten durch Anheben leicht entfernt werden. Die Einstellung der Arbeitstiefe war leicht durchführbar. Im allgemeinen genügte ein 60-PS-Traktor für das Ziehen der Egge. H.Maltry/Bornim. 5115f.

1-68/09-0116 A n o n y m. Fertilizer application. (Anwendung von Düngemitteln.) - Farm Mechanizat. & Buildings, London 20 (1968) Nr. 225. S.51-52. - 3 Tab.

Auf der Frühjahrstagung des N.I.A.E. am 27. März 1968, die unter dem Titel "Düngemittelanwendung" stand, wurden folgende Themen behandelt: 1) Die erforderliche Gleichmäßigkeit der Düngemittelausbringung. 2) Die gleichmäßige Verteilung von festen Düngemitteln. 3) Die gleichmäßige Verteilung von flüssigen Düngemitteln. 4) Das zukünftige Bild der Düngemittelanwendung. Zu 1) Die Ungleichmäßigkeit in der Düngemittelverteilung macht sich in einer Verminderung des Ernteertrages bemerkbar. Der Ungleichmäßigkeitskoeff. sollte bei Kartoffeln 10 %, bei Getreide 15 % und beim Grünland 20 % nicht überschreiten. Zu 2) Durch Verbesserungen hinsichtlich der Konstruktion und Funktion kann heute bei Düngerstreuern für feste Mittel ein Ungleichmäßigkeitskoeff. von 10 % als Standard angesehen werden, während 15 % von kaum einer Maschine überschritten wird. Zu 3) Bei Flüssigdünger können in Ausnahmefällen Ungleichmäßigkeitskoeff. von 2,5 % erreicht werden. In der Regel liegt der Wert jedoch zwischen 10 und 25 %. Zu 4) In England wird der Verbrauch von N-Dünger bis 1975 von 680000 t auf 1000000 t, bei K-Dünger von 370000 t auf 500000 t und bei P-Düngemitteln um 200000 t ansteigen. Das kombinierte Flüssigdüngemittel, das N, K und P in gelöster Form enthält, wird von 28 % auf 40 % anwachsen. Wegen der besseren und genaueren Plazierung wird voraussichtlich der Flüssigdünger eine größere Verbreitung finden. W.Bohrisch/Bornim. 5120c.

1-68/09-0117 A n o n y m. De bemesting met ammoniak in de praktijk. (Die Ammoniakdüngung in der Praxis.) - Loonbedrijf Land- en Tuinbouw 21 (1968) Nr. 5. S. 365.367.369. - 5 Abb.

Der Umfang der Ammoniakdüngung ist in den Niederlanden von 120 ha 1965 auf ca. 5000 ha 1967 gestiegen. Ammoniaktransport und -ausbringung erfolgen nach 2 Verfahren: 1) NH_3 wird in großen Tankwagen (ca. 18 t) auf feste Umschlagplätze (im Einsatzgebiet) gebracht, dort in mehrere kleine Tankwagen umgefüllt (ca. 6 t) und von diesen auf das Feld zu dem Injektor transportiert.

Nachteile: Es ist im Einsatzgebiet kein NH_3-Vorrat vorhanden; bei Ausfall eines großen Tankwagens kommt es zu Stillstandszeiten. Schlechte Wege und schmale Brücken verhindern den Transport mit den 6-t-Tankwagen zum Feld.
2) NH_3 wird mit großen Tankwagen zu einem festen Lagerplatz mit einer Kapazität von 8...12 t transportiert und von dort in Vorratsbehältern zum Injektor auf das Feld gebracht. Das 2. Verfahren hat Zukunftsaussichten.

L.Machler. 5120c.

1-68/09-0118 I s e n s e e, Erich. Verfahren der flüssigen Stickstoffdüngung. - Landtechnik 23 (1968) Nr. 8. S. 234-240. - 8 Abb., 2 Tab., 5 Lit.
Es werden 3 Verfahren der flüssigen N-Düngung der festen Stickstoffdüngung mit Kalkammonsalpeter in ihren Vor- und Nachteilen gegenübergestellt. Es sind die Verfahren: Düngung mit wasserfreiem Ammoniak (NH_3), mit Ammoniakwasser und N-Lösungen (Ammoniakaten). Aus der Gegenüberstellung geht hervor, daß zwar höhere Leistungen bei der Düngung mit N-Lösungen, bestehend aus Ammonnitrat und Harnstoff (auf den Boden gespritzt), erzielt werden, aber dennoch zeigen die Verfahrenskosten, daß die NH_3-Düngung als auch die Düngung mit Ammoniakwasser kostengünstiger abschneiden. Letztere eröffnen durch die preisgünstigen Vorteile den Weg zur verstärkten Einführung in die Praxis, vor allem in den intensiven Ackerbaugebieten.

M.Böhlke/Bornim. 5120c.

1-68/09-0119 H a n s e n, C. M. Researcher reviews NH_3 tools. (Bericht über Geräte zum Einbringen von NH_3.) - Agric. Nitrogen News, Memphis/Tenn. 17 (1967) Nr. 6. S. 18-19. 22. - 6 Abb., 2 Lit.
Seit 1950 werden in Michigan (USA) Versuche durchgeführt, die die zweckmäßigste Verwendung von NH_3 und die dafür günstigsten Einsatzgeräte betreffen. NH_3 ist die ursprünglichste Form des Stickstoffes und wegen seiner hohen Konzentration von N (82,5 %) als Düngemittel bes. geeignet. Außerdem hat NH_3 den Vorteil, daß es in Tanks gelagert, transportiert und auch bequem abgefüllt werden kann. Wenn dies Düngemittel unter günstigen Bedingungen in den Boden eingebracht wird, dann treten nur geringfügige oder gar keine Verluste auf. Zu beachten ist hierbei, daß die Eindringtiefe zumindest 9 in. (22,9 cm) betragen soll. Um Verluste durch Entweichen von Gasen zu vermeiden, laufen hinter den Eindringmessern, mit denen das NH_3 in den Boden gebracht wird, sog. Druckrollen, die das Erdreich an der Oberfläche glätten und verdichten. Zum Transport auf dem Felde werden Behälter oder Tanks benutzt, die seitlich an den Traktor angehängt werden. Ihr An- und Abbau erfordert nur geringen Zeit- und Kraftaufwand. Bei großen Feldern und starken Traktoren werden ein- oder mehrachsige Tankanhänger empfohlen, die vom Traktor gezogen werden. Um eine stets gleichmäßige Ausbringmenge je Flächeneinheit unabhängig von der jeweiligen Fahrgeschwindigkeit zu erreichen, wird der Einbau einer Dosiereinrichtung, etwa in Art eines Flüssigkeitszählers, empfohlen.

W.Bohrisch. 5120c.

1-68/09-0120 N i k o l o v, G. Mašina dlja vnesenija ammiačnoj vody MAV-4,2. (Maschine zum Einbringen von Ammoniakwasser "MAV-4,2".) - Mechanizacija i elektrifikacija na selskoto stopanstvo, Sofija 17 (1967) Nr. 12. S. 24-25. - 2 Diagr.

Diese Maschine ist für das Kopfdüngen der Pflanzen mit Ammoniakwasser während der Hackarbeiten vorgesehen. Sie wird an den Traktor "Belaruš" angebaut. Das Ammoniakwasser wird in den Boden unter Druck eingebracht, der von einer doppelt wirkenden Membranpumpe erzeugt wird. Förderleistung der Pumpe 42 l/min. Mit der Maschine können bei einer Fahrgeschwindigkeit von 6...9,5 km/h 2,2...3,7 ha/h gedüngt werden. Die Ammoniakwasser-Behälter haben einen Inhalt von 600 l und werden mit einem Gasstrahlsauger in 2 Min. gefüllt. Die Maschine wird vom Traktoristen bedient.

NRB/CSNTI. .5120c.

1-68/09-0121 A n o n y m. Conversion kit for liquid ammonia application. (Umwandlungsbehälter für die Anwendung von flüssigem Ammoniak.) - Farm Mechanizat. & Buildings, London 20 (1968) Nr. 227. S. 63. - 4 Abb.

Während sich in den USA und in Dänemark die Düngung mit flüssigem Ammoniak schon vor mehreren Jahren durchgesetzt hat, fand diese Methode in England erst in letzter Zeit allgemeine Anwendung. Für das Einbringen des Düngers in Ackerboden und in Weideland wurden hier getrennte Geräte entwickelt. Die Injektionseinrichtung besteht dabei aus dem Konversionsbehälter mit der Ammoniaklösung, der Verteilerpumpe und dem jeweiligem Einsatzgebiet entsprechend verschieden geformten Ausströmrohren. Die gesamte Anordnung ist auf einem Gestell montiert, das an einem gewöhnlichen Traktor befestigt wird. Die Arbeitsbreite beträgt 15 ft. und 9 in. Der Preis liegt bei 700 engl. Pfund. Die flüssige Stickstoffdüngung hat sich bes. bei Getreide, Gras und Rüben bewährt. S.Lehmann/Bornim. 5120c.

1-68/09-0122 A n o n y m. Beproeving centrifugaal- en pendelkunstmeststrooiers (in groepsverband).(Gruppenprüfung von Zentrifugal- und Pendel-Mineraldüngerstreuern.) - Inst. Landbouwtechn. Rationalisatie Wageningen, Publ. 1967 Nr. 113. S. 1-92.

1964 und 1965 wurden 16 Anbaumineraldüngerstreuer nach Prüfmethodik O.E.C.D. geprüft. Unter diesen befand sich ein Pendelstreuer, von den übrigen (alle Zentrifugalstreuer) waren 11 mit einer und 4 mit zwei Streuscheiben ausgerüstet. Die Prüfung unterteilte sich in Abdrehversuche (klein-, mittel-, grobkörniger und staubförmiger Mineraldünger), Feldversuche und Praxisuntersuchungen. Breit- und Längsverteilung werden labormäßig bestimmt, Konstruktion, Bedienung und Unterhaltung in Feldversuchen beurteilt. Über Ergebnisse liegen ILR-Prüfberichte vor: Nr.349 Amazone ZA; Nr.350 Diadem Wittekind K 65; Nr.351 Novus Z S 63; Nr. 352 Vocon; Nr.353 PZ; Nr.354 Steib ST2 und Nr. 355 Rotast. Die Prüfberichte enthalten: Beschreibung, techn. Daten, Prüfmethodik, Ergebnisse, Beurteilung, Streudiagramme kennzeichnen Ausbringmengen sowie Unregelmäßigkeit der Streuung bei verschiedenen Einstellungen und Arbeitsbreiten.

E.Kraaz/Bornim. 5120c.

1-68/09-0123 A n o n y m. Prüfbericht Schleuderdüngerstreuer Eberhardt Typ "Wiesel 2". - Centre nat. Etudes Experimentat. Machinisme agric. Essais off. Nr. 1233 c (1967) 9 S.

Der Schleuderdüngerstreuer Eberhardt, Typ "Wiesel 2", wird an der Dreipunktaufhängung angebracht. Aus 4 Prüfstandversuchen mit Varianten hinsichtlich Düngerart (Ammoniumnitrat, Mischdünger) und Düngerform (pilliert und granuliert) resultieren für theoretische Streumengen von 150 und 300 kg/ha nach Prüfmethodik O.E.C.D. Angaben und Meßergebnisse, die sich u.a. auf Arbeitsgeschwindigkeit (8 km/h), mittlere Streumenge je ha und h, Arbeitsbreite (6,75 m) beziehen. Verteilung quer zur Fahrtrichtung des Streugutes werden in Tab. und Diagr. belegt. E.Kraaz/Bornim. 5120c.

1-68/09-0124 P o t a p o v, G. P. und K r u g l j a k o v, M. L. K opredeleniju vysoty lopatok diskov centrobežnych razbrasyvatelej. (Zur Bestimmung der Wurfleistenhöhe von Mineraldünger-Schleuderstreuern.) - Traktory i sel'chozmašiny, Moskva (1968) Nr. 5. S. 29-31. - 1 Diagr., 1 Schema, 2 Tab., 3 Lit.

Die auf der Schleuderscheibe auftreffenden Düngerkörner prallen von ihr ab und können aus dem Wirkungsbereich der Schleuderscheibe oder der Wurfleisten hinausfliegen. Vff. errechnen mit Hilfe von Wurf- und Stoßgleichungen die max. Flugweite und Flughöhe der Düngerkörner, stellen für mehrere Düngerstreuer die Anfangsgeschwindigkeit des auftreffenden Düngers und für verschiedene Düngerarten die Stoßzahl bei verschiedener Feuchte fest und zeichnen mit Hilfe der gefundenen Beziehungen ein Diagr. für die Anfangsgeschwindigkeit granulierten Superphosphats in Abhängigkeit von der Abprallhöhe mit der Stoßzahl als Parameter. Bei dem sowj. Düngerstreuer "RUM-3" beträgt die mit dem Diagr. ermittelte max. Abprallhöhe 48 mm, während die Wurfleisten 50 mm hoch sind. W.Balkin. 5120c.

1-68/09-0125 D o g a n o v s k i j, M. G., K o z l o v s k i j, E. V. und R j a d n y c h, V. V. Vybor mesta podači udobrenij na broskovyj mechanizm. (Wahl der Stelle für die Zufuhr des Düngers auf die Schleuderscheibe.) - Traktory i sel'chozmašiny, Moskva 39 (1968) Nr. 4. S. 33-36. - 5 Diagr., 2 Schemata, 5 Lit.

Vff. betrachten den Einfluß der Stelle, an der der Mineraldünger der in der horizontalen oder vertikalen Ebene rotierenden Schleuderscheibe zugeführt wird, bringen Gleichungen für die Bewegung der Düngerteilchen längs der Wurfleisten der Scheibe, die Geschwindigkeit der Teilchen gegenüber der Scheibe im Augenblick des Abwurfes, den Drehwinkel Ωt der Scheibe in der Zeit zwischen Auftreffen der Teilchen auf der Scheibe und Abwurf sowie die Abwurfgeschwindigkeit v_0 und stellen in einem Diagr. Ωt in Abhängigkeit von der Zufuhrstelle bei verschiedenem Reibungswinkel dar. Ferner betrachten sie anhand eines Schemas die Bedingungen für gleichmäßiges Streuen nach rechts und links (Stelle der Zufuhr, Einfluß von Windabschirmblechen) und zeigen in 2 Diagr. und einem Flächenschema die seitliche Verteilung und die Flächenverteilung von Kali bei verschiedener Streumenge. Danach besprechen sie die Korngrößenverteilung, zeigen in einem Diagr. die Abhängigkeit der Flugweite der Teilchen von v_0 bei verschiedener Sinkgeschwindigkeit und geben abschließend Hinweise für das Verwenden der Windschirmbleche in Abhängigkeit von Windstärke und Streumenge. W.Balkin. 5120c.

1-68/09-0126 A n o n y m. Cereal yields increased with deep-drilled fertilizer. (Höherer Kornertrag durch tief eingedrillten Dünger.) - Farm Mechanizat. & Buildings, London 20 (1968) Nr. 224. S. 42. - 2 Abb., 2 Tab.

Vom Biochem. Inst. der Univ. in Helsinki wurde in Versuchen die günstigste Lage des Düngers zum Saatkorn ermittelt. Ergebnisse: 1) Gegenüber der Oberflächenausdüngung erhöht das Eindrillen den Ertrag bis zu 25 %. 2) Als günstigste Tiefe für das Drillen wurden 3 1/2 in. (88,9 mm) ermittelt. Das sind etwa 1...2 in. (25,4...50,8 mm) tiefer als die Ablage des Saatkornes (Weizen). 3) Der Unterschied zur Oberflächendüngung wird größer, wenn trockenes Wetter herrscht und kleiner bei feuchtem Wetter. 4) Als günstigster Wert für den Seitenabstand haben sich 1 in. (25,4 mm) erwiesen. Die genauen Zuwachsraten, die unter verschiedenen Bedingungen erzielt wurden, können aus 2 Tab. entnommen werden. Die Versuchsdurchführung sowie die dabei verwendeten Geräte und Maschinen werden kurz beschrieben.

W.Bohrisch/Bornim. 5120c.

1-68/09-0127 F a r m e r, S. Deep-drilled fertilizer. (Tief eingedrillter Dünger.) - Power Farming 40 (1968) Nr. 4. S. 24. - 3 Abb.

Versuche in Norfolk haben ergeben, daß sich eine erhebliche Ertragssteigerung erzielen läßt, wenn man den Dünger mit einem Spezialstreuer vor der Aussaat des Getreides 3 1/2 in. tief in den Boden einbringt. Ähnliche, an der Univ. von Helsinki ausgeführte Experimente, zeigten für Weizen einen um 16 % höheren Ertrag als beim bisherigen konventionellen Breitwurf des Düngers. Besonders während regenarmer Witterungsperioden wirkt es sich günstig auf das Wachstum der Pflanzen aus, wenn der Dünger in unmittelbarer Nähe der Wurzeln plaziert ist. Die Western Machinery Ltd. will aufgrund der pos. Untersuchungsergebnisse 1968 eine kombinierte Sämaschine auf den Markt bringen, die ein räumlich getrenntes, aber gleichzeitiges Ausbringen des Düngers und der Saat ermöglicht. S.Lehmann/Bornim. 5120c.

1-68/09-0128 M a r x, B. Ökonomische Probleme bei der Standortfestlegung agrochemischer Zentren. - Agrar.-Inform., Potsdam 1968 Nr. 8. S. 1-6. - 1 Diagr., 2 Tab. 5120c.

1-68/09-0129 G ö r l i t z, H., C o n r a d, H. und P r o b s t. Organisation und Entwicklung der Mineraldüngung im agrochemischen Zentrum Dessow. - Agrar-Inform., Potsdam 1968 Nr. 8. S. 7-19. - 2 Abb., 3 Darst., 14 Tab., 8 Lit. 5120c.

1-68/09-0130 V a r l a m o v, G. P. Novye mašiny dlja vnesenija organičeskich udobrenij. (Neue Maschinen zum Ausbringen organischen Düngers.) - Traktory i sel'chozmašiny, Moskva 39 (1968) Nr. 4. S. 37-39. - 2 Abb., 1 Schema.

Vf. beschreibt folgende Maschinen: Düngerstreu-Anhänger "1PTU-3,5" mit 2 horizontalen Streuwalzen, von denen die obere nach hinten versetzt ist. Die Walzen haben keine Wurfschaufeln, sondern sind mit gewundenen breiten Rippen verschiedenen Drehsinnes versehen. Arbeitsbreite 5 m, Tragkraft 3500 kp, Ausbringleistung 15...17 t/Schicht, Antrieb der Streuwerkzeuge von der Motorzapfwelle (erforderliche Leistung 8,3 PS). - Stalldungstreuer "RNŠ-4,0". Der Aufbau dieses Streuers ist weitgehend mit dem Aufbau des Streuers "1PTU-3,5" vereinheitlicht. - Jauche-Transportwagen "ZU-3,6". Der Wagen ist als Einachshänger ausgebildet, besitzt eine Über- und Unterdruckpumpe, eine hydraulisch betätigte Schlauch- und Rohrleitung zur Aufnahme und Übergabe der Jauche sowie einen Jaucheverteiler.

Die Maschine kann zum Ausbringen von Jauche, bei der Bereitung von Komposterde und zum Transport aller Flüssigkeitsarten verwendet werden. Behälterinhalt 3600 l. W.Balkin. 5120d.

1-68/09-0131 R u n m, E. Erfahrungen mit einem Bestell-Drillgerät für Rüben. - Landtechnik 23 (1968) Nr. 10. S. 355-358. - 5 Abb., 3 Tab.

Bei dem Bestell-Drillgerät für Zuckerrüben sind 2 Zahnkrümler vor den Einkorndrillen angebracht, die das Saatbett im Bereich der Samenablage zusätzlich krümeln und festigen sollen. K.-H.Schulte/Bornim. 5125b.

1-68/09-0132 H e e g e, Hermann J. Die Mechanisierung der Getreidebestellung. - Dtsch. landwirtsch.Presse 91 (1968) Nr. 19. S. 11-12. - 2 Abb., 1 Diagr.

Der Leistungssteigerung der Bestellgeräte durch größere Arbeitsbreiten sind Grenzen gesetzt. Dagegen kann mit den vorhandenen stärkeren Traktoren durch eine Steigerung der Fahrgeschwindigkeit auf 8 km/h beim Grubbern und Eggen und 15 km/h beim Drillen ohne nennenswerten Kapitalaufwand die Leistung erhöht werden. Ebenso wie die Geschwindigkeitssteigerung bietet die Kopplung verschiedenartiger Geräte eine wirkungsvolle Möglichkeit der Leistungssteigerung. Die Drillsaat liefert eine sehr ungünstige Kornverteilung. Bei etwa gleicher Tiefenlage des Saatgutes erbrachte die Breitsaat immer höhere Erträge als die Drillsaat. Interessant ist deshalb ein Breitsaatgerät, bei dem die Erde mit einer flach arbeitenden Fräse angehoben und nach hinten geworfen wird, während die Körner durch ein parallel zur Fräswelle liegendes Rohr, das unterhalb des Erdstromes mitgeführt wird, pneumatisch ausgebracht werden. G.Wünsche. 5125c.

1-68/09-0133 V i r o v e c, V. Širokorjadnyj posev svekly. (Breitsaat bei Rüben.) - Technika v sel'skom chozjajstve, Moskva 28 (1968) Nr. 5. S.19-21. - 4 Abb., 2 Tab.

Vf. führte Feld- und Großversuche im Charkover Gebiet mit Zuckerrüben durch, wobei die Reihenentfernungen 45 cm und 60 cm verglichen wurden. In Großversuchen (1964 bis 1967) erwiesen sich 60 cm Reihenentfernung als günstiger sowohl im Rübenertrag und Zuckergehalt als auch im Arbeitszeitaufwand. Die Verringerung des Arbeitszeitaufwandes ergab sich durch höhere Bearbeitungsgeschwindigkeiten und Verkürzung der Gesamtbearbeitungslänge der Reihen. In Feldversuchen wurden bei 60 cm Reihenentfernung ebenfalls höhere Rübenerträge, Zuckergehalte und Zuckererträge erzielt. Die Steigerung betrug im Zuckerertrag 1966 3,4 dt/ha (7,7 %) und 1967 8,0 dt/ha (19,1 %). Vf. empfiehlt eine breite Überprüfung unter Produktionsbedingungen. K.Herzog/Kleinwanzleben. 5125c,

1-68/09-0134 V e r e m e e v, A. P., Š o k i n a, A. I., S m i r n o v, I. K. und B e l j a e v, E. A. Kukuruznaja sejalka - universal'naja mašina. (Vielseitig verwendbare Mais-Sämaschine.) - Kukuruza, Moskva 13 (1968) Nr. 5. S. 24-26. - 3 Abb., 4 Schemata.

Vom Staatl. Spezialkonstruktionsbüro für Sämaschinen in Kirowograd ist zu den Mais-Sämaschinen "SKNK-6", SKNK-8" und SKPN-8" eine Reihe von Zusatzvorrichtungen entwickelt worden, mit deren Hilfe sie auch für die Aussaat von Samen anderer Kulturen verwendet werden können.

Vff. beschreiben Zusatzvorrichtungen für die Aussaat von Sonnenblumen- und Rizinussamen, ungeschälten und geschälten Erdnüssen (Arachis) sowie für die gleichzeitige Aussaat von Mais und Erbsen oder Sojabohnen. Ferner wurde eine Vorrichtung zum Kombinieren der Sämaschinen mit den Herbizid- und Ammoniakwasser-Spritzmaschinen "GAN-8" oder "POU" entwickelt. Um die Sämaschinen auf bewässerten Böden verwenden zu können, wurde eine Zusatzvorrichtung zum Ziehen von Bewässerungsfurchen entwickelt. Ferner sucht man nach Möglichkeiten, mit den Maschinen auch Sorghum und Baumwollsamen aussäen zu können. W.Balkin. 5125o.

1-68/09-0135 I v a n o v, I. Širokozachvatnyj agregat dlja poseva kukuruzy. (Maisdrillaggregat mit großer Arbeitsbreite.) - Technika v sel'skom chozjajstve, Moskva 28 (1968) Nr. 5. S. 25-26. - 1 Zeichn.

In dem Sowchos "Smirkovskij" des Nord-Kasachstangebietes wurden 3 Aggregate aus Anbaudrillmaschinen "SKGN" unter Verwendung der Kopplungsbalken "SN-54", "SN-35" oder "SN-75" gebaut. Vf. beschreibt die Konstruktion. Das Aggregat paßt sich gut der Feldoberfläche an und ist sehr manövrierfähig. Die Leistung liegt bei 60...70 ha/Tag. U.Lindner. 5125o.

1-68/09-0136 G r i n č u k, I. M. und S e r d e č n y j, A. N. Kak pravil'no opredelit' normu vyseva. (Richtiges Bestimmen der Saatstärke.) - Kukuruza, Moskva 13 (1968) Nr. 5. S. 7-8. - 2 Tab.

Die im Labor bestimmte Keimfähigkeit unterscheidet sich wesentlich von der Anzahl der auf dem Felde tatsächlich zur Entwicklung kommenden Pflanzen. Daher ist es wichtig, die Anzahl der Körner zu bestimmen, die in ein Nest ausgesät werden müssen, damit die Höchstzahl von Nestern mit der vorgeschriebenen Pflanzenzahl im Nest erreicht wird. Der üblicherweise angewendete, in eine binomische Reihe aufgelöste Ausdruck für das Bestimmen der Anzahl der Pflanzen in den Nestern ergibt keine richtigen Werte, weil bei ihm von einer unendlich großen Anzahl von Körnern, der die ausgesäten Körner entnommen werden, ausgegangen wird. Vff. bringen eine mathematische Reihe mit beschränkter Körneranzahl und stellen in einer Tab. die Berechnungsergebnisse für 10, 100, 1000 und unendlich viel Körner zusammen. Zur Kontrolle des Übereinstimmens der theoretischen Werte mit der tatsächlichen Verteilung wurden Versuche durch Aussaat von Mais mit den Sägeräten der Quadratnestsämaschinen "SKGN-6" und "SKGK-6V" gemacht und die Ergebnisse in einer Tab. den theoretischen Zahlen gegenübergestellt. Aus den entwickelten und abgeleiteten Gleichungen läßt sich die Anzahl der Körner der bewegten Schicht im Sägerät berechnen. Nach einem von Vff. angegebenen Verfahren wurde die tatsächliche Anzahl ermittelt, die gut mit der theoretischen übereinstimmt. Die angegebenen Verfahren können beim Untersuchen von Sägeräten und Regeln der Saatstärke angewendet werden.

W.Balkin. 5125o.

1-68/09-0137 S a v e n k o, V.A. Podbor vysevajuščich diskov dlja sorgo. (Wahl der Säscheiben für die Aussaat von Sorghum.) - Kukuruza, Moskva 13 (1968) Nr. 5. S. 27. - 1 Tab., 1 Zeich.

Gewöhnlich kommen bei der Quadratnestsaat mit 70 x 70 cm 2...5 Sorghumkörner je Nest und beim Drillen mit 70 cm Reihenabstand 3...5 Körner je lfm. Da die Keimfähigkeit in der Regel unter 100 % liegt, wird die tatsächliche Saatstärke etwas höher gewählt, als diesen Zahlen entspricht. Vf. untersucht die Anzahl der Löcher in der Säscheibe, die bei Berücksichtigung dieser Forderung und Gewährleistung gleichmäßiger Aussaat erforderlich ist und 8, 16, 24 und 48 betragen kann. Er stellt als optimal 24 Löcher fest, bringt die Zeichnung einer solchen Scheibe und macht einige Angaben über ihre Fertigung. Eine Tab. enthält Lochgrößen- und Saatstärkenangaben für verschiedene Sorghumsorten bei Quadratnest- sowie Dibbelsaat.

W.Balkin. 5125c.

1-68/09-0138 L i p k a n, V. D., S o k u l ' s k i j, O. V. und T i t a r e n k o, P. V. Universal'nyj stend dlja proverki sejalok. (Universalprüfstand für das Abdrehen von Drillmaschinen.) - Traktory i sel'chozmašiny, Moskva 39 (1968) Nr. 4. S. 39-40. - 1 Schema.

Auf dem Rahmen des Prüfstandes befinden sich 4 axial verschiebbare profilierte Räder, die die Räder der Drillmaschine aufnehmen und ein Ständer zum Befestigen der Anhängevorrichtung der Drillmaschine (3. Abstützpunkt). Die 4 Profilräder werden von einem 4,5-kW-Elektromotor über Wellen, Kettentriebe, Untersetzungs- und Schaltgetriebe angetrieben. 4 Kontaktgruppen schalten den Elektromotor nach Beendigung des Abdrehvorganges automatisch ab, der von einem Schaltpult aus geregelt wird. W.Balkin. 5125c.

1-68/09-0139 A n o n y m. New potato planter design. (Konstruktion einer neuen Kartoffellegemaschine.) - Farm Mechanizat. & Buildings, London 20 (1968) Nr. 225. S. 47. - 2 Abb., 2 Zeichn.

Eine 2- oder 4reihig arbeitende Kartoffellegemaschine für vorgekeimte Kartoffeln wurde von der Nat. Res. Dev. Corp. entwickelt. Aufbau und Funktion der Legemaschine, die als Prototyp im Einsatz erprobt wurde, werden anhand von Abb. und Zeichnungen erläutert. Die Arbeitsgeschwindigkeit kann bis zu 7 m.p.h. (12,97 km/h) betragen. In den Versuchen wurden nur 2 % der Kartoffelkeime während des Legens beschädigt oder abgebrochen. Die Flächenleistung beträgt 2 acres/h (0,8 ha/h). Der unterteilte Saatgutbehälter, der 2 Legeeinheiten mit Saatgut beliefert, hat ein Fassungsvermögen von 7 cwt. 355,6 kg). Während das halbautomatisch arbeitende Modell außer dem Traktoristen noch 6 AK zur Bedienung benötigt, sind bei der neuen Maschine lediglich 3 AK erforderlich. Bei dem neuen Gerät sind Fehlstellen ausgeschlossen, der Pflanzenabstand wird jedoch nicht präzise eingehalten. Um eine genaue Pflanzgutablage zu erreichen, ist eine automatisch arbeitende Tiefensteuerung vorgesehen. W.Bohrisch/Bornim. 5125d.

1-68/09-0140 G o l o v i z y n, S. K. Avtomatičeskaja mašina dlja posadki jarovizirovannogo kartofelja. (Automatische Maschine zum Legen jarowisierter Kartoffeln.) - Traktory i sel chozmašiny, Moskva 1968 Nr. 5. S.38-39. - 1 Abb., 1 Schema.

Jarowisierte Kartoffeln haben Triebe von 2...3 cm Länge und geben bei um 12...15 Tage verkürzter Wuchsdauer einen um 10...40 % erhöhten Ertrag. Vf. beschreibt die für das Legen jarowisierter Kartoffeln und gleichzeitiges Einbringen von Mineraldünger entwickelte Maschine "SAJa-4". Aus einem Knollenbehälter werden die Knollen mit einem endlosen Förderband ausgetragen und in einen Speisetrog geworfen. Sowie dieser bis zu einer gewissen Höhe gefüllt ist, wird das Förderband elektromagnetisch abgeschaltet. Aus dem Speisetrog gelangen die Knollen mittels einer endlosen Kette, die 2 Reihen Schöpfbecher besitzt, in das Legeschar, in das gleichzeitig Mineraldünger fließt. Wenn die Höhe der Knollenschicht im Speisetrog auf ein bestimmtes Mindestmaß abgesunken ist, wird das Förderband elektromagnetisch wieder eingeschaltet. Die Furche wird mit Andruckrollen geschlossen.

W.Balkin. 5125d.

1-68/09-0141 R o m a n j u k, A., K o s t e n e c k i j, S. und A r t e m e n k o, V. Širokorjadnaja posadka kartofelja v zapadnych oblastjach USSR. (Kartoffelpflanzung mit weitem Reihenabstand in den Westgebieten der Ukr. SSR.) - Technika v sel'skom chozjajstve, Moskva 28 (1968) Nr. 5. S. 17-18.

Im Großversuch wurden folgende Varianten geprüft (cm): 90 x 20, 70 x 25 und 60 x 30. Das entsprach einer Pflanzdichte von 49,8; 50,6 und 52 T Pflanzen/ha. Die Knollenerträge beliefen sich auf 148, 127 und 121 dt/ha. Beim größten Reihenabstand waren die Stauden 4...5 cm höher und hatten kräftigere Stengel, das Wurzelsystem breitete sich 8...10 cm tiefer und 5...8 cm weiter aus. Die Reihen schlossen sich 15...25 d später. Die Leistung der Maschinen stieg auf 162 %.

H.Grieß/Groß-Lüsewitz. 5125d.

1-68/09-0142 S m i r n o v, V. Mechanizacija posadki jarovizirovannogo kartofelja. (Mechanisierung des Auspflanzens vorgekeimter Kartoffeln.) - Technika v sel'skom chozjajstve, Moskva 28 (1968) Nr. 5. S. 15-17. - 1 Diagr., 2 Tab., 1 Zeichn.

Knollen der Sorte 'Priekulskij' wurden keimgestimmt (15...20 d, Keimlänge 0,5...1,5 cm) bzw. vorgekeimt (30...35 d, Keimlänge 1...3 cm) und mit einer leicht veränderten Pflanzmaschine "SNR-2" bei verschiedenen Geschwindigkeiten ausgepflanzt. 71...74 % der Knollen blieben unbeschädigt. Nach 60 d wurden bei vorgekeimten Knollen folgende Erträge erzielt: Handpflanzung 164 dt/ha, Pflanzmaschine mit Handeinlage 155 dt, automatische Pflanzmaschine 139...148 dt. Die keimgestimmten Varianten brachten bei Handpflanzung 143 dt, bei Pflanzmaschine mit Handeinlage 138 dt und bei automatischer Pflanzmaschine 126...129 dt/ha. Nach 72 d waren die Unterschiede geringer. Für Frührodung wird die halbautomatische und für Folgerodungen die vollautomatische Pflanzmaschine empfohlen.

H.Grieß/Groß-Lüsewitz. 5125d.

1-68/09-0143 L e v i, S. A. Osobennost' diskovogo posadočnogo apparata. (Besonderheit des Scheiben-Pflanzgeräts.) - Traktory i sel'chozmašiny, Moskva 39 (1968) Nr. 4. S. 31-33. - 2 Schemata.

Es gibt Pflanzmaschinen mit 2 elastischen, gegeneinander gedrückten und einen spitzen Winkel bildenden Metallscheiben sowie Maschinen mit einer Scheibe, die mit Pflanzenhaltevorrichtungen ausgerüstet sind. Vf. betrachtet die Prinzipschemata beider Geräte und untersucht die Beziehungen zwischen dem Kreisbogen, auf dem die Geräte beschickt werden können, und der Fahrgeschwindigkeit. Er bespricht die Arbeitsbedingungen und stellt fest, daß für das Einsetzen einer Pflanze in das Gerät mindestens 0,8 s erforderlich sind und entwickelt einen Ausdruck für die zulässige Fahrgeschwindigkeit, in den der Winkel des Beschickungskreisbogens und der Scheibendurchmesser eingehen. W.Balkin. 5125e.

1-68/09-0144 Č e r n i k o v, V. I., M o s i n, M.A., T a r a s j u k, V. A. und Z a m o t a e v, A. I. Ocenka raboty frezernogo kul'tivatora na obrabotke kartofelja. (Bewertung der Arbeit der Bodenfräse bei der Kartoffelpflege.) - Traktory i sel'chozmašiny, Moskva 1968 Nr. 5. S. 24-25. - 1 Abb., 2 Tab.

Auf Torfböden ergab sich bei der Pflege von Kartoffeln mit Bodenfräsen mit L-förmigen Messern gegenüber Hackmaschinen ein um 11,3 % höherer Ertrag. Auf Lehmboden wurden beim Verwenden von Bodenfräsen ebenfalls bessere Bedingungen für Kartoffeln festgestellt, jedoch mußten der Fräse Häufelkörper nachgeschaltet werden. Vff. beschreiben ein Gerät mit 5 parallelen Fräskörpern zum Bearbeiten der Zwischenstreifen, Stachelscheiben zum Bearbeiten der dicht neben den Kartoffelreihen gelegenen Streifen und Gänsefußscharen oder Häufelkörpern zum Anhäufeln. Außer den Fräskörpern mit L-förmigen Messern wurden auch kegelförmige Fräskörper mit Eggenzinken verwendet. Die Bodenkrümelung war bei diesem Gerät sehr gut. Bei der Sammelrodeernte enthielt das Erntegut nur 10,6 % Erde gegenüber 18,3 % auf Böden, die mit der Hackmaschine "KRN-2,8" bearbeitet worden waren.

W.Balkin. 5130c.

1-68/09-0145 K a n i v e c, I. D. und L j a p u n o v, N.A. Racional'nyj nabor rabočich organov kul'tivatorov. (Ein zweckmäßiger Satz von Hackmessern.) - Kukuruza, Moskva 13 (1968) Nr. 5. S. 23-24. - 2 Tab.

Von der Abt. Mechanisier. des Union-Maisforschungsinst. wurden 6 verschiedene Sätze von Hackmessern auf Stabilität der Arbeitstiefe und Grad der Bodenlockerung bei der Pflege von Maiskulturen mit 70 cm Reihenabstand geprüft. Nach dem Hacken wurde die tatsächliche Lockerungstiefe bestimmt und mit der eingestellten verglichen. Art und Abmessungen der Hackmesser sowie die tatsächliche Arbeitstiefe für die 6 Messertypen, Arbeitsgeschwindigkeiten zwischen 4 und 10 m/s und 3 verschiedene Bodenschichten werden von Vff. in einer Tab. angeführt. Sowohl die Wahl der Hackmesser als auch ihre Tiefeneinstellung muß unter Berücksichtigung der Bodendichte und der vorgesehenen Fahrgeschwindigkeit erfolgen. W.Balkin. 5130c.

1-68/09-0146 D a v š a n, S. M. Ob ocenke upravljaemosti chlopkovych kul'tivatorov. (Bewertung der Lenkbarkeit von Baumwoll-Hackmaschinen.) - Traktory i sel'chozmašiny, Moskva 1968 Nr. 5. S. 25. - 1 Diagr., 1 Oszillogr., 1 Schema, 1 Tab., 6 Lit.

Vf. befaßt sich eingangs mit den Begriffen "Bewegungsstabilität" und "Lenkbarkeit" und zitiert dazu Literaturquellen. Es ist ungenügend, die Lenkbarkeit einer Hackmaschine nur nach den mittleren quadratischen Abweichungen der Hackmesser von der theoretischen geraden Bahnlinie zu bewerten. Wie Vf. anhand von Bahnschemata nachweist, ist es aber auch nicht ausreichend, als 2. Maß das mittlere Quadrat des Bahnkrümmungshalbmessers zu wählen. Als Kennwert der Bewegungsstabilität schlägt Vf. und als Kennwert der Lenkbarkeit den Korrelationskoeff. vor. In einem Diagr. stellt er , r und einen Stabilitätsbeiwert K in Abhängigkeit von der Fahrgeschwindigkeit dar (K ist das Verhältnis zwischen der Hackmesserbahn und der Pflanzenreihen). und K steigen zwischen 2 und 8 km/h ständig an, während r bei 6 km/h ein Maximum hat. Die Richtigkeit der Wahl von r als Kriterium der Hackmaschinenarbeit wurde durch Aufnehmen und Betrachten der wahren Kurven der Pflanzenreihen und der Bewegungsbahn bestätigt. Die geringen Abweichungen der Schutzstreifen neben den Pflanzen vom vorgegebenen Wert wurden bei 6 km/h festgestellt. W.Balkin. 5130o.

1-68/09-0147 A n o n y m. Stones won't stop this new ridger. (Neuer Kartoffelhäufler.) - Farmers weekly, London 68 (1968) Nr. 24. S. 55. - 2 Abb.

Beim neuen Kartoffelhäufelgerät von Standen and Sons (Engl.) Ltd., wird Boden durch Schar aufgenommen, durch 6 rotierende Hartstahlklöppel (1600 U je min) zerkrümelt und mit starren Häufelkörpern angehäufelt. 3reihiges Gerät für Reihenweiten von 65...75 cm verstellbar; Masse 1,1 t. Bei Vorführungen gute Ergebnisse, auch unter erschwerten Bedingungen.

K.Baganz/Bornim. 5130d.

1-68/09-0148 M e i j e r, E. N. C. Demonstratie voorjaarsmechanisatie suikerbietenteelt in Zuid-Limburg. (Vorführung in Süd-Limburg: Mechanisierung der Frühjahrsarbeiten im Zuckerrübenbau.) - Loonbedrijf Land- en Tuinbouw 21 (1968) Nr. 6. S. 429.431.433.435. - 4 Abb., 2 Tab.

Auf einem 9 ha großen Versuchsfeld (Lößboden) wurden gezeigt: Sortenvergleich, Vergleich von Reihen- und Säabständen in der Reihe und ihr Einfluß auf die Standdichte; Prüfung von chem. Unkrautbekämpfungsmitteln; Kalkungsversuche (bis 2000 kg/ha); Auswirkung des Zeitpunktes für das Pflügen und verschiedener Saatbettbereitungsverfahren auf den Pflanzenbestand. - Ausdünn- und Hackmaschinen wurden auf einem 21-ha-Versuchsfeld vorgeführt. Es wird über die Arbeitsergebnisse von 7 Ausdünngeräten (u.a. Fähse "Monomat", Schmotzer "Unaselectur", "Grunli" von Grunsven) und 7 Hackmaschinen (u.a. eine 12-reihige Maschine, montiert am Eicher-Geräteträger) berichtet.

L.Machler. 5130f.

1-68/09-0149 G o o d m a n, N. J. Advances in chemical thinning. (Fortschritte im chemischen Vereinzeln.) - Farm Mechanizat. & Buildings, London 20 (1968) Nr. 227. S. 57-59. - 8 Abb.

Anhand der letzten Geräteentwicklungen werden die techn. Neuerungen auf dem Gebiet des chemischen Vereinzelns von Zuckerrübenpflanzen beschrieben.

Im Mittelpunkt der Betrachtungen stehen 2 elektronisch kontrollierte Vereinzelungsmaschinen, bei denen die zu entfernenden Sämlinge mit Kontaktherbiziden besprüht werden, während die auserwählte Pflanze unbenetzt bleibt. Die Auswahl der geeigneten Pflanzen von kräftigem Wuchs erfolgt durch ein elektronisches Kontrollsystem. Durch eine geeignete Vorrichtung kann man bewirken, daß der jeweils auserlesene Sämling noch mit flüssigem Dünger oder selektiven Insektiziden besprüht wird. Der einzige Nachteil besteht bei der Methode des chemischen Vereinzelns darin, daß die Maschine nicht zwischen einer Rüben- und einer Unkrautpflanze unterscheiden kann. Das zu bearbeitende Rübenfeld muß daher möglichst frei von größeren Unkrautpflanzen sein. S.Lehmann/Bornim. 5130f.

1-68/09-0150 A n o n y m. Electron thinner is in production. (Elektronisches Ausdünngerät ist in Produktion.) - Commerc. Grower, London 1968 Nr. 3780. S. 1107.

Ein elektronisch geregeltes Ausdünngerät ist durch Stanhay (Ashford) Ltd., Kent, eingeführt worden. Der Boden wird nicht zerstört und es erfolgt gleichzeitig eine bessere Unkrautbekämpfung. Das Ausdünngerät "AH 68" bringt durch Anwendung eines Kontaktherbizides die Pflanzenzahl auf den Endbestand. Jede Reihe wird getrennt geregelt durch ein elektrisch arbeitendes Ventil. Eine 5reihige Maschine kostet 375 engl. Pfund.

R.Bertullies/Großbeeren. 5130f.

1-68/09-0151 S k r y n n i k, N. Vdol'rjadnoe proreživanie sacharnoj svekly. (Die längsreihige Ausdünnung von Zuckerrüben.) - Technika v sel'skom chozjajstve, Moskva 28 (1968) Nr. 5. S. 22-24. - 1 Tab.

Vf. entwickelte Ausdünn-Schemata zum Ausdünngerät "PPS-6" für die Bedingungen der Kirgisischen SSR, wo der Zuckerrübenanbau auf Bewässerungsflächen mit 60 cm Reihenentfernung erfolgt. In Abhängigkeit von der geforderten Pflanzenanzahl je ha (65000...85000) und der vorhandenen Aufgangsvollständigkeit (20,6...80,6) lassen sich anhand einer Tab. die entsprechenden Arbeitsregime, die durch eine bestimmte Anzahl (0 + 4 bis 8 + 4) großer (53 mm) und kleiner (25 mm) Messer am Ausdünngerät gebildet werden, ablesen. Große Bedeutung hat eine möglichst genaue Bestimmung der Aufgangsvollständigkeit, die durch die Anzahl mit Pflanzen besetzter (nicht leerer) 25-mm-Stücken je 2,5 m in der Reihe charakterisiert wird. Bei sehr unterschiedlichem Aufgang sollte die Flächenbreite in verschiedene Zonen unterteilt werden. In 1967 erfolgten Praxisversuchen wurde der geforderte Pflanzenbestand von 80000 Rüben je ha mit den entsprechenden Arbeitsschemata im Mittel erreicht, wobei dieser nicht niedriger als 75000 Rüben je ha war. Durch Einsatz von längsreihigen Ausdünngeräten wird die Formierung eines vollwertigen Pflanzenbestandes beschleunigt und erleichtert.

K.Herzog/Kleinwanzleben. 5130f.

1-68/09-0152 L a l o r, William. F und B u c h e l e, Wesley. F. In flame weeding: What's new ? (Unkrautbekämpfung mit Feuer: Was ist neu ?)- Agric. Engng. 49 (1968) Nr. 4. S. 234-235. - 1 Abb., 2 Skizzen.

Als Neuentwicklung wird eine Maschine vorgestellt, mit der das zwischen den Reihen stehende Unkraut mit Hilfe von Brennern (Flammenwerfer) abgebrannt wird, ohne daß die in der Reihe stehenden Kulturpflanzen beschädigt werden.

Das frontal am Traktor angebaute Aggregat ist 4reihig (Reihenabstand 75 cm) und durch 2 Schwenkräder abgestützt. Die Räume zwischen den Reihen werden durch je 2 Brenner, die unter einer hydraulisch in der Höhe verstellbaren Eisenplatte liegen, beflammt. Für jede Reihe ist ein tunnelartiger, unten offner Einbau aus Stahl vorhanden, in dem die Reihe geführt und vor den Flammen geschützt wird. Zusätzlich legen 2 seitlich an die Reihen geführte Luftströme einen "Vorhang" zwischen Pflanzen und Flamme. Richtung und Stärke des Luftstromes sind regelbar. Die Erprobung in Mais und Soja bei verschiedenen Wuchshöhen befriedigte, bei Rückenwind traten jedoch Schäden an der Kultur auf (Wärmestau). W.Horn/Bornim. 5130g.

1-68/09-0153 G ö h l i c h, Horst. Zur Frage der Verteilung von Granulaten, insbesondere von Herbiziden. - Grundlagen d. Landtechn. 18 (1968) Nr. 2. S. 61-64. - 1 Abb., 7 Diagr., 1 Zeichn., 6 Lit.
Wirkstoffhaltige Herbizide, die an den Blättern haften sollen, müssen ein entsprechendes Korngrößenspektrum aufweisen. Die zu verteilenden Mengen dieser Mikrogranulate liegen zwischen 6 und 10 kg/ha. Mit einem gewissen techn. Aufwand ist es möglich, eine optimale Verteilung bei feingranulierten Materialien zu erreichen. 6 verschiedene Dosiersysteme werden hinsichtlich ihrer Eignung beurteilt. Die Verteilung von feingranulierten Herbiziden mit Geräten, wie sie bei der Düngemittelverteilung Verwendung finden, haben keine pos. Ergebnisse gezeigt. Zur Verminderung der Windabtrift wurde das Verhalten bei senkrechter Ausblasstellung der Düse und bei verschiedenen Ausblasgeschwindigkeiten untersucht. Die Strahlgeschwindigkeit am Bestand sollte 3...4 m/s betragen. G.Wünsche/Bornim. 5130g.

C. ERNTE EINSCHLIESSLICH DRESCHEN OHNE ZUSÄTZLICHE AUFBEREITUNG

1-68/09-0154 S e i f e r t, Herbert. Maschinen und Geräte für die Futterernte. - Mitt.dtsch.Landwirtsch.-Ges. 83 (1968) Nr. 25. S. 938-940. - 3 Abb.
Das vollhydraulische Mähwerk mit Innenschuh-Antrieb als Front-, Frontseiten-, Zwischenachs- oder Heckmähwerk mit Schnittbreiten von 1,5...3,2 m und Mähkurbeldrehzahlen von 1680 U/min erreicht höhere Mähleistungen. Die Fa. Nissen und Held bietet ein Mähwerk an mit Messerklingen, die nach dem Prinzip einer Kettensäge umlaufen. Das Angebot an Kreiselmähwerken ist umfangreich. Der Kreiselheuer hat sich durchgesetzt und wird mit Arbeitsbreiten bis 7 m angeboten. Bei Ladewagen werden weniger die Universalfahrzeuge, mehr die Spezialladewagen mit niedriger Plattformhöhe, niedrigem Schwerpunkt und breiter Spur verkauft. Scheibenradhäcksler, die fest in Häckselladewagen eingebaut sind, können als Fördergebläse zum Abladen verwendet werden. Neben angehängten Feldhäckslern mit Maisgebiß werden von mehr als 10 Firmen Anbaumaisfeldhäcksler angeboten, die um rd. 30...50 % billiger sind als angehängte. Fa. Eberhardt bietet ein Becherwerk mit 4 l Becherinhalt zur Senkrechtförderung von Häckselgut an. Mit 3...4 PS Antriebsleistung wird ein Durchsatz von 15...20 t/h erreicht.

M.Müller/Bornim. 5215a.

1-68/09-0155 L a n c a s h i r e, R. Haying - new machinery trends for an old crop. (Heumachen - neue Maschinentrends zu einer alten Erntemethode.) - Canad. Farm Equipment Dealer 64 (1968) Nr. 4. S. 36-37. - 4 Abb.

Kennzeichnend für die industrielle Weiterentwicklung der Erntegeräte ist der Trend zu Maschinen, die sich für mehrere Arbeitsgänge einsetzen lassen, ohne daß ein umfangreiches Umrüsten vorgenommen zu werden braucht. Weiterhin setzen sich Großmaschinen mit erheblichen Arbeitsbreiten immer mehr durch. Außer den maschinentechn. Neuerungen werden verschiedene Erntemethoden kritisch einander gegenübergestellt. S.Lehmann/Bornim. 5215a.

1-68/09-0156 W i e n e c k e, Franz. Neuere Erfahrungen und Entwicklungen in der Halmfuttergewinnung. - Landtechnik 23 (1968) Nr. 11. S. 374-376, 378-379. - 8 Diagr., 5 Skizzen. 1 Tab., 14 Lit.

Schlagkräftiges Mähen bei hoher Flächenleistung und geringer Störanfälligkeit ist durch Mähwerke mit rotierenden Arbeitswerkzeugen möglich. Schlegelmäher, Schlegelfeldhäcksler und Scheibenmäher arbeiten im freien Schnitt mit Umfangsgeschwindigkeiten von 25, 35...40 und 60...70 m/s. Der Aufbereitungseffekt ist bei den Schlegelmähern gut, allerdings bei hohen Bröckelverlusten. Scheibenmäher haben einen geringen Aufbereitungseffekt, aber nur geringe Verluste. Wie Versuche einer niederländischen Versuchsstation in Wageningen zeigen, ist allein mit Wenden und Auflockern mit Trommelzettwendern und Kreiselheuern keine wesentliche Verkürzung der Trocknungsdauer zu erreichen. Die Aufbereitung durch Quetschen, Knicken oder Schlegeln ist für Wiesengras allg. nicht wirksam genug, lediglich bei Ackerfutter und Luzerne läßt sich durch Quetschen die Trocknungszeit stark verkürzen. Einen weiteren Fortschritt in dieser Richtung bringt der Mähquetschzetter. Trotzdem müssen Aufbereitungsmöglichkeiten gefordert werden, die mit dem Mähen kombiniert sind und je nach Gutart eingestellt werden können. In der Ladewagenentwicklung gibt es z.Z. keine Änderung der bekannten Konzeption. Als Förder- und Verdichtungselement dominiert die gesteuerte Förderschwinge, Schubstangen- und Drehkolbenförderer folgen mit Abstand. Als Schneideinrichtung befriedigen hinsichtlich Funktion und Energiebedarf am meisten die einfachen feststehenden Messer, die den Kanal völlig durchdringen sollen (Schnittwinkel 35°, Messerabstand 25 cm). Die Entwicklung mechanischer Ablade- und Dosiereinrichtungen ist noch im Fluß. Bei der Standentleerung werden 15...20 Min., bei der Schnellentleerung 3 Min. je Wagen benötigt. Die Trocknung von Halmfutter mit Warmluft setzt sich immer mehr durch, da sie bei den heutigen Energiepreisen auch wirtschaftlich ist. Die erfolgreiche Anwendung dieses Verfahrens setzt gleichmäßiges Verteilen des Halmgutes voraus, damit Kaminbildung vermieden wird. Eine Vervollkommnung der wiss. Grundlagen wurde von TUNCER durchgeführt, der das von SEGLER und WINKLER bekannte Feld der Sorptionsisothermen bis zu 100 °C erweiterte. Ungenügend sind z.Z. noch die Kenntnisse über den Einfluß der Aufbereitung auf die Trocknungsgeschwindigkeit bei der Belüftungstrocknung. Nach ersten Versuchen hängt die Trocknungsgeschwindigkeit sowohl bei Einzelhalmen als auch bei Stapeln vom Zerkleinerungsgrad ab, wobei geschlegeltes und gequetschtes Halmgut schneller trocknet, während stark zerfasertes bereits in geringen Schichtdicken zu Verdichtungen und Schimmelbildung neigt.

Die Belüftungstrocknung mit zusätzlicher Lufterwärmung ist bei richtiger Handhabung geeignet, das Wetterrisiko zu verringern. Daneben werden thermische Verfahren und biol.-chem. Prozesse an Bedeutung gewinnen. An neuen Maschinen für die Halmfutterwerbung werden der Spezial-Anbaumaishäcksler der Fa. Kemper und eine amer. Wickelbrikettierpresse mit 8...12 t/h Durchsatz bei einer Halmgutfeuchte von 35 % kurz erwähnt und in Skizzen dargestellt. H.-J.Graef/Bornim. 5215a.

1-68/09-0157 F e c h n e r, M. Technologische Anforderungen an die Welkguternte. - Feldwirtschaft 9 (1968) Nr. 7. S. 311-313. - 1 Abb., 1 Tab.
Die Welksilagegewinnung setzt Schläge mit Mindestgrößen von 10...25 ha, den erforderlichen Maschinenbesatz und bestimmte ökonomische Bedingungen voraus. Die günstigste Auslastung des Häckslers bei der Welkgutaufnahme wird erreicht, wenn Schwadmassen von 3,8...5 kg/m mit einer Arbeitsgeschwindigkeit zwischen 4 und 5 km/h verarbeitet werden. Aus gärbiol. Gründen ist Gras auf 30...35 %, Klee auf 30...40 % und Luzerne auf 40...50 % Trockenmassegehalt vorzuwelken. Dieser Trockenmassegehalt ist unter günstigen Witterungsbedingungen (mehr als 20 °C Außentemp. und weniger als 75 % rel. Luftfeuchte) bei Gras nach 24 Std., bei Klee und Luzerne nach 36...48 Std. erreichbar. Große Schwadmassen und ungünstiger Witterungsverlauf führen zu einer starken Verzögerung des Welkverlaufs. Die Feldverluste betragen bei normalem Welkprozeß 10...15 %. G.Wünsche. 5215a.

1-68/09-0158 C l a u s, H. G. Technische Lösungen der Heuwerbung und Lagerung. - Tierzüchter 20 (1968) Nr. 11. S. 423-424.426. - 1 Abb., 3 Diagr., 1 Schema.
Neben den altbekannten Fingermähbalken werden leistungsfähige Mähwerke mit hydraulischem Antrieb, Doppelmessermähwerke, Schlegelmäher und Scheibenmäher angeboten. Mit dem Schlegelmäher ist gegenüber der Heuwerbung mit Mähbalken und Wender eine beschleunigte Trocknung möglich. Knickzetter, Quetschzetter und Mähquetschzetter konnten sich in Europa nicht verbreiten. Als Heumaschinen werden Einzweckmaschinen bevorzugt. Die Kaltbelüftung kann die Feldperiode um etwa ein Drittel verkürzen. Tiefe Lufttemp. und hohe Luftfeuchtigkeiten haben bei der Kaltbelüftung lange Trocknungszeiten zur Folge, was zu einer Wertminderung des Futters führen kann. Es zeichnet sich ab, daß die Lufterwärmung auch bei der Heubelüftung Eingang finden wird. G.Wünsche. 5215a.

1-68/09-0159 M a n f r e d i, Enzo. Le macchine per la raccolta dei foraggi. (Mechanisierung der Futterernte.) - Agricoltura, Roma 17 (1968) Nr. 3. S. 76-87. - 13 Abb. 5215a.

1-68/09-0160 Z i m m e r m a n, Mark. Rounds up the fast-rolling mower-conditioner market. (Zunehmende Verbreitung von Mähwerken mit Aufbereitungsvorrichtung.) - Implement & Traktor Farm Implement News 83 (1968) Nr. 12. S. 30-33. - 3 Abb., 2 Tab., 3 Zeichn.
Schwadmähwerke, die mit einer Aufbereitungsvorrichtung sowie mit einem Zuführungsorgan ausgerüstet sind, haben sich in den letzten Jahren rasch eingeführt. Der Grund liegt darin, daß sie fast die gleiche Leistung wie Schwadmäher haben und der Anschaffungspreis nur geringfügig höher liegt.

Im Prinzip handelt es sich um 2 getrennte Verfahren, die in einer Maschine vereinigt sind. Vf. stellt in 2 Tabellen 16 verschiedene Maschinen mit folg. techn. Angaben vor: Mähwerk (Schnittbreite, variable Schnitthöhe, Hub des Messerbalkens, Hubanzahl pro Min.). Aufbereitungsvorrichtung (Dmr. der oberen Walze, Walzenlänge, Walzenmaterial [Stahl oder Gummi] der unteren Walze, ihre Länge und ihr Herstellungsmaterial), Gewicht, Typenbezeichnung, Hersteller. W.Bohrisch. 5215b.

1-68/09-0161 A n o n y m. Latest windrower from New Holland has two knives. (Der neueste Schwadmäher von New Holland besitzt zwei Schneidwerke.) - Power Farming & better Farming Digest, Sydney 77 (1968) Nr. 5. S. 27. - 1 Abb.

Für die australischen Großfarmen gewinnen Heuerntemaschinen mit Eigenantrieb immer mehr an Bedeutung. So soll hier der selbstfahrende Schwadmäher vom Typ New Holland "907" den erhöhten Anforderungen gerecht werden. Seine Arbeitsbreite ist bedeutend größer als die der bisherigen Standardmäher. Die Schnittfrequenz der Schneidmesser liegt bei 775 min^{-1}. Die beiden Schneidwerke werden unabhängig voneinander angetrieben und überlappen sich in der Mitte. Störende Vibrationen sind weitgehend ausgeschaltet worden, so daß hohe Arbeitsgeschwindigkeiten möglich sind. Je nach Wunsch wird der Schwadmäher mit einem Benzin- oder Dieselmotor ausgerüstet. Der Preis liegt zwischen 8000 und 9000 Dollar. S.Lehmann/Bornim. 5215c.

1-68/09-0162 M i l l e r, Martin R. Developing a high-capacity stalk cutter. (Entwicklung eines Mähwerkes mit großer Leistungsfähigkeit.) - Agric. Engng. 49 (1968) Nr. 3. S. 132-133. - 1 Abb.

Die Leistungsfähigkeit der konventionellen Schneidwerke ist durch die Anzahl der Hübe je Min. (max. 2000) und durch die mögliche Schnittbreite begrenzt. Das neu entwickelte Schneidwerk, das eine doppelt gewundene Schnekke als Schneidorgan besitzt, deren Windungen ganz kurz an einem Querbalken vorbeistreichen, um so das Abschneiden des Grases zu bewirken, hat folgende Vorteile: Das Schneidwerk arbeitet vibrationsfrei. Das Geräusch ist auf ein Minimum reduziert. Die Tendenz des Umwickelns oder des Blockierens sowie des Verstopfens entfällt. Es ist zweckmäßig, wenn sich die Schneckenwelle entgegengesetzt der Fahrtrichtung bewegt. Eine über der Schnecke befindliche Haspel verbessert die Zuführung des Grüngutes und erhöht somit den Wirkungsgrad des Schneidwerkes. Bei der Erprobung bei Drehzahlen von 3380...6750 U/min zeigten sich keine Nachteile. Höhere Arbeitsgeschwindigkeiten sind möglich. Konstruktion und Arbeitsweise des neuen Schneidwerkes werden eingehend beschrieben. W.Bohrisch/Bornim. 5215c.

1-68/09-0163 A n o n y m. DLG-anerkannte Feldhäcksler. - Landtechn. Z., München 19 (1968) Nr. 7. S. 478-479.

Für die Schlegelhäcksler "FL 140" (Deere), "Tive Minor" (Tierp-Verken), "Standard 1000 R" (Spragelse), "UG Spezial 1100" (Ugerlöse), "MF 71" (Massey-Ferguson) und für die Messerradhäcksler "FHR" (Fahr), "Piccolo Super" (Esterer), "Herkules" (Esterer), "Passat FFP 1" (Fella), "Mogul MH 14" (Bayr. Pflugfabrik) werden Gewicht, Aufnahmebreite, Bereifung, Spurweite, Wendekreisdurchmesser, einstellbare Häcksellänge, Eignung für die Bergung von verschiedenen Fruchtarten, Durchsatz, notwendige Traktorenleistung, täglicher Wartungsaufwand und Preis angegeben.

Schlegelhäcksler können zum Weidenachputzen und zum Mähhäckseln eingesetzt werden. Messerradhäcksler sind auch für die Bergung von Rübenblatt und Silomais einsetzbar. Die Schneidwerkzeuge müssen nach 10...15 Stunden geschliffen und nach 50 ha ersetzt werden. G.Wünsche. 5215d.

1-68/09-0164 A n o n y m. "Ugerlose HM. 1100" forage harvester. (Futterernter "Ugerlose HM 1100".) - Foras Talúntais (agric.Inst.), Oak Park, Carlow/Ireland, Test Rep. Nr. 40 (1968) 13 S. - 1 Abb., 1 Diagr., 1 Tab.

Hersteller: Ugerlose Maskinfabrik, Ugerlose, Dänemark.
Der von der Zapfwelle angetriebene Schlegelernter wird mittels eines Rahmens seitlich hinter dem Traktor angebaut. Er besitzt 16 Schlegel, die in 4 Reihen angeordnet sind. Der Rotor-Dmr. beträgt 24,5 in. (62,3 cm), seine Drehzahl 1300 U/min bei der Zapfwellennormdrehzahl von 540 U/min Bei einer Arbeitsbreite 5 ft. (1,52 m) kann die Schnitthöhe von 1...8 in. (25,4 bis 203,2 mm) variiert werden. In der Arbeitsstellung ist die Maschine 93 in. (2,36 m) breit, in der Transportstellung 58 in. (1,47 m). Die max. Höhe beträgt 114 in. (2,90 m). Die Masse einschließlich des Anbaurahmens liegt bei 10,5 cwt.(533,4 kg). Bei der Mahd von 125 acres (100 ha) bei unterschiedlichen Bodenverhältnissen und verschiedenen Futterarten wurde eine durchschnittliche Leistung von 7,8 t/h erzielt, wenn ein 35-PS-Traktor verwendet wurde. Mit 40-PS-Traktoren wurden 15 t/h geerntet. Die Arbeitsqualität wird als gut bezeichnet. Die Stoppelhöhe war gleichmäßig. Leistungsbedarf bei 5 t/h 19 h.p., bei 15 t/h 40 h.p. Nach einiger Übung kann die Maschine von 1 AK leicht an- und abgebaut werden. Die Einstellung und der Betrieb sind einfach, die Maschine bequem zu warten. Zur Pflege werden 3,2 Min. benötigt und zum Auswechseln eines Schlegels 5,2 Min. Der Ernter ist stabil gebaut. Zum Betrieb wird ein 35-PS-Traktor empfohlen. Detaillierte Angaben bei verschiedenen Bodenverhältnissen können aus einer Tab. und einem Diagr. entnommen werden. W.Bohrisch/Bornim. 5215d.

1-68/09-0165 W i l l i a m s, Michael. Waferer wins fresh feed from wet lands. (Heupreßmaschine gewinnt frisches Futter von nassen Feldstücken.) - Farmers weekly, London 68 (1968) Nr. 25. S. 40.
Nach einem Bericht von Howard F. McColly von der Michigan State Univ. wird es mit einer von ihm entwickelten Maschine möglich sein, aus frischem Gras oder Luzerne mit einem Feuchtigkeitsgehalt bis zu 85 % Preßlinge mit einer Feuchte von 35...40 % herzustellen. Zur sicheren Lagerung können diese Preßlinge auf verschiedene Weise auf 15 % Feuchtigkeit heruntergetrocknet werden. Die über viele Jahre laufenden Untersuchungen ergaben, daß Maschinen, die nach der Kolbenverdichtungsmethode arbeiten, bei frischem Gut keine geeigneten Durchsätze erzielen. Hingegen hat die Methode des Wickelns eines zigarrenartigen Stranges zwischen rotierenden Walzen größere Erfolgschancen. In Amerika sind Heuwickelmaschinen, bes. in Gegenden mit günstigen Witterungsbedingungen durchaus populär. Der Preis für die Maschine wird mit 40.000,- M angegeben. Der Leistungsbedarf beträgt etwa 15 PSh/t und der Durchsatz liegt bei 10 t/h (bei 35 % Gutfeuchte).
D.Spiewok/Bornim. 5215f.

1-68/09-0166 J o n e s, Peter. Twist-and-chop machines for the new hay wafer. (Wickelmaschinen für die neuartigen Heubriketts.) - Farmers weekly, London 68 (1968) Nr. 21. S. 52-53. - 14 Abb.

Eine vielversprechende Konzeption ist die Ausführung von Kemper, bei der die Verdichtung des aufgenommenen Schwades durch das Wickeln eines zigarrenartigen Stranges zwischen rotierenden Walzen vorgenommen wird. Der Durchmesser des Stranges beträgt etwa 75 mm. Der Formling entsteht durch scheibenweises Abtrennen in Abständen von ebenfalls 75 mm. Es ist eine Anhängemaschine, zapfwellengetrieben, mit einer Durchschnittsleistung von 2...3 t/h. Zur besseren Handhabung der Formlinge unterstützt diese Firma die Verwendung etwa 0,75 m^3 fassender Plastikbehälter zum Abpacken. Preßlinge, die mit einem Feuchtigkeitsgehalt des Gutes von 40...50 % hergestellt wurden, hatten nach dem Heruntertrocknen auf 15...20 % ihre Form vollkommen behalten. - Einer anderen Arbeitsweise bedient sich die Maschine von Unsinn, die, ebenfalls zapfwellengetrieben, zu den Kolbenverdichtern zu zählen ist. Die Verdichtung erfolgt in 2 Stufen; der Durchsatz wird mit 3 t/h angegeben. Bei 60 % Feuchte des Gutes werden dazu etwa 50 PS benötigt. - Die Fa. Welger, die ebenfalls wie Kemper die Strangwickeltechnik benutzt, unternimmt gegenwärtig große Anstrengungen, den Durchsätzen von Ballenpressen nahezukommen. Außer über Wickelmaschinen wird noch einiges über Siloentnahmefräsen (Unsinn, Eicher, Strautmann), Ladewagen und Rotationsschneidwerke (Kemper, Bruns) berichtet. D.Spiewok/Bornim. 5215f.

1-68/09-0167 K e m p, J. G. und H e r g e r t, G. B. The Ottawa single-row cereal harvester for experimental plots. (Eine einreihige Getreideerntemaschine für Versuchsfelder.) - Canad. J. Plant Sci. 48 (1968) Nr. 3. S. 345-348. - 3 Abb., 1 Zeichn., 6 Lit.

Es wurde eine 1reihig arbeitende Getreideerntemaschine entwickelt, die stehendes und liegendes Getreide mit den Vorteilen einer von Hand vorgenommenen Ernte einbringt. Die Maschine ist selbstfahrend, auf eine Ein-Mann-Bedienung ausgerichtet, 130 kg schwer, 145 cm lang und 56 cm breit. Sie hat 2 Trieb- und 2 Laufräder und ist mit einem 4-PS-Benzin-Motor ausgestattet. Die Arbeitsgeschwindigkeit kann in Stufen variiert werden (27 und 48,8 m je min). In Transportstellung sind Geschwindigkeiten von 46...83 m/min zu erreichen. Die Schneideinrichtung besteht aus 3 Teilen (Aufnehmer, 3 Riemenelevatoren und Schnittbalken). Bereits vor dem Schnitt wird das Getreide in verschiedenen Höhen erfaßt, an die Schneide herangeführt und nach dem Schneiden dem Bunker zugeführt. Durch die Art der konstruktiven Lösung ist die Verstopfungs- und Wickelgefahr sehr gering. Diese Erntemaschine wurde unter verschiedenartigsten Bedingungen in 2 Ernteperioden untersucht und brachte dabei gute Ergebnisse. Lediglich bei überreifer, liegender Gerste ergaben sich durch Beschädigung der Ähren einige Schwierigkeiten. Zur Verringerung der Herstellungskosten wurden zum Bau der Maschine im wesentlichen im Handel befindliche Elemente verwendet.

D.Spiewok/Bornim. 5220a.

1-68/09-0168 M a n f r e d i, Enzo. Le macchine per la raccolta del grano. (Mechanisierung der Weizenernte.) - Agricoltura, Roma 17 (1968) Nr. 3, S. 31-48. - 12 Abb., 5 Tab. 5220a.

1-68/09-0169 S a k o v c e v, V. Modernizacija valkovych žatok. (Modernisierung von Schwadmähern.) - Zernovye i masličnye kul'tury, Moskva 3 (1968) Nr. 5. S. 14-18. - 4 Abb., 3 Schemata.

In einigen Landwirtschaftsbetrieben des Zelinograder Gebietes wurden die Schwadmäher "ŽVN-6" und ŽVN-10" (6 und 10 m Arbeitsbreite) so geändert und ergänzt, daß sie an den Mähdrescher "SK-4" anstelle des normalen Mähwerkes angebaut werden können. Dadurch war es möglich, den Mähdrescher auch auf Feldern von sehr geringem Ertrag mit hohem Durchsatz auszulasten. Die Produktivität der Mähdrescher stieg und erreichte 50...70 ha/Tag (Norm bei normalem Mähwerk 13 ha/Tag). Vf. beschreibt den Um- und Anbau, der so einfach ist, daß er von jedem Betrieb selbst durchgeführt werden kann. Die Rückänderung in den ursprünglichen Zustand zum Schwadmähen dauert nur wenige Stunden. W.Balkin. 5220c.

1-68/09-0170 B e r g m a n n, F. Die neuzeitliche Getreideernte. - Grüne, Zürich 86 (1968) Nr. 26. S. 943-947. - 3 Abb.

Die Getreideernte mit dem Mähdrescher ermöglicht eine Einsparung von 35...60 AKh/ha. Voraussetzung für eine saubere Arbeit sind große Flächen und stehendes Getreide. Durch die Anwendung halmverkürzender Mittel läßt sich die Lagergefahr weitgehend reduzieren. Raps, Gerste, Dinkel, Sommer- und Winterweizen werden in der Schweiz fast ausschließlich mit dem Mähdrescher geerntet. Die Einsatzgrenze des Mähdreschers liegt etwa bei 30 % Hangneigung. Bei Neigungen von mehr als 20 % muß die Arbeitsgeschwindigkeit stark gedrosselt werden, da sich das Getreide nicht mehr auf die ganze Schüttler- und Siebfläche verteilt. Das als Schüttgut anfallende Getreide sollte man lose abgeben und nicht durch Absacken zu einem unhandlichen Stückgut machen. G.Wünsche. 5220e.

1-68/09-0171 F e i f f e r, R., B e r g n e r, W., T a u c h e r t, W. und C o n t i u s, H. Optimierung aller technologischen Beziehungen beim Mähdrusch in einer Skala. - Inform. Landmaschinen- u. Traktorenbaues DDR 1968 Nr. 6. S. 98-104.105. - 1 Abb., 1 Tab.

Mit der Mähdreschereinstellscheibe als technologisches Hilfsmittel können die Getreideverluste gesenkt, die Leistungen gesteigert und die Qualität verbessert werden. Die neue Skala, die auch für Nichtgetreidefrüchte verwendet werden kann, beinhaltet fast alle Daten, die im techn. Prozeß der Ernte von Bedeutung sind. Es wird auf die Mähdreschereinstellung eingegangen. Gleichzeitig werden die verwendeten Begriffe erläutert. Neue Möglichkeiten der Verlustkontrolle ohne Prüfschale sind ausführlich beschrieben. Die Erweiterung durch die Erntehygrometertab. gestattet es, die tägl. Druschzeitspanne und den tägl. frühestmöglichen Druschbeginn richtig vorauszubestimmen. Im Hinblick auf die Getreidequalität wurden aus neuen Erkenntnissen resultierende Faustregeln zusammengestellt.

G.Wünsche. 5220e.

1-68/09-0172 H e r r m a n n, K. "E 512" Ein neuer Mähdrescher auf den Feldern unserer Republik. - Agroforum, Berlin 1968 Nr. 6/7. S. 18-25. - 5 Abb., 1 Diagr., 8 Tab.

Bei einer Komplexerprobung von 3 Mähdreschern "E 512" sind Tagesleistungen von 10...15 ha je Mähdrescher erreicht worden. Der "E 512" kann Getreide mit 25 % Grünbesatz, mit Kornfeuchten bis 30 % und mit Strohfeuchten bis 40 % befriedigend verarbeiten. Jeder Mähdrescher sollte eine Kampagneleistung von mindestens 350 ha erreichen. Als optimale Schlaglängen für den Einsatz haben sich 1000...15000 m erwiesen. Für einen Komplex von 5 Mähdreschern sind bei Transportentfernungen von 10 km 5 LKW mit Anhängern ausreichend. Alle Fahrzeuge, die am zweckmäßigsten in Schicht eingesetzt werden, unterstehen dem Komplexleiter, der seine Arbeit mit den Betriebsleitern abstimmt. Die Strohbergung kann mit dem Feldhäcksler "E 066", dem Schlegelernter "E 069" oder mit der Hochdrucksammelpresse "K 442" erfolgen. Auf dem Hof ist der Weitertransport mit dem Nema-Gebläse "G 3" oder mit dem Vorratsförderer und dem "FG 35" möglich. G.Wünsche. 5220e.

1-68/09-0173 A n t o n o v, V. A. Issledovanie dinamičeskich nagruzok na ramu kombajna SKG-4M. (Untersuchung der dynamischen Belastungen des Rahmens des Mähdreschers "SKG-4M".) - Traktory i sel'chozmašiny, Moskva 1968 Nr. 5. S. 22-24. - 8 Schemata, 2 Lit.

Vf. berichtet über theoretische und experimentelle Untersuchungen dynamischer Beanspruchungen des Rahmens des Reis-Mähdreschers "SKG-4M" mit Biege- und Drehmomenten in den Längs- und Querträgern beim rechtwinkligen und schrägen Auffahren auf Bodenschwellen. Die statischen Unbestimmtheiten werden unter Aufstellen eines Systems kanomischer Gleichungen aufgelöst und die neben den symmetrischen Belastungen auftretenden tordierenden Belastungen in antisymmetrische und symmetrische geteilt. Vf. gibt in mehreren Schemata die auf die Rahmen wirkenden errechneten Biege- und Drehmomente an und bringt das System der kanonischen Gleichungen nach Einsetzen der Koeff. sowie die mit Hilfe der Gleichungen errechneten inneren Kräfte. Zum Messen der Rahmenspannungen wurden Dehnmeßstreifen, ein Verstärker und ein Oszillograph verwendet. Es wurden hauptsächlich die dynamischen Belastungen gemessen, weil sie 6...7mal größer sind als die statischen. Vf. bringt die Gleichungen zum Errechnen der angreifenden Momente aus den Meßwertgeber-Anzeigen und stellt fest, daß die theoretisch bestimmten dynamischen Belastungen den tatsächlichen Belastungen entsprechen. Die Ermittlungen ergaben, daß die Steifigkeit und Festigkeit des untersuchten Rahmens gering ist, wodurch an bestimmten Stellen Risse und Brüche entstehen.

W.Balkin. 5220e.

1-68/09-0174 A n o n y m. Självgående skördetröska aktiv, typ 1000. (Mähdrescher Aktiv, Typ 1000 - Staatlicher Maschinenprüfbericht Ultuna.) Statens Maskinprovningar, Medd. Nr. 1904 (1968) S. 1-7. - 1 Abb., 1 Tab.

Hersteller: AB Westeråsmaskiner, Morgongåva. Schnittbreite: 2,82 m, Trommellänge 105 cm. Preis 39 500 skr (ca. 31 000 M). Größte Transportbreite 3.09 m, Bunkerinhalt ca. 16 hl, Masse (betriebsfertig) 2 790 kg.

Die Funktionsprüfung ergab eine Leistung von 65 dt/h Körner. Die Verluste konnten gering gehalten werden. Die Reinigung war gut.

Der Mähdrescher arbeitete während der gesamten Prüfzeit gut. Der Fahrer hat einen guten Überblick über den Schneidtisch. Der tägliche Pflegeaufwand ist gering. Die Lautstärke am Fahrersitz beträgt 107 Phon. Der Motor hat ausreichende Leistung, auch wenn der Mähdrescher mit einem Strohhäcksler ausgerüstet wird. H.Maltry/Bornim. 5220e.

1-68/09-0175 A n o n y m. Hochleistungsmähdrescher "E 512", eine auf dem Weltmarkt leistungsbestimmende Neuentwicklung aus dem VEB Kombinat Fortschritt Neustadt. - Inform.Landmaschinen- und Traktorenbaues DDR 1968 Nr. 5. S. 77-82. - 4 Abb. 5220e.

1-68/09-0176 M a l e ř, J. K problému separace zrna z pořezané obilní hmoty. (Zum Problem der Korntrennung von der gehäckselten Getreidemasse.)- Zemědělská Techn. 13 (1967) Nr. 12.S. 721-730. - 8 Abb., 2 Tab., 8 Lit. Zus. in Russ., Engl., Dtsch.

Bei der Feldhäckslerernte von Getreide wird im Gegensatz zu dem herkömmlichen Korndrusch die Kornvortrennung dem Dreschwerk vorgeschaltet und der Drusch wird durch den Nachdrusch abgelöst. Im Forschungsinst. für Landtechnik (VÚZT) Repy erfolgten in dieser Richtung Prüfungen der Tandemanlage "MAR 90" (Kopplung von 2 Dreschmaschinen zur Vortrennung und zum Häckseldrusch), ferner Prüfungen der Korntrennanlage "VUZT" und der Korntrennanlage "OZH 5" des Agrostroj Prostějev. Es wurde die Struktur des dosierten Häckselgutes untersucht und Vorschlag zur Lösung der Dosierung und Einlegung durch geeignete Regelung des geschwindigkeitsgebundenen Dosiertischförderers ausgearbeitet. Die Kornverluste lagen im Bereiche von bis 2 %, d.h. sie entsprachen den agrotechnischen Forderungen. Die Kornbeschädigung war bei der Korntrennanlage "OZH 5" vertretbar (verminderte Dreschtrommeldrehzahl). Die Korneinheit war annehmbar.

ČSSR/UVTI. 5220i.

1-68/09-0177 F i s c h e r, Kuno. Sacklose Kornbergung. - Lohnunternehmen in Land- und Forstwirtschaft 23 (1968) Nr. 6. S. 172.174-176. - 6 Abb.

Der sacklose Körnertransport stellt an die zum Einsatz kommenden Transportfahrzeuge besondere Anforderungen. Anhänger sollen dicht sein und eine Bordwandhöhe von 40 cm haben. Stalldungstreuer können eingesetzt werden, wenn das Streuaggregat durch eine Blechschurre ersetzt wird. Ebenfalls geeignet sind Selbstentladewagen, bei denen die Entladung nach hinten oder nach der Seite erfolgt. Auch Ladewagen lassen sich für den Körnertransport umrüsten. Ideale Fahrzeuge sind Kipper und für ungünstige Geländeverhältnisse die Einachs-Allzweckwagen. Gleichfalls für den Körnertransport werden Behälter aus Holz, Blech oder Hartfaserplatten zum Aufsetzen auf Ackerwagen sowie Spezial-Körnerwagen mit Entladeeinrichtungen angeboten. Die Weiterbeförderung zum Speicher kann mit einfachen Druckgebläsen, Sauggebläsen, Einfach- und Doppelelevatoren, Förderschnecken, Schüttelrinnen, Förderbändern, Trogkettenförderern und Kastenschnecken erfolgen.

G.Wünsche. 5220m.

1-68/09-0178 A n o n y m. La recolte et la conservation du mais-grain. (Ernte und Konservierung von Körnermais.) - Centre nat. Etudes Experimentat. Machinisme agric., Bull. Inform. 1968 Nr. 125. S. 15-35.

In Frankreich wächst die Anbaufläche an Körnermais seit 15 Jahren ständig und hat 1967 1 Mill. ha überschritten. Durch Anwendung von Hybrid-Saatgut, verbesserte Anbautechnik, chem. Unkrautbekämpfung, Vollmechanisierung und Marktorganisation werden durchschnittlich 35 dt/ha geerntet. Die Kolbenernte erfolgt mit Kolbenpflückern -und -entlieschern (1- oder 2reihig gezogen oder angebaut). Die Kolbenernte mit ihrem hohen Maschinenbedarf (einschl. Transporteinrichtungen) wird zunehmend von der Körnerernte verdrängt. Die Kolbenpflücker-Entkörner sind meistens 2reihige Anhängemaschinen mit aufgebauten Körnerbunkern. Neuerdings gibt es auch 2...3reihige Selbstfahrer. Mähdrescher verursachen selbst bei hohem Schnitt infolge des großen Massendurchsatzes große Körnerverluste. Anstelle des Mähwerkes treten deshalb Maisgebisse zum Kolbenpflücken. Zur Trocknung der Kolben dienen Reuschen oder Belüftungsanlagen. Da die Trockenkapazität für Körnermais nicht die sofortige Trocknung aller anfallenden Körner erlaubt, werden die feuchten Körner durch Belüftung vor Erwärmung und Verderb geschützt. Es wird die absatzweise und kontinuierliche Trocknung unterschieden. Ein ökonomischer Vergleich verschiedener Ernteverfahren weist die geringsten Kosten bei der Kolbenernte und Reuschentrocknung nach, doch ist hierzu mehr Handarbeit erforderlich. Für die Körnerernte wird die Entwicklung zur selbstfahrenden Spezialmaschine für wahrscheinlich gehalten. H.Kaiser. 5220n.

1-68/09-0179 G a j d a r o v, N., U z u n o v, P. und K a r a k a š e v a, M. Sravnitel'noe issledovanie novych kukuruzouboročnych mašin. (Vergleichsprüfungen neuer Mais-Erntemaschinen) - Mechanizacija i elektrificacija na selskoto stopanstvo, Sofija 17 (1967) Nr. 12. S. 1-6. - 4 Diagr., 2 Tab.

Es wurden mit folgenden Maschinen Vergleichsprüfungen durchgeführt: Maiserntemaschinen "ST2-RP" (Rumänien), "KKCh-3" (Sowjetunion) und "KB-2V" (Ungarn), Maiskolbenpflück- und -entlieschmaschine "3.Mai-2K" (Jugoslawien) und die Entlieschungsmaschine "ČF-1" (Ungarn). Es wurde unbewässerter Mais der Sorte 'Visconsine-641' mit einem Körnerertrag von 47 dt/ha, einem Ertrag an entlieschten Maiskolben von 67 dt/ha und einem Ertrag an Blättern und Stengeln von 111,3 dt/ha geerntet. Die besten Kennwerte erbrachte die Maschine "3.Mai-2K": Die Produktivität je Std. reiner Arbeitszeit betrug 0,785 ha gegenüber 0,48...0,68 ha der anderen Maschinen; der Kolbenentlieschungsgrad betrug 95 % gegenüber 46...55,8 % der übrigen Maschinen. Ferner war bei dieser Maschine die Mehrzahl der Betriebs- und Wirtschaftlichkeitskennwerte besser (Beiwerte des technol. und techn. Dienstes 0,955 und 0,880, Beiwerte der technol. Zuverlässigkeit und der Betriebszuverlässigkeit 0,975 und 0,96); ein Mangel waren die großen Verluste an Korn (2,1 % gegenüber 0,3...0,6 % der übrigen Maschinen) und die Verluste an Blättern und Stengeln, die durch Zerkleinern und Verstreuen auf dem Felde entstanden. Die Entlieschungsmaschine "ČF-1" arbeitet gut und senkt den Handarbeitsaufwand auf 1/7. NRB/CSNTI. 5220n.

1-68/09-0180 G ö t z, Willi. Der Mähdrescher in der Körnermaisernte. - Landmaschinen-Markt 47 (1968) Nr. 12. S. 12.14-15. - Abb.

Bei der Körnermaisernte muß der Mähdrescher größere Pflanzenmassen und grobkörniges Erntegut verarbeiten. Die Ausrüstung des Mähdreschers mit den einfachen und unkomplizierten Maismähvorsätzen kann schon bei Anbauflächen von 3...7 ha wirtschaftlich sein. Größere Bedeutung hat der Pflückdrusch, weil bei früherem Erntezeitpunkt die Erntegesamtleistung größer und das saubere Erntegut trockener ist. Während bisher die Pflückvorsätze mit Profilpflückwalzen versehen waren, stellte man sich in den letzten 2 Jahren auf Pflückschienenaggregate um. Unabhängig vom jeweiligen Ernteverfahren sind bei der Maisernte Veränderungen an der inneren Ausrüstung des Mähdreschers notwendig. G.Wünsche/Bornim. 5220n.

1-68/09-0181 Z i m m e r m a n, Mark. Which machine is best for field shelling ? (Welche Maschine ist für das Rebbeln auf dem Felde am besten geeignet?) - Implement & Tractor Farm Implement News 83 (1968) Nr. 11. S. 24 bis 27. - 2 Abb., 1 Tab.

Das Rebbeln von Mais gleich bei der Ernte nimmt in den letzten Jahren erheblich zu. Es erfolgt entweder in einer konventionellen Erntekombine mit einer Zusatzeinrichtung für die Maisernte oder in einer speziellen Rebbelmaschine, bei der die Maiskolben einen Käfig, der als Schnecke ausgebildet ist, in axialer Richtung durchlaufen. Obwohl die Beschädigungsrate bei den Kombines infolge der schlagartigen Belastungen der noch in den Kolben stekkenden Körner durch die Schlagleisten der Dreschtrommel etwas größer ist als im Falle der zweiten Maschine, finden sie eine größere Verbreitung. 2 Gründe sind dafür maßgebend: 1) Die Kombines können auch für die Ernte anderer Früchte verwendet werden. 2) Die Kombine hat eine größere Durchsatzleistung je Zeiteinheit. Da die Beschädigungsrate von einer ganzen Reihe von Faktoren, hauptsächlich jedoch vom Feuchtigkeitsgehalt des Erntegutes abhängt, und über 77 % der gesamten Maisernte in den USA im eigenen Lande für Fütterungszwecke verwendet werden, ist diese nicht von entscheidender Bedeutung. Rund 15 % der Maisernte werden von den USA exportiert.

W.Bohrisch. 5220n.

1-68/09-0182 C o l z a n i, Giuseppe. Le macchine per la raccolta del mais da granella. (Mechanisierung der Körnermaisernte.) - Agricoltura, Roma 17 (1968) Nr. 3. S. 59-75. - 16 Abb., 5 Tab., 16 Lit. 5220n.

1-68/09-0183 V o r o n o v, Ju. I. Issledovanie terebil'nych apparatov dlja ukladki l'na v šater. (Untersuchung von Leinraufgeräten für das Ablegen des Leins in Hocken.) - Traktory i sel'chozmašiny, Moskva 1968 Nr. 4. S. 24-26. - 1 Abb., 2 Diagr., 1 Schema, 4 Lit.

Vf. betrachtet zunächst das Binden der Leinbündel von Hand und maschinell und das anschließende Trocknen in Garben oder Hocken. Danach bespricht er eine Leinraufmaschine mit einer Vorrichtung zum Bilden von Hocken und berechnet anhand eines Geschwindigkeitsplanes den abs. Weg und die Geschwindigkeit eines von den Raufriemen ergriffenen Halmes. In 2 Diagr. stellt er die Abhängigkeit der Raufstrecke im Gerät vom Verhältnis zwischen Fahrgeschwindigkeit und verschiedenen Neigungen des Gerätes dar. Anschließend bespricht er die mit diesem Gerät hergestellten Hocken, die Dicke der Hockenwände und ihre Widerstandsfähigkeit gegen den Wind verschiedener Stärke bei verschiedener Halmdichte je m^3 sowie verschiedener Arbeitsbreite. Die Mindesthöhe des Leins muß 50 cm und die Halmdichte 1500...2500 Stck./m^2 betragen, um widerstandsfähige Hocken bilden zu können. W.Balkin. 5220o.

1-68/09-0184 V e n t u r i, Gianpietro. Le macchine per la raccolta della canapa. (Mechanisierung der Hanfernte.) - Agricoltura, Roma 17 (1968) Nr. 3. S. 118-128. - 11 Abb., 5 Tab., 19 Lit. 5220o.

1-68/09-0185 H e c h e l m a n n, Hans-Georg. Arbeitsverfahren Kartoffelernte. - Mitt.dtsch.Landwirtsch.-Ges. 83 (1968) Nr. 29. S. 1052-1054. - 4 Abb., 1 Schema, 2 Tab.
Voraussetzung für ein einwandfreies Arbeiten der Maschinen bei der Ernte sind gute Ackervorbereitungen und sorgfältige Ausführung der Pflanz- und Pflegearbeiten. Mit 1...3 kg Kartoffeln werden je m Damm 60...100 kg Boden aufgenommen. Die Sammelrodeernte verlangt elastische Knollen (geringe Beschädigungsgefahr), deshalb soll das Kraut 3 Wochen vor der Ernte geschlagen werden. Folgende Leistungen werden mit den Ernteverfahren erzielt: 1) Schleuderroderverfahren (1reihig) 15...18 a/h bei 12...18 AK zum Sammeln, 8...12 % Zudeckverluste: 2) Vorratsroden 12...20 a/h, keine Zudeckverluste; 3) Sammelroden (1reihig) 7...12 a/h, keine Zudeckverluste, Bunker für 500...600 m lange Reihen. Bunker mit Rollboden sind arbeitswirtschaftlich günstig (keine Verlustzeiten). - Arbeitsbreiten für Feldspritzen zum Krautabtöten bei 62,5 cm Reihen, 7,5 und 10 m, bei 75-cm-Reihen 9 und 12 m.

L.Kunath/Bornim. 5230a.

1-68/09-0187 C e r a, Michele. Le macchine per la raccolta della patate. (Mechanisierung der Kartoffelernte.) - Agricoltura, Roma 17 (1968) Nr. 3. S. 101-112. - 25 Abb., 1 Tab., 22 Lit. 5230a.

1-68/09-0188 A n o n y m. Haulm destruction by chemicals. (Krautvernichtung mit Chemikalien.) - Farmers weekly, London 68 (1968) Nr. 22. S. 45. - 1 Abb.

Auf 60...75 % der Kartoffelanbaufläche in Großbritannien wird das Kraut chemisch abgetötet. Die Hälfte der Fläche wird von Lohnunternehmern überwiegend mit verdünnten Säuren und etwa 25 % der Kartoffelfläche werden mit Diquat behandelt. Knollenverfärbungen im Lager bei Einsatz dieses Mittels beschränken seine Anwendung auf feuchten Boden, um Aufnahme durch Knolle bei Trockenheit zu vermeiden. K.Baganz/Bornim. 5230c.

1-68/09-0189 A n o n y m. Potato harvesters compared. (Vergleich von Kartoffelerntemaschinen.) - Farm Mechanizat. & Buildings, London 20 (1968) Nr. 225. S. 22-25. - 5 Abb., 2 Tab.
Die Trennung von Kartoffeln und Kraut erfolgt nach verschiedenen Methoden, wobei zumeist eine oder mehrere Trennarten in einer Maschine vereinigt sind. Ein nicht maschinelles Sortieren (z.B. durch Strahlen), bei dem das Risiko von Beschädigungen reduziert ist, wird erst in weiterer Zukunft ökon. anwendbar sein. Nach einem Vergleich von 26 Erntemaschinen unterschiedlicher Art und Größe nehmen 2reihig arbeitende Modelle laufend zu. In dem in Form einer Liste zusammengestellten Vergleich wird eine Unterteilung nach folgenden Merkmalen vorgenommen: Hersteller oder Importeur; Modell oder Typ; Rodemethode; Methode der Krautablage; Methode der Trennung der Kartoffeln von Erde; Methode der Kartoffelabgabe; Reihenweite; Maschinengewicht; Abmessungen;(Länge x Breite x Höhe); Anzahl der erforderlichen Arbeitskräfte auf der Maschine; durchschnittliche Flächenleistung in 8 Std.; Preis ab Werk; Zubehör. - Nach der Tabelle ist die 2reihige Erntemaschine von Grimme mit einer Leistung von 3...8 acres (1,2...3,2 ha) in 8 Std. die leistungsstärkste.

W.Bohrisch/Bornim. 5230f.

1-68/09-0190 A n o n y m. DLG-anerkannte Kartoffelernter.)- Landtechn. Z., München 19 (1968) Nr. 8. S. 540-541. - 1 Tab.

Es werden überwiegend 1reihige Roder mit 3teiligem Blattschar und Hubrad bei unterschiedlichen Trennorganen angeboten. Geprüft wurden die Vorratsroder "SR 1" (Avenwedder), "Fux" (W. Helwig Söhne) und die Sammelroder "KSR 2 B" (Kromschröder), "KRS" und "KRB" (Tröster), "Europa VPU" (Grimme), "Wisent RB" (Hagedorn), "K 60" (Bergmann), "Wühlmaus Mod. 67" (Niewöhner). Für diese Roder sind Masse, Bereifung, Siebleistung auf leichten und schweren Böden, Abtrennung von Kraut, Steinen und Kluten, Zerkleinerung größerer Kluten, Anzahl der AK am Verleseband, Bunkerinhalt, Anteil der nicht erfaßten und beschädigten Kartoffeln über 25 mm Dmr., Zugleistungsbedarf, Einsatzfähigkeit am Hang, Arbeitsqualität bei starkem Kraut- und Unkrautbesatz und die Preise angegeben. G.Wünsche. 5230f.

1-68/09-0191 T h o m s o n, D. C. G. Mechanizing the sugar beet crop - part 4: Harvesting. (Mechanisierung des Zuckerrübenanbaues - 4. Mitt. Ernte.) Farm Mechanizat. & Buildings, London 20 (1968) Nr. 227. S. 59-60. - 1 Abb., 2 Tab.

Vf. unterzieht den gegenwärtigen Stand der Mechanisierung der Zuckerrübenernte einer kritischen Betrachtung und zeigt die zukünftigen Entwicklungstendenzen auf diesem Gebiet auf. Z.Z. werden in England 95 % der Zuckerrüben maschinell geerntet. Das entspricht zwar für die vergangenen zehn Jahre einer enormen Erhöhung der Arbeitsproduktivität, berechtigt aber nicht zu der Annahme, daß das Ernteproblem endgültig gelöst sei, denn die weitere Entwicklung, über einen längeren Zeitraum betrachtet, wirft noch eine Reihe ernsthafter Probleme auf. So ist z.B. nicht mit Sicherheit einzuschätzen, inwiefern Änderungen der Anbaumethoden, mit denen in der Perspektive durchaus zu rechnen ist, konstruktive Veränderungen der gegenwärtigen Vollerntemaschinen zur Folge haben. S.Lehmann/Bornim. 5235a.

1-68/09-0192 M a n f r e d i, Enzo. Le macchine per la raccolta delle barbabietole. (Mechanisierung der Rübenernte.) - Agricoltura, Roma 17 (1968) Nr. 3. S. 88-100. - 9 Abb., 1 Tab. 5235a.

1-68/09-0193 S c h u l z, H. Die Rotkleesamenernte mit Maschinenkomplexen durchführen. - Saat- und Pflanzgut 9 (1968) Nr. 7. S. 138-139. 5240.

D. ERNTEAUFBEREITUNG UND -LAGERUNG

1-68/09-0194 K e l l e r m a n n, C. Typentabelle Warmluft-Satztrockner. - Landtechnik 23 (1968) Nr. 13. S. 455-461. - 3 Tab.

Die 3 Hauptbestandteile jedes Satztrockners sind: Trocknungsbehälter, Lufterhitzer und Gebläse. Als Hauptunterscheidungsmerkmal für die verschiedenen Bauarten ist die Bauform des Trocknungsbehälters anzusehen. In der Typentab. sind die auf dem westdeutschen Markt befindlichen Fabrikate zusammengestellt. Die Tab. ist entsprechend den Behälterbauformen unterteilt in 3 Gruppen: Warmluftsatz-Trockner mit Querbelüftungsbehältern, Warmluft-Satztrockner mit Zentralrohrbehältern und Warmluft-Satztrockner mit Flachbehältern. Es werden folg. Angaben gemacht: Typenbezeichnung, Trocknerleistung, Fassungsvermögen, Trocknungsdauer, techn. Daten zu Trocknungsbehälter, Lufterhitzer und Gebläse. J.Dräger/Bornim. 5305.

1-68/09-0195 S á n t a, J. Uj tipusu száritógépeinkkel kapcsolatos tanulságok. (Erfahrungen mit neuen ungarischen Trocknern.) - Malomipar és Terményforgalom /Mühlenind. u. Naturalienverkehr/ 14 (1967) Nr. 3. S. 90-93. - Aus: Ung. Agrar-Rdsch. 1968 Nr. 2. 5305.

1-68/09-0196 A g e n a, Meint-Uden. Grünfutterernte und Konservierung. - Landwirtsch.-Bl. Weser-Ems 115 (1968) Nr. 25. S. 8-10. - 6 Abb.
Die Schnellentleerung des Ladewagens dauert etwa 3...4 Min., während die Standentleerung 20...25 min. beansprucht. Für die Weiterbeförderung des Futters kommen Greifer, Teleskopsauggebläse und Vorratsförderer in Frage. Die Verteilung in runden Behältern erfolgt mit Endverteilern, die mit Winddruck oder Motorantrieb arbeiten. Die Beförderung der Ballen ist mit Förderbändern, Greifern oder Ballenpaletten möglich. Neben den bewährten Hochsiloformen werden in zunehmendem Maße Kunststoffsilos mit einem Fassungsvermögen bis 200 m^3 angeboten. Zu erwägen wäre die Auskleidung billig erstellter Hochsilos mit Schläuchen aus PVC-Folie. Diese Folien haben sich bei der Abdeckung von Freigärhaufen und Ballenmieten bewährt. Neuerdings werden Klebestreifen mit Bitumenkleber zum Abdichten von Beton-Folie-Verbindungen angeboten. G.Wünsche. 5310a.

1-68/09-0197 S c h l ü n s e n, Dieter. Ballentrocknung von Halmfutter. - Landtechnik 23 (1968) Nr. 11. S. 380-382. - 1 Schema, 1 Diagr., 7 Lit.
Die Rostanlage läßt die Luft auf der ganzen Grundfläche in den Ballenstapel eintreten, wobei die Luftmenge 0,035...0,05 m^3 je Kubikmeter Halmgut betragen soll. Sorgfältiges Stapeln ist Voraussetzung für gutes Durchlüften (Lagerung im Verband), da die Luft sonst - insbesondere bei zu loser Stapelung - durch die Fugen entweicht. Das seitliche Entweichen der Luft kann durch Stapelung von 2...3 Ballenbreiten über den Rand des Rostes hinaus oder durch Verwendung luftundurchlässiger Seitenwände verhindert werden. Werden die Ballen mit den Schnittflächen nach unten gelagert, findet ein besseres Durchströmen statt; eine Verkleinerung des Ballenquerschnittes sowie Längen von 60...70 cm sollen sich ebenfalls günstig auswirken. Eine weitere Voraussetzung für das einwandfreie und gleichmäßige Durchströmen der Ballen ist die einheitliche Preßdichte, die nach Versuchen bei fester Preßkanaleinstellung 130...135 kg/m^3 bei Wiesenheu und 150...200 kg/m^3 bei Luzerne betrug. Der Belüftungsvorgang hat unmittelbar nach dem Einlagern zu beginnen, wobei in den ersten Tagen Dauerbelüftung bis zu 10 Tagen gefordert wird. Der max. Feuchtigkeitsgehalt darf nach Abschluß der Belüftung 15 % nicht übersteigen, da sonst Schimmelbildung und Gärverluste auftreten können. Häufig wird zur Erfüllung dieser Forderungen zur Ballenbelüftung mit zusätzlicher Lufterwärmung übergegangen. In diesem Fall besteht die Möglichkeit der Einlagerung bis zu 45 % Feuchte, was eine erhebliche Verringerung des Wetterrisikos bedeutet. H.-J.Graef/Bornim. 5310c.

1-68/09-0198 A n o n y m. More hay will be chopped instead of baled. (Mehr Häcksel- statt Ballenheu.) - Farm Mechanizat. & Buildings, London 20 (1968) Nr. 226. S. 32. - 2 Tab.
Kurzfassung eines von Hamish Paterson auf der Tagung der "Commission Internationale du Génie Rural" in Silsoe gehaltenen Referates über die jüngste Entwicklung in der Gras- und Getreidekonservierung. - Die Graskonservierung ist gegenwärtig noch mit den größten Verlusten behaftet, die etwa mit 3 Mio.t

oder ungefähr 26 % der Gesamtanbaufläche angegeben werden. Auf den Trockensubstanzgehalt bezogen entfallen bei der Graskonservierung etwa 13 % auf Silage, 1 % auf heißluftgetrocknetes Gras und 86 % auf Heu. Zwar ist die Scheunentrocknung mit wesentlich geringeren Verlusten verbunden, dafür aber nur noch in kleinen landwirtsch. Betrieben möglich. Bis zu einem Feuchtigkeitsgehalt von 45 % ist die Ballenkaltbelüftungstrocknung in geschlossenen Scheunen möglich. Die Luftmenge beträgt etwa 45 cfm per sq. ft. (14 m^3/m^2 Maschenrostfläche je Min.). Vielfach findet auch die radiale Durchlüftung (Kamin) von Heustapeln (holländisches System) Anwendung. Dieses Verfahren ist bis zu einem Feuchtigkeitsgehalt von 40 % (Luftmenge etwa 3 m^3/min für 15...50-t-Stapel) möglich. Für die nachfolgende Verwendung sind Ballen wenig vorteilhaft, da die mechanisierte Fütterung auf der Verwendung von gehäckseltem Heu basiert. Hier sind im wesentlichen alle erforderlichen techn. Angaben bekannt. Ungelöst blieb allerdings bisher, wie man in einem Trockner das Häckselgut gleichmäßig verteilen kann.

D.Spiewok/Bornim. 5310c.

1-68/09-0199 A n o n y m. Belüftungsgebläse LAW, Typ "RF-10" - Ölheizung - Prüfbericht. - Centre National Études Expérimentat. Machinisme agric. Essais off. Nr. 917 (1966) 15 S.

Das Belüftungsgebläse LAW, Typ "RF 10," für Ölheizung besteht aus der Brennkammer mit Brenner (auswechselbare Düsen), Zündeinrichtung, Pumpe, Ventilator, Sicherheitsvorrichtung und dem Gebläse LAW, Typ "Aérobloc AX 40". Beschreibung, techn. Daten, Prüfbedingungen und Meßergebnisse für verschiedene Rüstzustände in tab. Form, die sich u.a. auf Luftdurchsatz (max. 9900 m^3/h), Gebläsedruck, Temperaturen, thermische Leistung, Heizölverbrauch (max. 11,7 l/h) und Antriebsbedarf (2 kW) beziehen.

E.Kraaz/Bornim. 5310c.

1-68/09-0200 A n o n y m. Belüftungsgebläse "2AW" für Propanheizung - Prüfberichte. - Centre National Études Expérimentat. Machinisme agric., Essais off. Nr. 918. (1966) 15 S.; Nr. 919 (1967) 25 S.

Die Belüftungsgebläse LAW Typ "RP 1" und "RP 2" für Propanheizung bestehen aus einem Heizaggregat mit Brenner (URG Typ "Torche", Modell "T 22" bzw. "T 35"), der Brennkammer, Reguliereinrichtung, netzunabhängiger Sicherheitsvorrichtung und dem Axialgebläse LAW Typ "Aérobloc AX 40" bzw. "75"; Beschreibung, techn. Daten, Prüfbedingungen und Meßergebnisse in tab. Form für verschiedene Rüstzustände, die sich u.a. auf Luftdurchsatz (max. 10000 bzw. 20000 m^3/h), Gebläsedruck, Belüftungstemperaturen, Gasverbrauch (max. 2 bzw. 3,85 kg/h), thermische Leistung, CO_2- und CO-Gehalt sowie Antriebsleistungsbedarf (2,5 bzw. 4,3 kW) beziehen. E.Kraaz/Bornim. 5310c.

1-68/09-0201 V á m o s i, J. A.szellöztetéses szárités technológiája. (Technologie der Belüftungstrocknung.) - Magyar Mezögazdaság [Ung. Landwirtsch.] 22 (1967) Nr. 18. S. 10-12. - Aus: Ung.Agrar-Rdsch. 1968 Nr. 2.

1-68/09-0202 Z i m m e r, Ernst. Der Einfluß der mechanischen Aufbereitung auf die Silierfähigkeit von Halmfutter. - Grundlagen d. Landtechn. 17 (1967) Nr. 6. S. 197-202. - 7 Abb., 6 Tab., 16 Lit.

Die mechanische Halmgutaufbereitung hat neben arbeitswirtschaftlichen auch biologische Aspekte, die u.U. höher zu veranschlagen sind. Durch Zetten und Quetschen auf dem Feld wird das Welken begünstigt. Der dadurch erzielbare höhere Trockensubstanzgehalt bei kürzerer Welkzeit verbessert die Gärfähigkeit und verringert die Konservierungsverluste. Das Zerkleinern führt gegenüber Langgut zu geringfügig höherer Lagerungsdichte mit geringerem Umfang an Restatmung, Gasaustausch und niedrigerer Temperatur. Außerdem wird die Produktion organischer Säuren sowie die Sauerstoffaufnahme mit äquivalenter CO_2-Abgabe intensiviert. M. Müller/Bornim. 5310f.

1-68/09-0203 A n o n y m. Das Füllen von Flachsilos. - Prakt. Landtechn., Wien 21 (1968) Nr. 10. S. 309-310.
Füllverfahren für Flachsilos sind funktionssicher und benötigen einen geringen techn. Aufwand. Verdichtet wird durch Traktoren oder durch Absaugen der Luft. Das Überfahren des Futterstockes wird durch eine Auffahrrampe erleichtert. Bei hohem Wassergehalt des Siliergutes und stark verschmutzten Rädern sollte nicht auf den Futterstock gefahren werden. Die Wagenladung wird dann auf einer betonierten Fläche am Silo zwischengelagert und von dort aus in kleineren Portionen durch Frontlader oder Heckgabel in den Silo gebracht. M.Müller/Bornim. 5310f.

1-68/09-0204 Z i l l i g, R. Verfahren zur Einlagerung von Siliergut in Flachsilos. - Feldwirtschaft 9 (1968) Nr. 7.S. 316-317. - 3 Abb., 1 Diagr., 1 Tab.
Gegenwärtig wird vorwiegend mit Hydraulikkippern oder Zahnstangenkippern abgeladen, mit dem Seil abgezogen und von Hand verteilt. Mit diesen Verfahren werden Einlagerungsleistungen (T_{05}) von 16...22 t/h erreicht. Der Arbeitszeitaufwand (T_{05}) beträgt 13,8...15,0 AKmin/t Futtermasse. Mit dem Selbstentladewagen "T 087" (Abladen und Verteilen mit Frästrommeln) kann die Einlagerungsleistung auf 33 t/h erhöht und der Arbeitszeitaufwand auf 6,7 AKmin/t gesenkt werden. 44 t/h wurden mit dem Anhänger "THK 5" und motorhydraulischem Abkippen eingelagert. Der Arbeitszeitaufwand betrug bei unterschiedlichem Siliergut sowie unterschiedlichen Verteilverfahren 6,7. und 8,5 AKmin/t. Die größte Einlagerungsleistung von 54 t/h gestattete der Einachskippanhänger "THK-4,H" bei einem Arbeitszeitaufwand von 5,3 AKmin/t. Das Verteilen erfolgte bei diesem Verfahren mit einem Verteilhaken am "MTS 50". G.Wünsche. 5310f.

1-68/09-0205 B r o c k, P. Die Bewirtschaftung von hohen Fahrsilos in der LPG "Geeinte Kraft" Wedlitz. - Feldwirtschaft 9 (1968) Nr. 7. S. 317-320. - 2 Abb., 3 Tab., 2 Zeichn., 12 Lit. - nach Zus.
Es wird nachgewiesen, daß die Silierung, das Zudecken der Silage und die Entnahme in hohen Fahrsilos ökonomischer als in befestigten flachen Fahrsilos ist. Die Notwendigkeit des komplexen kooperativen Einsatzes der Technik bei der Rübenblattsilierung wird bewiesen. Zur Entwicklung der Mechanisierung der Silageentnahme aus hohen Fahrsilos werden Anregungen gegeben. 5310f.

1-68/09-0206 M ü l l e r, M. Verdichtung von Siliergut. - Feldwirtschaft 9 (1968) Nr. 7. S. 313-315. - 1 Diagr., 3 Tab., 2 Lit.
Erleichtert wird das Verdichten durch einen niedrigen Trockenmassegehalt des Siliergutes und durch kurze Häcksellängen. Hoher Trockenmasse- und Rohfasergehalt verursachen eine stärkere Rückdehnung des Futterstockes nach dem Verdichtungsvorgang. Während in Hochbehältern mit mehr als 10 m Futterstockhöhe kein zusätzlicher Verdichtungsaufwand erforderlich ist, beträgt er im Flach-

silo je nach Futterart 2...6 Traktorenmin/t. Die Mittelwerte der Lagerungsdichten im Flachbehälter betragen bei einem Trockenmassegehalt des Siliergutes von 18 % 890 kg/m^3 und von 29 % 780 kg/m^3. Im Hochbehälter beträgt die Lagerungsdichte bei einem Trockenmassegehalt von 36 % 840 kg/m^3. Bei einen mittleren Trockenmassegehalt von 36 % lagern im Flachbehalter mit einer Futterstockhöhe von 1,5...1,8 m 235...260 kg Trockenmasse je m^3 und im Hochbehälter mit 12...18 m Futterstockhöhe 280...300 kg Trockenmasse je m^3. G.Wünsche. 5310f.

1-68/09-0207 O e h r i n g, Manfred. Preßballen in Foliensilos. - Mitt. dtsch.Landwirtsch.-Ges. 83 (1968) Nr. 24. S. 895-898. - 7 Abb.

Mit der Hochdruckpresse werden rd. 20 kg schwere Welkgutballen gepreßt. Die Ballen werden auf einer Bodenfolie bis zu einer Höhe von 5...6 Ballenschichten von Hand dicht aufgestapelt. Mit einer 0,2 mm (besser 0,4 mm) starken PVC-Folie, die 3...4 Jahre benutzt werden sollte, wird der Stapel zugedeckt. Die Folienenden werden mit Sand zugedeckt. Nach dem Zudecken wird Luft aus dem Silo herausgepumpt. Preßballensilos sind anfällig gegen Nachgärung. Risiko und Silierkosten sind höher als im Fahrsilo. Vorteile bestehen in dem geringen Investitionsbedarf und in der Möglichkeit, beliebige Siliergutmengen einzulagern. M.Müller/Bornim. 5310f.

1-68/09-0208 B r o o k e r, Donald B., M c K i b b e n, J.S. und G a r n e r, George B. Packaging and handling silage in bags. (Verpacken und Handhaben von Silage in Beuteln.) - Univ. Missouri, Coll. Agric., agric. Exper. Stat., Res. Bull. 1967 Nr. 926. S. 1-24. - 19 Abb., 4 Tab., 3 Lit.

Umfangreiche Versuche wurden durchgeführt, um ein Verfahren zu finden, Silage in der Größenordnung von 1000...1500 lb. (453,6...680,4 kg) in zylindrischen Plastikbeuteln herzustellen und zu lagern. Diese Kunststoffbeutel haben einen Dmr. von 4 ft. (1,22 m) bei gleicher Füllhöhe. Die Durchführung der einzelnen Versuchsreihen wird ausführlich beschrieben, die Ergebnisse werden eingehend besprochen. Zusammenfassend wird festgestellt: Die Herstellung und Aufbewahrung von Silage in derartigen Beuteln würde vor allem hinsichtlich des Transportes sowie der Lagerung große Bedeutung haben. Die Versuchsresultate werden aus folgenden Gründen als negativ bezeichnet: a) Erhebliche Schwierigkeiten treten beim Füllen der Beutel auf, das mit einem hohen Anteil an manueller Arbeit verbunden ist. b) Der Feuchtigkeitsgehalt der Silage ist am Boden des Beutels wesentlich größer als im oberen Teil, wodurch auch ein großer Unterschied im Nährwert zu verzeichnen ist. c) Die im Freien gelagerten Beutel führen zu einem Verderben der Silage. d) Silage aus gehäckseltem Grünmais verursachte nicht nur beim Einfüllen Schwierigkeiten, sondern führt auch zu einem Verformen des ursprünglich zylindrischen Beutels. e) Beutel aus asphaltiertem Papier oder aus Fibermaterial halten zwar die ursprüngliche zylindrische Form besser, aber auch hier ist der Anteil an verdorbener Silage sehr hoch. W.Bohrisch/Bornim. 5310f.

1-68/09-0209 A n o n y m. Eignung der offenen und geschlossenen Wasserpressen als Siloverschluß. - Grüne, Zürich 96 (1968) Nr. 13. S. 443-446. - 2 Abb., 1 Diagr., 1 Tab. 5310f.

1-68/09-0210 K a r r a s s, H. Neue Technik und industriemäßige Erntemethoden erfordern leistungsstarke Maschinen und Aggregate beim Endproduzenten. - Agroforum, Berlin 1968 Nr. 6/7. S. 26-33. - 3 Abb., 5 Skizzen, 3 Zeichn.
Der Komplexeinsatz des Mähdreschers "E 512" beeinflußt Annahme, Bearbeitung und Lagerung der Körnerfrüchte. Für den Transport scheint der Sattelauflieger "W 50 LAS/K" am besten geeignet. Die Abnahme von 100 t/h läßt sich mit einer Doppelfahrzeugwaage, einer Fahrzeug-Kipp- und Annahmeeinrichtung sowie durch die Verbesserung der Probenahme erreichen. Das Getreide durchläuft den Mähdruschvorreiniger über ein Förderband und wird von einer Bandschleuder auf das Zwischenlager mit Kaltbelüftung gebracht. Von dort wird das Getreide mit einem selbstfahrenden Ladegerät aufgenommen und mit Förderbändern dem Naßgutpuffersilo zugeführt. Die endgültige Lagerfestmachung erfolgt mit einem Flachbaukompaktkörnertrockner. Nach einer abermaligen Reinigung kann das Getreide in Aluminiumsilos mit Ein- und Auslagerungstrogkettenförderung gelagert werden. G.Wünsche. 5315a.

1-68/09-0211 O e h r i n g, Jochen. Wohin mit feuchtem Getreide? - Landmaschinen-Markt 47 (1968) Nr. 12. S. 8-10. - 5 Abb., 1 Skizze, 2 Tab.
Getreide kann durch Trocknen lagerfähig gemacht oder mit 35 % Feuchtigkeit geschrotet und einsiliert werden. Eine weiterentwickelte Methode stellt die Silierung ganzer Körner in luftdichten Behältern dar. In Frage kommen Butylsilos, die aus einem luftdicht geschlossenen Kunststoffsack bestehen, der ohne Fundament in einem Stahldrahtgewebemantel aufgestellt wird. Die Befüllung erfolgt mit dem Gebläse und die Entnahme am besten mit einer Schnecke. Fur größere Tierbestände sind Stahlsilos (165...325 m^3) geeigneter. Das Getreide kann so eingelagert werden, wie es der Mähdrescher anliefert. Befüllt wird mit Gebläse und entnommen mit unten liegender Zusammen- und Austragfräse. Zur Verhinderung von Futterverlusten, die etwa 2...6 % betragen, empfiehlt sich die Entnahme von Zweitagesrationen.
G.Wünsche/Bornim. 5315a.

1-68/09-0212 M a r s h a l l , J. R. A magnet on guard. (Ein Sicherheitsmagnet.) - Farmers weekly, London 68 (1968) Nr. 14. S. 89. - 2 Abb.
Mit der zunehmenden Mechanisierung wächst die Gefahr, daß bei der Getreideernte Eisenteile in das Erntegut gelangen. Abhilfe schafft ein Magnet am Einlaufkanal zur Mühle. Ein derartiger Magnet ist meistens ein Dauermagnet, dessen Leistungsfähigkeit im Laufe von Jahren nur geringfügig abnimmt. Die Schichtstärke des Getreidezulaufs liegt meistens zwischen 3/4...5 in. (19,1 bis 127 mm). 3 in. (76,2 mm) Schichtstärke wird als normal angesehen. Die Fließgeschwindigkeit des Getreidestromes schwankt zwischen 30...200 ft./min (9,14...60,96 m/min). Als Material für Dauermagneten werden gegenüber den früher verwendeten Kobaltlegierungen heute Verbindungen von Nickel-Eisen-Aluminium bevorzugt. Elektrisch betriebene Magneten können auch benutzt werden. Sie haben jedoch einen erheblichen Stromverbrauch und sind bei Netzausfall unwirksam. W.Bohrisch/Bornim. 5315a.

1-68/09-0213 H e r t w i g, W. Mähdrusch-Nachreiniger "K 522" des VEB Petkus Landmaschinenwerk, Wutha/Thür. - Prüfbericht Potsdam-Bornim. - DDR, Staatl. Komitee Landtechn. u. MTV, Zentr. Prüfstelle Landtechn. Potsdam-Bornim, Prüfber. Nr. 459. Gr.-Nr. 8 d (1967) S. 1-7. - 1 Abb., 8 Tab.
Der Mähdrusch-Nachreiniger dient zum Grobreinigen von Mähdrusch-Erntegut

und besteht aus Siebwerk und Windsichter. Ein Getriebemotor (0,8 kW) treibt das Siebwerk, 1 Flanschmotor (2,2 kW) den Kreisellüfter des Windsichters an. Die Abmessungen des Obersiebes betragen 1500x744 mm und die des Untersiebes 1508x744 mm. Das Obersieb trennt große Bestandteile (Stroh, Ähren, Distelköpfe, Steine) als Siebüberlauf und mit Hilfe des Untersiebes werden kleine Bestandteile (Sand, Unkrautsamen) als Siebdurchlauf herausgetrennt. Bei einem Durchsatz von 15,48 t/h ergaben sich für das Obersieb 0,1 %, für das Untersieb 0,4 % und für den Sichter 0,6 % an Aussonderungsanteilen. Bezogen auf die Ausgangsverunreinigung betrug bei diesem Durchsatz die herausgereinigte Verunreinigung 53,3 %. Bis zu 30 % Wassergehalt, 10 % Besatz, 10 cm langen Strohteilen sowie einem Strohanteil bis zu 1 % arbeitet die Maschine mit vermindertem Durchsatz zufriedenstellend. Prüfurteil: "gut geeignet". G.Müller/Bornim. 5315o.

1-68/09-0214 K u b y š e v, V. A. und M e n o v š č i k o v, Ju. A. Statističeskoe issledovanie potočnoj linii obrabotki zerna. (Statistische Untersuchung der fließenden Getreideaufbereitung.) - Traktory i sel'chozmašiny, Moskva 1968 Nr. 5. S. 34-36. 2 Diagr., 7 Lit.

Der Durchsatz der Getreide- und Saatgutaufbereitungsmaschinen und die davon abhängende Belastung ihrer Sichtflächen bestimmt in hohem Maße die Sichtgüte. Im Tscheljabinsker Inst. für Mechanisier. und Elektrifizier. der Landwirtschaft wurden Vorgänge der Belastungsänderung eines Maschinensystems des VEB Landmaschinenwerk Petkus mit Hilfe von Dehnungsmesserrinnen und der Registriermeßbrücke "EMP-0,9" am Trieur als Endglied und Engpaß untersucht. Nach den Meßergebnissen wurden Verteilungskurven gezeichnet und der mathematische Erwartungswert, die mittlere quadratische Abweichung und der Variationskoeff. bestimmt. Ferner ermittelte man laufend die physikal. Eigenschaften des Sichtgutes. Die Wahrscheinlichkeit für die Nennbelastung des Trieurs betrug 64 % und die erhöhte Belastung 30 %. Um die damit verbundene Sichtgütenverschlechterung zu vermeiden, ist automatische Durchsatzregelung erforderlich. Aufgrund der Meßergebnisse wurden die Korrelationsfunktionen und die spektralen Dichten bestimmt. Vff. bringen die entsprechenden Ausdrücke und ermittelte Kurven und stellten fest, daß nicht seltener als nach 1,6 h und nicht häufiger als nach 12 min geregelt werden muß. Eine derartige Regelung ist von Hand nicht durchführbar, aber auch eine automatische Regelung erfordert neue vollkommenere Speisevorrichtung sowie speichernde und glättende Zwischenbehälter. W.Balkin. 5315d.

1-68/09-0215 S h o v e, Gene C. Dehydrofrigidation: For shelled corn conditioning. (Kühltrocknung für gerebbelten Mais.) - Agric. Engng. 49 (1968) Nr. 4. S. 202-205. - 2 Abb., 2 Diagr., 1 Skizze, 2 Tab.

Aus höheren Maiserträgen und der durch bessere Mechanisierung früheren und verkürzten Ernte ergeben sich Probleme der sicheren Einlagerung feucht gerebbelter Maiskörner. Die Kühllagerung bei Temp. von 0...5 °C ermöglicht auch bei Kornfeuchten von 25 % eine sichere Lagerung über mehrere Wochen, wenn die Kühlung in 24 Std. abgeschlossen ist. Die theoret. Abhängigkeit der Konservierung von der Kornfeuchte und der Temp. wird untersucht und in Diagr. aufgezeigt. Eine Versuchsanlage der Univ. Illinois wird beschrieben und über die Ergebnisse berichtet. Die Einlagerung erfolgte in einem Al-Silo von 18 m Dmn und 6 m Höhe, auf dessen Boden sich 3 kreisförmige Luftkanäle befanden. Der Verlauf der Trocknung in verschiedenen Zonen des Silos wird in Tab. angegeben. W.Horn/Bornim. 5315f.

1-68/09-0216 J o n e s, Phil. B. Plan your grain center. (Entwurf für ein Getreidezentrum.) - Successful Farming 66 (1968) Nr. 3. S. 44-45. - 4 Zeichn.
Grundsätzlich stehen 4 verschiedene Siloanordnungen zur Verfügung: 1) Die Silos stehen in Reihe. An einem Ende der Siloreihe befindet sich der vertikale Elevator, der mit den Spitzen der einzelnen Silos durch eine waagerecht verlaufende Förderleitung (Schnecke) verbunden ist. 2) Die Silos stehen im Kreis, in dessen Mitte sich der vertikale Elevator befindet, der zum Füllen der einzelnen Silos mit ihnen durch eine Leitung verbunden ist. Die Silos haben meistens eine Untenentnahmevorrichtung, die ebenfalls zur Mitte des Elevators führt. 3) Die Silos stehen in einem Halbkreis um einen im Mittelpunkt befindlichen Silo, der zum Trocknen des ankommenden Getreides dient. Die Beschickung der außen liegenden Silos erfolgt durch einen im Halbkreis herumfahrenden Elevator. 4) Ebenerdige Lagerung in einem Spezialgebäude, das vom Dach aus durch verschiedene Öffnungen beschickt werden kann. - Die Vor- und Nachteile der einzelnen Anordnungsarten werden kurz angedeutet.
W.Bohrisch/Bornim. 5315g.

1-68/09-0217 A n o n y m. Die Konservierung erntefrischer Getreidekörner als Arbeitsverfahren. - Schlepper u. Landmaschine 19 (1968) Nr. 6. S. 176. 178. 180. - 10 Abb.
Getreidekörner mit einem Feuchtigkeitsgehalt von etwa 20 % lassen sich nur in gasdichten Silos konservieren. Mit zunehmender Körnerfeuchtigkeit werden die Anforderungen an die Silodichtigkeit geringer. Das Füllen der Stahl-Hochbehälter erfolgt mit einem einfachen Annahmegebläse. Entleert wird mit einer Fegeschnecke, die das Gut zur Silomitte bringt, von wo es eine unter Flur liegende Transportschnecke ausbringt. Ausbringschnecke, Aufbereitungsanlage und Futterverteiler werden von einer Schaltuhr gesteuert. Kleinere Betriebe konservieren erntefrisches Getreide in Butyl-Silos, die von einem kräftigen Maschendrahtgewebe umgeben sind und nach dem Befüllen mit Schnecke oder Gebläse luftdicht geschlossen werden. Entnommen wird mit einer Schnecke, die das Gut direkt in die Mühle bringt. G.Wünsche. 5315g.

1-68/09-0218 H e r t w i g, W. Körnergebläse "T 502" des VEB "Petkus" Landmaschinenwerk, Wutha/Thür. - Prüfbericht Potsdam-Bornim. - DDR, Staatl. Komitee Landtechn. u. MTV. Zentr. Prüfstelle Landtechn. Potsdam-Bornim, Prüfber. Nr. 444. Gr.-Nr. 10 c (1967) S. 1-8. - 3 Abb., 3 Tab.
Das Körnergebläse dient zur pneumatischen Förderung körniger und kornähnlicher Schüttgüter. Es besteht aus dem Luftstromerzeuger, der Zellenradschleuse und dem Einlauftrichter. Der Luftstromerzeuger ist ein Radialgebläse mit Spiralgehäuse und wird von einem Elektromotor mit einer Nennleistung von 10 kW angetrieben. Das in den Einlauftrichter geschüttete Fördergut führen die Zellen der Zellenradschleuse zwangsläufig in die Förderleitung des Körnergebläses. Der erzeugte Luftstrom bläst die eingeschleusten Körner durch die Förderleitung mit jeweils einem Rohrdurchmesser von 150 mm zum Bestimmungsort. Bei einer Rohrleitungslänge von 38 m betrug der Durchsatz 8 t/h. Die Keimfähigkeit von Getreide-Saatgut wird durch die Förderung nur dann beeinträchtigt, wenn das Fördergut trockener als 14 % ist und mehrmals gefördert wird. Der Aufwand für Rohrverlegung, Bedienung und Wartung ist gering. Prüfurteil: "geeignet". G.Müller/Bornim. 5315h.

1-68/09-0219 L e p p a c k, Eberhard. Lagerung und Aufbereitung von Kartoffeln. - Mitt. dtsch. Landwirtsch.-Ges. 83 (1968) Nr. 29. S. 1047-1050. - 3 Abb.

Vf. gibt einen Überblick über zahlreiche Maschinen für die Lagerung und Aufbereitung von Kartoffeln. An techn. Mitteln für die Boxenlagerung werden Enterder, Boxenstapler mit großem Schwenkbereich, Prallsegel für 6 m Höhe, Bänder für Unterflurbelüftungskanäle mit Mengenregulierung oder bei Schrägbodenboxen Reguliereinrichtungen in Walzenform (Jabelmann) oder als Noppenband (Reifen-Huber) angeboten. Für die Kistenlagerung stehen spezielle lichtschrankengesteuerte Kistenfüllgeräte, Kistenkippgeräte, Gabelstapler und als Neuheit ein Kleinsttraktor "Eichus" für Hub- und Transportarbeiten zur Verfügung. Für die Haufenlagerung gibt es ein bes. holländisches Entnahmegerät. Die Annahmebänder leisten bis 27 t/h. Die Mengenregulierung der Bänder kann durch Lichtschranken oder andere handbetätigte Einrichtungen erfolgen. Waschmaschinenleistung 3...15 t/h bei 0,8...12 m^3 Wasserverbrauch.

L.Kunath/Bornim. 5320a.

1-68/09-0220 T h a e r , Rudolf. Versuche über die Luftkühlung gedämpfter Kartoffeln. - Grundlagen d. Landtechn. 17 (1967) Nr. 6. S. 208-214. - 1 Abb., 5 Diagr., 4 Schemata, 7 Tab., 14 Lit.

Vf. untersucht den Einfluß von Luftmenge, Luftfeuchtigkeit, -temp. sowie -geschwindigkeit auf die Abkühlung gedämpfter Kartoffeln in Abhängigkeit vom Kartoffeldurchsatz. Als Versuchsanlage wird ein 8 m langes Gummiförderband mit einem darüber gesetzten Blechtunnel verwendet, durch den Luft geblasen wird. Zum besseren Wärmeaustausch sind 3 Wendeeinrichtungen eingebaut, die das Dämpfgut vom Rand lösen und in den Luftstrom werfen. Die Untersuchungen ergaben, daß die Kühlung des Gutes hauptsächlich aufgrund der Verdunstung des in den Kartoffeln enthaltenen Wassers erfolgt. Ein vom Vf. aufgestelltes Verfahren zur Berechnung der Verdunstungskühlung wird benutzt, um Hinweise für den Bau von Anlagen zur Kühlung von gedämpften Kartoffeln zu geben.

A.Klug/Bornim. 5320a.

1-68/09-0221 A n o n y m. Dutch send us new range of potato handling equipment. (Neue Kartoffelaufbereitungsanlage aus Holland.) - Agric. Machinery J. 22 (1968) Nr. 5. S. 27. - 3 Abb.

Die "Herkules"-Aufbereitungsanlage besteht aus Annahmeförderer mit Erdabscheider, Sortierer und Elevator. Annahmeförderer für 2 oder 5 t, Hartholzboden mit an Ketten geführten Holzleisten, Abgabeleistung 2...6 t/h; Elektro-, Verbrennungsmotor oder Zapfwellenantrieb; angeschlossener Erdabscheider als Kette 3 m x 60 cm, 20...37 mm Zwischenraum mit Erdabscheidung für durchgefallene Kartoffeln. 4-Fraktionssortierer mit 12 austauschbaren Siebgrößen (25...70 mm), Siebfläche 2,2 m^2; Leistung 4...10 t/h; Rollenverleseband 1,50 m lang, 2 40-cm-Kanäle mit mittiger Beimengungsablage, Universalförderer mit Stahlrahmen und Gummiband, Förderleistung 60 t/h, Förderlänge 6,5...11 m; beweglicher Ausleger 2,2...3 m lang mit eigenem Motor. Hinweis auf Hydraulikantrieb am 1reihigen "Commander"-Sammelroder von Fa. Grimme.

K.Baganz/Bornim. 5320b.

1-68/09-0222 A n o n y m. Dutch approach to potato handling. (Holländischer Weg zur Handhabung von Kartoffeln.) - Power Farming 40 (1968) Nr. 5. S. 51. - 1 Abb.

Die in den Niederlanden entwickelte und von der Fa. Bijlsma-Franekser gebaute Kartoffelhandhabungseinrichtung hat folg. Einzelvorrichtungen: 1) Ein Annahmetrichter, in den die geernteten Kartoffeln vom Hänger aus abgekippt werden. Sein Fassungsvermögen beträgt 2 oder 4 t. Sein Auslauf ist von 2 bis 60 t/h einstellbar. 2) Eine Absiebvorrichtung zum Ablösen der den Kartoffeln anhaftenden Erde. Diese Siebeinrichtung wird vom Annahmetrichter aus beschickt. 3) Ein Elevator, der die Kartoffeln von der Absieb- zur Sortiervorrichtung befördert (max. Leistung 60 t/h). 4) Ein Sortiertisch mit Absackvorrichtung für jede der 4 Größenklassen, die durch je eine Abwiegevorrichtung erweitert werden kann. Preise der einzelnen Geräte werden angegeben.

W.Bohrisch/Bornim. 5320b.

1-68/09-0223 P e t r o v, G. D. und B a t a e v, F. I. Avtomatizacija otdelenija korneklubneplodov ot primesej. (Automatisierte Reinigung der Wurzelfrüchte von Beimengungen.) - Traktory i sel'chozmašiny, Moskva 1968. Nr. 4. S. 22-24. - 2 Schemata, 8 Lit.

Kartoffeln lassen sich nach physikal. Merkmalen (Größe, Reibung, Luftwiderstand, abs. Gewicht, Trägheitskraft, Härte oder Elastizität) nur teilweise von Steinen und Bodenkluten trennen. Vff. betrachten folgende neuere Verfahren für die vollständige automatische Trennung: 1) Verwendung von γ- oder Röntgenstrahlen, die von Kartoffeln in geringerem Maße absorbiert werden als von Bodenkluten und Steinen. Nach der Stärke der Absorption beeinflussen die Strahlen Ablenksysteme für das Ausscheiden der Beimengungen. 2) Ausnutzung der unterschiedlichen Leitfähigkeit von Kartoffeln, Bodenkluten und Steinen, nur wirksam bei Bodenfeuchten unter 21...25 %. 3) Ausnutzung akustischer Impulse: Knollen erzeugen beim Fallen auf eine Platte ein anderes Geräusch als Steine. 4) Sichtung unter Ausnutzung der Fluoreszenz: Knollen fluoreszieren in ultraviolettem Licht, Steine jedoch nicht. 5) Sichtung unter Ausnutzung des Reflexionsvermögens, das bei Knollen stärker ist als bei Steinen und Bodenkluten. 6) Sichtung nach der Dielektrizitätskonstante, bei der das Sichtgut durch den Raum zwischen den Kondensatorplatten eines elektrischen Schwingungskreises hindurchgeleitet wird. Keines der aufgezählten Verfahren ist praxisreif, obgleich Versuchsanlagen zum Teil vorhanden sind.

W.Balkin. 5320d.

1-68/09-0224 A n o n y m. Nimble loader at home on the farm. (Schnell-Lader für die Landwirtschaft.) - Farmers weekly, London 68 (1968) Nr. 20. S.55. - 1 Abb.

Der 4rädrige, allradangetriebene, kupplungsgelenkte Hubschaufler "Bobcat" hat sich bei der Kartoffelauslagerung gut bewährt. 15 t/h Auslagerleistung, 1/5 der Kosten von Handarbeit, 4 % Kartoffelbeschädigungen gegenüber 8...10 % bei Handarbeit. Schaufelvolumen 0,4 m^3, Abgabehöhe 2,50 m, 13...21-PS-Motor, stufenlose Geschwindigkeit bis 10 km/h.

K.Baganz/Bornim. 5320j.

VI. T I E R I S C H E P R O D U K T I O N

B. TIERHALTUNG

1-68/09-0226 F a u l k n e r, Guy. Steps towards full automation. (Schritte in Richtung einer Vollautomatisierung.) - Power Farming 40 (1968) Nr. 5. S. 28-29. - 5 Abb.

Für eine Vollautomatisierung der Innenwirtschaft werden folgende Schritte als wichtig angesehen: 1) Futterentnahme aus Silos mit Hilfe von Oben- oder Untenentnahmevorrichtungen. Die Verteilung muß eine Dosierung der Futterration innerhalb einer Fehlergrenze von $\pm$ 10 % ermöglichen. 2) Verringerung der Nährwertverluste bei Heu durch künstliche Belüftung, wobei 2 Verfahren geeignet sind: a) Trocknung von Langheu mit 45 % Feuchtigkeit auf Rostboden. Etwa 25 cu.ft. Luft/sq.ft. Bodenfläche (1,27 m^3/0,093 m^2) mit einem Druck von 3 in. (76,2 mm) WS sind hierbei notwendig. b) Die holländische Methode der Trocknung von Ballenheu, das auf einer Grundfläche von 15 x 15 ft. (4,57 x 4,57 m) (etwa 16 t Heu) um einen zentralen Kanal gestapelt ist. Je Ballen wird hierbei ein Luftstrom von 10 cu.ft./min (0,28 m^3/min) mit einem statischen Druck von 2 in. (50,8 mm) benötigt. 3) Die Kaltbelüftung von Getreide mit einer Luftgeschwindigkeit von 25 ft./min (7,62 m/min). Hierfür sind Gebläse von 10 h.p. zweckmäßig. 4) Melkstände mit druckknopfgesteuerten Gattern. Für 80 Kühe ein Fischgrätenmelkstand mit 8 Boxen. Der durchschnittliche Milchertrag liegt bei 1000...1200 gal. (4546...5455 l).

W.Bohrisch/Bornim. 6105.

1-68/09-0227 R i e m a n n, Udo. Futterkonservierung, Futteraufbereitung und Futterverteilung. - Mitt. dtsch. Landwirtsch.-Ges. 83 (1968) Nr. 25. S. 943-946. - 5 Abb.

Oben- und Untenentnahmefräsen wurden durch neue Arbeitswerkzeuge, bessere Ketten und automatische Absenkung verbessert. Wesentlich für Funktion und Leistung sind Vorwelkgrad und Häckselqualität. Bei der Anwendung von Foliensilos für die Konservierung von HD-Preßballen und erntefrischen Getreidekörnern gab es je nach Sorgfalt bei der Silierung Erfolge und Mißerfolge. Im anglo-amerikanischen Ausland werden für die Futterverteilung im Stall zunehmend Bandförderer eingesetzt. Die Industrie bemüht sich verstärkt um die mechanisierte Ein- und Auslagerung von Heu. Mehrere Verteilgeräte zur Einlagerung von gehäckseltem Welkgut in Heuscheunen wurden entwickelt. Neu ist der vollmechanische Heustock zum Einbau in vorhandene Heuscheunen sowie der Heuberg im Freien. Kontinuierlich arbeitende Schrotaufbereitungsanlagen für die Schweinefütterung finden zunehmendes Interesse. Die Selbstfütterung der Mastschweine bis 50 kg Lebendmasse wird noch zu wenig beachtet. Die arbeitswirtschaftlichen Vorteile mobiler Fütterung bei der Schweine- und Rinderfütterung dürfen nicht unterschätzt werden.

M.Müller/Bornim. 6105.

1-68/09-0228 K a c z m a r s k i, Z.S. Jeszcze w sprawie założeń do bilansu cieplnowilgotnościowego w pomieszczeniach inwentarskich. (Zur Frage der Grundlagen für die Wärme- und Feuchtigkeitsbilanz in Stallungen.) - Budownictwo wiejskie 1968 Nr. 2. S. 4-6. - 2 Abb.

Angesichts des Fehlens verbindlicher exakter wärmetechnischer Forderungen in bezug auf Stallräume, legt Vf. folgende Vorschläge für die Grundlagen der Wärme- und Feuchtigkeitsbilanz in Anlehnung an die Ergebnisse eigener Untersuchungen und die Untersuchungsergebnisse ausländischer Forscher dar: 1) Ein augenblickliches Ansteigen der Feuchigkeit auf 95 % und die Senkung der Raumtemperatur bis auf 5 °C sind als zulässig anzunehmen. 2) Ein augenblickliches kurzfristiges Ansteigen der CO_2-Konzentration auf einen etwa 10fachen Wert im Verhältnis zu den Werten in den Technischen Projektierungs-Normativen ist zuzulassen. Die von den Tieren abgegebene Warme wird in die trockene, also freie Wärme und die feuchte, also gebundene Wärme unterteilt. Im Sommer werden größere Mengen an feuchter Wärme ausgeschieden (hohe Außentemperaturen), während im Winter mehr trockene Wärme ausgeschieden wird. Vf. schlägt vor: 1) die Isolierfähigkeit der Zwischenwände beim Annehmen der Temperatur nach dem Polnischen Standard PN-57/B-02403 zu berechnen, wobei die entspr. Temperaturwerte für die einzelnen Zonen herabgesetzt werden: für die Zonen I, II 6 °C, für die Zonen III, IV 8 °C, für die Zonen V, VI 10 °C; 2) eine zulässige Kondensation an den Zwischenwänden - mit Ausnahme der Decken - bis zu 6 g/m^2h. PRL/CBR. 6110a.

1-68/08-0229 A n o n y m. Heated housing saves dairy calves. (Beheizter Stall schützt die Milchkälber.) - Electricity on Farm 41 (1968) Nr. 2. S. 34-35. - 2 Abb., 1 Zeichn.

Um die Verluste unter den sehr jungen Kälbern zu reduzieren, wird empfohlen, den Stall bzw. die Boxen der Jungtiere zusätzlich zu beheizen. Eine 250-Watt-Heizlampe mit Metallreflektor ist für eine Box ausreichend. Die Decke ist mit einer 6 in. (152,4 mm) starken Schutzschicht zu isolieren, die Wände mit einer 3 in. (72,6 mm) starken Isolationsschicht. Es muß vermieden werden, daß die kalte Frischluft direkt von oben nach unten auf die Kälber trifft, was durch entspr. angeordnete Öffnungen in der Decke erreicht wird. Dadurch tritt eine Art Luftvorwärmung ein. Gebläse und Heizung sind durch Thermostaten automatisch zu regeln. Das Gebläse ist dann abzuschalten, wenn die Temperatur im Stall auf 50 °F (10 °C) absinkt, und die Heizung muß eingeschaltet werden, wenn die Temperatur 48 °F (9,8 °C) erreicht hat. Eine Formel zur Dimensionierung des Heizelementes wird angegeben. Die Zweckmäßigkeit der Erwärmung von Kälberställen ergibt sich aus der Tatsache, daß die jungen Tiere noch nicht so viel Körperwärme entwickeln, um die erzeugte Körperfeuchtigkeit abzuführen. W.Bohrisch/Bornim. 6110a.

1-68/09-0230 P a r a š k e v o v, I. Prisposoblenie za vrŭzvane na kravite. (Anbindevorrichtung.) - Mechanizacija i elektrifikacija na selskoto stopanstvo, Sofija 17 (1967) Nr. 12. S. 8-9. - 4 Diagr.

Diese Vorrichtung ist im Laboratorium für Landmaschinen des Höheren Instituts für Mechanisierung und Elektrifizierung der Landwirtschaft der Stadt Russe entwickelt worden. Sie ermöglicht es, die einzelnen Kühe automatisch anzubinden, wenn sie sich den gefüllten Futterkrippen nähern. Die in einer Reihe befindlichen Kühe werden gruppenweise von nur 1 AK in kürzester Zeit losgebunden. Die Vorzüge der Vorrichtung bestehen darin, daß die Kühe bei der Fütterung und beim Tränken nicht behindert sind und sich im Stand frei bewegen und legen können. Die Vorrichtung hat eine einfache Konstruktion und ist leicht herzustellen. NRB/CSNTI. 6110a.

1-68/09-0231 B r o d e r s e n, G. Industrielle Schweinemast? - Mitt. dtsch. Landwirtsch.-Ges. 83 (1968) Nr. 28. S. 1026-1028. - 4 Abb.

Der "Bacon Bin" ist ein Rundstall aus galvanisiertem, gewelltem Stahlblech mit 14,63 m Dmr., 3,25 m Außenwandhöhe, mit Temperatur- und Lüftungskontrolle, automatischer Fütterung und Teilspaltenboden mit Schwemmentmistung. 46 Buchten, in zwei Ebenen angeordnet, bieten 460 Mastschweinen Platz. Die oberen 23 Buchten haben eine Liegefläche von je 4,8 m^2 mit einem Fassungsvermögen von 8...12 Mastschweinen. Die unteren Buchten mit je 6,35 m^2 Liegefläche fassen 10...15 Mastschweine. Aus Gründen der Stalldesinfektion wird der ganze Stall gleichzeitig mit Tieren belegt und gleichzeitig geleert. Insgesamt werden im Jahr 1300 Mastschweine von 15...20 kg auf 95...100 kg aufgemästet. Belüftet wird der fensterlose Stall über Ventilatoren und erwärmt über einen Warmwasserdurchlauf. Haltung, Fütterung und Entmistung sind voll mechanisiert, so daß zur Versorgung des gesamten Bestandes nur 0,5...1 AKh/Tag benötigt werden. G.Wünsche/Bornim. 6110a.

1-68/09-0232 B l a n k e n, Günther. Maschinen, Geräte und Einrichtungen für die Schweinehaltung. - Mitt. dtsch. Landwirtsch.-Ges. 83 (1968) Nr. 27. S. 985-988. - 5 Abb.

Die Entwicklung von Fertigställen zwingt zu einem einheitlichen Innenausbau mit Fertigteilen. Das erschwert die Veränderung der Buchtentiefe und führt zu einer Verminderung der Umtriebe. Bei Bodenfütterung mit bandförmigen Anlagen benötigt man schmale, tiefe Buchten. Bei punktförmiger Ablage des Futters braucht man etwas breitere Buchten. Je schmaler die Buchten sind, um so kürzer werden die Wege für die Futterzuführung und die Flüssigmistkanäle. Durch die Bodenfütterung herrscht der Teilspaltenboden vor. Vollautomatisch arbeitende Fütterungsanlagen sprechen für den Dunkelstall, weil Beleuchtung, Fütterung und Klimatisierung vollautomatisch gesteuert werden können. Neben Futterwagen sind Futterautomaten mit einmaliger rationeller Selbstfütterung am Tag von Interesse. Groß ist das Angebot an Stalleinrichtungen für die Sauenhaltung und an Tränkebecken.

G.Wünsche/Bornim. 6110a.

1-68/09-0233 J a n k o w s k i, L. Arbeitswirtschaftliche Fragen bei verschiedenen Verfahren zur Produktion von Schafwolle. - Fortschr.-Ber. Landwirtsch. 6 (1968) Nr. 1. 64 S. - nach Zus.

Der Bericht gibt auf der Grundlage des internationalen und nationalen Standes der Produktion mit Schafen einen Überblick über die arbeitswirtschaftlichen Fragen bei den verschiedenen Verfahren der Produktion von Schafwolle. Ausgehend von den Anforderungen der Schafe an das Produktionsverfahren werden zuerst Arbeitszeitaufwand bei den verschiedenen Fütterungsverfahren (Rauhfutter, Silage, Kraftfutter, Mischfutter, Wasserversorgung) einschließlich der technologischen Teilkosten der Fütterungsverfahren analysiert. Es folgen Angaben über den Arbeitszeitaufwand bei der Gewinnung von Wolle, der Einstreuversorgung, den verschiedenen Entmistungsverfahren, den allgemeinen Pflege- und Betreuungsarbeiten sowie den allgemeinen Reinigungs- und Desinfektionsarbeiten einschl. der technologischen Teilkosten. Zum Abschluß der Arbeit wird ein Vergleich der verschiedenen Produktionsverfahren gegeben.

6110a.

1-68/09-0234 Č e k a l i n, I. Komplekt oborudovanija dlja matočnogo stada indeek. (Komplexe Einrichtung für die Muttertierherde von Puten.) - Pticevodstvo, Moskva 18 (1968) Nr. 4. S. 26-27. - 2 Abb., 1 Tab.

Die komplexe Einrichtung ist für 72 m lange und 18 m breite Ställe für 2500 Mutterputen vorgesehen. Sie ermöglicht die Verfütterung sowohl feuchten als auch trockenen Futters. Fütterung, Tränken, Sammlung und Trnasport der Eier, Öffnen und Schließen der Schlupflöcher und Entmistung sind mechanisiert. Die gesamte Einrichtung erhöht die Arbeitsproduktivität um mehr als das 3fache im Vergleich zur Betreuung des Bestandes von Hand. Der Einsatz der komplexen Einrichtung ermöglicht die Einhaltung der zootechnischen und hygienischen Forderungen. In der komplexen Einrichtung erfolgen die wesentlichsten Arbeitsgänge wie Füttern, Entmisten, Beseitigen der Futterreste und Transport der Eier mittels Förderbänder. Nähere Angaben über den Bau der einzelnen Anlagen sind dem Orig. zu entnehmen. Die Futterverluste bei der Verteilung des Futters liegen bei 1,23 %, die Futterverschmutzung bei 0,50 %, die Verschmutzung des Wassers in den Tränken bei 0,1 %. Der Ammoniakgehalt der Luft beträgt über dem Kotkasten 0,009 mg/l und über der Einstreu 0,010 mg/l. K.Witt. 6110a.

1-68/09-0235 C a p e, R. Modern stock stoppers. (Moderne Abgrenzungen für Vieh.) - Power Farming 40 (1968) Nr. 5. S. 57.59. - 6 Zeichn.

Unter Abgrenzungen werden in dieser Arbeit Elektroweidezäune verstanden, die in den letzten Jahren in zunehmendem Maße für unterschiedliche Zwecke verwendet werden. Anhand von Schaltschematawerden der Aufbau und die Funktion eingehend erläutert. Grundsätzlich unterscheidet man Netz- und Batteriegeräte. Die Lebensdauer der letzteren beträgt bei Verwendung von Trockenelementen 3...4 Monate. Werden Batterien verwendet, ist ein Nachladen nach 3 Wochen notwendig. In vielen Fällen können auch Traktorbatterien mit 12 oder 6 Volt für den Weidezaun benutzt werden. Die Anzahl der Drähte und der Pfosten richtet sich nach der Art und dem Alter der Tiere, der Mastenabstand auch nach den vorliegenden Bodenverhältnissen. Für Rinder ist ein Abstand des Drahtes vom Boden zwischen 32 und 42 in. (81,3 und 106,7 cm) üblich. Bei Schafen sind Drähte in 14 und 26 in. (35,6 und 66,0 cm) Höhe erforderlich. Schweine brauchen nur einen Draht in 14 in. (35,6 cm) Höhe. Hinweise über die zweckmäßigste Art der Aufstellung, der notwendigen Wartung, der häufigsten Schäden und Störungen sowie über deren Ursachen und Beseitigung werden gegeben. W.Bohrisch/Bornim. 6110b.

1-68/09-0236 H e r t w i g, W. Weidezaunprüfer ZP I des VEB Meininger Elektrogerätewerkes. - DDR, Staatl. Komitee Landtechn. u. materiell-techn. Versorg. Landwirtsch., Zentr. Prüfstelle Landtechn. Potsdam-Bornim, Prüfber. Nr.455. Gr. Nr. 9 a. (1967) S. 1-4. - 1 Abb.

Der Weidezaunprüfer dient zur Überprüfung der hütesicheren Impulsspannung an Elektroweidezäunen und zum Aufsuchen von Störungen. Er besteht aus dem Prüferkörper mit der Kontaktspitze und der flexiblen, hochspannungsisolierten Litze mit dem Erdungsstecker. Der Körper hat ein glasklares Polysterolgehäuse, in dem sich zwei Glimmlampen befinden, die mit einem Festwiderstand und einem Regelwiderstand zu einem Ohmschen Spannungsteiler vereinigt sind. Liegt am Weidezaun eine Spannung unter 110 V an, leuchtet keine Glimmlampe auf. Beträgt das Zaunpotential zwischen 110 und 5000 V, so leuchtet

eine Glimmlampe auf, jedoch zusätzlich die zweite, wenn die Spannung mit mehr als 2000 V hütesicher ist. Der Zaunprüfer hat fehlende oder zu schwache Spannungen am Elektroweidezaun einwandfrei nachgewiesen. Um auch bei ausgetrocknetem Boden eine zuverlässige Anzeige zu erhalten, ist der Erdungsstecker in tiefwurzelnde Pflanzenstauden zu stecken. Prüfurteil: "geeignet".
G.Müller/Bornim. 6110b.

1-68/09-0237 S u d a k, V. und D e n i s o v, G. Novoe oborudovanie dlja širokogabaritnych ptičnikov. (Neue Ausrüstung für große Hühnerställe.) - Technika v sel'skom chozjajstve, Moskva 28 (1968) Nr. 4. S. 20-22. - 4 Abb., 1 Schema.

Die Komplexausrüstung "Promyšlennyj" kann in 12 m breiten und 84 m sowie 102 m langen oder in 18 m breiten und 72, 96, 108, 114 sowie 120 m langen Ställen eingebaut werden. Die Variante "Promyšlennyj 2" für Ställe von 18 x 114 m wird beschrieben. Sie besteht aus 3 Futterverteileinrichtungen, 3 Liegereihen, 3 Tränkereihen, 2 Reihen mechanisierter Nester, 1 einseitige und 1 doppelte Schleppschaufelentmistungsanlage und die Elektroausrüstung. Heizungs- und Lüftungsanlage werden nicht mitgeliefert. Die Eier werden von den Nestern bis zum Sortiertisch mittels Gummiförderband transportiert. Damit die Hühner über Nacht nicht in den Nestern bleiben, ist der Nestboden aufklappbar gebaut. Die Öffnungen zu den Ausläufen haben eine Abmessung von 265 x 365 mm. Der Hühnerbestand und die techn. Ausrüstung in einer Gebäudeeinheit werden durch 1 AK bedient. Weiterhin wird der technologische Prozeß in der Anlage beschrieben.
G.Dimitroff. 6111a.

1-68/09-0238 L a n g l e y, J.T. Turkey produktion thrives in closed housing.. (Die Produktion von Puten gedeiht in geschlossenen Stallungen.) - Electricity on Farm 41 (1968) Nr. 3. S. 8-9. - 2 Abb.

Die Produktion von Puten in geschlossenen Ställen hat sich aus folgenden 4 Gründen gut bewährt: 1. Aufzuchtmöglichkeit während des ganzen Jahres, also auch im Winter. 2. Einsparung von Arbeit. 3. Reduzierung des Futterverbrauches. 4. Verringerung von Krankheiten auf ein Minimum. Decken und Wände des Gebäudes müssen gut isoliert sein, z.B. die Decke mit einer 3 in. (76,2 mm) starken Schicht Glaswolle, die Wände mit einer 1,5 in. (38,1 mm) starken Schicht. Gebläse, die teils von einer Schaltuhr, teils von Thermostaten gesteuert werden, sorgen für die notwendige Frischluft. Das Füttern und das Versorgen mit Wasser erfolgt automatisch. In einem 40 x 496 ft. (12,19 x 153,18 m) großen Stall werden 20000 Puten ausgebrütet. Nach 8 Wochen werden aus Platzgründen 10000 Stück in einen anderen Stall gebracht, wo sie bis zum Alter von 16 Wochen weiter gefüttert bzw. gemästet werden.
W.Bohrisch/Bornim. 6111a.

1-68/09-0239 T ü l l e r, R. Neue Geräte für die Geflügelwirtschaft DLG-anerkannt. - Mitt. dtsch. Landwirtsch.-Ges. 83 (1968) Nr. 27. S. 988-992. - 4 Abb., 2 Tab.

Es wird über das Prüfungsergebnis von folgenden Stufenkäfiganlagen für Legehennen berichtet: Blume-Stufenkäfig; En-De Huckepack, 4fach; "Efi"-Handbatterie; Neuwa-"Senior"-Kotbandbatterie. Die möglichen Längen der Anlagen betragen 30, 40, 16 und 60 m; die Käfiggrundfläche je Henne 472, 433, 450 und 529 cm^2. Je Meter Anlage können 35, 36, 60 und 51 Hennen gehalten werden. Alle Käfigtypen stellten die gewünschte Troglänge von 10 cm je Henne zur Verfügung. Ein Gefälle von 11 % im Käfigboden ist für das Abrollen der gelegten Eier voll ausreichend. Die Zahl der Knick- und Bruchеier war niedrig. Bedeutsamer dagegen war der Anteil der Eier mit Lichtsprüngen. Der Futterverbrauch je kg Eimasse betrug 2840, 2873, 2645 und 2833 g. Der niedrige Futterverbrauch bei der "Efi"-Handbatterie wird auf die Nippeltränke zurückgeführt. G.Wünsche/Bornim. 6111a.

1-68/09-0240 B u t e n k o, A. Kletki KBE-I možno ispol'zovat' dlja cypljat do 60 dnej. (Verwendung der Käfige "KBE-I" für Küken bis zum 60. Lebenstag.) - Pticevodstvo, Moskva 18 (1968) Nr. 4. S. 29. - 1 Abb.

In den z.Z. modernsten Käfigen "KBE-I" können Küken bei guter Ventilation im Stall bis zum 60. Lebenstag gehalten werden. Jeder Käfig wird mit 22 Küken besetzt. Vom 15. Tag an sind jedoch die Futterverluste groß. Das Futter fällt durch die Ritzen zwischen den unteren Stäben der Tür und den im Käfig befindlichen oberen Rand des Futtertroges in den Kot. Deshalb ist ein Zusatzteil erforderlich: ein Schutzbrett und eine Klappe. Der Einbau dieser Teile in die Käfige wird beschrieben. Für jede Batterie müssen aus verzinktem, 1 mm starkem Stahlblech 65 Klappen und 60 Schutzbretter hergestellt werden. Berechnungen zeigten, daß die Herstellung der Zusatzteile für 57 Batterien einer Farm 834 Rubel nicht überschreitet, aber die Einsparung an Futter vom 16. bis 60. Tag beträgt bei 222000 Jungtieren im Jahr ca. 95 t. K.Witt. 6111a.

1-68/09-0241 H a n s e n, Hugh J. "Brooding on wire" - new idea for replacement layer chicks. ("Brüten auf Draht" - eine neue Idee für das Auswechseln einer Kükenbrut.) - Electricity on Farm 41 (1968) Nr. 2. S. 38-39. - 3 Zeichn.

Bei der Kükenaufzucht sind erfolgreiche Versuche unternommen worden, das Brüten in Käfigen durchzuführen, die den Küken bis zum Alter von 20 Wochen als Aufenthaltsort dienen. Die Käfige sind in sog. Bruträumen aufgestellt, die eine rel. hohe Temperatur von 70...85 °F (21,1...29,4 °C) besitzen. Die eigentliche Brutfläche, auf der die Käfige aufgestellt sind, hat eine Temperatur von 90...95 °F (32,2...35,0 °C). Das Ausbrüten in Drahtkäfigen hat folgende Vorteile: 1) Vermeidung der Krankheiten, die mit dem Aufwachsen der Küken auf der Einstreu zusammenhängen. 2) Arbeitseinsparung beim Füttern und bei der Betreuung. 3) Wegfall der Kosten für die Einstreu. 4) Steigerung des Futterwirkungsgrades. 5) Gute Kontroll- und Überwachungsmöglichkeiten. Der Aufbau eines derartigen Brutraumes sowie die Ausrüstung der Käfige mit unterschiedlichen Wärmeelementen werden an Hand von Schemazeichnungen erläutert. W.Bohrisch/Bornim. 6111a.

1-68/09-0242 K a i s e r, R. Verfahren der Hochsilobeschickung und -entnahme im LVG Dummerstorf. - Feldwirtschaft 9 (1968) Nr. 7. S. 303-307. - 3 Abb., 3 Diagr., 1 Tab., 3 Lit. - nach Zus.

Es werden erste Erfahrung über Beschickungs- und Entnahmeverfahren bei großvolumigen Betonhochsilos (Nutzvolumen 850 m^3) mitgeteilt. Die Ergebnisse vermitteln Hinweise über die Funktionstüchtigkeit von Fördergebläsen sowie Anforderungen an die Verteilung im Silo. Besondere Beachtung finden Forderungen, die an die Qualität des Anwelkgutes und an die Kontrollarbeiten in Abhängigkeit vom späteren Entnahmeverfahren gestellt werden. Im Verlauf von zwei Nutzungsjahren wurde die Entnahme über Mittelschacht und Außenschacht geprüft. Neben Hinweisen über die Lagerungsdichte, das Verhalten des Futterstockes und die Entnahmeleistung wurde versucht, Empfehlungen für die zweckmäßige Gestaltung beider Verfahren abzuleiten. Während das Mittelschachtverfahren nach den vorliegenden Ergebnissen techn. weitgehend gelöst erscheint, sind für die Entnahme über Außenschacht noch weitere Prüfungen erforderlich. Letzteres Verfahren hat jedoch für die zukünftige Hochsilonutzung in der DDR zweifellos Bedeutung, da die Möglichkeit besteht, es für Außen- und Mittelschachtentnahme einzusetzen. 6115a.

1-68/09-0243 F r i e d r i c h, W. Aufgaben der Technologie bei der Herstellung von Mischfutter. - Tierzüchter 20 (1968) Nr. 8. S. 245-248.250. - 8 Abb., 1 Tab.

Die Homogenität und Qualität der Mischfuttermittel ist in starkem Maße von den physikalischen und physikalisch-technologischen Eigenschaften der Einzelkomponenten sowie dem Verarbeitungsgang abhängig. Von großer Bedeutung ist die Korngrößenzusammensetzung. Der Verordnung entspr. dürfen keine wesentlichen Bestandteile über 1,5 mm Größe auftreten. Die Korngrößenzusammensetzung bis 1,5 mm hat trotzdem noch Einfluß auf Homogenität, Futterverzehr und Futterverwertung. Für die Dosierung und Lagerhaltung sind die Schüttdichte und die Rütteldichte wichtig. Porösität und spez. Oberfläche haben Einfluß auf die Verdauung. Ein Qualitätsmerkmal der Pellets ist die Abriebfestigkeit. Für den Mischvorgang müssen die Komponenten solche Korngrößeneigenschaften besitzen, die die erforderliche Homogenität des Mischfutters gewährleisten. Die fertige Mischung muß so stabil sein, daß bis zur Verfütterung keine Entmischung wieder eintritt. R.Thiele. 6115b.

1-68/09-0244 M a l a š e n k o, N., V a š k e v i č, R. und V a l j u š k o, A. Prisposoblenie k ISU-4 dlja izmel'čenija korneplodov. (Zusatzeinrichtung am Mineraldüngerstreuer "ISU-4" zum Zerkleinern von Hackfrüchten.) - Technika v sel'skom chozjajstve, Moskva 28 (1968) Nr. 4. S. 27-28. - 2 Abb., 1 Tab.

Das Arbeitsorgan der umgerüsteten Maschine stellt eine sich horizontal drehende Scheibe dar, an der 8 Messer angebracht sind. Die Höhe der Messer kann zwischen 0 und 30 mm reguliert werden. Als Gegenschneide dient die im unteren Teil um 75° verbogene Bunkermittelwand. Das Scheibenmesser hat eine Arbeitsgeschwindigkeit von 67 Umdrehungen pro Minute. Die Leistung der so umgerüsteten Zerkleinerungsmaschine ist um 1,5mal höher als die des Hackfruchtzerkleinerers "MRK-5", gemessen in T_{04}. Die Größe der zu zerkleinernden Hackfrüchte (sogar über 200 mm) spielt keine Rolle. Die Maschine arbeitet ohne techn. und funktionelle Störungen. Während einer Erprobung über Herbst und Winter hat sie 278 t Futterrüben und Kürbis ohne Bruch zerkleinert. Ein zusätzliches Schärfen der Messer war nicht erforderlich.

G.Dimitroff. 6115e.

1-68/09-0245 L i n d n e r, H. Elektro-Kippdämpfer PGE-100 der Fabryka Sprzetu Rolniczego, Inowroclaw V.R. Polen. - DDR, Staatl. Komitee Landtechn. u. materiell-techn. Versorg. landwirtsch., Zentr. Prüfstelle Landtechn. Potsdam-Bornim, Prüfber. Nr.426. Gr. Nr. 9 k, (1966) S. 1-6. - 1 Abb., 3 Tab.

Der Kippdämpfer dient zum absatzweisen Dämpfen von Kartoffeln in kleineren Viehhaltungen mit einem niedrigen tägl. Bedarf. Er besteht aus einem verschließbaren Behälter mit einem Fassungsvermögen von etwa 60 kg roher Kartoffeln. Ein Handhebel mit Klinke am Behälter und ein Rastensegment am Rahmen gestatten ein Kippen und eine Arretierung des gekippten bzw. stehenden Behälters. Die elektrische Leistungsaufnahme des Heizapparates beträgt 1,63 kW. Der durchschnittl. Stromverbrauch je Dämpferfüllung wurde bei 3,5stündigem Dämpfen mit 5,84 kW ermittelt. Nach 5,66 Std. Heizzeit erreichte der Dämpfer mit 90 l Wasserfüllung eine Temperatur von 97 °C, woraus sich ein Wirkungsgrad von 91,8 % ergibt. Prüfurteil: "geeignet".

G.Müller/Bornim. 6115g.

1-68/09-0246 N a z a r o v, B. Avtomatizirovannaja razdača kormov. (Automatisierte Futterverteilung.) - Technika v sel'skom chozjajstve, Moskva 28 (1968) Nr. 5. S. 29-31. - 1 Abb., 2 Zeichn.

Vom Büro für Komplexmechanisierung und Automatisierung arbeitsaufwendiger Prozesse in der Viehwirtschaft (Landwirtschaftsministerium der RSFSR) wurde ein neues System für den Transport und die Verteilung von Futter entwickelt. Zu dem System gehört 1 beweglicher Verteiler (entweder an einer Einspurhängeschiene oder auf Schmalspurschienen fahrend), bei dem die Verteilung nach 1 oder 2 Seiten erfolgt (Fassungsvermögen 1 m^3, Leistung 15 t/h). Die Steuerung ist automatisiert. Der Verteiler ist mit einem elektronischen Füllstandsmesser versehen und wird über Endschalter gesteuert. Es kann Futter unterschiedlicher Feuchtigkeit und Konsistenz verteilt werden. In 40 Min. können 1500 Schweine versorgt werden. U.Lindner. 6120c.

1-68/09-0247 G u b a r e v a, I. und T u f j a n, D. Montaž kormovych transporterov TVK-80A. (Montage der Futterförderanlage "TVK-80A".) - Technika v sel'skom chozjajstve, Moskva 28 (1968) Nr. 5. S. 31-32. - 2 Zeichn.

Der mechanisierte Futterverteiler "TVK-80A" (auch für das Tränken verwendbar) ist für Kuhställe bis zu 80 m Länge vorgesehen. Bei einem Mittelgang können gleichzeitig 60...62 Kühe versorgt werden. Die Metallkonstruktionen des Verteilers werden vom Werk komplett geliefert, die Futterrinne, die Fundamente u.a. Einrichtungen müssen an Ort und Stelle geschaffen werden. Es werden genaue Anleitungen zum Bau dieser Einrichtungen und die Konstruktionsmaße gegeben. Die Futterrinne wird aus Beton gegossen oder aus Fertigteilen zusammengesetzt. U.Lindner. 6120c.

1-68/09-0248 P u c k e t t, H.B. Automatic livestock feed preparation and distribution in the USA. (Die automatische Futtervorbereitung und Futterverteilung in den USA.) - Farm Mechanizat. & Buildings, London 20 (1968) Nr. 225. S. 57-59. - 4 Abb., 1 Zeichn.

Die Futtervorbereitung und -verteilung ist als ein einheitliches Ganzes zu betrachten, denn eine Mechanisierung von Teilvorgängen bringt zwar eine gewisse Arbeitserleichterung auf bestimmten Gebieten, aber keine erhebliche Arbeitseinsparung für das ganze System. Ein komplexes Vorbereitungs- und Verteilungssystem, das auch vollautomatisch arbeiten kann, besteht aus folgenden 6 Einzeleinrichtungen: 1) Entspr. Lagerung der Futtermittel in Speichern und Silos. 2) Mischer zwecks Vermengung der einzelnen Futterkomponenten in den beabsichtigten Mengen. 3) Eine Behandlungsvorrichtung, die das gemischte Futter in einer für die Nahrungsaufnahme geeigneten Weise aufbereitet, beispielweise eine Schrotmühle, ein Quetscher u.a.m. 4) Eine Fördereinrichtung, z.B. Förderschnecken, Förderbänder, Futterwagen oder pneumatische Fördereinrichtungen. 5) Futterverteiler, die teilweise aus den gleichen Elementen bestehen können, wie sie unter 4 aufgeführt wurden. 6) Eine Regel- und Steuereinrichtung zur meistens zwangsmäßigen und automatischen Steuerung aller Komponenten des Gesamtsystems. Vf. beschreibt weiterhin die in den Gr. 1 bis 6 am häufigsten angewendeten Elemente. Anhand einer Schemazeichnung für die Unterbringung und Versorgung einer Herde von 80 Milchkühen wird die zweckmäßige Lage der einzelnen Gebäude und Bauten mit ihren jeweiligen Einrichtungen zur Versorgung der Tiere aufgezeigt. Das Ziel einer automatischen Futterbereitung und -verteilung liegt in der Produktionserhöhung des Betriebes bei gleichzeitiger Senkung des Arbeitskraftbedarfes. W.Bohrisch/Bornim. 6120c.

1-68/09-0249 G l e r u m, J.C. und B o s m a, A.H. Voeropslag en mechanisatie van het voeren in Duitsland. (Futterlagerung und Mechanisierung des Fütterns in Westdeutschland.) - Landbouwmechanisatie 19 (1968) Nr. 4. S. 367-373. - 9 Abb.

In Westdeutschland hat sich die Lagerung von Heu und Silage auf einer beträchtlichen Anzahl von Betrieben mit 25...100 Milchkühen in Heu- bzw. Turmsilos durchgesetzt. Zweifelsfrei wurde diese Entwicklung durch eine bestimmte Subsidienpolitik unterstützt. Nach Beschreibung neuer Verfahren und Mechanisierungsmittel weisen Vff. u.a. darauf hin, daß große Heutürme mit einem Nutzinhalt von 456 m^3 in den Niederlanden einschl. der Verteil- und Entnahmeeinrichtung, jedoch ohne Fundament und Transporteinrichtung zum Stall etwa fl. 56/m^3 kosten. Dieser hohe Bedarf an Investmitteln läßt sich evtl. durch die Entwicklung von spez. "Heubergen" (Gerätebau Schwarting KG, Eriskirch/Bodensee), die ebenfalls mechanisch gefüllt, belüftet und entleert werden können und mit einem automatisch heb- und senkbaren Dach versehen sind, um etwa 40 % verringern. Ein entspr. Prototyp wird demnächst versuchsweise eingesetzt. E.Kraaz/Bornim. 6120c.

1-68/09-0250 K u l a k o v s k i j, I.V. und O m e l ' č e n k o, A.A. K opredeleniju nagruzok na skrebki transportera kormorazdatčika. (Zur Bestimmung der Belastung der Kratzer eines Futterverteiler-Förderers.) - Traktory i sel'chozmašiny, Moskva 1968 Nr. 3. S. 33-35. - 1 Diagr., 4 Schemata, 7 Lit.

Vff. betrachten einen Kratzerförderer, der Schweinefutter mit 65...70 % Feuchte aus einem Futterbehälter mit geneigten Seitenwänden durch eine am oberen Rande einer Seitenwand befindlichen Luke austrägt. Die Bahn des Förderbandes hat die Form eines Trapezes mit abgerundeten Ecken, von dessen parallelen horizontalen Geraden die längere oben liegt. Da experimentell festgestellt worden ist, daß die Kratzer auf dem abgerundeten Übergang von der unteren horizontalen Geraden zur ansteigenden schrägen Geraden am stärksten belastet sind, berechnen Vff. die Kratzerbelastung auf diesem Übergang und finden eine Differentialgleichung für die auf den Kratzer wirkende Kraft, deren Lösung ergibt, daß die Kratzerbelastung mit steigendem gegenseitigem Abstand der Kratzer und kleiner werdendem Krümmungshalbmesser der Bahn ansteigt. Sie bringen ein Diagr. mit einer theoretisch und einer experimentell ermittelten Kurve der Kratzerbelastung auf der gesamten Bahn, aus dem eine recht gute Übereinstimmung beider Kurven und der Anstieg der Belastung an dem betrachteten Übergang zu ersehen ist. W.Balkin. 6120c.

1-68/09-0251 L u t z, Ron. "Old Bossy" is fed in a hurry. (Die "Alte Bossy" ist schnell abgefüttert.) - Electricity on Farm 41 (1968) Nr. 3. S. 10-11. - 2 Abb.

Vf. beschreibt in kurzen Zügen die Vergrößerung eines Milchviehbestandes durch Erweiterung der Stallfläche um 50 Boxen in einem neuen Stallgebäude, das an das alte angebaut wurde. Weiterhin kommt ein neuer Siloturm von 14 x 60 ft. (4,27 x 18,29 m) zu dem alten bereits vorhandenen hinzu. Das wichtigste bei dieser Vergrößerung ist der Einbau einer voll automatisierten Fütterungsanlage für den Anbindestall, deren Aufbau und Wirkungsweise kurz beschrieben werden. Diese Anlage ist druckknopfgesteuert, wodurch gegenüber der früheren Fütterung von Hand tägl. 0,5 Arbeitsstunden eingespart werden. Von jedem Silo führt eine Futterschnecke zum Futterförderer, der an den einzelnen Ständen entlangläuft. Dadurch kann Silage von dem einen oder von dem anderen Silo oder eine Kombination von beiden Silagearten in gewünschter Zusammensetzung maschinell gefördert und verfüttert werden. Mit dem Futterförderer kann auch Heu zu den Ständen transportiert werden. Durch die im Anbindestall befindliche Fütterungsanlage ist ein Betrieb während des ganzen Jahres möglich. Er wird von Witterungseinflüssen nicht beeinflußt. W.Bohrisch/Bornim. 6120c.

1-68/09-0252 Mechanisierung der Arbeiten bei der Kälberfütterung. - Potsdam-Bornim, Inst. für Mechanisier. der Landwirtsch. der Dtsch. Akad. der Landwirtsch.-Wiss. zu Berlin Plan-Nr.: 368021-7-10/6. 147 S. Abschlußber. (11/6.1968).

Vorhandene techn. Einrichtungen zur Verteilung von Kälbertränke werden aus ökonomischer und techn. Sicht bewertet und Vorschläge für die Mechanisierung von Kälberställen mit Kapazitäten zwischen 225 und 1200 Tieren unterbreitet. 6120c.

1-68/09-0253 B e e b y, L.D. Lot feeding of beef cattle its prospects in Australia. (Fütterung von Mastrindern in Parzellen und ihre Aussichten in Australien.) - Agric. Gaz. New South Wales 79 (1968) Nr. 3. S. 137-142. - 4 Abb., 1 graph. Darst.

Dieses Haltungssystem in sog. Futterparzellen (einfache Koppel mit Futterkrippen) wurde in den USA zu höchsten Formen entwickelt und umfaßt dort die Produktion von Rindfleisch von der Züchtung bis zur Verarbeitung der Schlachtprodukte in betriebseigenen Schlachthäusern. Dieses System ist auf Australien nicht voll übertragbar (starke Spezialisierung der Anbauzonen, Preisentwicklung auf dem Markt stark schwankend je nach Jahreszeit). Hier ist eine Kombination von Parzellenfütterung und Nichtparzellenfütterung angebracht, um den verlustbringenden Viehverkauf in Trockenperioden zu umgehen, der den Getreideanbaugebieten hohen Profit bringt. Vf. macht umfangreiche Ausführungen über die Ausnutzung der Vorteile dieses Fütterungssystems in Anpassung an die starken Preisschwankungen auf dem Markt (April, Mai - niedrigste Preise, Juli, Aug., Sept.- höchste Preise) sowie über die Anforderungen hinsichtlich der Kondition und Fütterung der Mastrinder. Die Verfütterung von Futterrationen mit hohem Getreideanteil sichert einen höheren Reingewinn gegenüber der Luzerne- und Silagefütterung bei geringen Getreideanteilen. H.-J.Marx/Iden-Rohrbeck. 6120c.

1-68/09-0254 V a s i l j e v, A. Mechanisierung der Rindermast. - Fortschr.-Ber. Landwirtsch. 6 (1968) Nr. 10. 40 S.

In der Arbeit werden hauptsächlich Fragen der Vorratshaltung, der Entnahme und der Verteilung von Grünfutter behandelt, weil das Grün- und Rauhfutter (umgerechnet auf Rauhfutterbasis) am Gesamtfutter der Milchkühe mit 58 % und an dem der übrigen Rinder mit 52 % beteiligt ist. Die Mechanisierung der Mastbetriebe in den USA läßt sich in 4 Gruppen gliedern: Mechanisierung der Viehhaltung und -pflege, Mechanisierung der Futterlagerung, Mechanisierung der Futterbereitung, Mechanisierung der Futterverteilung. Neuerrichtete Rinderställe können dazu beitragen, daß sich das Produktionsvolumen auf gleicher Betriebsfläche um 38 % vergrößert. In den weiteren Kapiteln wird auf elektrische Regelelemente in automatischen Futterbereitungs- und Verteilungssystemen, auf mechanische Einrichtungen zur Entnahme von Gärfutter, Einrichtungen zur Futterverteilung sowie auf die automatische Fütterung frühabgesetzter Kälber unter dem Blickwinkel des internationalen Standes sowie der Entwicklungstendenzen eingegangen. B.Schenk. 6120c.

1-68/09-0255 A n o n y m. Egen eller köpt foderblandning? (Eigene oder gekaufte Futtermischung?) - Traktor J., Stockholm 13 (1968) Nr. 5. S. 342-347. - 6 Abb.

Die Frage, ob Selbstherstellung oder Kauf fertiger Futtermischungen vorteilhafter ist, läßt sich nicht immer leicht beantworten. Es werden die Bedingungen analysiert, die zum Kauf fertiger Mischungen zwingen. Genannt werden ferner die Vorzüge dieses Systems. Die Selbstherstellung von Futtermischungen, die wegen der besseren Kontrolle der Zusammenstellung und Qualität der Futtermischungen i. allg. empfehlenswerter ist, kommt dann in Frage, wenn Futtergetreide eigener Produktion in genügender Menge, wenn Lagerräume und Getreidetrockner vorhanden sind und der Verbrauch an Futtermischungen so groß ist, daß die Mischanlage in weniger als 5 Jahren amortisiert werden kann. In den Grundzügen wird der Aufbau einer derartigen kontinuierlich arbeitenden Anlage gegeben. Am Beispiel dreier vorhandener, unter unterschiedlichen Bedingungen arbeitender Anlagen werden Angaben über Invest- und Betriebskosten gebracht. In den genannten Fällen hatte sich die Anlage in 0,5...1 Jahr amortisiert. A.Grönholm. 6120c.

1-68/09-0256 Š a r o v, N. Ustanovka dlja čistki korov. (Reinigungsanlage für Kühe.) - Technika v sel'skom chozjajstve, Moskva 28 (1968) Nr. 5. S. 89-90. - 1 Abb., 1 Zeichn.

Die Milchleistung und die Unempfindlichkeit der Kühe gegen Krankheiten sind von der Sauberkeit des Felles abhängig. Es wird eine amerikanische Anlage dargestellt, die in Farmer City, Staat Illinois, 1966 auf einer Ausstellung für Landtechnik gezeigt wurde. Diese Anlage besteht aus schräg angeordneten Spritzdüsen. Die Kühe passieren diese Vorrichtung, aus der eine entspr. Flüssigkeit versprüht wird. U.Lindner. 6125.

1-68/09-0257 T k a č e v, V.N. und G r i g o r o v, P.K. Samozatačivajuščiesja režuščie pary strigal'nych mašinok. (Selbstschärfende Messer und Gegenmesser von Schermaschinen.) - Traktory i sel'chozmašiny, Moskva 1968 Nr. 4. S. 27-29. - 1 Diagr., 1 Schema, 1 Tab., 1 Lit.

Die mittlere Standzeit gewöhnlicher Messer von Schermaschinen beträgt 20 bis 30 min oder 3...4 Schuren. Vff. haben ein nicht näher angegebenes Verfahren des Legierens durch Thermodiffusion entwickelt, mit dem 2schichtige Schneiden mit einer Oberflächenhärte von 1350...1500 kp/mm^2 und hoher Verschleißfestigkeit hergestellt werden können. Die verfestigte Schicht muß sich an den Schneidkanten befinden, die zunächst schnell bis zu einem Halbmesser von 8...12 μm und anschließend nur noch sehr wenig abstumpfen. Mit einem Diagr. für die Abhängigkeit des Abstumpfungshalbmessers von der Dicke der verfestigten Schicht zeigen Vff., daß Schichtdicken von 8...12 μm am Messer und 7...10 μm am Gegenmesser für das Selbstschärfen am günstigsten sind. Damit Selbstschärfen erfolgt, müssen die reibenden Flächen so stark verschleißen, daß die Schneidenschärfe erhalten bleibt. Um den Verschleiß zu erhöhen, muß die Berührungsfläche von Messer und Gegenmesser durch Verringerung der Wanddicke am Fuß der Messerzähne verkleinert werden. Laborversuche mit Zahnfuß-Wanddicken von 1,3; 1,1; 0,9; 0,7 und 0,5 mm ergaben, daß 0,7 mm und ein Druck von 2,68 kp/cm^2 optimal sind. Bei einer Wanddicke von 0,6 mm oberflächenverfestigter Messer werden Standzeiten von 2...6 Schichten erreicht. W.Balkin. 6125.

1-68/09- 0258 H a l l, Warner K. Think about waste disposal before adding more cows. (Zuerst Klärung der Dungbeseitigung, danach erst Vergrößerung des Kuhbestandes.) - Farm Mechanizat. & Buildings, London 20 (1968) Nr. 224. S. 40-41. - 4 Abb.

Das Problem der Beseitigung der festen und flüssigen Ausscheidungen von Tieren der verschiedensten Art (Rinder, Schweine, Geflügel) sollte gelöst sein, bevor an eine Vergrößerung des Viehbestandes gegangen wird. In bezug auf die Dauer der Lagerung des Dunges in fester und flüssiger Form unterscheidet Vf. folgende 3 Arten von Betrieben: 1. "Feuchte" Betriebe, bei denen eine Dungbeseitigung zumindest im Winter nicht möglich ist. In diesem Falle muß eine Lagerkapazität für 150 Tage vorhanden sein. 2. Normale Betriebe, in denen die Dungbeseitigung in 1 oder 2 Wochen vorgenommen wird, sowohl im Sommer als auch im Winter. Aus Sicherheitsgründen ist eine Lagerung für 21 Tage vorzusehen. 3. "Trockene" Betriebe, die eine Dungbeseitigung innerhalb jeder Woche, jedoch spätestens nach 10 Tagen durchführen. Hier sollte eine Lagerung bis zu 10 Tagen möglich sein. Für die Berechnung der Lagerkapazität bilden folgende Werte die Grundlage: 1. Rinder mit einer Lebendmasse von 10...11 cwt (508...559 kg) haben Ausscheidungen von 90 lb. (40,82 kg) oder 9 gal./Tag (40,91 l/Tag) mit einem 13 %igen Tr.-Subst.-Anteil. 2. Schweine mit einer Lebendmasse von 150 lb. (68,0 kg) haben Ausscheidungen in der Größenordnung von 9 lb. (4,08 kg) oder 1 gal./Tag (4,55 l/Tag) mit einem Tr.-Subst.-Anteil von 15 %. 3. 1000 Hühner ergeben wöchentl. 1 t Dung oder 200 gal. (908,18 l) mit einem Anteil von 25 % Tr.-Subst. Beim Bau von Lagerstätten ist die Notwendigkeit des Hinzufügens von Wasser zu den festen Ausscheidungen zu berücksichtigen, denn der Anteil von Tr.-Subst. sollte bei Tankfahrzeugen 10...15 % betragen, bei Leitungen jedoch nur bis zu 5 %. Das bedeutet, daß etwa das 3- bis 4fache der festen Ausscheidungen an Wasser hinzugefügt werden muß. Bei der Ableitung in Flüsse oder Kanäle sind die gesetzlichen Vorschriften über die Sauberhaltung des Wassers zu berücksichtigen. W.Bohrisch/Bornim. 6130b.

1-68/09-0259 Z i h l m a n n, F. Verfahrenstechnische Überlegungen zur Hofdüngerwirtschaft. - Grüne, Zürich 96 (1968) Nr. 17. S. 577-586.

Der Düngerwert des Strohs ist zu gering für einen großen Aufwand. Andererseits gibt es noch keinen Ersatz mit gleichen isolierenden, polsternden und wassersaugenden Eigenschaften. Bei der Wahl der Aufstallungs- und Entmistungssysteme ist davon auszugehen, ob strohlos gearbeitet wird oder ob Häckselstroh bzw. Langstroh eingestreut werden soll. Dabei sind die Belange der Innen- und Außenwirtschaft harmonisch aufeinander abzustimmen. Ferner müssen die Art der Düngerausbringung, die Produktionsrichtung der Viehhaltung und die Fütterungsart beachtet werden. Für die Beurteilung der rel. Vorzüglichkeit bestimmter Lösungen oder Verfahren wurden der Arbeitsaufwand, der mengenmäßige Umschlag und das Verhältnis der Kosten zum Ertrag behandelt. G.Wünsche. 6130b.

1-68/09-0260 R o h r e r, M. Festmistverfahren oder Grenzen der Flüssigmistbereitung. - Grüne, Zürich 96 (1968) Nr. 17. S. 594-605.

In Betrieben mit einem hohen Humusbedarf verdienen diejenigen Verfahren den Vorzug, die bei geringstem Bauaufwand die Haltung der zur Deckung des Humusbedarfs notwendigen Tiere ermöglichen. Strohlose Aufstallungsformen führten zu höheren Klauenschäden und zu höheren Zitzenbeschädigungen. Die niedrigsten Kosten für Gebäude und Dungausfuhr entstehen bei 10...15 Kühen im 1reihigen Anbindestall und bei 15...20 Kühen bei 2reihiger Aufstallung mit mittlerer Durchfahrt und Frontladerentmistung. Bei 20...30 Tieren konkurriert der Doppelstall mit Flüssigmist mit dem Liegeboxenstall und Selbstfütterung. Mit Frontlader, Heckschieber und Faltschieber lassen sich diese Ställe kostengünstig entmisten. Zur Vermeidung von Schwefelwasserstoffvergiftungen wird das Austreiben der unzerstörten Schwimmdecke mittels Hochdruckmixpumpen, eine besondere Kanalunterteilung und der Einbau eines Ventilators im Dungkanal empfohlen. Beim Tieflaufstall werden die guten Wärmeeigenschaften gegenüber der Umgebungstemperatur hervorgehoben.

G.Wünsche. 6130b.

1-68/09-0261 D e r e v j a n k i n, A. Ėkspluatacija i stroitel'stvo pnevmatičeskich transporterov dlja uborki navoza. (Betrieb und Bau eines pneumatischen Dungförderers.) - Technika v sel'skom chozjajstve, Moskva 28 (1968) Nr. 5. S. 33-35. - 3 Zeichn.

Der Artikel stellt eine zusammengefaßte Antwort auf viele Anfragen interessierter Betriebe an den pneumatischen Dungentferner dar. Es werden einige Besonderheiten der pneumatischen Dungentfernung angeführt. Es handelt sich um das Aggregat "TSN-2", das mit einem Kompressor "VU 3/8" mit einer Leistung von 3 m^3/min und einem Betriebsdruck von 8 kp/cm^2 ausgerüstet ist. Der Dung wird in Behälter von 4 m^3 Fassungsvermögen befördert. Die Anlage ist für 200 Kühe ausgelegt. Es werden genaue Einbauanleitungen gegeben. Höchstens 10...15 % Wasser vom Gesamtvolumen des zu entfernenden Dungs werden zur Erleichterung des Transports zugefügt. U.Lindner. 6130b.

1-68/09-0262 B l a n k e n, G. Flüssigentmistung. - Grüne, Zürich 96 (1968) Nr. 17. S. 586-592.594. - 3 Abb.

Der Arbeitsaufwand für das Entmisten kann bei Flüssigmistverfahren auf unter 0,5 min/GV/Tag, beim Ganzspaltenboden sogar auf 0 absinken. Auch das

Rühren, Pumpen und Ausfahren ist mit weniger als 0,5 min:/GV/Tag möglich, so daß der Gesamtaufwand für das Entmisten und Ausbringen auf unter 1 min/GV/Tag absinken kann. Voraussetzung ist ein störungsfreier Ablauf. Fremdbestandteile, Einstreu- und Futterreste sind vom Flüssigmist fernzuhalten. Beim Bau der Kanäle müssen die richtigen Maße und das richtige Gefälle eingehalten werden. Für dichte Gruben, Kanäle und Schieber ist Sorge zu tragen. Die Anlagen im Stall und die Maschinen zum Rühren und Pumpen sowie die Tankwagen sollen richtig aufeinander abgestimmt sein. Bei ungünstigen Flüssigmistverhältnissen wirkt sich die Trennung der Maschinen zum Mischen und Pumpen vom Tankwagen günstig aus. G.Wünsche. 6130b.

1-68/09-0263 A n o n y m. Slurry go-round. (Geschlossenes Schwemmentmistungssystem in Schweinemastanlagen.) - Pig Farming 16 (1968) Nr. 4. S. 38-39. - 3 Abb., 1 Skizze.

Zur Diskussion steht ein vollautomatisches Schwemmentmistungsverfahren, wobei das Wasser den Dung aus dem Maststall in eine Lagune (anaerobisch, Sedimentation) befördert, von dort in ein Oxydationsbecken (Klärbecken, aerobischer Abbau) gepumpt und anschließend zur erneuten Stallreinigung eingesetzt wird. Das System hat sich im Probebetrieb an einer Einrichtung der Iowa State Univ. als befriedigend wirksam erwiesen. Nach mehreren Test- und Umbauphasen wird z.Z. folgende Arbeitsweise praktiziert: Große Tanks am Stall geben stündl. genügend Wasser in an den Wandseiten des Gebäudes offen verlaufende, flache Dungrinnen ab, so daß diese befriedigend geräumt werden. Der Tagesbedarf (700er Maststall) liegt bei 6500 gal. (24600 l) Wasser. Zusätzliches Frischwasser ist nicht erforderlich, der Wasserzugang aus Kot und Urin, wird durch Verdunstung ausgeglichen. Durch Auslässe gelangt der Flüssigkot in die 700000 gal. (2,65 Mill. l) fassende, in 2 Sektionen geteilte Lagune, die 2. Sektion ist nur 3 ft. (91,4 cm) tief und 3mal so groß wie die 1. Sektion. Aus der 2. Sektion wird das Wasser in das Klärbecken gepumpt, wo es durch ein Schaufelrad belüftet wird. Aus dem Kläranteil wird es in die Vorratstanks am Stall zurückbefördert. - Schwächen des Systems: Geruchsbelästigung durch die Lagune, Gefahr des Flüssigkeitsaustritts in das Grundwasser, Schwierigkeiten bei Frostperioden (Schaufelrad muß verkleidet und der entstehende Raum beheizt werden), Stall muß zusätzlich beheizt werden können, Tiere verschmutzen vor allem im Sommer durch Suhlen stark, Krankheits- und Seuchengefahr erfordern hohe Aufmerksamkeit, gesunde Bestände sind erforderlich (das Wasser erwies sich in beschriebener Anlage nach Entnahme aus dem Klärbecken allerdings als frei von E. coli); Vorteile des Systems: Schnelle, stündl. Kotbeseitigung verbessert die Stallluft, Schweine befassen sich mit dem strömenden Wasser, koten gezielt ab, werden von Untugenden abgehalten (Schwanzbeißen), ruhen mehr, vollautomatische Arbeitsweise reduziert den AK-Aufwand außerordentlich. - Die Kombination des Verfahrens mit Spaltenbodenaufstallung der Tiere wird für möglich gehalten. H.D.Hennig. 6130b.

1-68/09-0264 O t t o, F.-K. Bearb. Entmisten von Rindvieh- und Schweineställen. - Bad Godesberg: AID. 1967. (32 S.) 8° = Schriftenr. land- u. hauswirtsch. Auswert.- u. Inform.-Dienst Nr. 270. (SR 72,270) 6130b.

C. GEWINNUNG UND AUFBEREITUNG TIERISCHER PRODUKTE

1-68/09-0265 C v e t a n o v, C. Ikonimičeskata efektivnost na doilnata mechanizacija v kravefermite. (Der ökonomische Nutzeffekt der Mechanisierung des Melkens auf Rinderfarmen.) - Ikonomičeska misŭl, Sofija 12 (1967) Nr. 9. S. 30-40. - 1 Abb., 5 Tab. Zus. in Russ., Franz. - nach russ. Zus.
In 12 der besten bulgarischen Rinderfarmen wurden Untersuchungen durchgeführt. Die Melkzeit für eine Kuh beträgt: beim Melken von Hand 7,80 Min.; mit dem Melkaggregat "DA-3M" mit einem Melkzeug 8,09 Min., mit 2 Melkzeugen 6,06 Min., mit 3 Melkzeugen 4,38 Min.; mit der Pipeline-Anlage "Alfa-Laval" mit 2 Melkzeugen 4,30 Min. und mit 3 Melkzeugen 3,35 Min.; mit der Melkanlage "DA-100" mit 2 Melkzeugen 4,02 Min. und mit 3 Melkzeugen 3,07 Min.; im Fischgrätenmelkstand mit der Anlage "Impuls M-59" 3,02 Min. Die direkten Kosten für das Ermelken von 100 l Milch - Arbeitsvergütung, Amortisation der Anlagen und Apparate und Stromkosten - betragen in gleicher Reihenfolge in Lewa: 2,03; 2,09;1,51; 1,59; 1,34; 1,60; 1,32; 1,44. Die Rücklaufquote beträgt bei der Anlage "Alfa Laval" 5 Jahre für die Grundmittel und 2,4 Jahre für die zusätzlichen Investitionen; bei der Melkanlage "DA-100" entspr. 4,0 und 2,4 Jahre; bei der "Impuls M-59" im Melkstand 5,1 und 3,6 Jahre. Am rentabelsten ist das Melken der Kühe im Anbindestall mit einer Rohrmelkanlage. NRB/CSNTI. 6210b.

1-68/09-0266 V o s, H.W. Goed en gemakkelijk melken. (Gutes und bequemes Melken.) - Landbouwmechanisatie 19 (1968) Nr. 6. S. 559-564. - 2 Abb., 1 Tab.
In einem Rechenmodell werden verschiedene Melkmethoden hinsichtlich der Anzahl Melkzeuge je Melker, Maschinenmelkzeiten und ihrer Verteilung, Verrichtungszeiten des Melkers in bezug auf Leistung und Blindmelkzeit in Durchlaufmelkställen verglichen. Zu unterscheiden sind 2 Systeme: a) ebensoviel Stände wie Melkzeuge; b) zweimal soviel Stände wie Melkapparate. Vor- und Nachteile dieser Methoden werden tabellarisch gegenübergestellt. Bei gruppenweisem Melken lassen sich einige Vorteile aus beiden Systemen kombinieren: Übersichtlichkeit des Arbeitsablaufs; Reduzierung der qualitativen Auswirkung des Blindmelkens bei gleichbleibender Leistung; Anpassung an die individuellen Eigenschaften der Kuh innerhalb der Gruppe; störungsfreier Einsatz fremder Melker; geringe Auswirkung von Störungen auf nachfolgende Gruppen; Zeitersparnis insgesamt; reichlich Zeit für die Aufnahme von Kraftfutter. Die umfangreichere Melkanlage für das gruppenweise Melken erscheint auf Grund quantitativer und qualitativer Vorteile ökonomisch vertretbar. E.Kraaz/Bornim. 6210b.

1-68/09-0267 A n o n y m. Milking machines undergo changes in design. (Melkmaschinen machen Änderungen in der Konstruktion durch.) - Power Farming & better Farming Digest, Sydney 77 (1968) Nr. 3. S. 8-11.81. - 4 Abb., 2 Tab.
In der Herstellung von Melkmaschinen und ganzen Melkanlagen, wie Fischgrätenmelkstände, sind in Australien folgende Veränderungen zu verzeichnen: 1. An die Stelle der bisherigen vernickelten Kupferleitungen und Armaturen sind Leitungen getreten, deren Oberfläche mit einer 0,0006 in. (0,0152 mm) starken Schicht von einer Zinn-Nickel-Legierung gegen Korrosion geschützt ist. 2. Die veraltete mechanisch arbeitende Schieberpulsation wurde durch

eine elektromagnetische oder durch eine pneumatische ersetzt. Der Grund liegt sowohl in dem niedrigeren Verschleiß als auch in der wachsenden Elektrifizierung der Innenwirtschaft. 3. Die Vakuumpumpen sind hinsichtlich ihrer Leistung und ihres Einsatzbereiches vergrößert worden. 4. Durch den transistorisierten Taktgeber mit visueller Störanzeige ist eine Kompaktbauweise möglich. Die größten Veränderungen bringt das unten liegende Leitungssystem, an Stelle des bisher oben liegenden. Diese Veränderungen bedingen: a) 17,5 % schnelleres Melken, b) eine um maximal 25 % höhere Milchrate, c) bessere Stabilität der Vakuumfluktuation, d) weniger Bewegung der Milch, die in die unten liegende Leitung durch Gravitation abfließt. Diesen Vorteilen stehen eine Reihe von Nachteilen wie schwierigere Installation, schwierigere Sauberhaltung, höhere Kosten, u.a.m. gegenüber, so daß die Umrüstung bereits bestehender Anlagen jeweils individuell zu überprüfen ist.
W.Bohrisch/Bornim. 6210b.

1-68/09-0268 B a r t m a n n, R. Ölloslaufender einstufiger Zellenverdichter VZT 20/79 V des VEB Elfa Elsterwerda - Prüfbericht Potsdam-Bornim. - Dtsch. Akad. Landwirtsch.-Wiss. Berlin. Inst. Mechanisier. Landwirtsch., Potsdam-Bornim Prüfber. Nr.449. Gr. Nr. 11 a (1968) S. 1-4. - 1 Abb., 1 Tab.
Der Zellenverdichter ist als Vakuumerzeuger zum Antrieb von 2 Kannenmelkmaschinen einsetzbar. Er besteht aus einem Blechzylinder, der als Schwitzwasserabscheider dient, dem Zellenverdichter mit dem Antriebsmotor und den Armaturen. Die Nennleistung des Antriebsmotors beträgt 0,6 kW bei einer Nenndrehzahl von 1400 U/min. Der Zellenverdichter arbeitet nach dem Wälzkolben-Pumpenprinzip. Der walzenförmige Rotor ist in dem zylindrischen Gehäuse exzentrisch auf Kugellagern gelagert. Vier an seinem Umfang angeordnete und in Schlitzen bewegliche Schieber bilden vier Kammern. Während des Laufes werden die Schieber durch die Zentrifugalkraft gegen die Zylinderwandungen gedrückt. Infolge der exzentrischen Lagerung des Rotors erfolgt eine ständige Volumenänderung der vier Kammern, wodurch die Saugwirkung zustande kommt. Nach 2700 Std. Laufzeit betrug die Saugleistung im Betriebsbereich bei 400 Torr 4,1 m^3/h bei einer Leistungsaufnahme von 0,52 kW. Die Verdichter sind wartungsfrei. Eine Lärmbelästigung liegt nicht vor. Prüfurteil: gut geeignet.
G.Müller/Bornim. 6210b.

1-68/09-0269 B r o w n, C.M. und D i l l o n, W.M. A comparison of wide and narrow milking machine inflations on the forage farm dairy herd. (Ein Vergleich von Zitzengummis mit kleinem und großem Schaftdurchmesser in der Milchviehherde einer Grünfutterfarm.) - Lafayette: Purdue Univ. 1965. (2 S.) 4° = Agric. Exper. Stat. Res. Progr. Rep., 183 (SR 3201, 183) - 3 Tab.
An 521 Kühen wurden in einem einjährigen Euterhälftenversuch 2 Serien von Surge-Zitzengummis mit einem inneren Schaftdurchmesser von 1,25" (≙ 31,8 mm) (1) und 0,75" (≙ 19 mm) (2) erprobt. Unter Einsatz des California-Mastitis-Tests (CMT) erfolgte monatl. eine Kontrolle der Euterviertel. 372 Viertel reagierten auf den CMT positiv, davon waren 183 ≙ 49,2 % Viertel, die mit (2) und 189 Viertel ≙ 50,8 % mit (1) gemolken worden waren. 200 positiv reagierende Viertel (54 %) waren Vorderviertel. 52,2 % der erkrankten Vorderviertel waren mit Zitzengummis mit weitem Schaft (1) gemolken worden. Die Größe und Form der Zitze bestimmte, welcher Zitzengummi am schnellsten melkte. Zitzengummis mit kleinem Schaftdurchmesser (2) hafteten besser an

den Zitzen. Bei einer Reihe von Kühen traten zwischen den rechten und linken Euterhälften "unausgeglichene Bedingungen" (Unterschiede) auf, deren Ursache nicht erkennbar war. G.Wehowsky. 6210b.

1-68/09-0270 S p r u y t, P.M.J. Technische gegevens en prijzen van melkdiepkoeltanks. (Technische Daten und Preise von Milchtiefkühltanks.) - Landbouwmechanisatie 19 (1968) Nr. 7. S. 633-645. - 7 Abb., 1 Tab.

Das Interesse an der Zwischenlagerung von Milch in Tiefkühltanks im landwirtsch. Betrieb nimmt in den Niederlanden zu. Diese Zwischenlagerung der in 3 Std. auf 4 °C herabgekühlten Milch bedingt keinerlei Qualitätsminderung und durch Einsparung von Transportfahrten eine Senkung der Transportkosten, nicht zuletzt durch bessere Ausnutzung von Transportmitteln höherer Kapazität. Zur Auswahl stehen 139 verschiedene Typen Kühltanks (mit zirkulierendem Eiswasser oder Direktverdampfung), angeboten von 15 Herstellern. Vf. gibt eine tabellarische Übersicht über folgende techn. und ökonomische Details: Tankinhalt, Kühlprinzip, Isolation, Form, Abmessungen, Anschlußwert und Kühlleistung, Rührwerk, Zirkulationspumpe, Richtpreis und Mehrpreis für mechanische Reinigungseinrichtung. E.Kraaz/Bornim. 6210c.

1-68/09-0271 B a r t m a n n, R. Einstrom-Plattenwärmeaustauscher PA 400/901 des VEB Maschinenfabrik Kyffhäuserhütte Artern - Prüfbericht Potsdam-Bornim. - Dtsch. Akad. Landwirtsch.-Wiss. Berlin, Inst. Mechanisier. Landwirtsch. Potsdam-Bornim, Prüfber. Nr.431. Gr. Nr. 11 b, (1968) S. 1-5. - 1 Abb., 1 Tab.

Der Platten-Milchkühler dient zur Durchlaufkühlung von Milch in Melkhäusern der Landwirtschaft. Es wird in das Vakuumsystem der Melkanlage eingeschaltet und als Vakuum-Milchkühler zur Sturzkühlung der Milch eingesetzt. Das Aggregat besteht aus zwei aus feuerverzinktem Baustahl gefertigten Rahmenhälften, zwischen die Tauscherplatten aus V2A -Stahlblech gelegt werden. Die Fläche pro Platte beträgt 0,2 m^2. Als Kühlleistung wird angegeben, daß 500 l Milch von 35 °C auf 3...5 °C über Kühlwassereintrittstemperatur bei 6-bis 10facher Wassermenge gekühlt werden können. Der Plattenwärmeaustauscher läßt sich zusammen mit dem Milchleitungssystem der Rohrmelkanlagen durch Einbeziehung in den Kreislauf der Ringspülung ohne Demontage und ohne Handarbeit reinigen und desinfizieren. Aus hygienischen Gründen wird empfohlen, den Kühler in monatl. Zeitabständen gründlich von Hand zu reinigen. Prüfurteil: "gut geeignet". G.Müller/Bornim. 6210c.

1-68/09-0272 B a r t m a n n, R. Milchkühlwanne 1000 l des VEB Maschinenfabrik Kyffhäuserhütte Artern - Prüfbericht Potsdam-Bornim. - Dtsch. Akad. Landwirtsch.-Wiss. Berlin, Inst. Mechanisier. Landwirtsch. Potsdam-Bornim, Prüfber. Nr.425. Gr. Nr. 11 b. (1966) S. 1-10. - 1 Abb., 1 Tab.

Die Milchkühlwanne ist zur Kühlung und Kühlhaltung von Milch einsetzbar und besteht aus der Kühlwanne, dem Kälteverdichtersatz, dem Verdampfer, dem Milchrührwerk, dem Steuergerät und den Armaturen. Der luftgekühlte Kälteverdichtersatz wird in einem gesonderten Kältemaschinenraum aufgestellt. Mit der Milchkühlwanne ist er durch Kältemittelleitungen aus Kupferrohr verbunden. In der Mitte des Milchbehälters ist ein Blattrührwerk vertikal angeordnet, das für die Durchmischung und gleichmäßige Abkühlung der Milch sorgt. An Steuergeräten und Armaturen sind zwei thermostatische Expansionsventile, ein Thermostat, ein Überdrucksicherheitsschalter, ein Magnetabsperrventil und ein Kältemittel-Filtertrockner installiert. Die Kälteleistung beträgt 3350 kcal/h, wobei eine Abkühlung der Milch von 30 °C auf 8 °C in 3,5 Std. ab Kühlbeginn erreicht werden kann. Die Leistungsaufnahme des Antriebsmotors des Kälteverdichtersatzes beträgt 2,5 kW. Prüfurteil: "geeignet". G.Müller/Bornim. 6210c.

1-68/09-0273 R ü h m a n n, Hermann. Reinigung und Desinfektion von Melkanlagen. - Landtechnik 23 (1968) Nr. 12. S. 418-422. - 6 Schemata, 1 Tab.
Die Reinigung und Desinfektion von Melkanlagen, Melkzeugen, Rohrleitungen und Milchbehältern soll durch Vorspülen mit warmem Wasser (25...30 °C), Reinigen mit heißer chemischer Lösung, Desinfektion mit spez. Desinfektionslösung und Nachspülen mit einwandfreiem Wasser erfolgen. Bei Verwendung eines kombinierten chemischen Reinigungs- und Desinfektionsmittels können diese beiden Arbeitsgänge zusammengefaßt werden. Bei starker Verschmutzung ist es zweckmäßig, die Reinigung und Desinfektion in zwei Arbeitsgängen nacheinander mit jeweils frischer Lösung des gleichen Mittels durchzuführen. Vf. verweist auf die Möglichkeit, die Desinfektion mittels Heißdampf vorzunehmen. Es werden einige Geräte für die chemische Desinfektion und die Dampfdesinfektion von Melkzeugen erläutert. Für Milchrohrleitungen kommen die automatische Umlaufspülung und vollautomatische Spülanlagen zum Einsatz. Milchtanks und Milchwannen sind mittels Niederdruck-Sprüh- und Dosiergeräte zu reinigen und zu desinfizieren. In 1 Tab. sind 24 Reinigungs- und Desinfektionsmittel, die sich in der Praxis bewährt haben, zusammengefaßt. R.Bartmann/Bornim. 6210e.

1-68/09-0274 A n o n y m. Impulsa - Tankreinigungsgerät M 801 des VEB Elfa-Elsterwerda - Prüfbericht Potsdam-Bornim. - Dtsch. Akad. Landwirtsch.-Wiss. Berlin, Inst. Mechanisier. Landwirtsch. Potsdam-Bornim, Prüfber. Nr.462. Gr. Nr. 11 d. (1968) S. 1-9. - 1 Abb., 4 Tab.
Zum Tankreinigungsgerät gehören 3 Behälter mit je 80 l Fassungsvermögen und eine 3- oder 4stufige selbstansaugende Kreiselpumpe mit Elektromotor, der eine Nennleistung von 1,6 kW bzw. 3,0 kW hat. Die Behälter dienen zur Aufnahme von Spülwasser, Reinigungs- und Desinfektionslösung. Ein Behälter besitzt eine thermostatisch gesteuerte Elektroheizung mit 6 kW. Die Saugseite der Pumpe ist mit den Behältern durch eine Sammelleitung und durch Absperrhähne verbunden. Druckseitig ist der durch 2 Rückstoßdüsen angetriebene Spritzkopf über eine Schlauchleitung mit der Pumpe verbunden. Als erster Arbeitsgang kann der Tank mit Klarwasser von 25...35 °C ausgespült werden. Die anschließend angewendete Reinigungslösung soll 5...10 min im Tank zirkulieren und wird dann durch Umschalten des druckseitigen 3-Wege-Hahnes in den Behälter des Gerätes zurückgepumpt. Die Förderleistung der 4stufigen Kreiselpumpe beträgt bei einem Pumpendruck von 7 at 64,2 l/min. Der Reinigungseffekt ist bei Einsatz der 4stufigen Pumpe, die bis 13 at Überdruck aufbringt, eindeutig gegenüber der 3stufigen höher. Die Oberflächenrauhigkeit der Tanks hat großen Einfluß auf den Reinigungseffekt. Die Restverschmutzung beim rauhen Tank gegenüber dem glatten Tank betrug trotz verdoppelter Spritzzeit das 1,7- bis 3,1fache. Bei der Ermittlung der Heizleistung wurde festgestellt, daß 72 l Wasser in 43 min bei einem Stromverbrauch von 4,10 kWh von 19,8 °C auf 65 °C erhitzt werden können. Prüfurteil: "geeignet". G.Müller/Bornim. 6210e.

1-68/09-0275 K e r k h o f, J.A. Automatische reiniginsapparatuur voor melktanks op "Het Landbouwwerktuig". (Automatische Reinigungsapparaturen für Milchtanks auf der Ausstellung "Landbauwerkzeuge".) - Landbouwmechanisatie 19 (1968) Nr. 4. S. 391. - 5 Abb.

Die Milchtankreinigungssysteme von Alfa-Laval, Fullwood, Mueller Matic und Euro-Zero werden in ihrer Arbeitsweise beschrieben. Zum System Fullwood gehören ein Schaltkasten, Wasserpumpe und ein Sprühkopf, während beim Euro-Zero-System die Wasserpumpe entfällt und die Spülung durch Vakuum ausgelöst wird, das von der Vakuumpumpe der Melkanlage erzeugt wird. Die Reinigungsprogramme sehen Spülzeiten von 12...50 min mit abwechselnd warmem und kaltem Wasser unter Zusetzung von Reinigungs- und Desinfektionsmitteln vor.

G.Müller/Bornim. 6210e.

VII. H A U S W I R T S C H A F T E I N S C H L I E S S L I C H G E M E I N S C H A F T L I C H E W I R T S C H A F T S - E I N R I C H T U N G E N

A. ALLGEMEINES

1-68/09-0276 K e h r, Brigitte. Gibt es die ideale Küche? - Mitt. dtsch. Landwirtsch.-Ges. 83 (1968) Nr. 21. Reich der Landfrau S. 163-164. - 6 Abb.

Als Richtmaße und grundlegende bauliche Gestaltung für die Küche werden von Seiten der Bundesforschungsanstalt für Hauswirtschaft angesehen: Grundfläche mindestens 8 m^2; Belichtung durch Fenster, die ins Freie führen; elastischer warmer und wasserundurchlässiger Fußboden (wie etwa verschweißtes PVC); heizbar; zusätzlich zu den Fenstern Schachtentlüftung mit eingebautem Kraftentlüfter, Zuluft aus der Wohnung; Kalt- und Warmwasserversorgung mit Mischbatterie; ausreichend dimensionierte Wasserabläufe, die auch für Geschirrspülmaschinen geeignet sind; Elektroinstallation auf 4 Stromkreise verteilt; mindestens 5 Steckdosen über den Arbeitsflächen; gegebenenfalls auch Anschlüsse für andere Energiearten (Gas, Kohle); Hängeschränke bringen Platzersparnis, hochgestellte bzw. -gehängte Kühlschränke ermöglichen Krafteinsparung; Arbeitsplätze für Arbeit im Stehen sollen 85...90 cm hoch sein, beim Sitzen 65...70 cm.

L.Machler. 7005.

1-68/09-0277 W i t t k o p p, Waltraut. Hausarbeit - ein notwendiges Übel? - Mitt. dtsch. Landwirtsch.-Ges. 83 (1968) Nr. 23. Reich der Landfrau S. 179-180. - 2 Abb.

Im Gegensatz zum konventionellen Sonderraum, in dem alle 3...4 Wochen gewaschen und zweimal im Jahre geschlachtet wird (und der wegen seiner weiteren Einrichtung wie Zementfußboden, gekalkte Wände und Decken, gemauerter Kessel sich nur noch für Reinigungsarbeiten eignet), fordert der neuzeitliche Arbeitsraum eine mehrseitige Verwendung. Er ist zweckmäßigerweise zu kombinieren mit einem Arbeitsraum für trockene Hausarbeiten, so daß in dem einen Raum Wäschewaschen (im Waschautomaten), Gemüsezubereitung, Schuhzeugpflege, Schlachten von Kleintieren, Vorbereiten von Obst und Gemüse zum Haltbarmachen und die Aufbewahrung größerer Haushaltsgeräte möglich ist und der andere Raum der Wäschepflege (mittels Bügelautomaten u.ä.), der

Ausbesserung und dem Selbstherstellen von Kleidung und ähnlichen Trockenarbeiten dient. L.Machler. 7005.

1-68/09-0278 H e r t s c h, Helmut. Geprüfte Kunststoff-Qualität für den Verbraucher. - Mitt. dtsch. Landwirtsch.-Ges. 83 (1968) Nr. 25. Reich der Landfrau S. 197.

In der DBR wird vom RAL für Kunststofferzeugnisse das "Gütezeichen K" verliehen, wenn durch Auswahl des geeigneten Rohstoffes, dessen einwandfreie Verarbeitung und die zweckmäßige Konstruktion des Fertigproduktes bestimmte Kriterien eingehalten werden. U.a. werden mit Sand gefüllte Haushaltswannen 10000 mal angehoben, um die Festigkeit der Griffe zu prüfen; Eimer müssen mit Wasserfüllung fünfmal einen Sturz aus 2 m Höhe auf Steinboden überstehen; mit siedendem Wasser gefüllte Eimer dürfen sich nur innerhalb bestimmter Grenzen weiten bzw. schrumpfen; Schüsseln werden 24 Std. lang einem Brei aus zerkleinerten Zitronen ausgesetzt; sie sollen sich in dieser Zeit nicht sichtbar verändern. Eine weitere Voraussetzung verlangt, daß die Rohstoffe für Kunststoffprodukte den Bedingungen der Lebensmittelgesetze entsprechen. L.Machler. 7005.

B. VERSORGUNGSEINRICHTUNGEN

1-68/09-0279 T r ü m p e r, H. Vorgefertigte haustechnische Anlagen - Fortschritt oder notwendige Entwicklung. - Heizung-Lüftung-Haustechn. 19 (1968) Nr. 6. S. 211-213. - 1 Darst., 1 Tab., 2 Zeichn. - nach Zus.

Die heute bereits hergestellten Vorfertigungen bieten so viele Variationsmöglichkeiten, daß die Befürchtungen der Architekten, in ihrer Planung eingeengt zu werden, sachlich nicht mehr gerechtfertigt sind. Wenn die sich abzeichnende Strukturänderung weiter um sich greift, so müßten auch die Handwerkskreise sich über kurz oder lang umstellen. Die Versuche zu Vorfertigungen ergaben sich als notwendige Entwicklung. Sie könnten ein Fortschritt sein, wenn sie in steigendem Maße angewandt werden und maßgebende Kreise überzeugt werden könnten. 7105.

1-68/09-0280 A n o n y m. Müll-Karussells in dänischen Hochhäusern. - Gesundheitswes. u. Desinfekt. 60 (1968) Nr. 5. S. 79.

Etwa 25 % der 1100 dänischen Städte und Gemeinden verwenden für die Müllabfuhr Papiersäcke. Der von den Müllschluckern in den Gebäuden aufgenommene Müll wird in "Komprimatoren" zusammengepreßt, so daß etwa 400 l unverdichteten Mülls in Säcke von etwa 80 l gefüllt werden können. Die Abfälle werden im Keller von einem "Karussell" gesammelt und dann einem Druck von 1700 kg ausgesetzt. Dabei werden die Säcke optimal gefüllt - der nächste leere Sack wird automatisch an die Füllöffnung herangefahren. Diese Anlage faßt insgesamt 8 Müll-Papiersäcke. Die Abfall-gefüllten Säcke werden verbrannt. L.Machler. 7105.

1-68/09-0281 M a r q u a r d t, Kurt. Neue Erkenntnisse in der Trinkwasserbehandlung mit schwer löslichen Phosphaten im Haushalt. - Haustechn. Rdsch. 67 (1968) Nr. 4. S. 122-124. - 9 Abb., 2 Tab.

Im Gegensatz zur "Wasserenthärtung", für die Phosphatlösungen in äquivalenter Menge zur Wasserhärte zugesetzt werden, verwendet das Impfverfahren kleinste Phosphatmengen, die für eine "Härtestabilisierung" ausreichen, so daß das Wasser in seiner Zusammensetzung nicht verändert wird. Bei höheren

Temperaturen (über 70 °C) und höherer Karbonatharte ist jedoch beim Impfverfahren kein voller Effekt mehr zu erwarten. - Die Zufuhr von Phosphat aus der schwer löslichen kristallinen Verbindung geschieht über Dosierungsgeräte, die unmittelbar hinter dem Wassermesser eingebaut werden. Sie müssen gewährleisten, daß der zulässige Wert von 5 mg P2O5/l nicht überschritten wird. L.Machler. 7110.

1-68/09-0282 G l a s e r, Siegfried und H i r s c h b e r g e r, Peter. Die Chemikalien-Dosierung in der Wasseraufbereitung. - Haustechn. Rdsch. 67 (1968) Nr. 4. S. 125-127. - 4 Abb.

Nach der Behandlung von Trinkwasser zur Verhütung von Wassersteinansatz und Korrosion dürfen im Wasser nicht mehr als 5 mg P_2O_5/l bzw. 40 mg SiO_2/l enthalten sein. Als Dosiereinrichtungen stehen zur Verfügung: Dosier-Schleusen (I) mit Dosier-Chemikalien in Stücken; Stauscheiben-Dosiergeräte (II) mit pulverisierten oder granulierten Chemikalien; Dosierpumpen mit Dosierbehälter (III) für gelöste Chemikalien. Bei I ist die Dosiergenauigkeit am geringsten, insbesondere kann Überdosierung auftreten, wenn Phosphat verwendet wird, dagegen kann Unterdosierung bei Verwendung von Silikaten auftreten. Bei II können die Chemikalien verbacken. Bei III ist mengenabhängige und mengenunabhängige Dosierung möglich, in beiden Fällen ist eine Steuerung der Dosierung entsprechend der Wasserabnahme möglich. Geräte dieses Typus erfordern eine regelmäßige Wartung. L.Machler. 7110.

1-68/09-0283 H a n s e n, Willy. Warmwasserbereiter - Wahl der Werkstoffe und des Korrosionsschutzes. - Haustechn. Rdsch. 67 (1968) Nr. 4. S. 89-94. - 1 Tab.

Warmwasserbereitungsanlagen sind nur dann den Anforderungen der Wasseraggressivität gewachsen, wenn sie mit hochwertigem Korrosionsschutz ausgestattet sind. Während Kupfer für Brauchwasser aller Härtegrade und Aggressivität geeignet und bes. für die Rohrleitungen verwendbar ist, müssen die Warmwasserbereiter und Heizrohre, die normalerweise aus Eisen bestehen, mit bes. Überzügen oder Beschichtungen versehen werden. In Betracht kommen Emaillierung, Kupfer- oder Stahlplattierung (bzw. Kupfer/Nickel-Legierung oder Edelstahl), Feuerverzinkung, porenfreie Einbrennlackierung, porenfreie nichtmetallische Überzüge, kathodischer Schutz mit Fremdstrom oder Opferanoden. L.Machler. 7111.

1-68/09-0284 A n d e r s, Heinz. Ursachen und Verhütung der Korrosion in Warmwasseranlagen. - Haustechn. Rdsch. 67 (1968) Nr. 4. S. 98.111.

Während im Wasser enthaltener Sauerstoff bei niedrigen Temperaturen bei der Ausbildung einer Kalk-Rost-Schutzschicht mitwirkt, wirkt er bei erhöhten Temperaturen an der Ausbildung elektrolytischer Korrosionselemente mit. Kohlensäure kann je nach der Wasserhärte inert sein oder die aggressive Wirkung des Sauerstoffes erhöhen. - Wasserstein entsteht durch Veränderung des Kalk-Kohlensäure-Gleichgewichtes. Er bildet sich jedoch nur dann als festhaftende Schicht, wenn die Metallwand mit dem Wasser reagiert. Dabei spielt die Sauerstoffbindung eine Rolle. Bei Zufuhr von Natriumsulfit kann die Ablagerung von Wasserstein verhütet werden. Zusätze von Phosphaten stabilisieren die Karbonathärtebildner, so daß sie auch bei hoher Temperatur in Lösung bleiben. Die dosierte Zufuhr der Chemikalien erfolgt in das kalte Wasser und muß der Zuflußmenge angepaßt sein. L.Machler. 7111.

1-68/09-0285 A n o n y m. Flüssiggas in Haus und Hof. - Mitt. dtsch. Landwirtsch.-Ges. 83 (1968) Nr. 25. Reich der Landfrau S. 195. 7125.

1-68/09-0286 G e i s l e r, H. Wärmedämmung und elektrische Raumheizung. - Haustechn. Rdsch. 67 (1968) Nr. 4. S. 117-122. - 4 Diagr., 6 Schemata, 1 Tab.

Die Besonderheit der Elektroheizung erlaubt eine jederzeitige Ausnutzung eines hohen Wirkungsgrades von 97 %. Daher wirken sich bei ihr Maßnahmen für die Wärmedämmung in vollem Maße in Einsparungen an Betriebskosten aus, d.h., daß der Nutzwert des Wärmedämmaufwandes zum Heizungswirkungsgrad im gleichen Verhältnis steht. - Eine wärmedämmende Schicht kann sich außen, innen oder im Wandkern befinden, techn. richtig ist sie an der kalten Hausaußenseite angeordnet. In diesem Falle wirkt die innenliegende Wand als Speichermasse. Kerndämmung ist zweckmäßig, wenn keine hohe Luftfeuchtigkeit vorliegt. Innendämmung verringert die für die Beheizung erforderliche Energiemenge, da die Wand-, Decken- und Fußbodenmasse keine Wärme speichern. Bei nachlassender Energiezufuhr kühlt der Raum schnell aus.

L.Machler. 7130.

1-68/09-0287 C a t t e r a l l, F.H. Getting the best results out of time of day tariffs. (Beste Ergebnisse durch Nutzung der Zeit außerhalb des Tages-Tarifes.) - Electr. Rev. 182 (1968) Nr. 17. S. 614-616. - 2 Abb., 1 Diagr.

25 % des Stromverbrauches findet in der Zeit zwischen 21^h und 7^h statt. Allein die Verlagerung der Warmwasserbereitung in Elektrospeichern würde den Anteil des Stromverbrauches in der Nachtzeit auf 45 % erhöhen. Da jedoch auch tagsüber ein hoher Warmwasserbedarf auftreten kann, ist es zweckmäßig, den Speicher aus 2 Stromkreisen zu versorgen, wobei das Heizelement für den Tagesverbrauch nur 30 % der Leistung des "Nachtstrom-Heizelementes" aufweist. Dabei wird das Wasser nur auf etwa 55 °C aufgeheizt (anstelle von 77 °C während der Nacht). Raumheizkörper mit Speichereinrichtung können ebenfalls während der Nachtstunden aufgeheizt werden.

L.Machler. 7130.

1-68/09-0288 A n o n y m. New electricaire unit eases siting problems. (Die neue Electricaire-Einrichtung verbessert die Behaglichkeit in Wohnräumen.) - Electr. Rev. 182 (1968) Nr. 17. S. 607. - 1 Abb.

Beschreibung eines weiterentwickelten elektrischen Speicherofens für Wohnräume, der besonders den Forderungen der Innenarchitektur gerecht wird. Der Ofen ist 12 in. tief, 42 in. breit und kann teleskopartig zwischen 7 ft. 6 in. und 8 ft. 3 in. in der Höhe eingestellt werden (30,5 x 106,7 cm, 2,2 bis 2,6 m). Die Gesamtmasse beträgt bei 2 Modellen 1000 bzw. 1300 lb. (453,6 bzw. 590 kg). Die Gesamtaufnahme beträgt 45 bzw. 60 kWh, jede Aufheizung erfordert 7 bzw. 9 kW. Bei einem 11stündigen Heizprogramm werden 66 bzw. 88 kWh/Tag aufgenommen. Die Oberfläche ist soweit isoliert, daß ihre Temperatur nur etwa 54 °C beträgt. Die umlaufende Luft wird durch ein waschbares Filter gereinigt und kann befeuchtet werden.

L.Machler. 7130.

1-68/09-0289 A n o n y m. Room thermostat for warm air heating. (Raum-Thermostat für Warmluftheizung.) - Electr. Rev. 182 (1968) Nr. 22. S. 816. 1 Abb.

Das Kompakt-Gerät ist 3,25 x 3,25 in. groß und 1,5 in. tief (88,9 x 88,9 x 38,1 mm) und zur Steuerung der Warmluftzufuhr in Wohn- und kommerziellen Räumen geeignet. Der Temperaturbereich liegt zwischen 40 und 80 °F (ca. 4,5 und 27 °C), mit einer Genauigkeit von 1 °F. Der Grundkörper besteht aus widerstandsfähigem Thermoplast und umschließt alle Schaltelemente: die Quecksilberschaltröhre und die temperaturempfindliche Bimetallspirale. An der Frontplatte befindet sich ein großer Schaltknopf zum Einstellen der Temperatur sowie ein Kontrollthermometer. Das Gerät ist bis zu 1,5 A belastbar und kann für 240 oder für 24 V ausgelegt werden. Hersteller: Maclaren Controls Ltd., Glasgow. L.Machler. 7130.

1-68/09-0290 A n o n y m. Ozonerzeugende Klimageräte. - Gesundheits-Ing. 89 (1968) Nr. 3. S. 95.

Das Bundesgesundheitsministerium beobachtet mit einiger Sorge die zunehmende Werbung für elektrische Klimageräte, die auch Ozon erzeugen sollen. Ozon ist ein toxischer Stoff, dessen Giftigkeit z.B. über der des Chlorgases liegt. Gesundheitliche Schäden sind von Personen, die beruflich höheren Ozonkonzentrationen ausgesetzt waren, durchaus bekannt. Die max. zulässige Konzentration am Arbeitsplatz ist deshalb auf 0,1 cm^3 Ozon in 1 m^3 Raumluft festgesetzt. Von Herstellern und Vertreibern ozonerzeugender Klimageräte wird damit geworben, daß das Ozon Luftkeime abtöte und schlechte Gerüche beseitige. Beides ist unbestritten, erfordert aber Ozonkonzentrationen, die weit über den für Menschen zuträglichen liegen. Bei für den Menschen unbedenklichen Konzentrationen konnte eine luftdesinfizierende Wirkung nicht festgestellt werden. Bei der Geruchsverbesserung durch Ozon vermutet man zudem, daß es sich gar nicht um eine Beseitigung der Gerüche, sondern nur um eine Maskierung dadurch handelt, daß die Empfindlichkeit der Geruchsnerven durch Ozon herabgesetzt wird. Nach den derzeitigen wissenschaftlichen Erkenntnissen besteht kein Anlaß, Geräte zur Ozonisierung der Luft aus gesundheitlichen Gründen zu empfehlen, es muß vielmehr vor der unkontrollierten Anwendung solcher Geräte gewarnt werden. 7135.

C. VORBEREITUNG UND ZUBEREITUNG DER NAHRUNG EINSCHLIESSLICH REINIGUNG DER KÜCHENGERÄTE

1-68/09-0291 A n o n y m. Complete mini kitchen. (Komplette Kleinstkücheneinrichtung.) - Electr. Rev. 182 (1968) Nr. 17. S. 628. - 1 Abb.

Die Kleinstküche besteht aus einem Spülbecken, einem Trockenbord, Arbeitsfläche, 2 Heizplatten, einem Kühlschrank und einem eingebauten Geschirrschrank. Sie ist 91 cm hoch, 100 cm breit und 61 cm tief. Die Abdeckung besteht aus rostfreiem Stahl. Der Kühlschrank hat ein Fassungsvermögen von 4,8 ft^3 (142 l). Er ist mit einem Zwei-Stern-Gefrierfach ausgestattet. Dieses Fach kann in der Größe verändert werden. Der elektrische Anschluß erfordert keine besondere Installation. Hersteller: New Era Commercial Refrigeration Services Ltd., London. L.Machler. 7205.

1-68/09-0292 W i n t e r m a n n, Magdalena. Herde - Topfmaterial - Kleingeräte. - Elektrizität 18 (1968) Nr. 4. S. 104-107. - 5 Abb.
Bericht von der Internationalen Hausrat- und Eisenwarenmesse in Köln. Herde erhielten weiteren Komfort und lassen sich zu Gruppen zusammenstellen. Weit verbreitet ist die zusätzliche Gerätesteckdose. Für Anbauküchen sind Herdbreiten von 60 cm vorgesehen. Die Geräte von Neff sind elektrostatisch emailliert und weisen daher eine bes. Schlagfestigkeit auf. Die Einbaukochmulde "1095/31N" besteht aus Edelstahl, sie hat vorn 4 nebeneinander liegende Kochplatten, dahinter eine Bratenplatte (37 x 14 cm) und seitlich ein Restebecken. Die Gaggenau-Herd-Einbaugeräte haben 5 Kochplatten, deren kleinste 5 cm Dmr. hat. AEG-Herde haben getrennt zu installierende Schaltkästen, die über Steckverbindungen angeschlossen werden. Die Juno-Thermothek stellt eine Kombination von Backofen und ausklappbarem Kochteil dar. Es handelt sich dabei weder um ein Unterbau- oder Einbaugerät, sondern um ein Aggregat, das auf die Arbeitsfläche gestellt werden kann.
L.Machler. 7205.

D. KONSERVIERUNG UND LAGERUNG DER NAHRUNGSMITTEL

1-68/09-0293 G u t s c h m i d t, J. Die Kühlwirtschaft im landwirtschaftlichen Betrieb. - Mitt. dtsch. Landwirtsch.-Ges. 83 (1968) Nr. 20. S. 786 S. 786-790.
Neben der Kühlung von Milch (in Kannen oder Großbehältern) hat die Kühllagerung auch für weitere Produkte Bedeutung. Feuchtes Getreide mit einem Wassergehalt von 21 % kann bei 5 °C bis 30 Tage gelagert werden, so daß die für die Ernte erforderliche Trocknungskapazität verringert werden kann. In den Körnerkühlsätzen wird über Luftkühler geleitete Frischluft in die Getreideschüttung gefördert. - Trotz nur kurzfristiger Lagerung von Eiern ist es günstig, diese bald nach dem Legen auf 10...12 °C abzukühlen, sie dürfen beim Um- und Auslagern nicht beschlagen. - Für die kurzfristige Lagerung von Obst, Gemüse und Salat ist eine rel. Luftfeuchte von 85...90 % bei 0...1 °C zweckmäßig. - Kernobst kann je nach Sorte zwischen -1 und +4 °C bei mindestens 90 % rel. Luftfeuchte, gegebenenfalls unter Zusatz von Kohlendioxid, bis zu 7 Monate gelagert werden. L.Machler. 7305.

1-68/09-0294 B l a s e r, Elisabeth. Kühl- und Gefriergeräte - Geschirrspülmaschinen - Heißwassergeräte. - Elektrizität 18 (1968) Nr. 4. S. 101-102.103-104. - 7 Abb.
Kühlautomaten sind mit vollautomatischer Abtauvorrichtung versehen, das Tropfwasser wird durch die Wärme des Kondensators verdunstet. Der AEG-Tischkühlschrank "Santo Junior" mit 135 l Inhalt hat ein U-förmiges Verdampferfach. Das Gerät ist allseitig bündig anstellbar. Von Neff wurde ein Doppelbackofen mit Dunstabzughaube entwickelt, der sich unmittelbar mit einem Kühlschrank zusammenstellen läßt. In der Linde-automatic-Kühltruhe regelt die Gefrierzeitautomatik die Zeit des Einfrierens bei Tieftemperatur, nach Ablauf der programmierten Zeit steuert ein Thermostat die Lagertemperatur. - Geschirrspülmaschinen wurden teilweise auf 1 bis 2 Programme reduziert. Der Bauknecht-Automat "GS 50" zeigt optisch den Programm-Ablauf an. Das Spülzentrum von Siemens enthält einen Geschirrspülautomaten, Unter-

schrank und eine Einbecken-Spülabdeckung. - Der Kochendwasser-Bereiter von der AEG ist mit einem Summer zur Anzeige des Siedepunktes ausgestattet.
L.Machler. 7305.

1-68/09-0295 S e x a u e r. Kölner Frühjahrsmesse 1968. - Kältetechnik 20 (1968) Nr. 5. S. 157-161. - 11 Abb.
Der Absorptions-Kühlschrank der schweizer Fa. Sibir weist bei 150 l Inhalt den gleichen Wirkungsgrad auf wie ein Gerät mit Kompressor-Kältesatz. Er hat ein Drei-Stern-Gefrierfach mit 15 l Inhalt. Die Leistungssteigerung ist auf verstärkte Isolierung und auf die spezifische Eigenschaft des Absorbers zurückzuführen, der bei tieferen Temperaturen auf Grund der thermodynamischen Gesetze günstiger arbeitet. - Im Gefrierautomaten "Novofrost" von BBC wird ohne manuelles Einstellen die lagergerechte Temperatur eingehalten, nachdem das Gut in das Vorgefrierfach eingelegt worden ist. - In der 320 l fassenden Gefriertruhe "GT 320" von Bosch lassen sich mit Hilfe der Schnellgefriereinrichtung empfindliche Lebensmittel bei Temperaturen bis -37 °C einfrieren. Die Isolierung erfolgt mittels Polyurethan-Hartschaum.
L.Machler. 7305.

1-68/09-0296 A n o n y m. 14ft^3 vertical freezer. (Ein 14-Kubikfuß-Vertikal-Kühlschrank.) - Electr. Rev. 182 (1968) Nr. 22. S. 816. - 1 Abb.
Der 396-l-Kühlschrank kann mit rechts oder links zu öffnender Tür geliefert werden. Innen- und Außenschrank bestehen aus rostgeschütztem Stahlblech, die Isolierung aus Polyurethan-Schaum. Die Bedienungs- bzw. Steuerelemente bestehen aus einem Thermostat mit einem konstanten Regelbereich von -18 bis -20 °C, einem Schalter zum Einschalten für das Schnellgefrieren bei -25 °C, einer grünen Signallampe für das Anzeigen der Arbeitsbereitschaft und einer roten Warnlampe zum Anzeigen des Überschreitens der oberen Temperaturgrenze. Hersteller: UPO Ltd., London SW 1. L.Machler. 7305.

1-68/09-0297 H o f m a n n, Ernst-Günter. Sterilisieren und Konservieren durch Bestrahlen. - Umschau Wiss. Techn. 68 (1968) Nr. 5. S. 146-147. - 3 Abb.
Während Gamma-Isotopenanlagen, die als Strahlenquellen verwendet werden, nicht abzuschalten sind, jedoch eine durchdringende Gammastrahlung liefern, ist die Eindringtiefe der abschaltbaren Elektronenbeschleuniger nur gering. Eine abschaltbare Strahlenquelle mit durchdringender Strahlung wurde von der Fa. AEG-Telefunken mit Hilfe von Hochleistungsröntgenröhren entwickelt. Bestrahlungsgüter können mit einstellbarer Geschwindigkeit durch den Bestrahlungsraum geführt werden. Bei 50 %iger Ausnutzung der Strahlung können innerhalb von 24 Std. 45 t Getreide mit 16000 rad zur Inaktivierung von Schädlingen bestrahlt oder 7 t Lebensmittel mit 100000 rad pasteurisiert werden. Die Anlage ist als völlig hochspannungs- und strahlengeschützt anzusehen, sie kann ohne zusätzliche Schutz- und Sicherheitseinrichtung betrieben werden. L.Machler. 7305.

E. WASCHEN UND KLEIDERPFLEGE

1-68/09-0298 G r i f f e l, Christine. Waschen - Trocknen - Bügeln - Heizen. - Elektrizität 18 (1968) Nr. 4. S. 95-100. - 6 Abb., 1 Zeichn.
Das AEG-Gerät "Lavalux S" faßt 4 kg Trockenwäsche und ist mit Thermo-Chrom-

Steuerung ausgerüstet. Die vollautomatische Waschmitteleinspülung wird über Magnetventile geregelt, es stehen 11 über einen Schalter wählbare Programme zur Verfügung, zum Abschluß wird geschleudert. Der Wäschetrockner "Minerva" von der AEG faßt bis 4 kg Wäsche. Sie wird 15 bis 90 Min. im warmen Luftstrom bewegt, es kann auch Perlon- und Nyltestgewebe getrocknet werden. Die Temperatur steigt nicht über 50 °C. - Das Leichtbügeleisen von Philips hat eine Hartaluminiumsohle mit Teflonbeschichtung, an der sich keine verbrannte Stärke- oder Appreturreste festsetzen können. Auch Schmelzprodukte von Synthesefasern, die irrtümlich mit zu hoher Temperatur behandelt wurden, können sich nicht festsetzen. - Das Miele-Bügelzentrum vereinigt in raumsparender Anordnung alle Bügelutensilien: es enthält den Bügelautomaten "B 600" als Tischgerät und hat außerdem Platz für Bügeleisen und Koffernähmaschine. L.Machler. 7405.

1-68/09-0299 B o t z e n h a r t, K. und T h o f e r n, E. Bakteriologische Untersuchungen an Reihenwaschmaschinen. - Gesundheitswes. u. Desinfekt. 60 (1968) Nr. 5. S. 71-72.

Am Beispiel der Untersuchung an Maschinen einer Krankenhauswäscherei wird nachgewiesen, daß die "Maschinenwäscherei" alleine nicht die Gewähr gibt, daß Wäsche auch desinfiziert wird. Während bei Waschmaschinen herkömmlichen Typs eine Weiterschleppung der Infektion mit pathogenen Keimen nur möglich ist, wenn einzelne Maschinenteile eine günstige Temperatur für das Bakterienwachstum aufweisen, ist eine Bakterienvermehrung in Reihenwaschanlagen möglich. Insbesondere tritt dieses Wachstum in den Spülstufen auf, bei denen eine gleichbleibende Temperatur von 20...30 °C eingehalten wird. Das Nährstoffangebot von Wäscheflusen und Waschmittelresten führt zu einer rasenartigen permanenten Besiedlung der Maschinenwandungen. Zur Einhaltung der notwendigen Hygiene ist die zusätzliche Verwendung von Desinfektionsmitteln erforderlich. L.Machler. 7405.

1-68/09-0300 A n o n y m. Improved specification for Burco tumblair. (Verbesserung des Burco-Trommeltrockners.) - Electr. Rev. 182 (1968) Nr. 21. S. 777. - 1 Abb.

Das Gerät kann Textilien bis zur Bügelfähigkeit oder auch soweit trocknen, daß sie ohne weitere Behandlung tragbar sind. Die Heizung kann abgeschaltet oder in 3 Stufen eingestellt werden, so daß es möglich ist, alle Arten von Textilien (Kunst- und Naturfasern) zu trocknen. Die Temperatur wird über einen Thermostaten gesteuert. Trockenvorgänge bis zu 120 Min. können über eine Zeitschaltuhr eingestellt werden. Dabei wird 5 Min. vor Ablauf der Zeit die Heizung abgeschaltet, während die Trommel weiterläuft. Auf diese Weise soll das Knittern empfindlicher Textilien verhindert werden. Das Gerät ist 36 in. hoch, 21,25 in. breit und 21 in. tief (91,4 x 54 x 53 cm). Hersteller: Burco Ltd., Burnley, Lancs. L.Machler. 7405.

F. REINIGUNG UND PFLEGE DER RÄUME

1-68/09-0301 A n o n y m. Der beste Assistent des Staubsaugers (Test von Teppichkehrmaschinen). - Mitt. dtsch. Landwirtsch.-Ges. 83 (1968) Nr. 25. Reich der Landfrau S. 194. 7505.

G. HYGIENEEINRICHTUNGEN

1-68/09-0302 S a u t t e r, Leopold. Der Wärmeschutz der Bäder (Mindest-Wärmeschutz und Voll-Wärmeschutz). - Haustechn. Rdsch. 67 (1968) Nr. 5. S. 142.144-146. - 3 Tab. 7605.

1-68/09-0303 R e i n s c h, H. Kunststoffe in Küche, Bad und WC. - Haustechn. Rdsch. 67 (1968) Nr. 5. S. 147-152. - 6 Abb. 7605.

H. HAUSWIRTSCHAFT/AUSSTELLUNGEN, TAGUNGEN, VORFÜHRUNGEN, REISEN, ÜBERSICHTEN

1-68/09-0304 A n o n y m. Internationale Hausrat- und Eisenwarenmesse in Köln. - Heizung-Lüftung-Haustechn. 19 (1968) Nr. 5. S. 187-189. - 10 Abb., 1 Schema.
Mehrere Firmen brachten Kühlautomaten auf den Markt, die mit Gefrierautomatik, selbsttätiger Abtausteuerung und Tauwasserverdunstung ausgestattet sind. Der Kühlautomat "SGL 270" von Bosch hat einen 250-l-Kühlraum und ein schrankbreites 3-Stern-Gefrierabteil mit 20 l Inhalt. Die "denkenden" Heimgefrierer mit Gefrierzeit-Automatik "automatic 26" und "automatic 36" von Linde gestatten ein selbständiges Einfrieren des Gutes, wenn die Automatik auf das Gewicht eingestellt ist. - Das Koch-Back-Spülzentrum der AEG ist inselartig in der Mitte der Küche unter einem Luftabzugschacht angeordnet, es enthält auch einen 150-l-Kühlschrnak mit 50-l-Gefrierbox. Von AEG-Telefunken wurden zur Bedienung von Plattensätzen oder Einbau-Kochmulden Einbauschaltkästen entwickelt, die als Möbelblenden auch oberhalb des Kochteiles angeordnet werden können. Sie sind 9 cm hoch und 48 oder 58 cm breit.
L.Machler. 7705.

1-68/09-0305 A n o n y m. Beim Rundgang entdeckt (Haushaltgeräte auf der Hausrat- und Eisenwarenmesse in Köln). - Elektrizität 18 (1968) Nr. 4. S. 108-110. - 7 Abb.
Zum Aufbereiten von Tiefkühlmenüs wird das Kleinauftaugerät "auftaufix" von Düsterberg, Rheine, verwendet. Es arbeitet nach dem Prinzip der selbsttätigen Dampfumwälzung. Die Beheizung ist thermostatisch regelbar. Der Dmr. beträgt 34 cm, die Höhe 45 cm, die Aufnahme 1700 W; zum Einhalten der Serviertemperatur sind 65 °C erforderlich. - Die Kaffeemühle mit Dosiereinrichtung von Siemens wendet eine neues Walzenprinzip an, das eine Mahlfeinheit zwischen grieskörnig und superfein gestattet. 20 g werden in 20 Sek. gemahlen. - Der Universal-Wäschetrockner der Fa. R. Thomas wird an eine Wandhalteplatte eingehängt. Die Wäsche wird unterhalb des Gebläses an Haltestäbe geklammert und von oben mit kalter oder warmer Luft durchströmt. Die Trokkenzeit für eine Waschautomatenfüllung (4 kg) beträgt etwa 90 Min. Das Gerät kann auch auf Balkonen und Terrassen verwendet werden.
L.Machler. 7705.

1-68/09-0306 D e n g l e r, V. Meilensteine der Haustechnik. - Mitt. dtsch. Landwirtsch.-Ges. 83 (1968) Nr. 25. Reich der Landfrau S. 196-197. - 4 Abb.
Rückschau auf Geräte, die auf der 50. DLG-Ausstellung für die Rationalisierung der Hausarbeit gezeigt wurden: Der Siemens Automatic-Herd "HS 7474" ist mit Intensivgrill und motorischem Drehspieß versehen. Einbau-Backröhren der Fa. Neff haben Schwenktüren (anstelle von Klapptüren) mit umschraub-

barem Anschlag. Das "Bügelzentrum" der Fa. Miele enthält im Unterschrank die eingebaute Bügelmaschine, weiterhin ein ausschwenkbares Bügelbrett und eine zusätzliche Steckdose. Das "Wohnraum-Modell" des Siemens-Heimbüglers stellt eine fahrbare Truhe dar, in die das Gerät versenkt wird. Ein Spezialkessel für Kohle- und Gasbefeuerung ermöglicht einen etwa 30stündigen Dauerbrand mit automatischer Leistungsregelung. L.Machler. 7705.

IX. G A R T E N B A U E I N S C H L I E S S L I C H O B S T - U N D W E I N B A U

D. GARTENBAUTECHNISCHE BETRIEBSANGELEGENHEITEN

1-68/09-0307 B o e t z e l a e r, G.J. van und D o v e r e n, R.J. van.
Bessere Arbeitsmethoden. Ergonomie - Mensch und Produktivität. - Erwerbsgärtner, Stuttgart 22 (1968) Nr. 22. S. 1072-1073. - 10 Abb.

Durch richtige Anpassung der Arbeit an den Menschen (=Gegenstand der Ergonomie) kann die wertvolle Energie der menschlichen Arbeitskraft wesentlich rationeller als bisher üblich genutzt werden. - Arbeitsermüdung als Folge zeitweilig unterbrochener Blutzirkulation in den Muskeln ist weitgehend zu vermeiden, wenn der Anteil statischer, zugunsten dynamischer Arbeiten im Arbeitsprozeß reduziert wird. Die Körperhaltung des Menschen während der Arbeit besitzt dabei bes. Bedeutung. In Bückstellung verrichtete Arbeiten erfordern ca. 50 % mehr Körperenergie als sitzend ausgeführte. Infolge des geringen Mechanisierungsgrades im Zierpflanzenbau unter Glas müssen bes. hier Energieverluste beim Menschen durch zweckmäßige Bauausführung sowie Innenausstattung der Produktionsstätten vermieden werden. - Da die Ermüdung des Menschen während der Arbeit unumgänglich ist, sind über die Arbeitsplatzgestaltung hinaus mehrere kurze Erholungspausen -abgestimmt auf die Art der ausgeführten Arbeitsbewegungen- in die Arbeitsorganisation fest einzubeziehen, um schwer reversible Erschöpfungszustände der Arbeitskraft zu verhindern. H.-J.Herrmann. 9165.

1-68/09-0308 D o v e r e n, R.J. van und B o e t z e l a e r, G.J. van.
Arbeitsverfahren und Arbeitsplatz. - Erwerbsgärtner, Stuttgart 22 (1968) Nr. 17. S. 799-802. - 14 Abb., 1 Diagr., 1 Zeichn.

Das Leistungsvermögen der menschlichen Arbeitskraft im Produktionsprozeß hängt wesentlich vom angewendeten Arbeitsverfahren (=Organisation der Arbeit) sowie von den Arbeitsbedingungen (=Arbeitsplatz und Arbeitsumgebung) ab. Dabei sind Grundregeln zu beachten, um dem Menschen optimale Leistungen zu ermöglichen. Derartige Regeln betreffen: die Dauer und den Radius der auszuführenden Arbeitsbewegungen; die symmetrische Arbeit mit beiden Händen; die Rhythmik der Arbeitstätigkeiten; die Anordnung der Arbeitsmittel und Arbeitsgegenstände zueinander und zur Arbeitskraft; die Form und Anbringung der bei der Arbeit benutzten Tische und Sitzgelegenheiten; die Beleuchtung, Farbgebung und die klimatischen Bedingungen des Arbeitsplatzes sowie die zweckmäßige Arbeitskleidung des Menschen.
H.-J.Herrmann. 9170.

1-68/09-0309 B e g e r, D. Rationelle Organisation, Planung und Abrechnung des Maschineneinsatzes - wichtiger Bestandteil der komplexen sozialistischen Rationalisierung. - Dtsch. Gartenbau 15 (1968) Nr. 6. S. 142-148. - 5 Abb., 3 Tab., 7 Lit. - nach Zus.

Bei der Durchsetzung des neuen ökon. Systems im Betrieb kommt der rationellen Organisation, Planung und Abrechnung des Maschineneinsatzes große Bedeutung zu, da moderne techn. Arbeitsmittel die entscheidenden Produktionsmittel für die ständige Steigerung der Effektivität der lebendigen Arbeit sind. Die Organisation des Maschineneinsatzes tendiert zu einer immer stärkeren Nutzung komplexer Maschinensysteme mit hohem Leistungsniveau. Die Planung des Maschineneinsatzes im Betrieb muß diesem Erfordernis Rechnung tragen und vor allem bei der Perspektivplanung alle Möglichkeiten eines zwischengenossenschaftl. Maschineneinsatzes nutzen. Die Planung muß auf eine komplexe sozialist. Rationalisierung bei den einzelnen Erzeugnissen ausgerichtet sein und neben einer exakten Trennung der Verantwortung in den einzelnen Produktionsstufen die Erfordernisse der ganzen technol. Kette beachten. Neue statistisch-math. Methoden wie die Netzwerkplanung müssen sowohl bei der Vorbereitung als auch bei der Kontrolle der Arbeitsablaufplanung verstärkt angewendet werden. Durch eine zweckmäßige Abrechnung des Maschineneinsatzes ist eine umfassende Kontrolle aller ökon. Faktoren des Maschineneinsatzes zu sichern, und es sind Grundlagen für die zielgerichtete Anwendung ökon. Hebel sowie für die innerbetriebl. und überbetriebl. Verrechnung der Leistung daraus zu entwickeln. 9175.

F. GARTENBAU/ENERGIE, KRAFTMASCHINEN UND TRAKTOREN

1-68/09-0310 L e c k e r, F. Der Fendt-Geräteträger im Gemüsebau. - Staatl. Lehr- u. Forsch.-Anst. Gartenbau Weihenstephan, Ing.-Schule Gartenbau, Jber. 1966/67 S. 80-91. - 4 Abb., 1 Diagr., 1 Skizze, 2 Tab., 5 Lit.

In einer vierjährigen Versuchsreihe wurden die Typen "F 225 GT" und "F 230 GT" des Fendt-Geräteträgers (30 PS) mit Zusatzgeräten im Gemüse-Beetanbau getestet. Aus dem Fendt-Einmannsystem eignen sich die Zusatzgeräte Pflug, Krümler, Egge, gezogene Hacke, Ladepritsche und Frontlader ohne Veränderungen für den Gemüsebau. Des weiteren eigneten sich Rollhacken, Schwingsiebroder, Saatbettkombinatoren, Pflanzmaschinen, Palettenheber sowie Anbauspritzgeräte gut. Beim Kastendüngerstreuer muß die Arbeitsbreite von 2 m auf die optimale Beetbreite von 1,50 m reduziert werden. Das Spritzgerät ist mit Präzisionsdüsen auszurüsten. Die Einzelkornsägeräte sind mit flacheren Säscharen und entspr. Zellenrädern auszustatten. Durch den Geräteträger wird der Einsatz von Gerätekombinationen in Einmannbedienung mit geringen Rüstzeiten möglich. Für den Geräteträger sind mit Grundausstattung 42 m^2 Abstellfläche erforderlich. H.-J.Herrmann. 9265.

G. GARTENBAU/TRANSPORT UND FÖRDERUNG

1-68/09-0311 W i e d e n h o f f, H. Hefmast en hefvork op een trekker. (Hubmast und Hubgabel auf einem Traktor.) - Fruitteelt 58 (1968) Nr. 29. S. 1049-1050. - 1 Abb. 9325.

H. GARTENARBEITEN - AUSSCHLIESSLICH ERNTE

1-68/09-0312 P f a f f, Franz. Technische Hilfsmittel für den Weinbau. - Dtsch. Weinbau 23 (1968) Nr. 16. S. 575-579.581-585. - 71 Abb., 2 Tab.

Durch den Einsatz techn. Hilfsmittel in allen Bereichen des Weinbaues wird die Verringerung der Produktionskosten angestrebt. Eine vielseitige Verwendbarkeit der Gerätschaften ist hierbei erwünscht. Die Technik bietet bereits eine große Auswahl an Geräten, um die Rationalisierungsbestrebungen zu verwirklichen. Es werden die wichtigsten techn. Hilfsmittel beschrieben und ihre praktische Anwendung, unterstützt durch zahlreiche Abb., dargestellt. Vf. erläutert bes. Drahtrahmenzubehör, Reihenzieher, Drahthaspeln, Pfahlrammen, Pflanzgeräte, Transporteinrichtungen und Geräte zur Rebholzzerkleinerung. K.Thiele. 9405e.

1-68/09-0313 D o v g i č, P. Upravlenie bašennoj vodokačkoj. (Steuerung eines Wasserturms.) - Technika v sel'skom chozjajstve, Moskva 28 (1968) Nr. 5. S. 50-51. - 3 Zeichn.

Das Steuerungssystem kann automatisch oder von Hand über den Elektromotor der Wasserpumpe in Abhängigkeit vom Füllstand des Behälters geregelt werden. Es werden die einzelnen Regelungsbauelemente beschrieben. Durch Automatschalter wird eine Kurzschluß- und Überlastungssicherung gewährleistet. Das Steuerungssystem kann in Werkstätten von Genossenschaften und Staatsgütern hergestellt werden. U.Lindner. 9410da.

1-68/09-0314 H e n k e l, A. Einsatz von Tensiometern zur Beregnung im Feldgemüsebau. - Dtsch. Gärtnerpost 20 (1968) Nr. 28. S. 4. - 7 Diagr., 4 Tab. - nach Zus.

Vf. stellt fest, daß bei einem ordnungsgemäßen Einsatz von Tensiometern zur Bestimmung des Beregnungszeitpunktes im Feldgemüsebau der Arbeitszeitaufwand und die Verfahrenskosten relativ gering sind. Die Verwendung von Tensiometern ist wirtschaftlich, wenn es gelingt, den Einsatz der Beregnung nach dem für die einzelnen Gemüsearten optimalen Feuchtigkeitsgehalt im Boden zu steuern. Es wird dadurch ermöglicht, neben einer Verringerung der Regengaben die Erträge gegenüber einem visuellen Beregnungseinsatz bei gleichzeitiger Verbesserung der Qualität zu steigern. 9410db.

1-68/09-0315 L o e w e l, E.L. Polderung, Dränung und Bodenbearbeitung als Grundlage für wirtschaftliche Obstkulturen. - Mitt. Obstbauversuchsringes Alten Landes 23 (1968) Nr. 4. S. 128-140. - 24 Abb.

Das Verfüllen der Wassergräben wird als wichtigste Voraussetzung für die Modernisierung und Intensivierung des Obstbaus im Alten Land angesehen. Deshalb muß eine Polderung und Dränung durchgeführt werden. Am Beispiel des Betriebes Esteburg werden die durchgeführten Maßnahmen und die gesammelten Erfahrungen erläutert. Die wichtigsten Schritte waren: Ausbau eines Vorfluters mit Pumpwerk, Entwässerung der Gräben über Laufgräben in den Vorfluter, Verfüllen der Gräben, Verlegen der Rohre für Sammler und Sauger. Als unbedingt notwendig erwies sich eine völlige Entwässerung der Gräben vor dem Verfüllen und gutes Planieren nach dem Absetzen des Füllmaterials. Zweckmäßig sind Kontrollschächte am Übergang vom Sauger zum Sammler und über flexible Rohre oberirdischer Zugang zum Brechpunkt des Saugers. Abschließend wird die Bodenvorbereitung für die Pflanzung beschrieben.
G.Schönberg/Pillnitz. 9410c.

1-68/09-0316 B o c k s t e d t e, W. Die technische Ausrüstung zur Druckwasser-Dränagereinigung. - Mitt. Obstbauversuchsringes Alten Landes 23 (1968) Nr. 4. S. 154-158. - 3 Abb., 1 Skizze, 1 Tab.

Bei der Reinigung von Dränagerohren unterscheidet man die einfache Spülung und die Druckwasserspülung. Die benötigten Geräte und die zu erwartenden Erfolge werden erwähnt und auf Fragen der Druckwasserspülung näher eingegangen. Dabei wird ein mit einem Düsenkopf versehener Schlauch durch die Rückstoßwirkung des aus den Düsenöffnungen auf die inneren Rohrwandungen gespritzten Wassers in den Rohren vorangetrieben. Die Frontbohrung im Düsenkopf dient der Beseitigung von Verstopfungen des Rohres. Bei Probespülungen benötigte der Düsenkopf zum Durchlaufen eines etwa 100 m langen, wenig verschmutzten Kunststoffrohres 1,5 Min. bei starker Verschmutzung fast 10 Min. Eine Tab. gibt für 2 Düsenköpfe Auskunft über den an der Pumpe eingestellten Druck, den Austrittsdruck am Düsenkopf und den Wasserverbrauch. Praktische Hinweise werden gegeben.

G.Schönberg/Pillnitz. 9410e.

1-68/09-0317 W e i s s e n b o r n, K. Dränspülung im niederelbischen Obstbau. - Mitt. Obstbauversuchsringes Alten Landes 23 (1968) Nr. 4. S. 141-143. - 2 Abb.

Die Dränung im Marschobstbau bietet in bezug auf die Anlage sowohl Vorteile als auch Nachteile gegenüber landwirtschaftlich genutzten Böden. Schon bei der Anlage sollten die Vorteile für die Erleichterung der späteren Kontrolle und Reinigung berücksichtigt werden. Als wesentlich wird der leichte Zugang der Sauger sowohl vom Brechpunkt als auch vom Sammler her bezeichnet. Auf die techn. Möglichkeiten wird näher eingegangen. Abschließend werden 4 Dränspülverfahren beschrieben: Einsatz großer Spezialgeräte, Druckschlauch mit Düsenkopf und Haspel unter Verwendung einer im Obstbau vorhandenen Pumpe, Eigenbau mit Düsenkopf und Hartkunststoffschlauch, Spülung mit Schwefeldioxid. G.Schönberg/Pillnitz. 9410c.

1-68/09-0318 F r o l o v, V. und O g n e v, K. Stanok IG-9M dlja izgotovlenija torfo-peregnojnych goršočkov. (Die Presse "IG-9M" zur Anfertigung von Erdtöpfen aus Torf und Humus.) - Technika v sel'skom chozjajstve, Moskva 28 (1968) Nr. 4. S. 49-50. - 1 Abb., 2 Tab.

Die in Leningrad gebaute Presse "IG-9M" formt Erdtöpfe aus Humus und Torf mit den Abmessungen 60 x 60 x 60 mm oder 80 x 80 x 80 mm. Die rahmenlose Konstruktion besteht aus: Dosiereinrichtung, Schnecke, Preßkammer mit Rotor, Fördereinrichtung, Übertragungssystem und Elektroanlage. Die Arbeitsweise der Presse wird beschrieben. Torf, Humus, Mineraldünger (Menge je nach Gemüseart) werden in der Dosiereinrichtung gut vermischt, auf eine Feuchtigkeit von 60...75 % gebracht und der Preßkammer zugeführt. Die Presse wird von 3 AK bedient. Pro h können 9000 Erdtöpfe 60 x 60 x 60 mm oder 5000 80-x-80-x-80-mm-Töpfe gefertigt werden. Die Maschine wiegt 800 kp. Sie benötigt eine Antriebsleistung von 4,5 kWh. 1967 wurden 400 Maschinen hergestellt und erprobt, 1968 werden weitere 600 Erdtopfpressen gebaut.

G.Dimitroff. 9430d.

1-68/09-0319 Š a b l i o v s k i j, A. und G r i ń, A. Gidrobur dlja posadki ovoščej na pojme. (Wasserbohrer für Gemüsesetzlinge auf Aueböden.) - Technika v sel'skom chozjajstve, Moskva 28 (1968) Nr. 5. S. 26-28. - 3 Zeichn.

In dem Staatsgut "Bučanskuj" wurde ein 8reihiger Wasserbohrer für das Bohren von Pflanzlöchern mit gleichzeitiger Wasserzuführung in die Löcher entwickelt (er kann auch 3- oder 4-reihig gebaut werden). Bei der tiefsten Stellung des Bohrers wird ein Ventil für den Wasserzustrom geöffnet, das sich beim Hochgehen des Bohrers wieder schließt. Die Pflanzer gehen hinter dem Aggregat, legen die Pflanzen in die Löcher ein und drücken die Erde von Hand an. Die Konstruktion des Bohrers ist im Detail beschrieben. Die Leistung des Aggregats betrug in 7 Stunden 2,5...3 ha (bei 18 AK für das Pflanzen). U.Lindner. 9435e.

1-68/09-0320 N e u r u r e r, Hans. Zeitgemäße Unkrautbekämpfung im Gartenbau. - Pflanzenarzt, Wien 21 (1968) Nr. 4. S. 51-58. - 1 Abb., 18 Tab.
Unkrautbekämpfungsmittel können gespritzt, gesprüht oder gestreut werden. Wichtig ist, daß die vorgegebene Dosierung (Mittelaufwand kg/ha) eingehalten wird. Abdrift durch Wind muß vermieden werden. Diese Forderung erfüllen beim Spritzen die Flachstrahldüsen besser als Kegelstrahldüsen. Die Ausbringung herbizider Mikrogranulate befindet sich noch im Versuchsstadium.
A.Jeske. 9440k.

1-68/09-0321 P a n i n, V.K. Mechanizacija vnesenija gerbicidov na vinogradnikach. (Mechanisierung der Ausbringung von Herbiziden im Weinbau.) - Zaščita rastenij, Moskva 13 (1968) Nr. 6. S. 21. - 1 Abb.
Zu dem Spritzgerät "ONK-B" wurde eine Vorrichtung konstruiert, mit deren Hilfe eine Band- wie auch Ganzflächenbehandlung von Rebanlagen ermöglicht wird. Sie besteht im wesentlichen darin, daß an einem Hilfsrahmen 2 Doppeldüsen angebracht werden, die durch ein Gummizwischenstück beweglich sind. Eine Doppeldüse dient bei der Bandspritzung der Behandlung einer Reihe. Ihre Einstellung erfolgt im Winkel von 30...40° zur Senkrechten. Bei einer Abspritzhöhe von 30...35 cm wird eine Bandbreite von 80...100 cm erreicht. Die Verteilung ist gleichmäßig. I.Giesecke. 9440k.

1-68/09-0322 S t a n n e k, G. und W a l t e r, E. Produktionsverfahren des Gemüsebohnenanbaus. - Dtsch. Gärtnerpost 20 (1968) Beil. S. 1-16.
Nach den bisherigen Produktionsverfahren für den Gemüsebohnenanbau war der Arbeitszeitaufwand mit 1035 AKh/ha bei einem Ertrag von 70 dt/ha sehr hoch. Es wird ein neues Produktionsverfahren mit allen Arbeitsabschnitten im Detail behandelt. Es zeigte sich, daß sich der Arbeitszeitaufwand bei gleicher Ertragshöhe durch den Einsatz von Maschinen mit großen Arbeitsbreiten bei der Bodenbearbeitung, Düngung, Saatbettvorbereitung und Bestellung sowie durch die Anwendung neuer Pflegemaßnahmen und den Einsatz von Erntemaschinen auf etwa 53...60 AKh/ha senken läßt. Die Verfahrenskosten betragen zwischen 875,- und 900,- M/ha. Der Aufwand steigt für die Erntearbeit bei Ertragssteigerungen um 2,5 AKh und 13,7 M/10 dt. Je dt Erntegut nimmt der Aufwand jedoch ab, so daß durch Ertragssteigerungen die Arbeitsproduktivität gesteigert wird. G.Banholzer. 9445b.

1-68/09-0323 B a n h o l z e r, G. Produktionsverfahren des Blumenkohlanbaus - Technologische Musterkarten. - Dtsch. Gärtnerpost 20 (1968) Nr. 22. Beil. S. 1-12; Nr. 29. Beil. S. 1-14.
Unter den derzeitigen Bedingungen können Arbeitszeitaufwand und Verfahrenskosten bei Blumenkohl durch rationelle Gestaltung aller Arbeitsabschnitte auf folgende Werte gesenkt werden: Frühanbau: 737 AKh/ha - 5635,- M/ha;

Sommeranbau: 422 AKh/ha - 3089,- M/ha; Herbstanbau: 273 AKh/ha - 1444,- M/ha. Die einzelnen Arbeitsgänge werden dabei detailliert aufgezeigt und in Tab. zusammengestellt. R.Sahrmüller/Großbeeren. 9445b.

1-68/09-0324 B e r l a g e, Arnold G. und G i l b e r t, E. Yost. Tree walls for the tree fruit industry. (Baumspaliere für die Baumfruchtindustrie.) - Agric. Engng. 49 (1968) Nr. 4. S. 198-201. - 4 Abb., 1 Skizze 2 Tab.

Baumspaliere bei Kernobstkulturen bieten wesentlich bessere Voraussetzungen für eine kontinuierliche Durchführung der Pflege- und Erntearbeiten mit mech. Mitteln, als die bisher übliche Pflanzweise. Reihenentfernungen von 14 ft. (4,2 m) mit Baumabständen von 7 ft. (2,1 m) lassen nicht nur den Einsatz motorisierter Spezialgeräte für Ernte und Schnitt zu, sondern ergeben auch höhere Erträge, bessere Qualitäten und frühere und gleichmäßigere Reife der Früchte. Es wird eine auf Raupen fahrende Maschine beschrieben, die mit 4 AK besetzt ist und 2 Reihen kontinuierlich bearbeitet, wobei das Pflücken von Hand erfolgt. Mit Schaumgummi belegte Förderbänder bringen die Früchte in Paletten, die nach Füllung auf dem Erdboden abgestellt werden. Gegenüber konventionellen Arbeitsverfahren ergibt sich eine Zeiteinsparung von 26 %. - Die Maschine wird beschrieben und in Abb. gezeigt. W.Horn/Bornim. 9445d.

1-68/09-0325 B r e n k, G.J. van. Mechanisch snoeien. (Maschinelles Schneiden.) - Fruitteelt 58 (1968) Nr. 20. S. 707. - 1 Abb.

Praktische Erfahrungen sprechen zugunsten des Einsatzes hydraulischer Schnittwerkzeuge bei der Kronengestaltung von Kernobst. Mit 2 AK wurden durchschnittl. 15 Bäume in 30 Min. geschnitten. Durch den Einsatz hydraulischer Schnittwerkzeuge konnte in der Schnittperiode 1 AK eingespart werden. Bisher waren 3 AK zur Realisierung des Winterschnittes erforderlich. Die Anschaffungskosten liegen bei 2.500...4.000 f. Da beim pneumatischen Schnitt vorrangig stärkere Äste entfernt werden gegenüber Rückschnitt einjähriger Triebe bei Scherenschnitt, ergeben sich neue Aspekte bei der Kronengestaltung und dem Fruchtausdünnen. W.Blasse. 9445d.

1-68/09-0326 D u m a j, L.B. Povyšenie ėffektivnosti raboty raskryvočnogo prisposoblenija PRVN-74000. (Verbesserung der Arbeit der Vorrichtung "PRVN-74000" zum Freilegen abgedeckter Rebstockreihen.) - Sadovodstvo, vinogradarstvo i vinodelie Moldavii, Kišinev 23 (1968) Nr. 4. S. 47-49. - 2 Diagr., 3 Schemata.

Die Vorrichtung besteht aus einer mit einer bestimmten Neigung an die Maschine "Vinogradar PRVN-2,5A" drehbar angebauten Scheibe, die in die Erdwälle eingeführt wird, mit denen die Rebstöcke im Winter bedeckt sind. Durch die Vorrichtung wird die Arbeitsproduktivität beim Freilegen der Rebstockreihen um 45...50 % erhöht. Vf. berichtet über Versuche zum Ermitteln der günstigsten Quer- und Längsneigung der Scheibe und der zweckmäßigsten Form eines über der Scheibe befindlichen Erdabstreifers. Die Abhängigkeit der prozentualen Menge des abgetragenen Bodens von den Neigungswinkeln und der Fahrgeschwindigkeit wird in Diagr. dargestellt. W.Balkin. 9445e.

1-68/09-0327 C h r i s t e n s e n, L.P., K a s i m a t i s, A.N., B u r l i n g a m e, B.B. und L u v i s i, D.A. A study of pneumatic pruning in vineyards... and comparisons with hand pruning costs. (Eine Studie über den pneumatischen Schnitt in Rebanlagen... und Gegenüberstellung zu den Kosten bei Schnitt von Hand.) - Calif. Agric. 21 (1967) Nr. 5. S. 8-10. - 4 Abb., 1 Schema, 1 Tab.

In einem Großversuch in verschiedenen Betrieben auf einer Gesamtrebanbaufläche von 3.600 acres (ca. 1450 ha) wurden bei verschiedenen Sorten pneumatische Schnittgeräte eingesetzt und kostenmäßig dem herkömmlichen Handschnitt gegenübergestellt. Die pneumatischen Schnittgeräte waren als Aufbaugeräte zu Traktoren konstruiert und mit seitlichen Auslegern zur Führung des Druckluftschlauches ausgerüstet. Auch Spezial-Schnittmaschinen wurden eingesetzt. Je Aggregat wurden 6...12 AK für den Schnitt benötigt. Die Kostenanalyse ergab in 8 von 9 Betrieben Kostensenkungen durch Einsatz pneumatisch arbeitender Schnittwerkzeuge, wobei alle kostenwirksam werdenden Positionen Berücksichtigung fanden. Die Kostensenkung betrug durchschnittl. 15 %. Der Schnittarbeitsaufwand wurde um 30 % gegenüber Handarbeit gesenkt.
W.Blasse. 9445e.

1-68/09-0328 M e h n e r, St., P e t e r m a n n, I. und Z i m m e r m a n n, E. Richtwerte für die Kalkulation von Verfahrenskosten bei Arbeiten im Hopfenbau. - Hopfenbau 10 (1968) Nr. 2. S. 1-15. - 11 Tab., 3 Lit.

Die Umstellung der Hopfenanlagen auf 3 m Reihenabstand erforderte eine Überarbeitung der Richtwerte für die Verfahrenskosten. Die Kosten für die lebendige Arbeit wurden differenziert nach den Arbeitsarten festgelegt. Die Traktorenkosten wurden vom "RT 315" bzw. "GT 24" zugrunde gelegt, da mit ihnen alle Arbeiten ausgeführt werden können. Geordnet nach Produktionsabschnitten wurden die Kosten für die Maschinen und Geräte ausgewiesen. Die Summe dieser kalkulierten Kosten bilden die Verfahrenskosten, die in M/ha, M/h oder M/dt Trockenhopfen angegeben werden. A.Jeske. 9445h.

I. FRÜHBEETE UND GEWÄCHSHÄUSER

1-68/09-0329 L a n d g r e n, Bengt. Växthusbygge- tradition och förnyelse. (Gewächshausbau - Tradition und Neuerungen.) - Jord, Gröda, Djur, Stockholm 24 (1968) S. 172-190. - 11 Abb., 1 Tab.

Die Standardmaße im schwedischen Gewächshausbau lehnen sich an die dänischen an: Breite 8 m, 12 m, 12 m im Block, 16 und 20 m, Glas 900 x 700 x 4 mm, Fundament 70...80 cm tief, 25 cm dick (Frostrisiko). Statische Normen sind angegeben. Sprossen werden immer häufiger aus Aluminium gefertigt. Als Ersatz für Glas versuchte man Folie oder Plastplatten anzuwenden. Folie ist noch wenig beständig; Häuser mit Folienbedeckung sind "Saisonhäuser". Der Wärmeverbrauch während der Nacht liegt in Folienhäusern 12...13 % höher als unter Glas. Platten aus Plast: Akryl, sehr beständig und lichtdurchlässig, aber teuer, PVC und Polyester, auch teurer als Glas. Glasfaserverstärktes Polyester kann ohne tragende Elemente angewendet werden. Es werden fertige Bogen, 70...80 cm breit und mit Spannweiten von 3...8 m geliefert und vom Gärtner an Ort und Stelle in beliebiger Länge montiert. Die Giebel bestehen aus Plastplatten und Stahlgerüst. In der DDR wurden Gewächshäuser mit Breiten von 12 und 18 m konstruiert. Montagekosten liegen 50 % niedriger als bei Glashäusern. Vf. geht auf Vor- und Nachteile des Turmgewächshauses ein. W.Warwel. 9510b.

1-68/09-0330 P r i š č e p, L. und M e d v e d e v, A. Dosvečivanie rassady ustanovkami na povyšennoj častote. (Zusätzliche Beleuchtung von Jungpflanzen durch Hochfrequenzanlagen.) - Technika v sel'skom chozjajstve, Moskva 28 (1968) Nr. 5. S. 48-50. - 3 Abb., 2 Tab.

Bei Verwendung von HF-Anlagen zur Speisung von Leuchtstoff- oder Quecksilberdampflampen zur Zusatzbelichtung von Jungpflanzen in Gewächshäusern erhöht sich die Lichtintensität um 10...15 % und die Lebensdauer der Anlagen um 20...30 %. Als HF-Quelle wird der Wandler "PV-50-2500", dessen Frequenz bei Nennlast gleich 2650 Hz ist, verwendet. Es wird ein Vergleich zwischen den Lichtquellen "LB-80" und "DRL-500" in Form von Tab. angestellt. Ebenfalls werden Gewichtsvergleiche vorgenommen. U.Lindner. 9535.

1-68/09-0331 E l f e n b e i n, Kurt. Probleme der Heizöllagerung. - Gartenwelt 68 (1968) Nr. 6. S. 131-133. - 4 Abb.

Die Korrosion von Stahltanks und die Gefahr, daß Heizöl ausläuft, ist ein Problem, das dringend gelöst werden muß. Der Schaden, den 1 l Öl verursacht, beträgt ca. 20 DM. Das Ausmaß der Korrosion ist weniger vom Alter der Tankanlage als vielmehr von der Tankbeschaffenheit und der Heizölqualität (Gehalt an Wasser, Sauerstoff, Chloriden) abhängig. Außerdem treten galvanische Ströme auf, die zur Zerstörung der Tankwandung beitragen. Korrosion an der Tankinnenwand überwiegt. In alle Tankarten lassen sich nachträglich Schutzeinrichtungen, als Beschichtungen oder Auskleidungen, einbauen. Die Beschichtung wird nach einer Sandstrahlbehandlung u.a. mit Polyester- und Polyurethan —Kunststoffen vorgenommen. Zur Innenauskleidung haben sich glasfaserverstärkte Polyesterplatten bewährt. Das Vakuum zwischen Stahl- und und Polyestertank wird mit einer Leckwarnanlage verbunden. Vorgefertigte Innenhüllen aus PVC-Material gewähren nicht so hohe Sicherheit wie Polyesterplatten-Auskleidungen. Die Tankaußenwand kann durch kathodische Korrosionsschutzanlagen gesichert werden. I.Grittner. 9545e.

K. GARTENBAU/ERNTE

1-68/09-0332 O ' B r i e n, Michael. Mechanically harvesting fruits and vegetables. (Maschinelles Ernten von Obst und Gemüse.) - Agric. Engng. 49 (1968) Nr. 2. S. 84-85.

Vf. gibt Auszüge über Berichte und Veröffentlichungen von einigen Forschern und Institutionen wieder, die folgende Themen betreffen: 1) Reduzierung der Beschädigungen; 2) Sortierung nach Größe, Aussehen sowie Reifegrad; 3) Ernte von Zitrusfrüchten mit einer Schüttelvorrichtung, bei der ein Arbeitsteam von 4 AK 12 Bäume/h abernten kann; 4) Möglichkeiten der Auswahl und Sortierung mit Strahlen; 5) Untersuchung von Schütteleinrichtungen hinsichtlich der zweckmäßigsten Hubgröße sowie der Frequenz; 6) Reduzierung der Verluste zwecks Erhöhung der Rentabilität; 7) Methode zur Vorherbestimmung der Wirtschaftlichkeit eines maschinellen Erntesystems; 8) mech. Tomatenernte und das Problem des einheitlichen Reifegrades; 9) Einfluß der Kronengestaltung (Struktur) eines Baumes auf die Beschädigungsrate des Obstes bei der Ernte; 10) Vergleich von maschinellem und manuellem Sortieren und Verpacken auf die Höhe der Beschädigungen. W.Bohrisch/Bornim. 9555a.

1-68/09-0333 B a n h o l z e r, G. Zu Problemen der Mechanisierung der Rosenkohlernte. - Dtsch. Gartenbau 15 (1968) Nr. 6. S. 159-162.
Das Mähen und Laden der Rosenkohlpflanzen kann z.T. (abhängig von der Bestandsentwicklung) durch den Mählader "E 062" erfolgen. Umbauten sind dazu an der Haspel und am Höhenförderband erforderlich. Gegenwärtig ist der neue Typ "E 062/2" zu empfehlen. Das Trennen der Rosen vom Strunk sollte durch die Rosenkohlfräse erfolgen. Die in der Praxis auftretenden Schwierigkeiten bei der Anwendung können durch geringe konstruktive Veränderungen beseitigt werden. Am günstigsten ist der komplexe Einsatz von 4 Rosenkohlfräsen und 6 AK. R.Sahrmüller/Großbeeren. 9560b.

1-68/09-0334 B e g g, C. Nearly five hundred acres is a lot of tomatoes. (Ein Tomatenfeld von nahezu 200 ha ergibt eine gewaltige Menge.) - Power Farming & Better Farming Digest, Sydney 77 (1968) Nr. 5. S. 17-27.
Die Gebr. McCarthy bewirtschaften eine australische Großfarm, auf der nur Tomaten angebaut werden, Pflanzen und Ernten erfolgen hier maschinell. Zum Ernten von ca. 110 ha werden 2 Tomatenerntemaschinen der Fa. Blackwelder eingesetzt, die während der Ernteperiode ununterbrochen im Einsatz sind. Die Aufnahmevorrichtung für die Früchte befindet sich an der Vorderseite der Maschine und besteht aus einer Gummisammelwalze, die mit Querrillen versehen ist. Daran schließt sich ein Transportband an, mit dem die Tomaten in den Sammelbehälter transportiert werden. Die maschinell gepflanzten Tomatenstauden haben Reihenabstände von 18 in. (ca. 45 cm), in der Reihe beträgt der Abstand 12 in. (ca. 30 cm). S.Lehmann/Bornim. 9560d.

1-68/09-0335 S t a n n e k, G. und W a l t e r, E. Erste Erfahrungen bei der maschinellen Ernte von Gemüsebohnen mit Bunkermaschinen. - Dtsch. Gartenbau 15 (1968) Nr. 6. S. 149-152.
Vff. beschreiben eine Gemüsebohnenerntemaschine mit Bunker. Das Fassungsvermögen des Bunkers liegt bei 500...600 kg. In Abhängigkeit vom Ertrag verändert sich die Länge der Fahrtstrecke bis zur notwendigen Entleerung des Bunkers. Bei der genannten Bunkermaschine schwankt die Länge der Fahrstrecke bei der Ernte zwischen 1200 m bei einem Ertrag von 100 dt/ha und 2400 m bei einem Ertrag von 50 dt/ha. Die Arbeitsnormen sind abhängig von der Fortschrittsgeschwindigkeit der Maschine bei der Erntearbeit sowie der Feldlänge. Bei einer Feldlänge von beispielsweise 500 m und einem Ertrag von 70 dt/ha und einer Fortschrittsgeschwindigkeit von 80 m/min beträgt die vorläufige Arbeitsnorm 0,11 ha/h oder 9,10 h/ha. Die Fortschrittsgeschwindigkeit ist vom Ertrag abhängig, sie schwankt in einem Bereich von 100 m/min bei ca. 40 dt/ha und 50 m/min bei ca. 110 dt/ha.
G.Banholzer/Großbeeren. 9560e.

1-68/09-0336 S c h a l n a t, H. und V ö l k s, B. Eine Lösung zur technischen Nachreife von Zwiebeln in der LPG "Thomas Münzer", Groß Börnecke. - Dtsch. Gartenbau 15 (1968) Nr. 6. S. 154-158.
Bei der Ernte und Aufbereitung von Dauerzwiebeln ist die Abstimmung der einzelnen Arbeitsgänge notwendig. Es handelt sich dabei um das Roden mit Schwadablage, die Aufnahme der vorgetrockneten Zwiebeln mit Verladung, die Beschickung der Belüftungsanlage zum Nachtrocknen und die anschließend folgende Aufbereitung mit der Putz- und Sortieranlage. Bei einer Tagesleistung von 1,5 ha bei der Ernte auf dem Feld ist mit 400 dt Rohware zu rechnen.

Es wird die Aufbereitungshalle im Detail beschrieben. Sie ist zweigeschossig. Mit einem Förderband werden die Zwiebeln durch Luken in die obere Etage gebracht und in einer Stapelhöhe von 1,5 m abgelegt und mit Warmluft nachgetrocknet. Nach dem Abtrocknen laufen die Zwiebeln über Förderbänder und einen Spiralförderer in die untere Etage zur Putz- und Sortiermaschine. Ferner werden Angaben zur Wärmemenge bei der Nachtrocknung, zur Technologie und Ökonomik der Aufbereitung gemacht. G.Banholzer/Großbeeren. 9560m.

1-68/09-0337 Markwardt, E.D., Rehkugler, G.E., Longhouse, H., Ryan, K., Throop, J., Steflik, J. Mechanical harvesting devolepments i. 1967. (Die maschinelle Ernteentwicklung 1967.) - New York State horticult. Soc., Proc. annu. Meeting 113 (1968) S. 75-127. - 3 Abb.

40 % der Sauerkirschen wurden 1967 im Staate New York maschinell geerntet. Über 100.000 bu. (3520 m^3) Kernobst wurden in New York, Pennsylvanien und Virginia ebenfalls maschinell geerntet. - Eine Entwicklungsrichtung bei der Erntemechanisierung hat zum Ziel, Maschinen und Geräte an die Obstgehölze heranzubringen, um durch Vibration die Ernte vorzunehmen. Eine andere Richtung besteht darin, den Menschen an die Frucht heranzubringen, die Fruchtlösung aber von Hand vorzunehmen. Es wurden verschiedene Arbeitsbühnen mit z.T. hydraulischen Hebesystemen entwickelt, um die Arbeitsleistung bei der Handernte zu erhöhen. Die Verwendung von derartigen fahrbaren Arbeitsbühnen setzt entspr. Veränderungen des Anbausystems voraus. Das gilt bes. für die Verwendung niedriger Baumformen und entspr. Kronengestaltung. - Zur maschinellen Aberntung wurden neue Aggregate entwickelt. Es handelt sich dabei 1) um eine fahrbare hydraulisch heb- und senkbare Tafel, die mit 1 m langen, gepolsterten Stäben ausgestattet ist. Durch Bewegen der Elemente werden die Früchte gelöst und fallen auf mit Verzögerungsbändern ausgestattete selbstfahrbare Auffangvorrichtungen. Dieses Aggregat ist bes. für die Aberntung von Einzelbäumen vorgesehen. 2) Um fruchttragende Obsthecken kontinuierlich abernten zu können, wurde ein Aggregat entwickelt, das mit 2 großen zylindrischen Trommeln ausgestattet ist. An diesen Trommeln befinden sich ca. 1 m lange gepolsterte Stäbe, die in die fruchttragende Zone eingeschoben werden. Durch schnelles Heben und Senken der Trommeln werden die Früchte gelöst und fallen in eine darunter befindliche Auffangvorrichtung. Mit diesem Aggregat kann durch langsames Entlangfahren an der fruchttragenden Wand der Erntebehang abgelöst werden. W.Blasse. 9570d.

1-68/09-0338 Rom, R.C. und Brown, S.A. Harvesting peaches mechanically. (Maschinelle Pfirsichernte.) - Arkansas Farm Res. 16 (1967) Nr. 5. S. 4. - 1 Abb., 1 Tab.

Die Produktion von Pfirsichen für die industrielle Verwertung beträgt in Arkansas jährlich ca. 1700 t. Den kleinflächigen Anbauverhältnissen in Hanglagen entsprechend, wurden leichte transportable Auffangvorrichtungen entwickelt und in Kombination mit tragbaren Vibratoren eingesetzt. Der Rohrrahmen der Auffangvorrichtungen ist mit einer Plastehaut bespannt, die mit einer Öffnung versehen ist, durch die die Früchte in Kisten abgefüllt werden. Ein weitmaschiger Holzrahmen stabilisiert den Rohrrahmen der Auffangvorrichtung. Ursachen von Fruchtbeschädigungen waren hauptsächlich im Aufprallen der Früchte auf den Rohrrahmen, Aufprallen von Frucht auf Frucht und durch Aufschlagen auf Äste begründet. Früchte, die von der Plane aufgefangen wurden, zeigten keine Beschädigungen. Als Versuchssorten dienten 'Baby Gold-7' und 'Dixon-l'. W.Blasse. 9570d.

1-68/09-0339 S t u d e r, Henry E. und O l m o, Harold P. Mechanically harvesting the Thompson seedless grape. (Maschinelle Ernte der samenlosen 'Thompson'-Weintrauben.) - Agric. Engng. 49 (1968) Nr. 2. S. 76-78.81. - 3 Abb.

Das maschinelle Ernten von Weintrauben setzt voraus, daß die Plantagen in bestimmter Weise und unter Verwendung von Spanndrähten angelegt werden. Diese Drähte haben die Aufgabe, die Trauben in bestimmter Richtung zu halten. Eine an den Traktor angebaute Erntevorrichtung fährt an diesem Draht entlang und verursacht durch eine Lageänderung des Spanndrahtes ein Abtrennen der Trauben von Pflanzen. Die Erntemaschine selbst besteht aus einem in Arbeitshöhe und -winkel hydraulisch verstellbaren Stößel zum Betätigen des Spanndrahtes, einer Sammeleinrichtung, einer Fördereinrichtung sowie einem Gebläse zum Trennen der Trauben von den Blättern. Der Stößel führt pro Min. bis zu 250 Hübe aus. Die Arbeitsgeschwindigkeit des Traktors mit angebauter Erntevorrichtung liegt bei 1,25 m.p.h. (2,0 km/h). Konstruktion und Arbeitsweise des Gerätes werden beschrieben.

W.Bohrisch/Bornim. 9575.

1-68/09-0340 C y c i v, M.V., D u š k i n, A.I., G e r v o l ' s k i j, M.M. und P o p o v, V.I. K voprosu uborki vinograda techničeskich sortov metodom vibracii. (Zur Frage der Kelterweinlese mit Vibration.) - Traktory i sel'chozmašiny, Moskva 1968 Nr. 4. S. 29-31. - 1 Tab., 2 Lit.

Reben können mechanisch durch Abschneiden, mittels eines Luftstromes oder durch Vibration beerntet werden. Vibration ist nur anwendbar, wenn die Trauben anschließend sofort gekeltert werden. Bei Untersuchungen des Vibrationsverfahrens wurde die Kraft bestimmt, die für das Trennen der Beeren von den Fruchtstengeln, der Fruchtstengel von den Traubenstielen und der Trauben von den Reben erforderlich ist, wobei die Richtung α der angreifenden Kraft geändert wurde. Vff. stellen in einem Diagr. die Abhängigkeit $P = f(\alpha)$ für mehrere Rebsorten dar und bringen in einer Tab. Daten über die mittlere Traubenlänge, das Traubengewicht und den Abstand zwischen Traubenschwerpunkt und Traubenfuß. Anschließend entwickeln sie einen Ausdruck für die zum Abtrennen der Trauben erforderliche Schwingungsfrequenz und finden $\omega_{min} = 40...43\ s^{-1}$. Für experimentelle Untersuchungen wurde ein Vibrator entwickelt, bei dem die Frequenz zwischen 100 und 700 min^{-1} und die Amplitude zwischen 50 und 200 mm geregelt werden konnten. Das Ablösen der Trauben wurde mit einer Zeitlupenkamera mit 700 Bildern/s aufgenommen. Aus einem Diagr. für die Vollständigkeit des Ablösens in Abhängigkeit von der Zeit bei verschiedenen Amplituden und $\omega = 45\ s^{-1}$ folgt, daß vollständiges Ablösen in 0,4 s erfolgen kann. Für Feldversuche wurde auf Grund der durchgeführten Untersuchungen eine Vibrationsvorrichtung entwickelt, die sich mit 1,8 km/h durch die Rebgassen bewegte. Der größte Teil der Trauben und Beeren fällt außerhalb des Rebstockbereichs zu Boden, ein Teil bleibt jedoch im Bereich des Rebstockes liegen, was die mech. Ernte erschwert. W.Balkin. 9575.

1-68/09-0341 K o l e v, K. und C a č e v, S. Prisposoblenija kŭm senokosačkite za kosene na mentata. (Zusatzvorrichtungen am Grasmäher zum Schnitt der Pfefferminze.) - Naučni trudove. Visš selskostopanski institut "Vasil Kolarov". Agronomičeski fakultet, Plovdiv 16 (1967) Nr. 1. S. 347-356. - 8 Abb., 2 Tab. Zus. in Russ., Dtsch. - nach Zus.

Zur beschleunigten und damit verlustloseren mech. Pfefferminzernte kann der Grasmäher auch bei der in Bulgarien üblichen Anbauweise auf Dämmen eingesetzt werden, wenn die von den Vff. vorgeschlagenen Zusatzvorrichtungen verwendet werden. Es handelt sich um Hebestangen zum Anheben der seitlich liegenden Stengel, um eine Haspel zur Aufnahme der Stengel, um Gleitschienen zur Höhenregulierung entsprechend der Dammhöhe und um einen Schwadformer, der das Erntegut entsprechend der Radspur der Maschine richtig ablegt. Die Bauteile wurden an den Grasmähern "KSH-2,1" und "KSP-2,1" erprobt. Bei Einsatz dieser Maschinen wird der Arbeitszeitaufwand von bisher 150...200 auf 8...15 Personentage/ha reduziert. Die Pfefferminzölverluste liegen bei der mech. Ernte unter 1 %. 9590.

L. GARTENBAU/ERNTE-AUFBEREITUNG UND -LAGERUNG

1-68/09-0342 R i m p l e r, R. und R i e g e r, W. Zwiebelputz- und Sortieranlage "B 902" des VEB Bodenbearbeitungsgeräte Leipzig - Prüfbericht Potsdam-Bornim. - DDR, DAL, Inst. Mechanisier. Landwirtsch., Potsdam-Bornim, Prüfber. Nr.403. Gr. Nr. 12 e. (1966) S. 1-12. - 1 Abb., 8 Tab.

Die Zwiebelputz- und Sortieranlage besteht aus folgenden Maschinen: Reinigungs- und Verlesesieb "B 903", Höhenförderer "B 906", Zwiebelputzmaschine "B 907", Sortiermaschine "B 908" und den Verlesebändern "B 909". Jedes Gerät wird von einem Getriebemotor über Rollenketten angetrieben. Die Steuerung der Anlage erfolgt von der Plattform der Putzmaschine aus über einen zentralen Schaltschrank. Das Reinigungs- und Verlesesieb hat eine Siebfläche von 400 x 840 mm. Der Höhenförderer arbeitet mit einer Fördergeschwindigkeit von 0,2 m/s. Die Putzmaschine verfügt über 10 Putzwalzen, deren Drehzahlen 250 U/min betragen. Abmessungen der Sortiermaschine: Länge 5150 mm, Breite 1550 mm, Höhe 1500 mm. Das Verleseband hat eine nutzbare Länge von 3020 mm und eine nutzbare Breite von 650 mm. Bei 12 eingesetzten AK wurde in der Durchführungszeit eine Leistung von 14 dt/h bei einem Aufwand von 0,86 AKh/dt erreicht. Prüfurteil: "geeignet". G.Müller/Bornim. 9610.

1-68/09-0343 B a r a n y a i, O. und M e r é n y i, K. Az almamanipulálás és tárolás főbb jellemzői. (Die wichtigsten Angaben über Apfelaufbereitung und Lagerung.) - Mezőgazdasági Gépészet és Építészet, Budapest 2 (1967) Nr. 3. S. 33-39. - Aus: Ung. Agrar-Rdsch. 1968 Nr. 2.

In den Obstbaubetrieben Ungarns werden zur Aufbereitung von Äpfeln 2 Kalibriermaschinen verwendet. Die Maschinenreihe "Hungaria-A" mit einer Leistung von 50...60 dt/h ist in vielen Betrieben ungenügend ausgenutzt. Die Kalibriermaschine der Reihe "Unifruct-Super" wird ergänzt durch Kistenentlader, Sortier- und Verleseeinheiten. Leistung der Maschinenreihe bei Pfirsichen 2,5 dt/h, bei Äpfeln 3 dt/h, bei Tomaten 3,5 dt/h. - Die Netzverpackung wird als einfachste Verpackungsart angesehen. Bei Verwendung von Fülltrichtern für Netzverpackung war die Produktivität ca. 30 % höher als bei einer Verpackung in Beuteltaschen. - Für das Jahr 1970 wird mit einem Apfelertrag von 73000 Waggon gerechnet. Da die Ernte nahezu gleichzeitig auch in anderen eur. Ländern erfolgt, ergibt sich in den Herbstmonaten ein niedriger Apfelpreis. Durch das Konstruktionsbüro "Agroterv" wurde der Plan eines Lagerhauses mit einem Fassungsvermögen von 400 Waggon entwickelt. Den Bau mehrerer Lagerhäuser, deren Einrichtung die ungar. Kühlmaschinenindustrie liefert, hat man bereits in Angriff genommen 9610.

1-68/09-0344 M a l e y, Wayne A. Steel bins for bulk handling systems. (Stahlbehälter für Handhabungssysteme.) - Agric. Engng. 49 (1968) Nr. 3. S. 144-145. - 2 Abb., 3 Zeichn.

In Untersuchungen bei der maschinellen Ernte von Tomaten haben sich Stahlbehälter in Form von Horden am besten bewährt. Sie sind 4 x 4 ft. (1,22 x 1,22 m) groß. Gegenüber den bisher üblichen Holzkisten wurden folgende Vorteile registriert: 1) eine bessere Sortiermöglichkeit auf der Erntemaschine; 2) Verteilung von 1 t Sammelkästen mit dem Verteilerfahrzeug, 3) die Kisten können ohne größere Beschädigungen auf den Boden abgeladen werden, 4) durch die Ausbildung des oberen Randes ist ein maschinelles Aufnehmen durch das Sammelfahrzeug leicht möglich; 5) auf dem Sammelplatz können Kisten bequem auf ein Transportfahrzeug umgeladen werden; 6) einfachere Entladung durch Fördereinrichtungen. Weitere Vorteile ergeben sich aus der größeren Stabilität, der längeren Lebensdauer sowie der größeren Korrosionsbeständigkeit gegenüber Chemikalien, die zur Bekämpfung von Schädlingen oder zur Konservierung der Früchte angewendet werden.

W.Bohrisch/Bornim. 9645.

1-68/09-0345 D u n k e l, Karl-Heinz. Gemüsesteigen. - Gemüse, Stuttgart-München 4 (1968) Nr. 5. S. 124-126. - 3 Abb., 1 Tab., 7 Lit.

Absatzuntersuchungen am Gemüse-Großmarkt in Westberlin ergaben, daß bes. Fruchtgemüse bei Verpackung in "Styropor"-Gemüsesteigen einen höheren Verkaufserlös erbringen als bei Verpackung in herkömmliche Holzsteigen. Die harmonische Farbkombination zwischen weißem Styropor und roten bzw. grünen Früchten wirkt sich positiv auf die Kauffreudigkeit der Kunden aus. Durch farblich gut abgestimmte Aufkleber mit Angaben über Herkunft und Qualität der Erzeugnisse konnte diese Tendenz noch verstärkt werden. Bei Blattgemüse wurde gleiches beobachtet, wenn die Styroporsteige als Verlustpackung eingesetzt wurde. Bei mehrfacher Verwendung wirkte sich der Verschmutzungsgrad absatzhemmend aus. H.-J.Herrmann. 9645.

1-68/09-0346 R i m p l e r, R. Universaltransportgerät "E 914/1" des Manhardt-Landmaschinenbau KG, Wutha - Prüfbericht Potsdam-Bornim. - DDR, Staatl. Komitee Landtechn. u. materiell-techn. Versorg. Landwirtsch., Zentr. Prüfstelle Landtechn. Potsdam-Bornim, Prüfber. Nr.420. Gr. Nr. 12 f. (1967) S. 1-7. - 1 Abb., 4 Tab.

Das Universaltransportgerät dient in Verbindung mit dem Geräteträger "GT 124" zum Ernten von Kopfkohl, Blumenkohl, Tomaten und Gurken. Das Gerät hat eine Arbeitsbreite von 7,50 m und besteht aus 3 Sammelkästen und Auslegern. Die Tragfähigkeit beträgt 0,8 t. Die Kohlköpfe werden von den Arbeitskräften geschnitten und in Sammelkästen gelegt. Die Entleerung erfolgt am Feldrand durch Hochkippen der Kästen. Mit dem Gerät wurde eine Flächenleistung in der Durchführungszeit bei einem Weißkohlertrag von 291 dt/ha von 0,10 ha/h erreicht. Die Aufwendungen betrugen hierbei 0,22 AKh/dt und 0,42 MPSh/dt. Prüfurteil: "geeignet". G.Müller/Bornim. 9645.

M. GARTENBAU/PFLANZENSCHUTZ

1-68/09-0347 H a r k e m a, J. Hoe bewaren wij onze bestrijdingsmiddelen? (Wie lagern wir unsere Bekämpfungsmittel?) - Fruitteelt 58 (1968) Nr. 23. S. 836. - 4 Abb.

Größerer Schaden entstand in einem Gartenbaubetrieb, als in einem Schrank gelagerte Bekämpfungsmittel in Brand gerieten. In der Nähe gelagerte Schilfmatten sorgten für eine schnelle Ausbreitung des Feuers. Die Ursache war ein Durcheinander in der Aufbewahrung, wobei auch die Verpackung nicht mehr einwandfrei war. Im einzelnen werden Hinweise gegeben, welche Vorsichtsmaßnahmen bei der Lagerung von Pflanzenschutzmitteln (unter Berücksichtigung der Mengen) einzuhalten sind. U.a. wird die Möglichkeit der Nutzung eines Motorrückensprühgerätes zur Raumbelüftung angedeutet.

A.Jeske. 9705a.

1-68/09-0348 W e g e n a a r, C. Nieuwe spuit voor de beddenteelt. (Neue Spritze für den Gartenbau.) - Fruitteelt 58 (1968) Nr. 23. S. 850-851. - 4 Abb.

Es handelt sich um eine 2000-l-Traktor-Anhängemaschine mit einem Ausleger von 24 m Arbeitsbreite. An der Vorderseite befindet sich eine Hochdruckpumpe mit 120 l/min Fördermenge, im Tank ein mech. Rührwerk. Mitten über dem Behälter ist ein Turm als Aufhängepunkt für den Ausleger aufgebaut. Die Arbeitshöhe des Auslegers kann vom Traktor aus hydraulisch im Bereich von 2,5...3,5 m Höhe verstellt und zum Wenden kann der Ausleger nach vorn eingeschwenkt werden. An der Unterseite des Auslegers sind die Düsen so angeordnet, daß sie z.T. nach vorn bzw. nach hinten spritzen. Für die Unkrautbekämpfung auf Baumstreifen werden zwischen den Reihen herabhängende Pendel mit je 3 Spritzdüsen angebracht. Bei entspr. Pflanzung der Obstanlage und geringer Baumhöhe wird für das Spritzen mit 170 l/ha Brüheaufwand bei 5...7facher n-Konzentration eine Stundenleistung von 5...6 ha angegeben.

A.Jeske. 9705b.

1-68/09-0349 B e c k e r, E. Motorbaumspritze "S 301/6" des VEB Bodenbearbeitungsgeräte Leipzig - Prüfbericht Potsdam-Bornim. - DDR, DAL, Inst. Mechanisier. Landwirtsch., Potsdam-Bornim Prüfber. Nr.447. Gr. Nr. 6 a. (1967) S. 1-11. - 1 Abb., 11 Tab.

Die Motorbaumspritze ist zum Spritzen im Obstbau und in Verbindung mit der Anbauschlauchtrommel im Weinbau, in Baumschulen und Gewächshäusern sowie in geschlossenen landwirtsch. Räumen einsetzbar. Der aus Stahlblech gefertigte und feuerverzinkte Brühebehälter mit dem mech. Propellerrührwerk, der Zweitakt-Vergasermotor mit Untersetzergetriebe und die Drillingspumpe sind auf einem Tragrahmen aufgebaut. Der Motor hat eine Leistung von 3,5 PS. Die Drillingspumpe arbeitet mit einem max. Betriebsdruck von 35 at und erreicht eine Fördermenge von 36 l/min. Beim Hochdruckspritzen mit Hochstrahlrohren wurde mit einer Düsenbohrung von 2,5 mm eine Reichweite von 12,0 m und eine Spritzhöhe von 11,0 m erreicht. In der Durchführungszeit wurde bei einer Aufwandmenge von 3000 l/ha eine Flächenleistung von 0,25 ha/h erzielt. Die Aufwendungen betragen hierbei 12,0 AKh/ha. Prüfurteil: "gut geeignet".

G.Müller/Bornim. 9705b.

1-68/09-0350 S c h u r i c h t, R. Technologische Probleme des Pflanzenschutzes. (V) Leistungsparameter und Antriebsleistungsbedarf von Pflanzenschutzmaschinen. - Obstbau, Berlin 8 (1968) Nr. 6. S. 93-94. - 2 Diagr.

Ob eine Pflanzenschutzmaschine bei günstiger Fahrgeschwindigkeit die gewünschte Arbeitsbreite und -höhe erreicht, hängt bes. vom Druck und der Förderleistung bzw. auch Luftleistung ab. Für Anlagen mit < 5 m Reihenabstand sind 90 l/min Förderleistung und 30000...35000 m^3/h Luftleistung ausreichend. Die Grenze des Leistungsbedarfes zapfwellengetriebener Pflanzenschutzmaschinen liegt entsprechend dem Mechanisierungssystem der DDR bei 25...30 PS. In 2 Diagr. wird der Antriebsleistungsbedarf für Kolbenpumpen - bezogen auf die Förderleistung in Abhängigkeit vom Druck bzw. für Ventilatoren in Abhängigkeit von Luftmenge und Anfangsluftgeschwindigkeit - dargestellt. Für den Einsatz in großflächigen Obstanlagen kommen die Pflanzenschutzmaschinen "S 032", "S 031" und "S 041" des VEB BBG Leipzig in Betracht. A.Jeske. 9705b.

1-68/09-0351 S c h u r i c h t, R. Technologische Probleme des Pflanzenschutzes. (VI) Leistungen und Kosten verschiedener Pflanzenschutzmaschinen bei unterschiedlichen Einsatzbedingungen. - Obstbau, Berlin 8 (1968) Nr. 7. S. 110-111. - 2 Abb., 1 Tab., 1 Lit.

Unterschiedliche Flächenleistungen bei Pflanzenschutzmaschinen beruhen auf Unterschieden in der Behältergröße, der Brüheaufwandmenge oder der Fahrgeschwindigkeit. In 2 Diagr. werden die Schichtleistungen für die Maschinen "S 032", "S 031" und "S 041" unter theoretisch angenommenen Bedingungen dargestellt (Schichtzeit 540 Min.; schichtbezogene Zeit wie Vorbereitungs- und Abschlußzeit 60 Min.; Füllzeit 8 Min./Behälter; Erholungszeitzuschlag 8 %; Schlaglänge 200 m; 4,5 m Reihenabstand; Einmannbedienung). Dabei wurde von 2 Behältergrößen und verschiedenen Entfernungen zur Füllstelle ausgegangen. Der Einfluß der Schlaglänge ist bei größeren Schlägen gering. Kostenmäßig erfolgt ein Vergleich zwischen "S 031" und "S 032".

A.Jeske. 9705b.

1-68/09-0352 M e j s a c h o v i č, Ja.A., G u š č i n, E.G., L a r j u c h i n a, G.G. und C v e t k o v a, A.G. Ekonomika maloob'emnogo opryskivanija sada. (Leistungssteigerung durch Behandlung mit niedrigen Aufwandmengen in Obstanlagen.) - Zaščita rastenij, Moskva 13 (1968) Nr. 6. S. 19-20. - 1 Tab.

Bei der Bekämpfung von Obstschädlingen ist eine Herabsetzung der Spritzbrühemenge auf 5 l bei 4...6 m hohen Bäumen möglich. Auch bei der Schorfbekämpfung wurden hiermit positive Ergebnisse erzielt. Hierfür geeignete Geräte sind das "OVT-1A" und das "OVS-A". Die damit erzielte Leistungssteigerung läßt sich durch zügig arbeitende Füllstationen noch erhöhen. - In Junganlagen geht allerdings ein Teil des Spritzmittels verloren (bis zu 70 %). In solchen Anlagen sollten deshalb Sprühgeräte eingesetzt werden, bei denen die Düse auf die Bäume gerichtet werden kann. • I.Giesecke. 9705b.

1-68/09-0353 C h a l i l o v, B.B. und S a m e d o v, I.I. Maloob'emnoe opryskivanie protiv plodožorki. (Obstmadenbekämpfung mit dem brühesparenden Sprühverfahren.) - Zaščita rastenij, Moskva 13 (1968) Nr. 6. S. 11-12. - 1 Tab.

Bei Versuchen zur Obstmadenbekämpfung mit Sevin (85 %iges Spritzpulver), bei denen die Maschine "OPV" in Verbindung mit dem Traktor "KD-35" zum Einsatz kam, erwies sich das Sprühen mit 500 l/ha Brühe als genauso wirksam

wie das Spritzen mit 1500 l/ha. Um ein Anwachsen des Milbenbesatzes zu verhindern, wird eine Kombination von Sevin mit Rogor oder Karbophos empfohlen.
I.Giesecke. 9705b.

1-68/09-0354 T e n C a t e, H.R. Spuitmachines voor aardbeien. (Spritzmaschinen für Erdbeeren.) - Fruitteelt 58 (1968) Nr. 23. S. 852-853. - 5 Abb.

Beim Spritzen muß mit scharfem Strahl gearbeitet werden, um die gewünschte Pflanzendurchdringung zu erzielen. Der Brüheaufwand ist dabei jedoch hoch. Zum Sprühen ist ein kräftiger Luftstrom erforderlich. Für Anlagen bis 0,5 ha ist ein Rückensprühgerät ein gutes Hilfsmittel. Dabei ist jede Reihe von 2 Seiten zu behandeln, wie das auch mit Großmaschinen zu handhaben ist. Fahrbare Maschinen werden mit verschiedenen Spezial-Spritzbalken ausgerüstet, wie z.B. 1) mit über Kreuz angebrachten, verstellbaren Strahlern; 2) mit horizontal abstrahlenden Düsen, die an Schleifbügeln befestigt sind, wodurch eine Anpassung an Bodenunebenheiten erreicht wird; 3) mit Einzeldüsen, von denen je 2 eine Reihe seitlich anstrahlen und 4) mit Spritzbügeln, an deren unteren Enden je 2 Düsen befestigt sind. A.Jeske. 9705b.

1-68/09-0355 A n o n y m. 1000 Hektar Rebfläche aus der Luft bekämpft. - Dtsch. Weinbau 23 (1968) Nr. 19. S. 694. - 3 Abb.

Im Rheingau behandeln 3 Hubschrauber 1000 ha Rebfläche gegen Krankheiten und Schädlinge. Gespritzt wird bis zur 1. oder 2. Nachblütebehandlung. Dann ist die Laubwand zu dicht, um die Bekämpfung weiterhin aus der Luft vornehmen zu können. Die max. Arbeitsleistung beträgt 100...110 ha/Tag für einen Hubschrauber. Gearbeitet wird mit 150 l/ha Spritzbrühe und etwa 10fach erhöhter n-Konzentration. Die Kosten für eine Behandlung belaufen sich auf ca. 72,- DM (einschl. Mittel ca. 120,-...160,- DM).
A.Jeske. 9705b.

1-68/09-0356 B e c k e r, E. Schwefelverdampfer der Fa. Helmut Behrend KG, Berlin-Buchholz - Prüfbericht Potsdam-Bornim. - DDR, DAL, Inst. Mechanisier. d. Landwirtsch. Potsdam-Bornim, Prüfber. Nr.428. Gr. Nr. 6 f. (1966) S. 1-5. - 2 Abb., 1 Tab.

Der Schwefelverdampfer dient in Gewächshäusern zur Bekämpfung von Mehltau an Rosen, Gurken u.a. Der Verdampfer besteht aus einem Aluminiumtopf mit einem Aufhängebügel am Oberteil und einem Kabelanschluß am Unterteil des Gerätes. Im Aluminiumtopf befindet sich ein Metallbehälter, auf dessen Boden ein spiralförmig angeordnetes Al-Band von 10 mm Höhe eingelegt ist, das zur gleichmäßigen Erwärmung und Verteilung des flüssigen Schwefels dient. Damit der Schwefeldampf sich gleichmäßig im Raum verteilt, muß die Mindestaufhängehöhe 2 m betragen. Die Leistung des Gerätes ist ausreichend für eine Hausfläche von 100 m^2 bzw. einen Rauminhalt des Gewächshauses von 200 m^3. Eine Behälterfüllung von max. 75 g reicht für eine Betriebszeit von max. 5 Tagen aus. Prüfurteil: "gut geeignet". G.Müller/Bornim. 9705b.

1-68/09-0357 J e s k e, A. Rationelle Schädlingsbekämpfung im Hopfen. - Hopfenbau 10 (1968) Nr. 1. S. 6-7.

In 3-m-Anlagen sind die Pflanzenschutzmaschinen "S 293/5", "S 032", "S 031" und "S 041" einsetzbar. Beim Sprühen mit 1000 l/ha werden Leistungen von 1,35...1,5 ha/h, beim Spritzen mit 2500...3000 l/ha von 0,4 bis

0,6 ha/h erreicht. Beim Ausbringen von Gießmitteln wird bei manueller Arbeitsweise mit 0,3...0,35 ha/h gegenüber dem halbmechanisierten Gießen mit 0,2 ha/h eine höhere Leistung erzielt; trotzdem ist der AKh-Aufwand je ha durch die Teilmechanisierung geringer. A.Jeske. 9705b.

1-68/09-0358 B e c k e r, E. Eimerspritze "Rekord 60" der Metallwaren-Fabrik A. Kreher und Fleischer, Lichtenberg/Erzgebirge - Prüfbericht Potsdam-Bornim. - DDR, DAL, Inst. Mechanisier. d. Landwirtsch. Potsdam-Bornim, Prüfber. Nr.443. Gr. Nr. 6 a. (1966) S. 1-7. - 1 Abb., 3 Tab.
Die Eimerspritze ist für den Pflanzenschutz auf Kleinflächen im Obst- und Gartenbau einsetzbar. Als Pumpe dient eine Stufenkolbenpumpe, die druckseitig bei jeder Bewegungsrichtung der Kolbenstange Brühe fördert mit einer max. Mengenleistung von 4 l/min. Alle Teile der Pumpe sind aus Plastwerkstoff hergestellt. Zum Druckausgleich ist die Pumpe mit einem Windkessel ausgerüstet, an dem die Schlauchleitung mit der Universaldüse befestigt ist. Die Eimerspritze arbeitet mit einem Betriebsdruck von 3 kp/cm^2. Mit einem Dmr. der Düsenbohrung von 1,5 mm hat die Eimerspritze eine Reichweite von 6,0 m und erreichte Arbeitshöhen bis zu 4,5 m. Bei einem Betriebsdruck von 2,7 kp/cm^2 betrug die Ausbringmenge 1,62 l/min mit einer Düsenbohrung von 1,5 mm. Prüfurteil: "geeignet". G.Müller/Bornim. 9705b.

1-68/09-0359 W e g e n a a r, C. Bespuiten van windhagen. (Behandeln von Windschutzstreifen.) - Fruitteelt 58 (1968) Nr. 23. S. 837. - 2 Abb.
Die Schädlingsbekämpfung an Windschutzstreifen erlangt mehr und mehr Bedeutung. Hierfür werden i. allg. die für den Obstbau vorhandenen Sprühmaschinen genutzt. Bei geteiltem, verstellbarem Sprühkranz erfolgt die Einstellung so, daß ein Teil der Düsen nur die obere Baumkrone und die andere Hälfte der Düsen die untere und obere Baumkrone behandelt. Werden Maschinen mit Axiallüfter und geschlossenem Sprühkranz verwendet, so werden Luftleitklappen angebracht, so daß sämtliche Luft nach oben gerichtet ausgeblasen wird. Dementsprechend werden die unteren Düsen geschlossen. Auch durch Spritzen mit hohem Druck (30...40 at) und großen Düsen (3...4 mm Dmr.) ist eine große Arbeitshöhe zu erreichen. Damit eine möglichst große Höhe erreicht wird, soll die Behandlung aus einigen Metern Abstand von den Bäumen bei windruhigem Wetter erfolgen. Der Arbeitsdruck und die Brüheaufwandmenge haben keinen Einfluß auf die Höhenleistung. Die Bäume sind möglichst von 2 Seiten zu behandeln. A.Jeske. 9705b.

O. GARTENBAU/AUSSTELLUNGEN, TAGUNGEN, VORFÜHRUNGEN, REISEN, ÜBERSICHTEN

1-68/09-0360 A n o n y m. Internationale Landwirtschaftsschau in München. - Schweiz. Garten 1968 Nr. 1/2. S. 10-11.18-19. - 10 Abb.
Von den für den Gartenbau interessanten Geräten wird ein radangetriebener Sichelrasenmäher von Wolf hervorgehoben. Der Radantrieb arbeitet unabhängig vom Messer und läßt sich ausschalten und jedes Antriebsrad unabhängig kuppeln. Ein 3-PS-Motor, Windkanal und 45 cm Schnittbreite kennzeichnen das Gerät. Ein 3-PS-Benzinmotor-Rasenmäher von Solo läuft durch überdimensionierten Auspuff sehr leise. Der Arbeitsblock des Gutbrod-"Gartenboy" kann ohne Werkzeug mit den verschiedensten Arbeitsgeräten gekoppelt werden. Der "Gartenboy" ist verwendbar zur Bodenbearbeitung, zum Rasenmähen, Schnee-

räumen und Sauberhalten der Wege. Durch ein großes Führungsrad ist der "AS-Allmäher" sehr wendig. Für Rohrleitungen wird auf Lupolenrohre verwiesen; sie sind leichter als Wasser, in Längen von mehreren 100 Metern erhältlich, flexibel, frost- und bruchsicher. E.Haenchen. 9805.

1-68/09-0361 O ' D a n i e l. Verona 1968. - Rhein. Mschr. Gemüse, Obst, Schnittblumen 56 (1968) Nr. 5. S. 178. - 6 Abb.

Auf der 70. internat. Landwirtschaftsmesse in Verona wurden techn. Neuentwicklungen für den Gartenbau gezeigt, die eine Rationalisierung des Produktionsmitteleinsatzes ermöglichen. Eine auf der Deichsel von traktorgezogenen Pflanzenschutzgeräten fest montierte Pumpe mit neuartiger Gelenkkonstruktion garantiert die volle Funktionstüchtigkeit der Geräte bei kleinstem Vorgewende, da eine Zapfwellenverlagerung unmöglich ist. - Ein als Kleinstfahrzeug ausgestattetes Pflanzenschutzgerät der Fa. Tifone bietet dem Fahrer während des Spritzens Sicherheit und ermöglicht ein rasches Umsetzen des Gerätes. Es ist bes. für den genossenschaftl. Einsatz geeignet. Ebenfalls von der Fa. Tifone wurde eine selbstfahrbare, sehr bewegliche Pflückbühne für hohe Baumformen vorgestellt. - Ein neuartiges Stapelgerät der Fa. Perkins ermöglicht den Transport von Kisten und Steinen ohne Paletten. Die hydraulischen Hubgabeln sind mit Preßbacken ausgerüstet. - Die Verpackungsindustrie zeigte vielfältige neue Materialien und Formen zur Herstellung von Verlustpackungen, so z.B. "Nespack"-Behälter. - Das Schwergewicht der Entwicklung der Landtechnik wird nicht in der weiteren Rationalisierung vorhandener Konstruktionen, sondern in der Großflächenmechanisierung sowie in der Entwicklung neuartiger Arbeitsverfahren gesehen. Eine vollmechanische Traubenerntemaschine wurde entwickelt, bei der ein Schermesser die nach unten hängenden Trauben abschneidet und sie an eine mitlaufende Kelter abgibt. Voraussetzung für den Einsatz ist eine neue Erziehungsform der Reben. H.-J.Herrmann. 9805.

1-68/09-0362 A n o n y m. 5. Schweizerische Maschinen-, Geräte- und Bedarfsartikelschau für den Garten- und Obstbau in Oeschberg-Koppingen BE. - Schweiz. Garten 1968 Nr. 1/2. S. 15.17-18. - 3 Abb. 9805.

1-68/09-0363 A n o n y m. Technische Besonderheiten beim 10. Hohenheimer Gartenbautag. - Erwerbsgärtner, Stuttgart 22 (1968) Nr. 21. S. 1028-1031. - 13 Abb.

Breiten Raum nahmen verschiedene Typen von Foliengewächshäusern bzw. Folienleichtbauhallen mit teils neuartiger Konstruktionsweise und Spannweiten von 4,50...12,50 m ein. Teilweise sind die Häuser mit automatischen zentralen Lüftungsanlagen ausgerüstet, die bis zu 70 m Hauslänge funktionssicher arbeiten. - "Peveclair", ein neuartiges Kunststoffmaterial zur Abdeckung von Gewächshäusern, wird in 1,5 mm starken, gebogenen Wellplatten gehandelt. Es hat eine über mehrere Jahre beständige Lichtdurchlässigkeit wie Normalglas. - Zur Transportmechanisierung im Gewächshaus wurden Lifttypen und ein "Schnittblumenschiff" entwickelt, das mehretagig auch Pflanzen und Kisten befördern kann. - Ein neuartiges Pumpwerk mit einer Stundenleistung von 15 m^3 bei einer Förderhöhe von 40 m zeigte die Fa. Perrot. - Unter zahlreichen Zusatzgeräten und -maschinen für Kleintraktoren fand eine Ladeschaufel mit 2 m Arbeitsbreite und 450 l Fassungsvermögen sowie ein

Tieflöffel mit einer Arbeitstiefe bis zu 3,50 m unter der Erdoberfläche bes. Beachtung seitens der Gartengestaltung. - "R 4" ist eine einrädrige, 4 PS starke Triebwerkhacke, deren Arbeitsbreite zwischen 0,10...0,65 m variiert werden kann. - "Autodux" ist ein neues Anbau-Vielfachgerät, mit dem u.a. feste Spurrillen bereits bei der Aussaat gezogen werden, so daß spätere Feinsteuerung entfallen kann. Gleichzeitig wurde es mit einem Abflammgerät für die Unkrautbekämpfung kombiniert. - "Berkili Ze 10" ist eine Zerkleinerungsmaschine mit hohem Leistungsvermögen, die auch Kränze u.a. binderische Erzeugnisse für die Kompostierung aufbereitet. - Eintopfmaschinen der Typen "Planter" (optimale Leistung 2500 Töpfe/h) und "Minitopfer" (Leistung bis zu 700 Töpfen/h fanden Beachtung. - Zum Beladen von Transportmaschinen wurden verschiedene Ladelifte mit Hubleistungen bis 1500 kp bei Hubhöhen von 1,50...1,60 m und Hubgeschwindigkeiten von 10...20 m/s entwickelt. - Zusammenlegbare Arbeitsböcke stellen Neuheiten für die Rationalisierung gärtnerischer Reparaturarbeiten dar. - Beachtung fanden weiterhin ein Gerät für die Aussaat in Kisten. "Bina-Schattengewebe" ist ein mit PVC beschichtetes, schweres Gittergewebe, das vom Wind nicht abgeweht werden kann. H.-J.Herrmann. 9810.

1-68/09-0364 M a u c h, Anton. Fortschritte bei der Mechanisierung von Gartenbau und Weinbau. - Landtechnik 23 (1968) Nr. 10. S. 327-328.330-333. - 7 Abb.

Vf. berichtet über den internat. Kongreß zur Mechanisier. des Gartenbaues 1967 in Kecskemet. Ausführlich wurde über Fortschritte bei der Mechanisierung der Bodenbearbeitung, bei der Pflanzung sowie über Fortschritte bei der Entwicklung von Pflanzenschutzgeräten und bei der Lagerungstechnik gesprochen. Im Obstbau bildet die Ernte den Schwerpunkt der Mechanisierung. Am verbreitetsten sind Stamm- oder Kronenschüttler mit Amplituden von 1...1 1/2 Zoll und einer Frequenz von 500...1000/min. Obstverwertung, Baumerziehung, Verbesserung der Baumreife und Erhöhung des Maschinennutzungsgrades sind Faktoren zur Verbesserung der Erntemechanisierung. Ungar. Referenten befaßten sich ausführlich mit der Mechanisierung im Weinbau und den Problemen bei der Traubenverarbeitung. G.Wünsche/Bornim. 9810.

1-68/09-0365 G r ö n é, Lennart. Trädgårdsodlingens maskiner. (Gartenbaumaschinen.) - Jord, Gröda, Djur, Stockholm 24 (1968) S. 151-171. - 9 Abb.

Die Mechanisierung im feldmäßigen Gemüseanbau ist nur beim Säen und Ernten schwierig. Vf. beschreibt Bauprinzipien für Sämaschinen, die von der Reihensämaschine für Einkorn-Zuckerrübensaat abgeleitet sind und mit Zellenrad, Lochband oder Löffelrad Einzelkörner auswerfen. Die Ernte von Wurzelgemüse, z.B. Möhren, ist mit vollautomatischen Kartoffelaufnehmern möglich. Die Krautbeseitigung ist nicht zufriedenstellend gelöst. Eine amer. Maschine entkrautet gut, ist aber sehr teuer. Die Zwiebelernte ist in Schweden durch die Notwendigkeit der künstlichen Trocknung kompliziert. Für Frischgemüse gibt es vielseitige Erntemaschinen mit auswechselbaren Aggregaten, die aber recht teuer sind und nur total ernten können. In Kalifornien werden Tomaten maschinell "gemäht" und in der Maschine durch Schütteln vom Kraut getrennt. Voraussetzung ist die Züchtung von Sorten mit gleichzeitiger Reife und geringer Empfindlichkeit gegen Maschinenbehandlung. - Im Obstbau gibt es

Schneidwerkzeuge und Sägen, die durch Motoren angetrieben werden. Bei der Obsternte werden Schüttelmaschinen aus den USA, England und Deutschland angewendet, für Bäume mit dem Traktor gekoppelt, für Büsche getragen. Sie haben meist eine Amplitude von 2...4 cm und eine Frequenz von 1000 s/min für Bäume, 2000 für Büsche. Die Früchte werden z.T. beschädigt (Äpfel 60...75 %), und es gibt eine große Anzahl Konstruktionen für Auffangvorrichtungen. - Im Gewächshaus gibt es automatische Anlagen zur Bewässerung und Beimischung von Düngerlösungen, wobei für ein konstantes Mischungsverhältnis verschiedene Konstruktionen beschrieben werden. W.Warwel. 9820.

1-68/09-0366 A n o n y m. Neuheiten und Vorschau zur DLG. - Hopfen-Rdsch. 19 (1968) Nr. 10. S. 180-182. - 4 Abb.
Vorgestellt wird das Spritz- und Sprühgerät "Z 6 S": 600-l-Behälter, Spurweite 75...100 cm Hochdruckpumpe "Z 60" mit 60 l/min (bis 50 at) bzw. "Z 90" mit 90 l/min (bis 60 at), mech. Propellerrührwerk, Zweistufengebläse Turbulator "TU 7 Z" mit 36000 und 42000 m^3 Luft/h, Spritzpistolen oder Hopfenpendelleitung zur automatischen Spritzung oder Tangentialstrahler zum Sprühen. Neue Traktoren sind: 27-PS-Allradtraktor "Cultitrac AG 35" und 18-PS-Vierradtraktor "B 25" (Fa. Holder); Kleintraktor mit 16 PS, Traktor mit 30 PS, Allradtraktor mit 40 PS und 54 PS (Fa. Lanz); Allradtraktor ab 35 PS (Fa. Kramer). A.Jeske. 9820.

X. F O R S T W I R T S C H A F T

A. ALLGEMEINES

1-68/09-0367 S t r e h l k e, B. Die Forstarbeit aus der Sicht der Internationalen Arbeitsorganisation. - Forstarchiv 39 (1968) Nr. 4. S. 91-93.

Vf. gibt einen Bericht über die Tätigkeit sowie Ziele und Aufgaben der Internationalen Arbeitsorganisation (IAO, engl. ILO). 1919 gegründet, war sie eine Organisation des Völkerbundes, sie wurde 1946 eine Sonderorganisation der Vereinten Nationen. Die Hauptaufgabe der IAO liegt auf dem Gebiete der Betreuung von Arbeitern der verschiedensten Industriezweige, so unter anderem auch in der Forstwirtschaft und Holzindustrie. Hier besteht eine enge Zusammenarbeit mit der FAO/ECE. Die Hauptaufgabe des "Joint Comittee on Forest Working Techniques and Training of Forest Workers" besteht in der Verbesserung der Waldarbeiterausbildung; dafür werden regionale und nationale Ausbildungszentren geschaffen. In diesem Komplex wird der Unfallverhütung bes. Aufmerksamkeit gewidmet. W.Jacob. 10005.

1-68/09-0368 S t a c k e l b e r g, S. von. Die Koordinierung von Arbeiten. - Forstarchiv 39 (1968) Nr. 4. S. 82-86. - 5 Abb., 2 Tab., 1 Zeichn.

Die Koordinierung von Handarbeiten muß sich bes. auf die Überlappung von 2 Arbeitsstufen richten. Um die einzelnen Elemente der Arbeit innerhalb einer Stufe erkennen zu können, bedient man sich eines speziellen Auswertungsverfahrens zur Analyse der mit einer 16-mm-Schmalfilmkamera aufgenommenen Arbeitsstudie. Auswertung der Filme erfolgt mit einem Lytax-Analyser. Durch die zeitregelbare Bildbetrachtungsmöglichkeit wird bes. der Übergang von einer zur anderen Tätigkeit sichtbar. Durch das Erkennen der Übergänge und eine anschließende Schulung kann bei der AK eine Koordinierung der Bewegungen erreicht werden, deren Ursache im unbewußten Vollzug der vorbereitenden Schritte liegt. W.Jacob. 10005.

1-68/09-0369 S k j e g s t a d, A. Effektive driftsopplegg i gårdsskoger i Solør. (Effektive Arbeitsmethoden im Bauernwald.) - Norsk Skogbruk 14 (1968) Nr. 7/8. Tekn. i Skogen S. 69-70. - 2 Abb.

Ein großer Teil der Wälder Norwegens besteht aus Kleinwaldbesitz, dessen rationelle Bewirtschaftung schwierig ist; in manchen Gegenden ist das Einschlagquantum in den letzten 10 Jahren bis auf die Hälfte des Zuwachses gesunken. Der Waldbesitzerverein in Glommen hat für seine Mitglieder, die zum großen Teil gemischte Land- und Forstwirtschaft betreiben, ambulante Kurse eingerichtet, die 2 Tage dauern und sowohl theoret. als auch praktische Fragen behandeln. Eine wichtige Aufgabe des Vereins ist die Schaffung günstiger Absatzbedingungen (Lieferung von nicht entrindetem Holz an Waldautostraßen), Organisierung von Straßenbauarbeiten auf genossenschaftlicher Grundlage und die Durchführung von Entrindungsarbeiten. Gegenwärtig sind schon 5 Entrindungsanlagen in Betrieb, die im Laufe des vergangenen Jahres ca. 70000 m^3 entrindet haben. A.Grönholm. 10015.

D. FORSTTECHNISCHE BETRIEBSANGELEGENHEITEN

1-68/09-0370 L i s l a n d, Torstein. Støy og vibrasjon i skogen. (Lärm und Vibration bei Waldarbeiten.) - Norsk Skogbruk 14 (1968) Nr. 7/8. Tekn. i Skogen S. 11-13. - 2 Abb., 4 Diagr.

Infolge der fortschreitenden Mechanisierung ist der Waldarbeiter den größten Teil des Tages zur Arbeit an Maschinen (Motorsäge, Traktor) gezwungen und dem schädlichen Einfluß von Lärm und Vibration ausgesetzt. Im Laufe von 15 Jahren sind die Motorsägen um ca. 50 % leichter geworden, während die Literleistung auf das zweifache gestiegen ist, vor allem durch Erhöhung der Tourenzahl, wodurch Motorgeräusch und Vibration verstärkt werden. Vf. erläutert die Grundprinzipien der Entstehung von Geräuschen, der Tonfrequenz, der logarithmischen Decibel-Skala (dB(A) und dB(C) als Maßstab für die Lautstärke; Ermittlung der Schädlichkeitsgrenze abhängig von Frequenz, Lärmniveau und Expositionsdauer. Die betriebstechn. Abteilung des norwegischen Forstforschungsinstitutes hat Untersuchungen über Motorgeräusche und Vibrationen in Angriff genommen; Vf. beschreibt die zu diesem Zweck angeschafften Meßgeräte, die aus einem elektronischen Tourenzähler, Integrator, Lärmmeßvorrichtung, Oktavbandfilter und Akzelerometer bestehen, sowie die Methodik ihrer praktischen Anwendung. Untersuchungen in Norwegen und anderen Ländern haben ergeben, daß fast alle Motorsägen und Traktoren Geräusche verursachen, die bei längerer Einwirkung Gehörschäden hervorrufen; bei Vibrationen wird eine Amplitude über 0,08 mm bei einer Frequenz von 125 Hz allgemein als schädlich bezeichnet. A.Grönholm. 10160.

H. FORSTWIRTSCHAFT/BESTANDESBEGRÜNDUNG UND -PFLEGE EINSCHLIESSLICH KAMPBETRIEB

1-68/09-0371 K a a s e n, Nils Olav. Med grøftefres gjennom myr- snø og tele. (Mit der Grabenfräse durch Schnee und gefrorenen Moorboden.) Norsk Skogbruk 14 (1968) Nr. 7/8. Tekn. i Skogen S. 65-67. - 3 Abb., 1 Zeichn.

Die finnische Grabenfräse "Ko-Po" kann in 3 verschiedenen Ausführungen geliefert werden, dem gewünschten Grabenprofil entsprechend: 1) obere Breite des Grabens 90 cm, Sohlenbreite 30 cm, Tiefe bis zu 90 cm. 2) Dränprofil für die Landwirtschaft, rechtwinkliger Querschnitt mit 30 cm Breite und bis zu 130 cm Tiefe. 3) Forstmodell, rechtwinkliges Grabenprofil, 30 cm Breite und 100 cm Tiefe. - Vf. berichtet über die Erfahrungen, die bei dem Einsatz dieser Fräse (Typ 2) in Norwegen auf gefrorenem Moorboden gemacht wurden. Das Arbeitsorgan besteht aus einer mit Messern bestückten Schnecke, die bei Vorwärtsbewegung des Traktors den Moorboden zerschneidet, nach oben befördert und seitlich bis zu 6 m weit (die Hauptmasse 1...3 m weit) hinausschleudert, was durch am oberen Ende angeschweißte Flügel bewirkt wird. Erforderlich ist ein Traktor in der Größenklasse "Massey-Ferguson 165" oder "BM Boxer"; es muß die Möglichkeit gegeben sein, die Geschwindigkeit des Traktors bis auf 100 m/h herabzusetzen, daher muß ein Spezialgetriebe 1:40 (oder mindestens 1:32) eingebaut werden. Es ist ratsam, die Antriebswelle der Fräse mit einer Sicherheitskupplung für 80 kpm Auslösung zu versehen. Bei einer Stärke der gefrorenen Bodenschicht von 25...35 cm wurde eine durchschnittliche Stundenleistung von 150...200 m erreicht; eine Schneeschicht von 40...50 cm behinderte die Arbeit nicht. A.Grönholm. 10265c.

1-68/09-0372 A n o n y m. Möglichkeiten der Schlagabraumbehandlung. - Allg. Forst-Z. 23 (1968) Nr. 22. S. 381-384. - 4 Abb.
Unter Schlagabraum versteht man das auf der Hiebsfläche verbleibende, nicht verwertbare Reisig und Derbholz sowie den Rindenabfall. Bevor auf einzelne Techniken der Schlagabraumbeseitigung eingegangen wird, stellt der Vf. die Vor- und Nachteile beim Belassen dieses Materials auf der Kulturfläche dar. Die mechanische Zerkleinerung mit überschweren Walzen oder mit zapfwellengetriebener Schlagflegel-Fräse benötigt relativ hohe Zugkräfte, sie ist nur bis zu einem bestimmten max. Dmr. des Holzes wirksam. Ein Verbrennen kann nur in Verbindung mit Motorflammenwerfern wirtschaftlich sein, weil hierdurch das auf der Fläche lagernde Material ohne vorheriges Sammeln vernichtet werden kann. Zu bedenken ist hierbei die hohe Waldbrandgefahr.
W.Jacob. 10265f.

I. HOLZ, RINDE, HARZ - GEWINNUNG UND TRANSPORT

1-68/09-0373 S z e l e s s, Stefan. Auf dem Wege zur technischen Rationalisierung im Forstbetrieb. (7. Fortsetzung). - Allg. Holz-Rdsch., Wien 24 (1968) Nr. 511/12. S. 145-146.
Es wird ein spezielles, vorwiegend fürs Gebirge geeignetes Arbeitsverfahren dargestellt. Die Abweichung zu anderen Verfahren besteht im einmal Durchschneiden der Stämme beim Stock und in der Entrindung am Lagerplatz. Sehr lange Stämme lassen sich bes. im Gebirge schlecht rücken und transportieren, meistens ist auch die manuelle oder maschinelle Entrindung des langen Baumes schwierig. Der einmal nach der Vermessung etwa in der Hälfte getrennte Stamm kann je nach Dmr. per Hand durch die AK oder durch Winden gerückt werden. Es werden vom Vf. eine Reihe von Möglichkeiten aufgezeigt.
W.Jacob. 10305a.

1-68/09-0374 H a b s b u r g, U. Schwedische Holzerntemethoden in Österreich. - Allg. Forstztg., Wien 79 (1968) Nr. 6. S. 133.
Die angespannte Wirtschaftslage zwingt zur Rationalsierung der Forstarbeiten. Schwedische Firmen haben ihre Erfahrungen in dieser Richtung dargelegt und die in ihrem Lande gebräuchlichen Maschinen für die Rohholzbereitstellung vorgeführt. Dabei setzte sich die Überzeugung durch, daß die Großmaschinen wie Spezialrücketraktoren mit Knicklenkung und Entrindungsmaschinen unter den jetzigen Strukturverhältnissen der österreichischen Forstwirtschaft nicht wirtschaftlich eingesetzt werden können, weil die meisten Betriebe nur über Flächengrößen bis zu 5000 ha verfügen. Abhilfe kann geschaffen werden durch Strukturveränderung oder Übernahme weiterer Lohnarbeiten.
W.Jacob. 10305a.

1-68/09-0375 L a n d s c h ü t z, W. Analyse von Teilzeitstrukturen und ihre praktische Anwendung. - Forstarchiv 39 (1968) Nr. 4. S. 77-82. - 6 Diagr., 2 Tab., 8 Lit.
Eine Analyse von Teilzeitstrukturen wird für folgende Zwecke vorgeschlagen: 1. Kennzeichnung und Gestaltung des Arbeitsverfahrens, 2. dem Aufzeigen von

Schwerpunkten möglicher Rationalisierung, 3. Erarbeiten von arbeitsbedingten Erholungszeiten, 4. Erarbeitung eines Baukastenprinzips der technologischen Arbeitsgestaltung und 5. Nachweis von Veränderungen der Arbeitsverfahren im Laufe einer bestimmten Zeit. Der Vf. legt die Teilzeitstrukturen am Beispiel des Holzeinschlages und der -aufbereitung zu Fichtenlangnutzholz bei Verwendung von Handsägen, Einmannmotorkettensägen sowie mit und ohne Entrindung dar. W.Jacob. 10305bc.

1-68/09-0376 A n o n y m. Senkung der Erntekosten durch Langbaum-Methode. - Allg. Forst-Z. 23 (1968) Nr. 23. S. 399. - 1 Abb.
Die Forderung nach Senkung der Holzerntekosten führte beim Holzeinschlag zu neuen Technologien. Am Hiebsort wird nach der Fällung nur noch die Entastung mit der Einmannmotorkettensäge ausgeführt. Nach bestimmtem Vorlauf der Fällergruppe werden die Bäume ganz zum Aufarbeitungsplatz oder zum Weg transportiert, um dort aufgearbeitet und abfuhrgerecht gelagert zu werden. Zum Rücken setzt man Spezialtraktoren mit Knicklenkung ein. An diesen Verladestellen wird auch die maschinelle Entrindung ausgeführt. Beste Erfolge wurden zur Entrindung von Nadelschichtholz mit dem Einsatz der mobilen Cambio-Entrindungsmaschine erzielt. Um kleinere Holzmengen maschinell entrinden zu können, hat man die Cambio-Entrindungsmaschine auf einen LKW montiert. Seine Rentabilitätsgrenze liegt bei 3700 fm jährlich.
W.Jacob. 10305ca.

1-68/09-0377 K i s t e n f e g e r, J. Ergebnisse von Maschinenbuchführungen für Holzentrindung. - Allg. Forst-Z. 23 (1968) Nr. 21. S. 368-370.
Der Cambio-Entrindungszug, bestehend aus Schlüter-Radtraktor, 56 PS, Hiab-Kran und Cambio-Entrindungsmaschine, war 1967 insgesamt 2303 Std. im Einsatz. Dabei entfielen beim Rückezug auf reine Arbeitsstunden 75 %, Reparatur- und Pflegearbeiten 16 % und Transportzeiten 9 % und beim Entrindungszug Arbeitsstunden 62 %, Reparatur- und Pflegearbeiten 32 % und Transportzeiten 6 %. Durch die Maschinenbuchhaltung wurden die Kosten je Betriebs- und je Einsatzstunde für den Entrindungszug und damit für die Entrindung je rm ermittelt. Im Durchschnitt des Jahres betrug der Zeitaufwand 14 min/rm und für die Handentrindung 60 min/fm. Die Kosteneinsparung beim Einsatz der Entrindungsmaschine lag bei 30 %. Handentrindung 6,10 DM/rm, Maschinenentrindung 4,30 DM/fm. W.Jacob. 10305cc.

1-68/09-0378 P h i l i p p, Franz. Schnittware und Hackspäne mit einer Maschine. - Allg. Forst-Z. 23 (1968) Nr. 21. S. 371. - 1 Abb.
Durch einen mangelhaften Absatz der beim Einschneiden im Sägewerk anfallenden Seitenware und eine notwendige Nachzerkleinerung dieses Materials zu Hackschnitzeln bedingt, wurde zur Erhöhung der Wirtschaftlichkeit eine Maschine von der Fa. Link, Oberkirch, DBR, entwickelt, mit der aus dem Stamm durch parallele Seitenfräser ein Modell hergestellt wird und die Frässpäne in Abmessung und Form sich zum Einsatz in Span- und Faserplattenwerken und beim Einsatz spezieller Fräser in der Zelluloseindustrie eignen. Die Vorteile dieser Technologie liegen in der Schnelleinstellung der Rohholzdmr. zwischen 50 und 300 mm, dadurch entfällt die zeitaufwendige Sortierung auf

dem Rohholzplatz. Der Vorschub beträgt max. 60 m/min. Nachteilig ist die rel. geringe Ausbeute beim Hauptprodukt, die nur mit 50...55 % angegeben wird. W.Jacob. 10305cd.

1-68/09-0379 A n i s i m o v, G.M., G a l j a m i č e v, V.A., D r a k e, A.D. und T a b a k o v, E.P. Apparatura dlja issledovanija ėkspluatacionnych režimov trelevočnogo traktora TDT-75. (Gerät für Betriebsuntersuchungen am Holzrücketraktor "TDT-75".) - Traktory i sel'chozmašiny, Moskva 1968 Nr. 5. S. 19-21. - 3 Diagr., 2 Schemata, 2 Tab., 5 Lit.

Vom Lehrstuhl für Zugmaschinen der Leningrader Forsttechnischen Akademie LTA ist zum Untersuchen des Betriebsverhaltens des neuen Holzrücketraktors "TDT-55" ein Gerät entwickelt worden, mit dem die zu ermittelnden Kenngrößen als statistische Verteilungsreihen registriert werden. Das Drehmoment wird durch einen rotierenden Transformator, der sich in einer Kraftmeß-Gelenkwelle befindet, in elektrische Signale umgewandelt, die über Stromabnehmer-Ringe und eine Gleichrichterbrücke dem aus 15 Zellen bestehenden Klassifiziergerät zugeleitet werden. Zum Aufzeichnen der statistischen Reihen der Drehzahlverteilung werden ein elektrischer Drehzahlmesser und ein gleiches Klassifiziergerät verwendet. Ferner werden die Kraft im Windenseil mit Kraftmesser und Klassifiziergerät, Anzahl der Einschaltungen und Arbeitsdauer der Baugruppen sowie Anzahl der Gelenkwellendrehungen mit verschiedenen Zählern gemessen. Vff. bringen und besprechen ein Schema der Kraftmeß-Gelenkwelle und ein elektrisches Schaltbild sowie für verschiedene Betriebszustände Verteilungskurven des Kardanwellendrehmoments und der Drehzahlen. 2 Tab. enthalten Werte von Motor- und Getriebebelastungen sowie Anzahl der Schaltungen und Arbeitsdauer je Einsatz im Sommer und Winter.

W.Balkin. 10305da.

1-68/09-0380 B o r i s o v, F.A. und Z a c e p i n, M.A. Tjagovaja dinamika trelevočnogo traktora. (Kräfte und Leistungen des Holzrücketraktors.) - Traktory i sel'chozmašiny, Moskva 1968 Nr. 5. S. 12-15. - 4 Diagr., 1 Schema, 8 Lit.

Vff. betrachten die dynamischen Vorgänge beim Holzrücketraktor und bringen Gleichungen für die Kraft im Windenseil, die Schleppkräfte bei "aufgesattelten" Stämmen, für die tangentiale Kraft an den Gleisketten und die spezifische Zugkraft (tangentiale Kraft dividiert durch Traktorgewicht). Die sich aus diesen Gleichungen ergebenden Gesetzmäßigkeiten stellen sie für die Traktoren "TDT-75" und "TT-4" bei Fahrten auf horizontaler und geneigter Fahrbahn ohne und mit Beschleunigung in Diagr. für die Abhängigkeit der Fahrgeschwindigkeit, der Zugleistung, des spez. Kraftstoffverbrauchs und des Schlupfes von der absoluten Zugkraft sowie für die Abhängigkeit der spez. Zugkraft von der Fahrgeschwindigkeit dar. Der Traktor "TT-4" hatte die besseren Kennwerte und war auch in praktischen Versuchen dynamisch und ökonomisch überlegen. W.Balkin. 10305da.

1-68/09-0381 A n o n y m. Traktor-Schlepp- und -Rückewagen. - Allg. Forstztg., Wien 79 (1968) Nr. 6. S. 137. - 1 Abb.

Mit diesem Schlepp- und Rückewagen lassen sich bei Verwendung eines 60 bis 85-PS-Radtraktors fast genau so große Lasten rücken wie beim Einsatz eines rahmengesteuerten Spezialtraktors. Der Rückewagen wird am hydraulischen Hebehaken des Traktors befestigt, die angetriebenen Räder des Rückewagens bekommen die Energie von der Antriebsachse des Traktors. Mit einer Doppeltrommelseilwinde ausgerüstet, die durch Funk gesteuert werden kann, können Stämme mit einer Gesamtmasse von 6 t manipuliert werden. Diese hohe Rückeleistung wird durch die vier einzeln ziehenden Räder, die gute Gewichtsverteilung des Gesamtfahrzeuges und die Leistung der Seilzüge erreicht.

W.Jacob. 10305da.

1-68/09-0382 L u c a s, George K. Comparing stump-to-landing. Transport methods. (Vergleich von Roden-Verladen. Transportmethoden.) - Agric. Engng. 49 (1968) Nr. 1. S. 23. - 2 Tab.

In den letzten Jahren sind auf dem Gebiete der Mechanisierung des Holzeinschlages sowie des Verladens recht gute Fortschritte erzielt worden. In bezug auf die anfallenden Kosten vergleicht der Vf. zwei Bereiche des Holzeinschlages: 1. Den Bereich, der sich von der Stelle der Fällung bis zum Verladeort erstreckt. 2. Das Verladen des Holzes zwecks Abtransportes in die Mühle. Zu 1) 4 Arten des Rückens werden miteinander verglichen: a) Das Rücken durch Tiere. Diese Methode erfordert die geringsten Kosten pro Arbeitsstunde. Zu berücksichtigen ist jedoch, daß pro Zeiteinheit gewichtsmäßig auch am wenigsten transportiert wird. b) Rückearbeiten mit einem konventionellen landwirtschaftlichen Traktor. c) Verwendung eines Raupentraktors. d) Einsatz eines 4-Rad angetriebenen Traktors, der die niedrigsten Kosten pro t abzutransportierenden Holzes verursacht. Eine Untersuchung über das Verladen zeigt, daß etwa 33 % der Gesamtkosten auf diese Arbeit entfallen, da diese viel kraft- und zeitaufwendige Handarbeit erfordert. Die dringendste Aufgabe war somit, diesen Arbeitsgang zu mechanisieren. Mit der Entwicklung des hydraulischen Gelenkarmes als Verladegerät ist ein wichtiger Schritt in Richtung der Mechanisierung getan, denn die Kosten pro t verladenen Holzes liegen ganz erheblich unter denen bei Handarbeit.

W.Bohrisch/Bornim. 10305da.

1-68/09-0383 J a c h w i t z, Egil. Norge - et foregangsland i produksjon av gode kjettinger for skogbruket. (Norwegen - führend in der Herstellung guter Ketten für die Forstwirtschaft.) - Norsk Skogbruk 14 (1968) Nr. 7/8. Tekn. i Skogen S. 20. - 2 Abb.

Nach dem 2. Weltkriege konnte man in Norwegen nicht an zwei verschiedenen Orten Ketten genau desselben Typs und derselben Qualität kaufen; es gab auf dem Markt Ketten der verschiedensten Sorten und Herkunft, die sich hinsichtlich Festigkeit, Sprödigkeit und Zähigkeit stark voneinander unterschieden, jedoch alle eine relativ geringe Bruchfestigkeit besaßen. Erst in den letzten Jahren ist ein Standard für Ketten ausgearbeitet worden, und infolge der Verwendung veredelter Stahlsorten und moderner Arbeitstechnologien ist es gelungen, Ketten hoher, einheitlicher Qualität für verschiedene Verwendungszwecke auf den norwegischen Markt zu bringen. Die Bedingungen des Standards schreiben ein zulässiges Maximum an Schwefel und Phosphor sowie den minimalen Gehalt an Nickel, Chrom oder Molybdän vor. Diese Stahlsorten zeichnen sich durch große Zähigkeit auch bei sehr niedrigen Temperaturen aus. Ihr größter Vorzug ist die hohe Bruchfestigkeit; als Beispiel kann angeführt werden, daß ein Kettentyp, dessen Bruchlast früher 1000...1200 kg betrug, jetzt eine Bruchlast von ca. 4 t aufweist. Die Folge davon ist, daß für bestimmte Zwecke jetzt leichtere Ketten verwendet werden können, was von nicht geringem Vorteil ist. A.Grönholm. 10305da.

1-68/09-0384 S t e i n b a c h, J. Funkgesteuerte Kleinseilwinde aus Schweden. - Allg. Forstztg., Wien 79 (1968) Nr. 6. S. 137. - 1 Abb.
Die Kleinseilwinde besteht aus einem Motor der Einmannmotorkettensäge, einer Eintrommelwinde und einem Funksteuergerät. Das Gerät wird zum Rücken von Dünnholz eingesetzt und zu diesem Zweck am Ende der Arbeitsreihe an entsprechenden Bäumen in ca. 4 m Höhe mit Ketten befestigt. Eine AK zieht das Arbeitsseil mit der Hand aus und steuert den Zug nach Anhängen der Stangen mittels Funk. Dabei läuft der Motor während der ganzen Zeit. Durch Funk wird lediglich die Gaszuführung geregelt und durch die höhere Umdrehung des Motors die Fliehkraftkupplung eingeschaltet und damit die Winde betätigt. W.Jacob. 10305df.

1-68/09-0385 J a c h w i t z, Egil. Det hersker stor uvitenhet om bruk av riktig stålltau! (Hinweise für den Einsatz geeigneter Drahtseile.) - Norsk Skogbruk 14 (1968) Nr. 7/8. Tekn. i Skogen S. 17-19. - 8 Zeichn.
Im Januar 1967 erschien die erste Ausgabe des Norwegischen Standards für Drahtseile zum Gebrauch auf Winden und Seilbahnen. Vorher herrschte eine große Unwissenheit über die mechanischen Eigenschaften verschiedener Typen von Drahtseilen und ihre Eignung für bestimmte Aufgaben. Von ausschlaggebender Bedeutung bei der Gestaltung eines Seiles für einen bestimmten Zweck sind seine Biegsamkeit, Festigkeit gegen Deformierung, Bruchfestigkeit, Festigkeit gegen mechanischen Verschleiß und innere Spannungen. Vf. erläutert die Grundprinzipien der Herstellung verschiedener Sorten von Drahtseilen und ihre der Struktur entsprechende Bezeichnung und bringt einen mit Querschnitten der Seile versehenen Auszug aus dem Standard, aus dem Dmr., Struktur und Verwendungsbereich verschiedener Drahtseiltypen ersichtlich sind. A.Grönholm. 10305dg.

M. FORSTLICHES BAUWESEN

1-68/09-0386 P e s t a l, Ernst. Forstwegebau unter Berücksichtigung der Knickschlepperrückung und mechanischen Entrindung. - Allg. Forstztg., Wien 79 (1968) Nr. 6. S. 124-128. - 4 Abb., 6 Lit.
Durch den Einsatz von Spezialtraktoren mit Knicklenkung wird eine Senkung der erforderlichen Wegenetzdichte erreicht. Diese Tendenz tritt besonders im Gebirge bei 40...45 % Hangneigung auf. Mit weiterer Verstärkung der Motoren dieser Spezialtraktoren und ihrer größeren Leistungsfähigkeit (gr. Holzmengen je Lastfahrt) verlängern sich auch die Rückedistanzen, was zu einer weiteren Verminderung der Wegenetzdichte führen kann. Hiervor warnt der Vf. Man soll die Rückewegnetzdichte mehr nach allg. forstlichen Erfordernissen einrichten, also nicht auf das für Spezialtraktoren mit Knicklenkung erforderliche Minimum beschränken. W.Jacob. 10465a.

1-68/09-0387 A n o n y m. Beltelastere. (Hublader mit Raupenantrieb.) - Norsk Skogbruk 14 (1968) Nr. 7/8. Tekn. i Skogen S. 29. 31. 33-34. - 14 Abb.

Es werden Angaben gebracht über 19 Hublader mit Raupenantrieb; nach Herstellerländern geordnet sind es 7 amerikanische : Caterpillar Typ "933 G" und Typ "955 K"; International Drott "150 Loader" und "175 Loader"; John Deere Typ "350", "350/6310" und "350/6305"; 6 westdeutsche: Deutz "DL 750" und "DL 1250 P"; Hanomag Typ "K5L", "K7L", "K8L" und "K11L"; 2 englische: Caterpillar "951" und International "B-100 Loader"; 2 japanische: Komatsu "D55S-2" und D60S-3"; 2 italienische: Allis Chalmers "HD7G" und Massey-Ferguson "3366". - Die techn. Daten betreffen: Motorleistung; Anzahl der Zylinder; Volumen des Treibstofftanks; Gesamtmasse; elektr. Anlage; Volumen und Breite der Schaufel; Spurweite; Raupenbreite; Bodendruck; Anmerkungen; Preis in norweg. Kronen. A.Grönholm. 10465h.

1-68/09-0388 A n o n y m. Hjullastere. (Selbstfahr-Hublader mit Radantrieb.) - Norsk Skogbruk 14 (1968) Nr. 7/8. Tekn. i Skogen S. 35. 37. 38-39. 41. - 25 Abb.

Die Aufstellung über 31 Typen von Hubladern mit Radantrieb lassen sich nach Herstellerländern folgendermaßen aufteilen: USA (11 Typen) Allis Chalmers "745"; Caterpillar Typ "922"; Hough Payloader Typ "H-65D", "DH-30", "DH-50D" und "H-65-C"; John Deere "544"; Yale "3000"; Michigan Typ "35 A", "75 III" und "65 AWS". England (8 Typen): Allis Chalmers Typ "TL 12", "TL 30D", "TL 545" und "TL 645"; Caterpillar "944"; Muir-Hill Typ "MH-101" und "A-5000"; Yale "204A". Schweden (8 Typen): Bolinder-Munktell Typ "LM 640", "LM 840", "LM 218 TD", "LM 422" und "LM 620"; AB Svenska Järnvägsverkstäderna Typ "Parca 1254", "Parca 854" und "Parca 654". Westdeutschland (2 Typen): Hanomag "B 8" und "B 11". Belgien: Caterpillar Typ "950". Norwegen-England: Typ "B 2000". - Die techn. Daten umfassen: Motorleistung und Drehzahl; Nettomasse; elektr. Anlage; Getriebe und Zahl der Gänge; Volumen des Treibstofftanks; Bodenfreiheit; Reifendimensionen; Ladekapazität; max. Breite; Volumen und Breite der Schaufel; Hubkapazität; max. Hubhöhe und Auslage; ergänzende Anmerkungen; Preis in norweg. Kronen. A.Grönholm. 10465h.

1-68/09-0389 A n o n y m. Vei-, planskraper og høvler. (Angehängte Straßenplanierschilde.) - Norsk Skogbruk 14 (1968) Nr. 7/8. Tekn. i Skogen S. 47. - 5 Abb.

Der von LKW gezogene zweirädrige Straßenhobel Ankerløkken Vegvakt "IV-1030" wiegt mit an den Rädern angebrachtem Ballast 1200 kg. Der Schild kann bis zu 30° nach beiden Seiten schräggestellt und die Räder seitlich bis um 0,50 m verschoben werden. Preis 8320,- norw. Kronen. - Der Planierschild "Plan-Odin" wird am Dreipunkt des Traktors angehängt; er wiegt 215 kg. Die Arbeitsbreite beträgt 6...7,5 ft. Preis 1350...1410,- norw. Kronen. - Der am Dreipunkt angehängte Straßenhobel "Steinsland" wiegt 1100 kg und besitzt 1 beweglichen und 4 feste Planierschilde; Preis 6000,- norw. Kronen. - Der zweirädrige, am Dreipunkt des Traktors anzuhängende hydraulische Straßenhobel Iddebjørn Typ "AS" wiegt 1000 kg und besitzt 4 Planierschilde; Gesamtlänge 4,00 m, Breite 2,50 m. Preis 5670,- norw. Kronen. Der Typ "BS" unterscheidet sich durch größere Dimensionen. Lycksele Nr. "1150" wird am Dreipunkt des Traktors angehängt, wiegt 340 kg, besitzt 1 Planierschild und Rechen und wird vom Traktoristen mittels Hydraulik des Traktors manövriert. Länge 4,10 m, Arbeitsbreite 2,40 m. Die Masse kann durch zusätzlichen Ballast bis um 500 kg vergrößert werden. - Der am Dreipunkt des Traktors anzuhängende Planierschild "Sisu" wiegt 200 kg. Höhe des Schildes 0,45 m, Breite 2,20 m. Preis mit Tiefenstellrad 1605,- norw. Kronen. Die 5 erstgenannten Geräte sind norwegischer Herkunft, "Sisu" wird in Finnland hergestellt. A.Grönholm. 10465h.

1-68/09-0390 A n o n y m. Gravemaskiner. (Löffelbagger.) - Norsk Skogbruk 14 (1968) Nr. 7/8. Tekn. i Skogen S. 42. 44. 46. - 15 Abb.
Die Aufstellung über 22 Löffelbagger verschiedener Typen bringt Angaben über Motorleistung (PS) und Drehzahl (U/min), Masse (kg), Breite (m), Länge (m), Höhe (m), elektr. Anlage (V), Volumen des Treibstofftanks (l), Ölpumpentyp, Pumpenkapazität (l/min), Öldruck (kg/cm^2), Anzahl der Zylinder, Ausladung (m), Schachttiefe (m), Hubhöhe (m), Schwenkwinkel, Volumen des Löffels (l), Löffelbreite (m), Raupenbreite (m), Bodendruck (kg/cm^2), Breite zwischen den Stützen (m), Anmerkungen; Preis in norw. Kronen. - Herstellerländer und Typen: Norwegen (9 Typen): Brøyt "X 2", Hymas Typ "3" und Typ "4"; Sesom Typ "500"; Hamjern Typ "120", "566" und "766"; Fredrik; Rådahl Typ "RG-H 150". Westdeutschland (6 Typen): "OK-RH 4", "OK-RH 6", "OK-RH 10", "OK-RH 15", "OK MH-4", "OK MH-6". USA (4 Typen): John Deere Typ "92", "93", "94" und "95". England (3 Typen): International Harvester, Massey-Ferguson Typ "220 X", Ford "4500/740/744".
A.Grönholm. 10465h.

1-68/09-0391 A n o n y m. Frontlastere. (Frontlader für Radtraktoren.) - Norsk Skogbruk 14 (1968) Nr. 7/8. Tekn. i Skogen S. 52-53. - 10 Abb.
12 verschiedene Typen von Frontladern für Traktoren werden vorgeführt, und zwar 7 norwegische: A/S Edv. Bjørnrud Typ "24-1"; Malm Orstad in 4 Typen (für verschiedene Traktoren); Sesam "35 Super"; Sesam "65 Super"; 3 englische: International Harvester Typ "B-2275"; Massey-Ferguson Typ "250" und "702"; 2 amerikanische: John Deere Typ "300/7300" und Typ "400/7400". - Die Angaben betreffen Nettomasse (kg), Hubkapazität (kg), Hubhöhe (m), Breite und Länge der Schaufel (cm), Art der Betätigung der Schaufel, für welche Traktortypen vorgesehen, ergänzende Anmerkungen; Preis in norw. Kronen. A.Grönholm. 10465h.

1-68/09-0392 A n o n y m. Diverse utstyr. (Diverse Arbeitsmaschinen.) - Norsk Skogbruk 14 (1968) Nr. 7/8. Tekn. i Skogen S. 54. - 4 Abb.
1) Fahrbarer Kran Moelven "Serie 200"; als Basis dient der Traktor BM/Volvo "Boxer 600". Schwenkbar um 360°, Hubkapazität 12500 kpm; max. Hubhöhe 16,5 m, max. Abstand zwischen Schwenkzentrum und Haken 14 m. Der Kran kann in 4 Varianten geliefert werden. 2) Schwedischer Radtraktor BM/Volvo "T-675", ausgerüstet mit schwedischem Frontlader "BM" und norwegischem Löffelbagger "Hymas 4". Preis ca. 98000,- norw. Kronen. - 3) Kombinationsausrüstung für leichtere Straßenbauarbeiten. Als Basis dient der schwedische Traktor BM/Volvo "Boxer 600", ausgerüstet mit Frontlader und Straßenhobel norwegischer Herkunft; Hersteller A/S Moelven Brug. Preis komplett ca. 174000,- norw. Kronen. 4) Heckmontierte finnische Hublader "Sisu 250"

und "Sisu 350". Masse 280 bzw. 330 kg; Hubkapazität 700...900 bzw. 900 bis 1500 kg; Hubhöhe 2,80 bzw. 3,00 m; Hubdauer 5...7 Sek. Hydraulisch betätigte Schaufel von 1,00 m Breite, Volumen 250 l bzw. 350 l. Preis 1990,- bzw. 2970,- norw. Kronen. A.Grönholm. 10465h.

1-68/09-0393 A n o n y m. Valse og vibrasjonsutstyr. (Vibrations-Straßenwalzen.) - Norsk Skogbruk 14 (1968) Nr. 7/8. Tekn. i Skogen S. 58. - 4 Abb.
Es werden Angaben über 8 Vibrations-Straßenwalzen gebracht. 6 westdeutsche Fabrikate: Bomag "BW 65" (Doppelvibrationswalze), die Tandem-Vibrationswalze Dingler Typ "VWT-4", die Walzen Duomat "R-66", Zettelmeyer Typ "VT2", "VTM" und "VTL" sind Selbstfahrgeräte; die dänische Vibrationswalze der Pedershaab Maskinfabrik A/S und die westdeutsche Zettelmeyer "VA3" werden von einem Traktor gezogen. Die techn. Daten umfassen: Masse mit und ohne Ballast (kg), Walzenbreite (mm), Motortyp, Motorleistung (PS) und Drehzahl (U/min), Anzahl der Gänge und Geschwindigkeiten (km/h), zulässige Steigung der Straße (mit und ohne Vibration), Vibrationsfrequenz (Hz), Wenderadius, Anmerkungen, Preis in norw. Kronen. A.Grönholm. 10465h.

1-68/09-0394 A n o n y m. Dumpere: (Dumper.) - Norsk Skogbruk 14 (1968) Nr. 7/8. Tekn. i Skogen S. 57. - 3 Abb.
1) Norwegischer Dumper Moelven "MB 10"; Nettomasse 4350 kg, Nutzlast 10 t, Kastenbreite 2,50 m, Ladevolumen 5,5 m^3. Hydraulik: Arbeitsdruck der Ölpumpe 100 kg/cm^2, Kapazität bei 1800 U/min des Motors 73 l/min; Volumen des Öltanks 50 l. Kippwinkel 75°, Kippdauer bei 1800 U/min: 13 Sek., Preis ca. 50000 norw. Kronen. - 2) Schwedisches Fabrikat BM Volvo Dumper "DR 631"; Rahmensteuerung; 4-Rad-Antrieb. Länge 7,65 m, Breite 2,50 m. Nettomasse 8 t, Nutzlast 10 t, Ladevolumen 6,5 m^3. Dieselmotor "BM 1113 TR" von 65 PS bei 2000 U/min. Elektr. Anlage Bosch 12 V. Hydraulik: Pumpenkapazität 57 l/min; Volumen des Öltanks 80 l. Preis in Standardausführung 126500,- norw. Kronen. - 3) Schwedisches Fabrikat BM Volvo Dumper "DR 860"; Rahmensteuerung, 4-Rad-Antrieb. Länge 9,00 m, Breite 2,50 m. Nettomasse 11,4 t, Nutzlast 15 t, Ladevolumen 8,0 m^3. Dieselmotor Volvo "D 50 A" von 110 PS bei 2400 U/min. Elektr. Anlage Bosch 12 V. Hydraulik: Arbeitsdruck der Ölpumpe 120 kp/cm^2, Kapazität 140 l/min. Preis ca. 180000,- norw. Kronen. A.Grönholm. 10465h.

1-68/09-0395 A n o n y m. Kompressorer. (Kompressoren.) - Norsk Skogbruk 14 (1968) Nr. 7/8. Tekn. i Skogen. S. 60-61. - 7 Abb.
Die Aufstellung über fahrbare Kompressoren umfaßt 21 Typen. Englischer Herkunft sind: Gnome "85-RO-2", "160-RO-2", "260-RO-2"; Holman Typ "RO-15-P", "RO-25-P", "RO-37-P" und "RO-60-P"; Ingersoll Rand "DRF 250" und "DR 125". In Norwegen hergestellt sind: ATMO Typ "M-10", "M-7", "T-50", "T-25", "T-35", "F-35" und "F-50". Schwedische Fabrikate sind: Atlas Copco Typ "UT2", "VT3", "VT4", "VT5" und "VT6". - Die Angaben umfassen: Masse (kg), Motortyp, Motorleistung (PS) und Drehzahl (U/min), Arbeitsdruck (kg/cm^2), Anzahl der Kompressorzylinder, gelieferte Luftmenge (m^3/min), Volumen des Lufttanks (l), Gesamtlänge des Kompressors (m), Breite (m), max. Höhe (m), Anmerkungen, Preis in norw. Kronen. A.Grönholm. 10465h.

1-68/09-0396 A n o n y m. Knuseverk. (Steinbrecher.) - Norsk Skogbruk 14 (1968) Nr. 7/8. Tekn. i Skogen S. 62. - 3 Abb.

1) Fahrbarer Steinbrecher mit angeschlossener Sortieranlage, Herstellerwerk: A/S Drammens Jernstøberi & mek. Verksted/Norwegen. Backenbrecher mit Backenöffnung 600 x 240 mm; Gesamtmasse ca. 11t. Antrieb durch Dieselmotor von 60 PS mit Generator für Hilfsmaschinen 220 V, 12,5 kVA. Kapazität 7...18 m^3 je h bei 25 mm Korngröße. - 2) Transportabler Steinbrecher Ankerløkken Typ "MA-54-D". Backenbrecher Typ "Kue-Ken Nr. 54", Hersteller Armstrong Whitworth Ltd., England; Backenöffnung 610 x 200 mm. Kapazität bei 25 mm Korngröße 12 m^3/h. Gesamtmasse der Anlage ca. 6,8 t. Motor Bolinder-Diesel, Typ "1114 P" von 56 PS. "Piller"-Generator 15 kVA, 220 V. - Schwedischer Rotationsbrecher "Svedala-Arbrå". Masse ca. 12 t, Antrieb: Elektromotor oder Dieselgenerator. Kapazität bei 25 mm Korngröße je nach Eigenschaften des Ausgangsmaterials 60...200 m^3/8h. Dieser Steinbrecher ist speziell zur Herstellung von Straßenbaumaterial vorgesehen. A.Grönholm. 10465h.

1-68/09-0397 A n o n y m. Bulldozere. (Bulldozer.) - Norsk Skogbruk 14 (1968) Nr. 7/8. Tekn. i Skogen S. 25. 27. 29. - 14 Abb.

Die Aufstellung bringt Angaben über 19 Bulldozer verschiedener Typen, darunter 9 amerikanische: Allis Chalmers Typ "HD 11-EP"; Caterpillar Typ "D4D", "D5B", "D7E" und "D6C"; John Deere Typ "450" und "450/6405"; International Typ "TD-15" und "TD-20"; 5 westdeutsche: Deutz Typ "DR 750" und "DR 1250"; Hanomag Typ "K15E", "K5E" und "K7E"; 2 englische: International Typ "BTD-6" und "BTD-8"; 2 japanische: Komatsu Typ "D50A-15" und "D60A"-3"; 1 italienischer: Allis Chalmers "HD 16 DP". - Die techn. Daten umfassen: Motorleistung, Anzahl der Zylinder, Volumen des Treibstofftanks; Gesamtmasse; elektr. Anlage; Breite und Höhe des Schildes; Spurweite; Bodenfreiheit; Raupenbreite; Bodendruck; ergänzende Anmerkungen; Preis in norw. Kronen. A.Grönholm. 10465h.

1-68/09- 0398 A n o n y m. Prefabrikasjon gjør brubyggingen på skogsbilveiene lettere. (Vorfertigung erleichtert den Brückenbau auf Waldautostraßen.) - Norsk Skogbruk 14 (1968) Nr. 7/8. Tekn. i Skogen S. 3-4. - 3 Abb., 3 Zeichn.

Vf. beschreibt eine in Norwegen entwickelte Brückenkonstruktion aus vorgefertigten Stahlbeton-Teilen (die "NC"-Brücke), die aus 2 Typen von Bauelementen besteht: den Längsträgern und dem Bohlenbelag. Auf massiven Widerlagern werden zuerst die Träger verlegt, die auf der oberen Fläche mit einbetonierten senkrechten Bügeln versehen sind; die Querbohlen besitzen an den über den Trägern liegenden Stellen Aussparungen im Beton, so daß die Bügel der Träger in die Bewehrung der Bohlen hineingreifen. Nach Verlegen aller Bohlen werden diese Streifen über den Trägern mit Zementmörtel vergossen. Vf. bringt zahlenmäßige Angaben über Querschnitte und Masse der Träger für verschiedene Spannweiten bis zu 16 m; es gibt Konstruktionstypen mit einer Fahrbahnbreite von 3,5...7 m. Für Brücken mit einer Spannweite unter 5 m wiegen die Einzelteile weniger als 800 kg und können daher mit Hilfe eines LKW-Kranes verlegt werden; die Montage einer Brücke auf fertigen Widerlagern dauert 1...2 Tage. Die Konstruktion ist für einen Achsdruck von 13 t berechnet. Brücken dieses Typs werden seit 5 Jahren in Norwegen gebaut und haben sich gut bewährt. A.Grönholm. 10470.

O. FORSTWIRTSCHAFT/AUSSTELLUNGEN, TAGUNGEN, VORFÜHRUNGEN, REISEN, ÜBERSICHTEN

1-68/09-0399 A n o n y m. Nytt finsk utstyr for skogen. (Neue finnische Forstgeräte.) - Norsk Skogbruk 14 (1968) Nr. 7/8. Tekn. i Skogen S. 74. - 4 Abb.

Auf der diesjährigen Landwirtschaftsausstellung in Norwegen wurden auch einige den Forstwirt interessierende Neuheiten aus Finnland gezeigt. Am meisten Beachtung fand ein Rückekarren, der als Ergänzung zu großen rahmengesteuerten Traktoren von 60...85 PS vorgesehen ist. Die luftbereiften Räder mit 14,9/13 - 28/6 Reifen haben mechanischen Kraftantrieb von der Zapfwelle des Traktors, ebenso auch die radiogesteuerte Zweitrommelwinde mit einer Zugkraft von 6 t. Der Karren wiegt 1200 kg, er wird am Zughaken des Traktors angehängt. Alle Steuerorgane befinden sich in Reichweite des Traktoristen. - Zweitens wäre der hydraulische Greiflader "Wärtsilä" zu nennen, der seit dem Herbst 1967 in Serienfertigung hergestellt wird. Er wird mit einem Teleskoparm von 5,0 oder 5,3 m Länge geliefert; das Nettohubmoment beträgt 3 tm. Der Greifer faßt 600 kg Lang- oder Faserholz. Der sehr robuste Schwenkmechanismus hat 2 Zahnstangen und 4 Schwenkzylinder und ist für sehr große Schwenkgeschwindigkeiten konstruiert, was ein schnelles Be- und Entladen gewährleistet. Der Greiflader wird auf dem Dach der Fahrerkabine montiert. A.Grönholm. 10605.

1-68/09-0400 A n o n y m. Glimt fra Skogsveckans maskinutstilling. (Eindrücke von der Maschinenausstellung der Forstwoche.) - Norsk Skogbruk 14 (1968) Nr. 7/8. Tekn. i Skogen S. 76-77. - 9 Abb.

Auf der diesjährigen Ausstellung der schwedischen Forstwoche dominierten Geräte und Maschinen für den Forstgroßbetrieb, die in der norwegischen Forstwirtschaft wegen der andersartigen Verhältnisse kaum Verwendung finden können. Als Beispiele nennt Vf. den LKW "Flexor" für Holztransport sowie den Lastzug "Scania Vabis" mit 2 Anhängern, der 23 m lang ist; die hydraulisch betätigte Mehrzweckmaschine "ÖSA" (Östbergs Mekaniska Verkstäder) zum spanlosen Fällen und Bündeln der Stämme. Interesse erweckte eine hydraulisch betätigte Kettensäge, die an einem Greiflader montiert war; gleichzeitig ist die Möglichkeit einer automatischen Längenmessung gegeben. An kleineren Geräten, die Beachtung fanden, nennt Vf. den hydraulischen Fällkeil des "Husqvarna"-Werkes, der sich in der Praxis beim gerichteten Fällen bewährt hat, und einen Schutzbügel über dem linken Handgriff der Motorkettensäge, der vor den beim Entasten öfter vorkommenden Handverletzungen schützen soll. A.Grönholm. 10605.

1-68/09-0401 A n o n y m. Technische Neuerungen auf der 50. DLG-Schau in München. - Allg. Forst-Z. 23 (1968) Nr. 25. S. 446-450. - 1 Tab., 4 Lit.

Als wichtige und den techn. Fortschritt mitbestimmende Neuerungen wurden herausgestellt: die genaue Dosiereinrichtung "Platz-O-Matic" zur Ausbringung von Spritzmitteln, die "Hygro-Mull-Aufschäumgeräte" - mit diesem Gerät wird ein weitgehend pflanzenverträglicher Schaumstoff aus Harnstoff und Formaldehyd allein oder zusammen mit anderen Bodenverbesserungsmitteln aufgebracht, die Aufschäumstoffe dienen zur Unkrautbekämpfung, als Wasserspei-

cher und als langsam fließende Stickstoffquelle - ein für Kultur- und Pflegearbeiten entwickelter Kleinkettentraktor "UKS 32", hergestellt von der Fa. Krapp, Bad Dürkheim, DBR, der Traktor ist mit einem 30-PS-Diesel-Motor ausgerüstet, seine Länge beträgt 2000 mm und seine Breite 800 mm.
W.Jacob. 10605.

1-68/09-0402 B e h r n d t, W. Hannover-Messe 1968 mit konjunkturellem Aufwind. - Allg. Forst-Z. 23 (1968) Nr. 23. S. 401-403. - 6 Abb.
Für die Forstwirtschaft waren vorwiegend Bau- und Zugmaschinen interessant. Für schwere Zug- und Meliorationsarbeiten stellte eine Fa. aus USA einen Kettentraktor mit spez. Raupenbändern aus. Die "Simus"-Bodenplatten dieser "Komatsu"-Moorraupe bestehen in ihren Einzelelementen aus dreieckig geformten, sehr langen Kettengliedern. Besonders herausgestellt werden die Neuerungen am "MBU"-Grader. Mit einem 50-PS-Motor versehen, besitzt er eine Drehkranzverstellung, Graderschar, hydraulisch betätigtes Planierschild und Aufreißer sowie eine hydraulische Lenkung. Neuartig ist der Einsatz von Laserstrahlen zur Führung der Grabenfräse "GFP 3" der Fa. Eberhardt, Ulm. Durch diese Neuerung kann die Arbeit bei Nebel oder Dunkelheit ausgeführt werden.
W.Jacob. 10605.

1-68/09-0403 S c h m i d t, G. KWF-Tagung in Bad Homburg. - Forst- u. Holzwirt 23 (1968) Nr. 12. S. 246-250.
Die Tagung des KWF vom 6. bis 9. Mai 1968 stand unter dem Motto "Technische Möglichkeiten zur Verbesserung der Wirtschaftlichkeit im Forstbetrieb". Es wurden 3 Schwerpunkte behandelt: 1. Schlagabraumbehandlung, 2. Rundholzschutz und chem. Unkrautbekämpfung im Walde und 3. Wechselwirkung zwischen Holzernte und Wegebau. Zu allen drei Komplexen wurden in den Vorträgen und Exkursionen neben der leistungsfähigsten Technik, die allerdings hohe Investitionen erfordert, auch einfache und billige Rationalisierungswege aufgezeigt. Die Schlagabraumbehandlung ist z.Z. ein zentrales und für die Forstwirtschaft der DBR brennendes Problem, weil der Absatz des dünnen Holzes nicht mehr gegeben ist. W.Jacob. 10610.

XI. PFLANZENSCHUTZ

B. CHEMISCHE VERFAHREN

1-68/09-0404 L e m b c k e, Günter, O p i t z, Bernd, W i e c h m a n n, Paul und B u c k, Wilhelm. Erfahrungen aus der Arbeit der Pflanzenschutzbrigade der Bäuerlichen Handelsgenossenschaft Boizenburg. - Nachr.-Bl. dtsch. Pflanzenschutzdienst, Berlin /N.F./ 22(48) Nr. 7 S. 153. - nach Zus.

Der komplexe zwischengenossenschaftliche Einsatz moderner Pflanzenschutztechnik wird am Beispiel eines Bereiches von 13000 ha LN beschrieben, in welchem 1966 10575 ha LN von der Pflanzenschutzbrigade betreut wurden. Die gesamte Ausrüstung der Pflanzenschutzbrigade umfaßt einen Investitionsaufwand von 125000,- M. Die anfallenden Reparaturen werden durch eine eigene Werkstatt durchgeführt. Die Pflanzenschutzmittel werden für den ganzen Bereich zentral geplant und eingelagert. An Arbeitskräften stehen 4 Traktoristen und ein Brigadeleiter (Pflanzenschutzagronom) zur Verfügung, die kontinuierlich weitergebildet werden. Die Arbeitsorganisation ist so gestaltet, daß eine gleichmäßige Auslastung im Laufe eines Jahres möglich ist. Die Überwindung der Arbeitsspitzen ist durch moderne wassersparende Geräte und den Schichteinsatz garantiert. Die Abrechnung der geleisteten Arbeiten erfolgt anhand fester Tarife. Die z.Z. noch negative Finanzgestaltung ist von subjektiven Mängeln bestimmt. 11105.

1-68/09-0405 K r s c h k a, Karl. Technische Probleme bei Feldspritzgeräten. - Prakt. Landtechn., Wien 21 (1968) Nr. 9. S. 271-272. - 3 Abb.

Die Forderung an moderne Feldspritzgeräte lautet: höchste Präzision bei größtmöglicher Leistung. Techn. gesehen heißt das: pneumatisches Rührwerk, Flachstrahldüsen, die bei geringem Druck bereits eine feine Verteilung ermöglichen, exakte Armaturen und Manometer für die erforderliche Feineinstellung und Kontrolle, leistungsfähige Pumpen mit ausreichender Fördermenge einschl. für einen genügenden Rücklauf. Die Vor- und Nachteile der Pumpenarten werden kurz charakterisiert: Rollenpumpen (hoher Verschleiß; bei steigendem Druck Abfall der Fördermenge); Kolbenpumpen (robuste Konstruktion; konst. Fördermenge in jedem Druckbereich); Membranpumpen (robust; fast wartungsfrei; günstig für Mitteldruckbereich z.B. Feldspritzen). Kegelstrahldüsen werden kaum noch verwendet, da für eine gute Verteilung ein höherer Druck erforderlich ist, der wiederum die Abdrift durch einen hohen Anteil feiner Tröpfchen begünstigt. Der Düsenabstand soll eine doppelte Überdeckung der Spritzkegel gewährleisten. Einige Geräte verfügen über eine Rücksaugvorrichtung, die beim Abschalten des Gerätes das Nachtropfen der Düsen verhindert. Die Dimensionen der Spritzleitungen müssen auf die Pumpenleistung abgestimmt sein. Spritzgestänge sollen pendelfrei aufgehängt werden. Ein Traktormeter ermöglicht die Einhaltung einer konst. Fahrgeschwindigkeit. A. Jeske. 11115.

1-68/09-0406 C o u r t n e y, A.D. Weed control in cereals. (Unkrautbekämpfung im Getreide.) - Agric. in Northern Ireland 42 (1968) Nr. 12. S. 398 bis 401. - 1 Abb., 1 Tab.

Die meisten Unkräuter können durch Spritzung bekämpft werden, es kommt jedoch vor allem auf die richtige Mittelwahl bzw. -kombination an. Der Erfolg hängt auch vom Zustand der verwendeten Maschine ab (beschädigte Düsen; verstopfte Siebe; ungenau anzeigende Manometer; stark gealterte Schläuche). Die Spritzbrühe muß auch eine dichte Unkrautdecke genügend durchdringen und benetzen. Der Mindestbrüheaufwand soll sa. 225 l/ha betragen, bei reinen Kontaktherbiziden sogar etwa 450...675 l/ha. A.Jeske. 11115.

1-68/09-0407 M c K e e, R.K. Potato blight control. (Kartoffelkrautfäule-Bekämpfung.) - Agric. in Northern Ireland 42 (1968) Nr. 12. S. 394-397. - 1 Abb., 1 Tab.

Der geringe Kraut- und Braunfäulebefall 1967 in Nordirland wird auf den späten Befallsbeginn auf Grund der trockenen Juniwitterung, den zeitigen Beginn der Spritzungen vor dem Erstbefall und die regelmäßigen fortlaufenden Spritzungen zurückgeführt. Die Spritzung muß gründlich erfolgen und den Bestand wirklich durchdringen. Die Verluste können durch folgende Maßnahmen gesenkt werden: Vernichtung im Boden überwinternder Knollen; gesundes Pflanzgut; Spritzbeginn vor dem Erstbefall; regelmäßige Weiterführung der Spritzungen; Krautabtötung 3 Wochen vor der Ernte. A.Jeske. 11115.

1-68/09-0408 P e t r o v s k i j, G.N. K voprosu opredelenija optimal'noj emkosti rezervuarov opryskivatelej. (Bestimmung des optimalen Fassungsvermögens der Brühebehälter in Spritzen.) - Traktory i sel'chozmašiny, Moskva 1968 Nr. 5. S. 31-32. - 3 Diagr.

Mit steigendem Inhalt des Brühebehälters wachsen sowohl Produktivität P als auch Kosten der Spritze und damit die Spritzunkosten C, so daß es für den Behälter ein optimales Fassungsvermögen V_{opt} geben muß. Vf. bringt Gleichungen für P und C und findet aus S = C/P und dS/dV = 0 einen Ausdruck für V_{opt}, mit dessen Hilfe er den Behälterinhalt für die Spritze "OVS-A" optimiert. Aus einem Diagr. für S = f(V) folgt, daß V_{opt} = 3000...3500 l beträgt, während der tatsächliche Behälterinhalt bei V = 1800 l liegt. Mit steigendem V wächst aber auch der Zugkraftbedarf. Weitere Überlegungen und ein Diagr. für (S, N) = f(v) ergeben, daß bei V = 3300 l 3-Mp-Traktoren nur bei Fahrgeschwindigkeiten von v = 5 km/h wirtschaftlich sind (N - Traktormotorleistung) und darüber hinaus 4-Mp-Traktoren genommen werden sollen. Abschließend stellt Vf. mit einem Diagr. für den spez. Brüheverbrauch Q (l/ha) und v als Funktion von V_{opt} fest, daß V_{opt} nur wenig von Q und v abhängt. W.Balkin. 11115.

1-68/09-0409 G e o r g i e v, M. P. O dviženii kapli v strue ventiljatornogo opryskivatelja. (Bewegung eines Tropfens im Luftstrom einer Gebläsespritze.) - Traktory i sel'chozmašiny, Moskva 1968 Nr. 5. S. 33-34. - 1 Schema, 1 Tab., 6 Lit.

Vf. betrachtet die Bewegung eines einzelnen Tropfens im freien Luftstrom einer Gebläsespritze und behandelt die Gleichungen dieser Bewegung, wobei er das Verdampfen des Tropfens während des Fluges berücksichtigt und ein Koordinatensystem mit dem Anfang im Düsenende und einer mit der Düsenachse zusammenfallenden X-Achse benutzt. Er bringt die Differentialgleichungen für die in der X- und Y-Achse liegenden Komponenten der Tropfenbeschleunigung und leitet unter Anwenden von Gleichungen und Kennzahlen von Newton, Reynolds, Abramovič und Lyševskij Differentialgleichungen für die Tröpfchenbeschleunigung im Anfangs- und Hauptabschnitt des Strahles ab, die mit Hilfe einer elektronischen Rechenmaschine gelöst wurden. In einer Tab. werden die für einen konkreten Fall ermittelten Werte angegeben.

W.Balkin. 11115.

1-68/09-0410 D o u g l a s, G. A comparison of the 'Vibrajet' nozzle and a fan jet for overall application of bipyridyl herbicides. (Vergleich zwischen "Vibrajet"-Düse und Fächerdüse bei der Ganzflächenbehandlung mit Bipyridyl-Herbiziden.) - Weed Res. 8 (1968) Nr. 1. S. 14-27.

Die "Vibrajet"-Düse besteht aus dem Düsenkörper mit einem Oszillator und einem 12-V-Elektromotor als Antriebsquelle und aus der zylindrischen Düse. Die Düsenbohrungen sind in 2 Gruppen zu je 3 Reihen angeordnet. Die gesamte Düse vibriert mit 3500 Schwingungen je Min. im Winkel von 25°. Ziel der Konstruktion war die Schaffung einer Düse mit großtropfiger Verteilung zur Verminderung der Abdriftgefahr. Ihre Erprobung erfolgte bei der Ganzflächenbehandlung von Paraquat, Diquat und Morfamquat in verschiedenen Kulturen im Vergleich zur Fächerdüse (Flachstrahldüse). Dabei betrug der mittl. Tropfen-Dmr. bezogen auf das Volumen bei der "Vibrajet"-Düse je nach der Größe der Düsenbohrungen 1000 µm bzw. 1300 µm und bei der Fächerdüse 365 µm. Bei gleicher biol. Wirksamkeit der Behandlung konnte bei den gewählten Aufwandmengen eine bedeutende Verringerung der Abdrift erreicht werden. Änderungen der Düsengröße, des Arbeitsdruckes, der Brühe- bzw. der Mittelaufwandmenge sowie des Netzmittelzusatzes ergaben z.T. eine geringe Verbesserung der biol. Wirksamkeit bei der Arbeit mit der "Vibrajet"-Düse. A.Jeske. 11115.

1-68/09-0411 Z i s l a v s k y, Walter. Kurzer Überblick über die im Jahre 1967 anerkannten Pflanzenschutzgeräte. - Pflanzenarzt, Wien 21 (1968) Nr. 6. S. 86. - 1 Abb.

Geprüft und anerkannt wurde: Rückentragbares Motorsprüh- und -stäubegerät "ATO 39" (Leermasse in Sprühausrüstung 7,5 kg; 2 PS Zweitaktmotor; Kraftstoffverbrauch 0,91 l/h; Behälterinhalt 13 l; 372 m^3/h Luftfördermenge des Radialgebläses; Sprühdüse mit Dosierhahn /4 Einstellungen/; Ausbringmenge 0,6...2,4 l/min; Reichweite 7 m, Höhe 5 m; Preis 3600 S).

A.Jeske. 11120.

1-68/09-0412 Z i s l a v s k y, W. Kurzer Überblick über die im Jahre 1967 anerkannten Pflanzenschutzgeräte. - Pflanzenarzt, Wien 21 (1968) Nr. 7. S. 95. - 1 Abb.

Geprüft und anerkannt wurde: Rückentragbares Motorsprüh- und -stäubegerät "ATO 77" (Leermasse in Sprühausrüstung 12,0 kg; 3-PS-Zweitaktmotor; Kraftstoffverbrauch 1,68 l/h; Behälterinhalt 13 l; 685 m^3/h Luftfördermenge des Radialgebläses; Sprühdüse mit Dosierhahn (4 Einstellungen); Ausbringmenge 0,4...2,7 l/min; Reichweite 12 m, Höhe 8 m; Preis 4800 S).

A.Jeske. 11120.

1-68/09-0413 W a r t e n b e r g, G. Motor-Rückensprüh- und Stäubegerät "S 100" des VEB Bodenbearbeitungsgeräte Leipzig - Prüfbericht Potsdam-Bornim. - DDR, DAL, Inst. Mechanisier. d. Landwirtsch. Potsdam-Bornim, Prüfber. Nr.442. Gr.-Nr. 6a. (1966) S. 1-12. - 3 Abb., 7 Tab.

Das Motor-Rückensprüh- und-Stäubegerät ist zum Sprühen, Feinsprühen, Nebeln und Stäuben auf kleinen Flächen und zur Herdbekämpfung in allen land- und forstwirtschaftlichen Kulturen sowie in geschlossenen Räumen einsetzbar. Der Antrieb erfolgt durch einen 2-PS-Zweitaktmotor. Der Brühebehälter mit einem Fassungsvermögen von 9,9 l kann gegen den Staubbehälter mit einem Fassungsvermögen von 8,4 kg ausgetauscht werden. Die Dosierung der Sprühflüssigkeit erfolgt durch auswechselbare Dosierblenden. Das Rückengerät hat eine Leermasse von 18,5 kg. Soll das Gerät gefahren werden, kann es auf eine Transportkarre gesetzt werden, auf der es horizontal dreh- und einstellbar angeordnet ist. In diesem Rüstzustand wird eine Leermasse von 30,5 kg angegeben. Bei einer Windgeschwindigkeit von 0,5 m/s konnte eine Arbeitshöhe beim Sprühen von 4...5 m und eine Reichweite von 5...7 m erreicht werden. In der Durchführungszeit wurden mittlere Flächenleistungen beim Sprühen von 0,44 ha/h bei Aufwandmengen von 50...200 l/ha erreicht. Prüfurteil: "geeignet". G.Müller/Bornim. 11120.

1-68/09-0414 F r o w e i n, H.J. Nochmals Thema "Raumvernebelung". - Prakt. Schädlingsbekämpfer 20 (1968) Nr. 7. S. 99-102.
Die erforderliche Menge Nebelmittel zur Raumentwesung hängt von der Art der Insekten ab. Während 0,3...1 cm^3/m^3 Raum eines bestimmten Präparates gegen fliegende Insekten ausreichten, waren bei kriechenden Insekten bis zu 6 cm^3/m^3 zum Bekämpfungserfolg erforderlich. Bei den modernen, gebräuchlichen Heißnebelgeräten erfolgt die Nebelbildung sowohl durch die Hitzeanwendung als auch durch mechanische Zerstäubung. Je feiner der Nebel ist, umso besser ist die Verteilung und die "Tiefenwirkung". Beim "Microjet"-Nebelgerät wird die Nebelfeinheit über die Ventileinstellung, mit der das Verhältnis Luftdurchsatz/Präparatdurchsatz reguliert wird, gesteuert. Bei den meisten Geräten wird die nebelhaltige Luft angesaugt und geht ungefiltert durch den Motor. Leistungsabfall durch Verschmutzung und schließlich Ausfall sind die Folge. Dichtungen an den Nebelgeräten sollten aus lösungsmittelfesten Elastomeren bestehen. A.Jeske. 11125.

1-68/09-0415 W e n z l, H. Zur Technik der Anwendung systemischer blattlaustötender Granulate im Pflanzkartoffelbau. - Pflanzenarzt, Wien 21 (1968) Nr. 7. S. 95-96. - 1 Tab.
Granulate haben gegenüber der Ausbringung von Flüssigpräparaten verschiedene Vorteile, sind in der Anwendung jedoch wesentlich teurer. In der Wirkung ist die bandförmige Granulatablage in der Mitte der Pflanzreihe im Vergleich zur Punktablage an die Pflanzknollen fast gleichwertig. Trotzdem besteht die Forderung an die voll- bzw. halbautomatisch arbeitenden Dosiergeräte zu den Legemaschinen, das Granulat in die unmittelbare Nähe der Pflanzknollen zu bringen. Die Funktionskontrolle ist nur bei Legemaschinen ohne Zudeckeinrichtung gegeben. Bei 30 kg/ha Aufwandmenge und 62,5 cm Reihenabstand reicht eine Behälterfüllung von 2 kg für eine Reihenlänge von 1070 m. Zur richtigen Dosiereinstellung ist eine Abdrehprobe durchzuführen. Das Ausbringen mittels Drillmaschinen stellt nur eine Behelfslösung dar. Die Ausbringung des Granulats gleich einem Düngemittel vor dem Anbau erwies sich als weniger wirksam und kann der Praxis nicht empfohlen werden.
A.Jeske. 11155.

C. MECHANISCHE VERFAHREN

1-68/09-0416 S c h ö n b e c k, Horst. Eignen sich Attrappen zur Verhinderung von Vogelschäden? - Pflanzenarzt, Wien 21 (1968) Nr. 4. S. 48.
Grundsätzlich dürfen Abwehrgeräte nur in den Gefahrenzeiten (zur Saat bzw. Ernte) aufgestellt werden. Kunstvoll selbsthergestellte Anblickscheuchen können gegen viele landwirtsch. Schadvögel vorübergehend eine abschreckende Wirkung zeigen, wenn die Standorte in den Abendstunden mehrfach gewechselt werden. Der Krähenplage ist durch Abschuß nicht beizukommen, jedoch haben 8...10 tote Krähen je ha an einem Pfahl befestigt eine gute Abschreckwirkung. Den gleichen Zweck können auch schwarze Tücher erfüllen. Zur fühlbaren Verminderung der heimischen Brutkrähen können in der Zeit von Mitte März bis Mitte April Gifteier, mit gelbem Phosphor gefüllt, ausgelegt werden. Saatvergällungsmittel schützen nur das Saatgut selbst, nicht aber die Keimlinge. A.Jeske. 11230.

1-68/09-0417 S c h r e i e r, Otto. Die Bekämpfung der Hamsterplage. - Pflanzenarzt, Wien 21 (1968) Nr. 5. S. 69-71. - 2 Abb.
Die üblichen Verfahren sind Austränken (mit 30...50 l Wasser je Bau), Aufstellen beköderter Fallen und Freilegen der Baue. Dieses Vorgehen ist erfolgreich, aber sehr arbeitsaufwendig und für Großflächen wenig geeignet. Flächenbehandlungen mit Endrin- oder Toxaphen-Präparaten sind nahezu wirksam. Mit Gaspatronen war der Erfolg auch nicht durchschlagend, da den Hamstern z.T. noch das "Vermauern" des behandelten Bauteiles gelang. Einen durchschlagenden Erfolg erzielt man bei sachgemäßer Anwendung phosphorwasserstoffentwickelnder Präparate. Sehr wirksam und am billigsten ist das Einleiten von Benzinmotor-Auspuffgasen mittels flexiblem Metallschlauch mit Asbestfutter. A.Jeske. 11230.

XII. A U S S T E L L U N G E N, T A G U N G E N, V O R F Ü H R U N G E N, R E I S E N, Ü B E R S I C H T E N

A. AUSSTELLUNGEN

1-68/09-0418 B l u m, Walter-Robert. Brüssel will Zentrum Europas werden. - Landtechnik 23 (1968) Nr. 7. S. 198. 200-203. - 7 Abb.
Auf der "UGEXPO" stellten 600 Aussteller, davon etwa 60 Ausländer aus. Es werden herausgestellt: eine einfache Maschine zum Pflücken von Rosenkohl; eine Maschine, die mit Hilfe von x-Strahlen Kluten und Steine von Kartoffeln trennt; eine Rübenköpfmaschine, die auch dann noch gut arbeiten soll, wenn Abstände und Höhe der Rüben sehr ungleich sind; ein Halsrahmen, der sich automatisch schließt, wenn die Kuh ihren Kopf durchsteckt; ein Kotrost, bei dem auf die Roststäbe Gummi aufvulkanisiert ist; eine Milchkühlwanne, bei der die anfallende Wärme zur Heißwasserbereitung benutzt wird; das Hydromatic-Getriebe von IHC und eine Einmann-Fronthacke. Neben dem vielfältigen Traktorenangebot waren zahlreiche selbstfahrende Arbeitsmaschinen vertreten.

Groß war das Angebot an Kreiselmähern, Schädlingsbekämpfungsgeräten sowie Geräten zum Trocknen, Reinigen und Mischen des Futters.

G.Wünsche. 12005.

1-68/09-0419 A n o n y m. Sightseeing at Smithfield. (Sehenswertes auf der Smithfield-Ausstellung.) - Dairy Farmer 15 (1968) Nr. 1. S. 38-39. 41. - 16 Abb.

Von den einzelnen Exponaten sind folgende die wichtigsten: Rotationsmäher mit einer Arbeitsbreite von 5 ft. (1,52 m) von der Fa. Blanch Lely Ltd., der an den beiden Seiten je eine Gleitkufe hat und dessen Schnitthöhe von 0...6 in. (0...15,2 cm) einstellbar ist. - Das Rotationsmähwerk von Bamlett Reveller ist mit 2 Trommeln, die die Messer tragen, ausgerüstet. Es hat eine Arbeitsbreite von 5 ft. (1,52 m) und bei einer Arbeitsgeschwindigkeit von 5 m.p.h. (8,0 km/h) eine Leistung bis zu 3 acres/h (1,2 ha/h). - Das Rotationsmähwerk von T. V. Knox arbeitet mit vier gegenläufig rotierenden Mähscheiben und ergibt somit zwei Schwade. - Das Mehrscheibenrotationsmähwerk von Kuhn Freres & Co. wird an das 3-Punkt-Hydraulikgestänge des Traktors angebaut und besitzt eine Arbeitsbreite von 5 ft. 3 in. (1,63 m). - Das Rotationsmähwerk von Melotte besitzt 2 rotierende Trommeln, die mit 4 leicht auswechselbaren Messern bestückt sind.- Der Schlegelmäher von der Fa. Wilder hat eine Arbeitsbreite von 5 ft. 6 in. (1,68 m). Das traktorbetriebene Gebläse von Woods zur Belüftung von Getreide oder Heu ist wahlweise in den Größen 30 oder 40 in. (76,2 oder 102 cm) lieferbar. - Drillmaschine für Kohl und Raps mit 14 Drillrohren von der Fa. Gibbs. Eine kombinierte Drill- und Düngerstreumaschine von der Fa. Western Machinery & Equipment Co. W.Bohrisch/Bornim. 12005.

1-68/09-0420 A n o n y m. At the Royal. (Auf der Royal.) - Farm Mechanizat. & Buildings, London 20 (1968) Nr. 227. S. 23-25. 27-28. - 9 Abb., 2 Zeichn.

Vf. gibt einen Überblick über die auf der Royal-Show im Juli 1968 gezeigten neuesten landwirtsch. Maschinen. Es werden jeweils die Spitzenerzeugnisse von insgesamt 54 verschiedenen Einzelfirmen kurz charakterisiert. Unter anderem wurde eine Kartoffelsortiermaschine mit einer Stundenleistung von 5...6 t gezeigt, die etwa 400 engl. Pfund kostet. Die Fa. John Deere Ltd. zeigte einen Rotationsmäher mit beiderseitig geschärftem und drehbar gelagertem Schneidwerk; ferner eine Futtererntemaschine mit einer selbstschärfenden Schneidevorrichtung. Eine Neuheit auf dem Gebiet des Traktorenbaues stellt der allradgetriebene, mit Hydrauliksteuerung ausgerüstete Frontlenkertraktor County "1004" dar, dessen vorgeschobene Fahrerkabine einen bes. guten Überblick nach allen Seiten ermöglicht. S.Lehmann/Bornim. 12005.

1-68/09-0421 C r u c q, J. Liempde 1968. (Liempde 1968.) - Landbouwmechanisatie 19 (1968) Nr. 6. S. 525-533. - 18 Abb.

Auf dem 21. Landmaschinentag in Liempde wurden spezielle Sicherheitskabinen (BM-Volvo) und Sicherheitsvorrichtungen (Oosterhuis) vorgestellt. Eine erfreuliche Tatsache ist die jetzt verbesserte Abschirmung der Kreiselmäher, offenbar bestimmend für den Fortbestand dieser Maschinen. Aufsammelwagen werden mit Transport- und Dosiereinrichtungen für die Abgabe des Gutes an Gebläse oder Förderbänder ausgerüstet. Entladetransporteure als Verbindungselement zwischen Aufsammelwagen und Fördereinrichtung sind im Angebot mehrerer Hersteller (Lely, Neuero) enthalten. 2reihige Kartoffelroder (u.a. Themilco, Weimar) fanden zunehmend Beachtung. Weitere Neuheiten: Annahmeförderer mit je einem Förderband für Kartoffeln und abgesiebte Erde (De Lignie, Herkingen; Breston N.V., Nieuwe-Tonge); automatische Sackverschließmaschine (De Lignie, Herkingen); Rübenlader mit Reinigungseinrichtung (Matrot); Mahl- und Mischeinrichtung für Kraftfutter; Strohhäcksler für das Häckseln und Verteilen von Stroh aus dem Schwad. Verschiedene Fabrikanten rüsten ihre Vakuum-Gülletankwagen mit einer zapfwellenangetriebenen Monopumpe aus, die zwar ein Homogenisieren der Gülle vor dem Ansaugen durch Umpumpen gestattet, jedoch gegen Steine empfindlich und wenig verschleißfest ist.

E.Kraaz/Bornim. 12005.

1-68/09-0422 A n o n y m. Neue Entwicklungen der internationalen Landtechnik. - Metalltechnik, Wolfratshausen 22 (1968) Nr. 7. S. 168-170. - 4 Abb.

Sima Paris 1968. Auch in Frankreich liegt der Massenabsatz der Traktoren bei Leistungen unter 80 PS. Hauptproduzenten von vierradangetriebenen Traktoren sind italienische Firmen. Bei den Mähdreschern nimmt der Absatz von Typen mit großen Tischbreiten immer mehr zu. Es wurden 19 Scheiben- und Kreiselmähwerkkonstruktionen angeboten. Mähwerke mit Untenantrieb ermöglichen den Frontschnitt oder die Zwischenachsanbringung. Dabei ist jedoch die Bildung eines zweckmäßigen Schwades nicht immer gewährleistet. Bei Pflügen sind Volldrehpflüge gefragt. Neu ist der Einsatz der doppelt wirkenden Hydraulik für die Drehung, der Vorfurchenlockerer und eine Regulierung der Seiten- und Längsachsverstellung. Interessant ist ein Kartoffelsammler, der auch für andere Knollenfrüchte verwendet werden kann, und eine Zwiebellegemaschine. G.Wünsche. 12005.

1-68/09-0423 G e n z m e r, W. Landwirtschaftsmesse in Paris. - Dtsch. landwirtsch. Presse 91 (1968) Nr. 13. S. 7-8.

Der Struktur der franz. Landwirtschaft entsprechend wurden neben Vierrad-, Allrad- und Tandemtraktoren von 50 Firmen Einachs- und Spezialtraktoren für den Weinbau angeboten. Für Preßballenwelksilage eignen sich bes. Hochdruckpressen mit einem Kanalquerschnitt von 30 x 40 cm. Eine schwed. Maschinenfabrik zeigte eine halbautomatische Schnellkupplung für den Frontlader. Für die Zuckerrübenernte waren Maschinen zu sehen, die das Blatt und anschließend die Rübenköpfe abschneiden und putzen. Vorgestellt wurden ferner ein Maisstrohzerreißer, eine Maschine mit hydraulischem Mähwerk zum Unterwassermähen von Binsen und Schilf, eine Bohnenpflück- und Erbsendreschmaschine, eine Erntemaschine für Endivien und Karotten sowie ein Heuturm mit Greiferzugentnahme. Interessant waren Maschengewebe aus Kunststoff ohne Drahteinlage und Onduline-Wellplatten zur Dacheindeckung, die nagelbar sind und mühelos von Hand gesägt werden können. G.Wünsche. 12005.

1-68/09-0424 A n o n y m. The quality was there. (Die Qualität war da.) - Farm Mechanizat. & Buildings, London 20 (1968) Nr. 224. S. 24-26. 28. 31. - 16 Abb., 2 Zeichn.

Kurzer Überblick über die wichtigsten Exponate der Internationalen Landmaschinenausstellung in Paris vom 5. bis 10. März 1968. Unter Angabe von techn.

Daten werden Neuerungen (zumeist Verbesserungen bereits bekannter Maschinenelemente) hinsichtlich Konstruktion und Funktion dargestellt. 1) Eine Art selbstfahrendes Chassis, das in etwas unterschiedlicher Bauweise und Größe von verschiedenen Firmen hergestellt wird. Durch die Anwendung von unterschiedlichen An- und Aufbauten kann es als Mehrzweckgerät eingesetzt werden. 2) Der größte Traktor der Ausstellung war der "Ford 8000", der mit einem 6-Zylinder-Dieselmotor (Hubraum 6571 cm^3) ausgerüstet ist. Der Motor hat eine max. Leistung von 120 h.p. (121,7 PS). An der Zweigang-Zapfwelle können bis zu 100 h.p. (101,4 PS) abgenommen werden. Der Traktor hat 8 Vorwärts- und 2 Rückwärtsgänge. 3) Bei der neuen Drillmaschine von der Fa. Gougig wird ein in seiner Drehrichtung umkehrbares Zahnrad als Regelorgan benutzt, die Ausbringmenge richtig zu dosieren. 4) Eine gute Lösung in bezug auf ein gleichzeitiges Drillen und Kultivieren zeigt die Fa. Howard Rotavator. 5) Ein Gerät zum Ausdünnen von Rübenpflanzen zeigt die Fa. Safary-Sébille. Während die Sichtung bzw. die Auswahl der Pflanzen elektronisch erfolgt, werden die Ausdünnmesser von Preßluft betrieben (6 Hübe/Sek.). 6) 2 Ballenladegeräte werden vorgestellt, die hydraulisch arbeiten und zum gleichzeitigen Laden von 1...6 Ballen auf das Transportfahrzeug vorgesehen sind. W.Bohrisch/Bornim. 12005.

1-68/09-0425 A n o n y m. Neuheiten von der DLG-Ausstellung. - Landtechnik 23 (1968) Nr. 11. S. 392-402.
Es werden kurz die Neuentwicklungen beschrieben, die von 59 Firmen auf der DLG-Ausstellung gezeigt worden sind. G.Wünsche/Bornim. 12005.

B. TAGUNGEN, VORFÜHRUNGEN, REISEN

1-68/09-0426 A n o n y m. Farmers' designs - and french equipment at Midlands demonstration. (Entwürfe von Landwirten - und die französische Ausstattung bei der "Midlands"-Vorführung.) - Farm Mechanizat. & Buildings, London 20 (1968) Nr. 225. S. 28-29. - 12 Abb.
Am 27. und 28. März 1968 wurden in Baginton Maschinen und Geräte vorgeführt, die von praktischen Landwirten entwickelt worden sind. Die wichtigsten dieser Neuerungen sind: Ein Tandemtraktor, der vorn aus einem "Fordson-Super-Major" und hinten aus einem "International B 614" besteht. Unter Weglassen der Vorderachse des hinteren Traktors, dessen Regeleinrichtungen vom vorderen Traktorsitz aus bedient werden können, ist er an die 3-Punkt-Hydraulik des vorderen Traktors anmontiert. - Eine Vorrichtung, die an einen Frontlader angebaut werden kann und die das Stapeln und Transportieren von gleichzeitig 6 Ballen (Heu oder Stroh) ermöglicht. - Eine Art Mischer, der Futterkonzentrate in Form von Pellets in wählbarer Menge von 1,5...6,5 cwt./h (72,6...373,4 kg/h) einem Futterstrom beimengt. - Ein Arbeitsbalken mit einer Arbeitsbreite von 10½ ft. (3,20 m) kann entweder mit 18 Scheiben von 24 in. (61 cm) Dmr. oder mit Zinken in wählbarem Abstand (Mindestabstand 1 5/8 in. (41,2 mm) bestückt werden. Er ist als Scheibenegge oder Kultivator einsetzbar. - Ein 1achsiger Jauchetankwagen mit angebauter zapfwellenbetriebener Jauchepumpe. Der Tank hat ein Fassungsvermögen von 1000 gal. (3785 l) und kann mit der Pumpe innerhalb von 2 bis

5 Min. gefüllt werden. Zum Betrieb dieses Tankwagens mit der Pumpe sind 40-PS-Traktoren notwendig. W.Bohrisch/Bornim. 12105.

C. ÜBERSICHTEN

1-68/09-0427 A n o n y m. Maschinen und Geräte aus Großbritannien. - Landmaschinen-Markt 47 (1968) Nr. 10. S. 38-42. 44. - 20 Abb.
Folgende Maschinen werden vorgestellt: 4 neue Mehrfurchenpflüge mit großem Durchgang; ein hydraulisch angetriebener Grasmäher mit 2,7 m Schnittbreite; ein Doppelrotor-Heuwender; eine Hochleistungspresse mit gleichmäßigem Ausstoß bei schwerem Erntegut; eine Schnellpresse; ein zapfwellenangetriebenes Gebläse mit 60 t Stundenleistung; ein neuartiges Sprühgerät, bei dem die Charakteristik des Sprühstrahls vom Traktorsitz aus gesteuert wird, und ein Rückensprühgerät, das nur 5,7 kp wiegt. Ferner ein Traktor-Anbau-Grabenbagger; ein Anbau-Frontlader mit 4 hydraulisch betriebenen Ladeeinsätzen; ein Gabelstapelgerät mit 1 Mp Tragfähigkeit; ein seiten- und neigungsverstellbarer Gabelstapler und ein Werkzeug zum Einrammen von Pfählen. Für die Innenwirtschaft ein selbstaufnehmendes Vibrationsband für Kartoffeln und Getreide; Getreide-Trocken- und Speichersilos sowie eine mechanische Förderanlage für Viehfutter. G.Wünsche. 12205.

1-68/09-0428 H i n e, H.J. Tackle for the tough tasks. (Gerät für die schweren Arbeiten.) - Power Farming 40 (1968) Nr. 5. S. 34-35. 37. - 16 Abb.
Vf. berichtet anhand von Abb. über Traktoren und Maschinen, die bes. für Unternehmer geeignet sind. Ein Tandemtraktor mit 2 Triebachsen. Ein aufgesattelter 5-Furchen-Pflug für hohe Arbeitsgeschwindigkeiten. Ein Erdbohrer, der an den Traktor montiert ist und Löcher für Pfosten und Pfeiler aushebt. Eine verstärkte 3-Punkt-Hydraulik für Kettentraktoren zum Anheben von größeren Lasten. Stalldungstreuer mit einer Kapazität von 4 t. Ein Tankwagen für Jauche mit einem Fassungsvermögen von 700 gal. (3182 l), der unter Vakuum in 1...6 Min. gefüllt werden kann. Ein Sprühbalken mit 60 ft. (18,29 m) Arbeitsbreite. Der Rotationsverteiler von Howard, der 3½ oder 7 cu. yd. (2,67 oder 5,35 m^3) flüssigen oder festen Dünger nach der Seite hin ausbringen kann. Den Lely-Mähdrescher "Victory" mit einer Arbeitsbreite von 14 ft. (4,27 m), dessen Mähwerk zu Transportzwecken nach rechts und links hochgeklappt wird. Der Futterernter von Taarup, der eine hohe Leistung besitzt. Eine selbstfahrende Zuckerrübenerntemaschine von Standen für 1-Mann-Bedienung. Der Allen-Landraner "Mk 4" für die Dränage mit Tonröhren von 3...6 in. (76,2...152,4 mm) Dmr. und für Dränrohre aus Kunststoff. Ein Kettenfahrzeug, das zur Ausbaggerung von Flüssen und Kanälen einen 50 ft. (15,24 m) langen Ausleger mit einem 1 cu. yd. (0,76 m^3) großen Schürfkübel besitzt. Ein aus Kunststoff hergestelltes Boot mit 4...6 in. (10,2...15,2 cm) Tiefgang mit einem 8 ft. (2,44 m) breiten Messerbalken zum Schneiden von Rohr (Antrieb der seitlichen Schaufelräder sowie des Schneidbalkens durch je einen Hydraulikmotor). Eine an den Traktor gebaute Heckenschneidvorrichtung mit einem 36 in. (91,4 cm) großen Schneidblatt (nach Art einer Kreissäge). Ein hydraulisch arbeitendes Schürfkübelgerät zum Reinigen von Grabensohlen. Eine Fahrzeugfunkausrüstung. W.Bohrisch/Bornim. 12205.

1-68/09-0429 A n o n y m. DLG-geprüft und anerkannt. - Schlepper u. Landmaschine 19 (1968) Nr. 5. S. 164-165.

Der Bergmann-Sammelroder "K 60" wird als Absack-Roder oder als Bunkerroder geliefert. Er erreicht bei äußerst schonender Kartoffelbehandlung eine Tagesleistung von 1,6 ha. Der Bergmann-Ladewagen "L 15" für Traktoren mit geringen Leistungen kann 8 m^3 Grünfutter oder 15 m^3 Dörrfutter laden. Mit der aus 7 Messern bestehenden Schneidvorrichtung werden Schnittlängen von 190 mm erreicht. Die Fa. Otto Wolf bietet neue Traktorenverdecke mit Überschlagbügeln sowie Neuerungen bei Rund- und Flachscheibenverdecken an. Die Zahnradfabrik Friedrichshafen AG bringt Triebwerke, Getriebe, Lenkhilfen, Ölpumpen und hydraulische Lenkanlagen auf den Markt. Die David Brown Tractors GmbH brachte neue Traktoren mit 35, 45 und 70...75 PS, einen Superlader und einen Hochradtraktor heraus. Die Maschinenfabrik Andreas Stihl zeigte ein abgerundetes Motorsägenprogramm, Motorsägenanbaugeräte und Rasenmäher.

G.Wünsche. 12205.

XIII. L Ä N D L I C H E S B A U W E S E N

A. ALLGEMEINES

1-68/09-0430 Z i n n e, Gustav. Investitionspolitik in der Landwirtschaft und Nahrungsgüterwirtschaft. - Bauzeitung 22 (1968) Nr. 5. S. 225-228. - 4 Abb.

Von den Beschlüssen des VII. Parteitages der SED ausgehend werden die Grundzüge der perspektivischen und prognostischen Entwicklung der Land- und Nahrungsgüterwirtschaft zu den Investitionsvorhaben in Verbindung gebracht. Dabei fordert die volkswirtschaftliche Konzentration von Investmitteln und Kapazitäten auf den Boden eine Reihe von Konsequenzen, insbesondere beim landwirtschaftlichen Bauen. Durch Planung und Einsatz der Investitionen auf Schwerpunktbauten, die strukturbestimmend auf die zukünftigen industriemäßigen Produktionsmethoden hinwirken, werden ab 1968 Beispiele für die konzentrierte Haltung in der Viehwirtschaft im Vordergrund stehen. Damit wird schrittweise der Bau von kleinen Anlagen eingeengt, die den herangereiften Bedingungen nicht mehr entsprechen. Die 1968 neu entwickelten Anlagen bedürfen einer stetigen Weiterbearbeitung in soz. Gemeinschaftsarbeit aller am Bau Beteiligten, um im Zeitalter der wissenschaftlich-technischen Revolution stets den Welthöchststand bestimmende Erkenntnisse einarbeiten zu können.

H.Wanka. 13005.

1-68/09-0431 L a m m e r t, T. Fragen der wissenschaftlich-technischen Entwicklung im Landwirtschaftsbau und ihre Erprobung in Versuchsanlagen und Experimentalbauten. - Karl-Marx-Univ. Leipzig, Landwirtsch.-Fak., Vortr.-Tag. 14 (1966) S. 51-66.

Das Bauwerk ist nicht nur eine wichtige Voraussetzung für die Produktion, sondern gleichzeitig ein in der Anschaffung für den landwirtschaftlichen Betrieb sehr aufwendiges Produktionsmittel. Deswegen gilt es, einen rationellen Einsatz der Investitionen zu sichern. Die bauliche Anlage ist materialisierte Technologie und das Ergebnis einer gemeinsamen Arbeit von Landwirtschaft, Maschinenbau und Bauwesen. Dabei gilt es, das Produktionsverfahren in funktionelle Lösungen umzusetzen und die räumlichen Lösungen technisch zu realisieren. Die Divergenz zwischen der Langlebigkeit der baulichen Lösung und der Kurzlebigkeit der landwirtschaftlichen Verfahren ist wissenschaftlich noch nicht ausreichend geklärt. Das Bauwerk muß zur Steigerung der Arbeitsproduktivität und der Produktionsleistung beitragen. Vf. geht auf Pavillonbauten, großflächige Bauten mit kompakter Zuordnung, Kompaktbauten, Geschoßbauten, Leichtbau, Mastenbauweise, die Stützen-Riegel-Konstruktion und den Einsatz neuer, effektiver Baustoffe ein. Der Erprobung dienen 1. der kleintechnische Versuch zur Prüfung einzelner Elemente und der künftigen technologischen, maschinenbaulichen oder baulichen Lösung sowie 2. der Experimentalbau oder die Versuchsanlage zur komplexen Klärung des Verfahrens oder der technischen Lösung des Gebäudes. E.Mothes. 13005.

1-68/09-0432 M a t o n, A. Tendances modernes dans la construction et l'équipement des bâtiments agricoles. (Moderne Tendenzen der Konstruktion und Ausrüstung landwirtschaftlicher Bauten.) - Rev. Agric., Bruxelles 21 (1968) Nr. 1. S. 3-18.

Die Anpassung der landwirtschaftlichen Bauten an die industriemäßige Produktion erfolgt durch Umgestaltung der Altbauten oder durch Neukonstruktion, wobei die Neubauten häufig den Anfang oder das Ende der Modernisierungsmaßnahmen bilden. Für landwirtschaftliche Produktionsbauten werden gute hygienische Bedingungen, rationelle Arbeitsorganisation und Möglichkeiten zur Vergrößerung, Anpassung und Umgestaltung gefordert. Annehmbare Preise sind nur bei Serienproduktion vorgefertigter Bauteile eines Baukastensystems mit begrenzter Typenzahl zu erwarten. Da in Belgien die kleinen Familienbetriebe überwiegen, bestehen keine günstigen Voraussetzungen für die Mechanisierung der Milchgewinnung. Der Laufstall mit Spaltenboden konnte sich deshalb in der Milchviehhaltung bisher nicht durchsetzen. In einer 1000er Bullenmastanlage befinden sich die Kälber in Einzelboxen, wogegen die größeren Tiere bis zu 30 Wochen in Gruppen zu 20 Tieren und danach in Gruppen zu 10 Tieren in größeren Boxen mit Spaltenboden gehalten werden. In der Schweinehaltung sind die meistens rechteckigen Abferkelboxen von der sonstigen Anlage getrennt. Die Aufzuchtboxen (für die Zeit 3...8 Wochen nach dem Abferkeln) sind geräumig. Für Sauen ohne Ferkel sind Laufställe mit automatischer Verriegelung des Futterstandes, z.Z. auch die Anbindehaltung oder die Einzelhaltung in 0,7 m breiten Boxen in Anwendung, teilweise mit Auslauf. In Mastställen ist die dänische Aufstallung verbreitet. Die Gebäude sind häufig fensterlos und werden mit Ventilatoren belüftet. Sie haben nur selten Spaltenböden.Bei überwiegender Trockenfütterung mit Automaten findet man auch die Fußbodenfütterung sowie die automatische Flüssigfütterung.
H.Kaiser. 13005.

1-68/09-0433 G a i t z s c h, Konrad. Bestandsaufnahme für den Fertigbau - Vorschläge für die Rationalisierung im landwirtschaftlichen Bauwesen. - Bauen auf d. Lande 19 (1968) Nr. 4. S. 82. 84-85.

Es werden die technologischen und architektonischen Grundbedingungen sowie noch nicht beseitigte Mängel der Fertigteilprogramme im Hinblick auf Flexibilität, Stallklima, Belichtung und Standfestigkeit zusammengestellt. Ein Vergleich des landwirtschaftlichen Bauvolumens eines Jahres mit der Vielzahl und Kapazität von Betrieben in der DBR, die Fertigteile für den Landwirtschaftsbau herstellen, führt zu Vorschlägen zur Verbesserung der Planungs- und Fertigungsgrundlagen, wie: Maßordnung, Normung der Kleinbauelemente und der Entwicklung leichter Einbauelemente für den Innenausbau.

H.Wanka. 13005.

1-68/09-0434 A n o n y m. Starke Umsatzsteigerung um 20 Prozent im landwirtschaftlichen Bauen. - Bauen auf d. Lande 19 (1968) Nr. 4. S. 106.

In der DBR wurden im Jahre 1967 für landwirtschaftliche Baumaßnahmen Kredite von insgesamt 325,556 Mill. DM zinsverbilligt. Davon entfielen auf Aussiedlungen von Gehöften und bauliche Maßnahmen in Altgehöften 76,045 Mill.DM, auf Um- und Neubau von landwirtschaftlichen Betriebsgebäuden 206,156 Mill.DM sowie auf Landarbeitereigenheimbau 43,355 Mill. DM. Außerdem wurden bei bereits ausgezahlten Darlehen, die 1966 trotz rechtzeitiger Antragstellung wegen fehlender Haushaltsmittel nicht mehr in die Zinsverbilligungsaktion aufgenommen werden konnten, Kredite von 104,163 Mill. DM nachträglich zinsverbilligt. Das gesamte zinsverbilligte Kreditvolumen für landwirtschaftliche Baumaßnahmen betrug damit im Jahre 1967 rund 429,719 Mill. DM gegenüber 499,571 Mill. DM im Vorjahre und seit Beginn der Zinsverbilligungsaktion im Jahre 1954 rund 5,136 Mrd. DM. Im Dezember 1967 wurden 758 landwirtschaftliche Betriebsgebäude (außer Nebenerwerbs- sowie Land- und Forstarbeitersiedlungen) mit einem Volumen von 1,292 Mill. m^3 umbauten Raumes und einer Kostensumme von 53,409 Mill. DM zum Bau genehmigt. Hiervon sollen 30 Gebäude mit einem umbauten Raum von 72200 m^3 und einer Baukostensumme von 1,716 Mill. DM in Fertigteilbauweise ausgeführt werden. Damit erhöhte sich das gesamte genehmigte Bauvolumen im Jahre 1967 auf rund 15000 landwirtschaftliche Betriebsgebäude mit einem Rauminhalt von 22,600 Mill. m^3 und 953,522 Mill. DM Baukosten (1966 = rund 16900 Betriebsgebäude, 26,8 Mill. m^3 umbauten Raumes und 1,129 Mrd. DM Baukosten). Der Umsatz im Landwirtschaftsbau nahm im Dezember 1967 gebenüber dem Vormonat um 20,7 % zu, während die Zahl der geleisteten Arbeitsstunden in der Vergleichszeit um 42 % abnahm. Insgesamt wurde im Jahre 1967 mit 843 Mill. DM ein um 4,1 % geringerer Umsatz erzielt und mit 57,5 Mill. Arbeitsstunden 8,3 % weniger Arbeitsstunden geleistet als 1966. 13005.

1-68/09-0435 L o n g, David. Reports on experimental buildings. (Berichte über Versuche mit Gebäuden.) - Farm Mechanizat. & Buildings, London 20 (1968) Nr. 224. S. 65. 67-68.

Vf. gibt eine kurz gefaßte Zusammenstellung über die veröffentlichten Versuche, die an verschiedenen landwirtschaftlichen Gebäuden durchgeführt wurden. Die Zusammenstellung enthält die interessantesten Veröffentlichungen, die vom Agric. Res. Council Farm Buildings herausgegeben wurden. Darunter sind: 1. Versuche über 2 belüftete Kartoffelkeimhäuser. 2. Die Kosten und der Wirkungsgrad von Spaltenböden in Rinderzuchtställen. 3. Die Wirksamkeit von Teilspaltenböden in Schweineställen. 4. Schweinemasthäuser mit Fußbodenfütterung. 5. Eine Studie über ein gekühltes Kartoffelkeimhaus. 6. Ein Handbuch für das ländliche Bauwesen, in dem die notwendigsten Daten in Form von Tab.

und Listen angegeben sind. 7. Die Ausbildung des Fußbodens in Melkställen. 8. Grundlagen für den Bau von Turmsilos, wenn nachteilige Folgen ausgeschlossen werden sollen. 9. Eine ausgezeichnete Untersuchung über Abferkelställe. 10. Jahrbuch der ASAE, das 211 Seiten umfaßt. 11. Konservierungsmittel für Weidezaunpfähle. 12. Baumschutzanpflanzungen, Sorten und Behandlung. 13. Zentraler Bericht über landwirtschaftliche Bauten. 14. Ein Handbuch über Aluminium, in welchem die Formen und Abmessungen der beim Bau angewendeten Elemente bekannt gegeben werden. W.Bohrisch/Bornim. 13020.

B. BAUTECHNISCHE GRUNDLAGEN

1-68/09-0436 K o l l, Franz. Ermittlung von umbautem Raum und Aufmaßen. - Prakt. Landtechn., Wien 21 (1968) Nr. 8. S. 247-250.

Vf. behandelt die Berechnung des umbauten Raumes, wie sie speziell für Landwirtschaftsbauten abweichend von der ÖNORM-8 4000, Teil 6, erforderlich ist. Die verschiedenen Gebäudeteile des Landwirtschaftsbaues sind je nach Wertgruppe gesondert zu errechnen und mit den betreffenden Preissätzen zu kalkulieren. Für die meisten landwirtschaftlichen Baumaßnahmen führt die Berechnung der Baukosten nach umbautem Raum am schnellsten und billigsten zu einem ziemlich genauen Kostenüberblick. Im einzelnen wird erläutert und durch Zeichnungen verständlich gemacht, wie bei Wohnbauten (Keller-, Wohn- und ausgebaute Dachgeschosse sowie Dachwerk), bei Wirtschaftsgebäuden (1. Ställe mit ebener Decke und darüberliegendem Bergeraumaufbau; 2. Ställe mit schiefer oder ebener Dachdecke, Kaltdecke oder Dachkonstruktion mit untergehängter Dämmschicht; 3. mit einer Decke abgedeckte Einstell- und Lagerräume; 4. deckenlose Bergeräume und Lagerräume) sowie bei Gärfutterbehältern und bei Stalldüngersammelanlagen aller Art der umbaute Raum berechnet wird. Nebenanlagen (Hauskanalisation, Klär- und Abwasseranlagen, Wasserversorgungsanlagen, Befestigung der Hofverkehrsflächen, Einfriedungen) sowie Abbruch- und Planierungsarbeiten sind in den Kubikmeterpreisen nicht mit enthalten. Sie werden gesondert berechnet. E.Mothes. 13110a.

1-68/09-0437 G o l ' b e r g, D. und Š t e r n b e r g, K. Industrial'na baza oblmižkolgospbudu.. (Eine industrielle Versorgungsbasis für die genossenschaftlichen Bauorganisationen.) - Sil'ške budivnyctvo, Kyïv 1968 Nr. 3. S. 14-15. - 5 Abb., 1 Tab.

Zur Versorgung der genossenschaftlichen Bauorganisationen des Odessaer Gebietes mit Baufertigteilen sind drei Betonwerke mit einer jährlichen Kapazität von je 20000 m^3 vorgefertigter Baukonstruktionen in Betrieb genommen worden. Die Werke liegen in transportmäßig günstig gelegenen Ortschaften mit Bahnstationen. Sie verfügen über eigene Anschlußgleise und gute Verbindungswege zu den Kolchosen ihrer Einzugsbereiche. Das Gebiet ist in drei Bereiche - Norden, Süden und Westen - eingeteilt. Die Baustoffe - Kies, Schotter, Sand, Metall und Zement - erhalten die Werke mit der Eisenbahn, die Fertigteilproduktion wird mit Kraftfahrzeugen auf die Baustellen geliefert. Die Be- und Entladearbeiten sowie der innerbetriebliche Transport sind komplex mechanisiert. Die Anordnung der Hauptgebäude und Hilfsbauten, Werkstätten, offenen Polygone, Dosier- und Mischanlagen, Lagerbunkern usw. gewährleisten einen kontinuierlichen Arbeitsfluß der Fertigung. Die Produktion der Werke wird allmählich auf 40000 t jährlich erhöht. Vff. hoffen, daß diese Baufertigteilproduktion zur Erhöhung der Industrialisierung des ländlichen Bauwesens des Gebietes beiträgt. P. Wudel. 13110b.

1-68/09-0438 B a c u k, V. Ekonomiti cement. (Zementeinsparung.) - Sil'ške budivnyctvo, Kyïv 1968 Nr. 3. S. 16-17. - 1 Tab., 1 Zeichn.
Nach Unterlagen des wissenschaftlichen Forschungsinstituts für Zement beträgt der Verlust an Zement durch unsachgemäße Transportmethoden und ungenügende Mechanisierung der Umschlagprozesse ca. 9 % der Gesamtproduktion. Die Frage der Zementeinsparung stellt sich mit besonderer Dringlichkeit, wenn berücksichtigt wird, daß sich der Zementbedarf allein des Ministeriums für das ländliche Bauwesen der Ukr. SSR auf 1900000 t jährlich beläuft. Vf. bringt die einschlägigen Verordnungen des Ministerrats der UdSSR und der Ukr. SSR über die Vervollkommnung der Lagerhaltung, die Verbesserung des Transports und des Zementumschlags durch komplexe Mechanisierung in Erinnerung und verweist auf die Wichtigkeit genauester Einhaltung dieser Maßnahmen. Besonderes Augenmerk muß dem Eisenbahntransport gewidmet werden. Die Verwendung von Zementbehältern bzw. Zementdoppelbehältern mit Druckluftentleerung kann die Verluste um 0,3...0,4 % verringern. Für die Zementzustellung auf einzelne Objekte empfiehlt Vf. den Behältertransport und schlägt drei Typen von Spezialbehältern vor, die im einzelnen beschrieben werden. Für größere Objekte werden zweckmäßig Zementbehälterfahrzeuge mit 24...30 t Lademasse eingesetzt. Eine weitere Möglichkeit für Zementeinsparungen sieht Vf. in der Verwendung von bestimmten Laugen aus der Seifenproduktion als Zusatzmittel bei der Beton- und Mörtelherstellung. Mit diesem Verfahren können 7...8 % des normalen Zementaufwandes eingespart werden.
P. Wudel. 13110b.

1-68/09-0439 G l u c h o v š k i j, V., P a š k o v, I., S t a r č e v š k a, O. und R o s t o v š k a, G. Gruntosilikatni betoni. (Erdsilikatbetone.) - Sil'ške budivnyctvo, Kyïv 1968 Nr. 3. S. 17-18. - 3 Abb.
Erdsilikatbeton ist ein neuer vom Kiever Institut für Ingenieurbau entwickelter Baustoff auf der Grundlage örtlichen Bodenmaterials, Industrieabfällen und Alkalilaugen. Das Zusammenwirken der Alkalilaugen mit den Aluminiumsilikaten verbindet das Korngefüge des Bodenmaterials zu monolithischem Stein. Die Hauptkomponente sind: örtliches Bodenmaterial - 75...85 % der Trockenmasse oder 1600...1900 kg/m^3, feinstgemahlene, granulierte Hochofenschlacke 14...23 Massenprozent oder 300...600 kg/m^3 und Alkalilaugen 1...2 % oder 20...40 kg/m^3 bezogen auf die Trockenmasse. Als Bodenmaterial kann jede Bodenart, von Sandböden aller Korngrößen bis zu leichten Lehm- und Tonböden verwendet werden, außer Böden mit hohen Gips- und Anhydriteinschlüssen. Als Schlacke werden granulierte Hochofenschlacken sämtlicher Hüttenwerke der Ukr. SSR verwendet. Die Alkalien sind Natriumkarbonat (Na_2CO_3), Pottasche (K_2CO_3) oder kaustische Soda (NaOH). Die Rohdichte dieser Betone erreicht im allgemeinen 2000...2300 kg/m^3. Die Frostbeständigkeit der mittleren Güteklassen umfaßt 50...150 Zyklen. Die Wärmeleitzahl entspricht 0,8...1,25 kcal

je h grd m. Die Abriebfestigkeit hält sich in Grenzen von 0,12...1,2 g/cm^2. Das Haftungsvermögen an der Bewehrung, die Wasserundurchlässigkeit und Wetterbeständigkeit sind größer als bei Sandbetonen. Es werden eingehend erläuterte technologische Schemata der Betonbereitung sowie der Herstellungsverfahren der Fertigteilproduktion gegeben. P.Wudel. 13110b.

1-68/09-0440 K o r o t a ė v, E. Rozširjati virobnictvo arbolitu. (Erweiterung der Produktion von Arbolit.) - Sil'ške budivnyctvo, Kyïv 1968 Nr. 4. S. 18-19. - 2 Abb., 1 Tab., 1 Lit.

Arbolit ist ein neuer Baustoff auf der Grundlage von Sägeholzabfällen oder Hanf- und Flachsschäben als Weiterentwicklung des nach dem ersten Weltkrieg in der Schweiz hergestellten "Durisols". Das Material ist feuerfest, frost- und fäulnisbeständig, läßt sich mit Schneidwerkzeugen bearbeiten und sägen, hat je nach der Zweckbestimmung eine Rohdichte von 250...1000 kg/m^3 und eine Druckfestigkeit von 6...40 kp/cm^2. Die Wärmeleitzahl beträgt 0,1 bis 0,2 kcal/h grd m. Für die Herstellung eines Kubikmeters Arbolit auf der Grundlage von Sägeholzabfällen werden 200...240 kg Holzabfälle, 300...350 kg Zement und 5 kg Kalziumchlorid benötigt. Bei Verwendung von Hanf- oder Flachsschäbe verringert sich der Aufwand an Zuschlagstoffen und Zement auf 170 bis 200 kg/m^3. Arbolit wird zur Herstellung von Wandblöcken, Platten und großformatigen Wandplatten verwendet. Die Erzeugnisse werden in Holz- bzw. Metallschalungen im Rüttelwalzverfahren bei Temperaturen von 15 °C geformt, nach 5 Tagen entschalt und zur weiteren Erstarrung in Lagerräumen gestapelt. Nach einer in Tab. 1 angeführten Zusammenstellung technisch-wirtschaftlicher Kennziffern für Wandmaterialien ist der Preis eines Quadratmeters Wandfläche aus Arbolit um 50 % niedriger als der einer Betonwand bzw. einer Wand aus Ziegelmauerwerk. Arboliterzeugnisse eignen sich nach Ansicht des Vf. wegen ihrer vorzüglichen wärmedämmenden und konstruktiven Eigenschaften besonders für Wirtschaftsbauten in der Landwirtschaft. P.Wudel. 13110b.

1-68/09-0441 S l a n n, P.A. New materials herald structural building panels. (Neue Materialien künden baugerechte Bauplatten an.) - Farm Mechanizat. & Buildings, London 20 (1968) Nr. 225. S. 48-49. - 2 Abb., 1 Zeichn., 2 Lit.

Für das zukünftige Bauen sind nachstehende zwei Entwicklungen von maßgebender Bedeutung: 1. Die Herstellung von sehr festen und belastbaren Bauplatten in den Abmessungen 12 x 4 ft. (3,66 x 1,22 m). Die Außenseiten dieser Platten bestehen aus einer dünnen aber sehr stabilen und bis zu einem gewissen Grade auch belastbaren Metallplatte bzw. Folie. Der Zwischenraum zwischen diesen beiden Außenhäuten wird mit einem sehr steifen Plastschaum ausgefüllt, der sehr gute Dämmeigenschaften aufweist. Derartige Platten können eine Dicke bis zu 4 in. (10,16 cm) haben. Auf Grund ihrer hohen Festigkeit können sie ohne Stützen (bei Wänden) oder ohne Unterzüge (bei Deckenkonstruktionen) einen Zwischenraum bis zu 30 ft. (9,14 m) überspannen. Diese Eigenschaft gibt solchen Platten einen großen Anwendungsbereich. 2. Das Herstellen von dünnen Blechen in Form von Bändern oder Folien aus einem rostfreien Stahl (Nickel-Chrom) und das Aufbringen einer solchen rostfreien Schicht auf weniger edle Stähle eröffnet einen billigen und ausreichenden

Oberflächenschutz in zahlreichen Anwendungsgebieten. In die gleiche Kategorie fällt das Oberflächenveredeln mit Hilfe von Pulver aus hochwertigen rostfreien Stählen. Das Pulver wird durch Walzen, Sintern oder Aufdämpfen auf die Oberfläche des zu schützenden Materials aufgebracht. Durch Aufdampfen unter Vakuum werden korrosionsfeste Schichten von 0,001 in. (0,25 mm) Stärke erhalten. Bei folgerichtiger Anwendung dieser beiden genannten Entwicklungen ergeben sich für das zukünftige Bauen umfangreiche Anwendungsgebiete. W.Bohrisch/Bornim. 13110b.

1-68/09-0442 S t i e t e n r o t h, Karl. Aluminium als Baustoff für die Landwirtschaft. - Bauen auf d. Lande 19 (1968) Nr. 4. S. 101-106. - 5 Abb., 1 Tab., 1 Lit.

Aluminium läßt sich sehr leicht verarbeiten, seine Masse beträgt nur 1/3 der von Stahl. Es hat ein geringes Wärmeabstrahlvermögen und eine sehr hohe Wärmereflexion. Gealtertes Aluminium, das von einer Oxydationsschicht gegen weitere Korrosion weitgehend geschützt ist, reflektiert 60... 95 % der aufgestrahlten Wärmeenergie, im Gegensatz zu schwarzen, nichtmetallischen Oberflächen, die nur 2 % reflektieren. Aluminium läßt sich leicht desinfizieren und ist annähernd dampfdicht. Bei der Verarbeitung ist seine Wärmeausdehnung (das Doppelte von Stahl) zu beachten und das Aluminium gegen Kontakt — Korrosion zu schützen. Tauwasserbildung an den sperrenden Aluminiumdecken und -wänden kann durch Wärmedämmung und Lüftung vermieden werden. Auch für die Vorfertigung von Bauteilen und Stallinneneinrichtungen läßt sich Aluminium mit Vorteil verwenden. H.Wanka. 13110b.

1-68/09-0443 B ö h m e, Eberhard. Korrosionsschutz an Stahlleichtbau-Konstruktionen. - Bauzeitung 22 (1968) Nr. 5. S. 262-263.

Als Schutzüberzüge eignen sich Metall- und Farbschichten sowie Kombinationen beider Systeme, wobei glatte Flächen besser geschützt werden können als stark gegliederte. Deshalb ist im Stahlleichtbau die Rohrkonstruktion korrosionsschutztechnisch günstig. Untergrundbehandlung und Beanspruchungsart durch die Atmosphäre sind entscheidend für die Haltbarkeit der Schutzschichten. Durchschnittlich müssen Stahlleichtkonstruktionen mit metallisierten und gestrichenen Oberflächen nach 10 Jahren mit einem neuen Anstrich versehen werden. H.Wanka. 13110b.

1-68/09-0444 B o n d a r e n k o, G. Budivel'ni materiali i virobi z vidchodiv girničozbagačuval'nich kombinativ. (Baustoffe und Baufertigteile aus Abgängen der Erzaufbereitungskombinate.) - Sil's'ke budivnyctvo, Kyïv 1968 Nr. 3. S. 19-20. - 1 Diagr., 4 Tab.

Im Erzaufbereitungskombinat von Krivoj Rog ist im Juli 1967 eine Klassieranlage für Abgänge aus der Erzaufbereitung mit einer Kapazität von 600000 t jährlich in Betrieb genommen worden. Die Anlage arbeitet als Naßklassierer. Das klassierte Gut wird auf Grund von Untersuchungen des Dnepropetrovsker Forschungsinstitutes für Baustoffe als Feinzuschlagstoff für die Herstellung von Schwer- und Porenbetonen, Mörtel verschiedener Zweckbestimmung, Schlakken- und Silikatbetonen, für feinkörnige Asphaltbetone, keramische Erzeugnisse usw. verwendet. Die Kornzusammensetzung und Alkalität der Stoffe, ihre Schüttrohdichte, Porosität und Druckfestigkeiten sind in 4 Tab. angeführt.

Der aus Abgängen der Erzaufbereitung klassierte Sand verringert den Zementaufwand im Vergleich zu feinkörnigem Flußsand um 30...60 kg m^3 Beton und ist 2...2,5mal billiger. Die Korngruppen unter 0,14 mm können bei der Herstellung von Erzeugnissen aus Silikatbetonen ohne vorheriges Feinmahlen verwendet werden, wodurch eine Verbilligung der Herstellung um 15 % erreicht wird. Die Vorräte aus Abgängen aus der Erzaufbereitung in Krivoj Rog belaufen sich auf jährlich 55...65 Mill. t. P.Wudel. 13110b.

1-68/09-0445 M a m m i t z s c h. PVC-h-Platten als Wandbelag.- Bauzeitung 22 (1968) Nr. 5. S. 249.

PVC-h-Platten eignen sich als Wandbeläge auch in Spritzwasserräumen, wenn Oberflächentemperaturen von mehr als 65 °C nicht auftreten. Sowohl Plast- als auch Klebemörtel dienen als Verbindungsmittel. Die im Prüfverfahren ermittelten technischen Daten werden angeführt. Praktisch wurden die Platten in einem Muster- und Experimentalbau in Halle-Neustadt angewendet.

H.Wanka. 13110b.

1-68/09-0446 B u r g e r, Günther. Untersuchungen zum Schutz bituminierter Dachpappen gegen mikrobiogene Korrosionserscheinungen. - Zbl. Bakteriol., Parasitenkunde, Infektionskrankh. Hyg., II. Abt. 122 (1968) Nr. 3. S. 260 bis 270. - 6 Abb., 3 Tab., 15 Lit. Zus. in Engl. - nach Zus.

Bituminierte Dacheindeckungsgewebe aus Zellulosefasern sind ständig mikrobiogenen Korrosionsvorgängen ausgesetzt. Auf Grund von Untersuchungen mittels Agardiffusions-, Aufwuchs- und Erdeingrabungstestes wird folgendes Imprägnierverfahren vorgeschlagen: Die Rohpappe wird bereits während ihres Fertigungsprozesses mit mindestens 7,5 %iger Natriumpentachlorphenolatlösung durchtränkt und anschließend getrocknet. Dann ist der Zellulosefilz mit einem Bitumen zu tränken, das wenigstens 5 % Pentachlorphenolester aliphatischer Fettsäuren einer Kettenlänge von 7...9 C-Atomen oder mindestens 5 % Kupfernaphthenat enthält. Zur Gewährleistung einer gewissen Langzeitbeständigkeit sollte das imprägnierte Dacheindeckungsgewebe nach dem Verlegen auf dem Dach mit einem Deckbitumen abgedichtet werden, das 2...5 % Xylamon R (60...66,7 % Monochlornaphthalin + 30...33,3 % Dichlornaphthalin) enthält. 13110b.

1-68/09- 0447 H e y n i s c h, Werner. Leichter und ökonomischer bauen - flexibler und lebendiger gestalten. - Dtsch. Architektur 17 (1968) Nr. 5. S. 269-271.

Vf. gibt einen Überblick über den z.Z. erreichten Entwicklungsstand im Leichtbau mit seinen verschiedenen Formen. Metalleichtbauten können in wirtschaftlicher Weise aus Einzelteilen errichtet werden, die in automatisierten Fertigungsgängen hergestellt wurden und in Paketen auf große Entfernungen mit geringem Aufwand transportiert werden. Eingeschossige Bauten in Mastenbauweise können im Vergleich zum Stahlbeton mit nur 35...45 % der Massen errichtet werden, die für die Betonbauten nötig sind. Anhand von Beispielen aus der SU wird die große Variabilität in der Gestaltung der Leichtbauten gezeigt. H.Wanka. 13110d.

1-68/09-0448 L o n g, David. Simple swedish prefabrication system. (Einfaches schwedisches Vorfertigungssystem.) - Farm Mechanizat. & Buildings, London 20 (1968) Nr. 225. S. 42-45. - 3 Abb., 4 Zeichn.

Eine schwedische Firma hat vorgefertigte Bauelemente wie Dächer, Decken, Wände u.a.m. entwickelt, die zu Gebäuden für unterschiedliche Zwecke einfach und bequem zusammengesetzt werden können. Je nach dem Verwendungszweck stehen für die Breite des Gebäudes fünf verschiedene Größen zur Verfügung, nämlich 14,10, 12,90, 10,80, 9,90 oder 7,80 m. Hinsichtlich der Höhe, gerechnet vom Fußboden bis zur Decke, gibt es die beiden Größen 2,5 oder 3,0 m. Die Wandflächen sind 2,4 m breit und haben eine Stärke von mehr als 5 in. (12,7 cm). Sie sind an beiden Seiten entweder mit galvanisiertem Aluminiumwellblech bedeckt oder an der Innenseite anstelle des Aluminiums mit einer flachen glatten Abdeckung aus Asbestbeton. Der Zwischenraum zwischen diesen beiden Außenwänden ist gegen Temperatureinflüsse mit einer 4 in. (10,1 cm) starken Schicht aus Glaswolle gedämmt. Die Masse einer derartigen Wandfläche beträgt 80 kg. Die waagerechten Deckenplatten haben entweder flache galvanisierte Aluminiumplatten oder Asbestzementtafeln. Der Fußboden und die Gründung des Gebäudes bestehen üblicherweise aus Beton, der entweder mit betriebseigenen Arbeitskräften oder von solchen aus der Herstellerfirma vergossen werden kann. Vf. gibt eine detaillierte Darstellung der Konstruktion der einzelnen Bauteile sowie der Art ihrer Verbindung untereinander. Die Gebäude können auf Wunsch von der Herstellerfirma völlig komplett eingerichtet und installiert geliefert werden. Auf Grund der vielseitigen Verwendungsmöglichkeit der einzelnen Bauelemente und der daraus resultierenden Vorfertigung in großer Stückzahl ist der Anschaffungspreis verhältnismäßig niedrig. W.Bohrisch/Bornim. 13110d.

1-68/09-0449 P a t z e l t, Otto und P o l l o k, Günter. Entwicklungstendenzen von Raumtragwerken. - Dtsch. Architektur 17 (1968) Nr. 5. S. 272-277. - 19 Abb., 2 Tab.

Vff. erläutern den internationalen Trend des Bauens mit Raumtragwerken aus Metall. Für den ökonomischen Einsatz ist die Fertigung großer Loszahlen von Einzelelementen und der vielseitig verwendbaren Knoten Voraussetzung. Der derzeitige Stand der Entwicklung und der Produktion in der DDR wird beschrieben. H.Wanka. 13110d.

1-68/09-0450 A n o n y m. Montagefähige Decke - mit oder ohne Wärmedämmung - System Glagit-Verbund. - Bauzeitung 22 (1968) Nr. 5. S. 261. - 7 Zeichn.

Diese Rahmenleichtbauelemente bestehen aus allseitig umlaufenden Stahlleichtprofilen in Verbund mit glasvliesbewehrten Gipsstegen, zwischen denen glasfaserbewehrte Gipsplatten liegen. Sie können mit und ohne wärmedämmende Auflage als Deckenuntersichten eingebaut bzw. aufgehängt werden. Z.Z. läuft ein Langzeitversuch, der das Verhalten der Decke unter Stallbedingungen klären soll. Technische Daten werden mitgeteilt. H.Wanka. 13110d.

1-68/09-0451 M i c h a l č e n k o v, M. L i n a s k, Ė. und Z o l o t u c h i n, A. Oblegčennaja železobetonnaja plita pokrytija. (Leichte Stahlbeton-Dachplatten.) - Sel'skoe stroitel'stvo, Moskva 22 (1968) Nr. 4. S. 22 bis 23. - 4 Schemata, 1 Tab.

Nach einer kurzen Betrachtung der Dachplatten "PKZ" behandeln Vff. die Konstruktion und Verwendung der Stahlbeton-Dachplatten "PPR-24", die in 4 Ausführungen gefertigt werden. Sie haben eine Fläche von 6 x 2,4 m, eine Dicke von 25...30 mm, 2 Längsstege von 250 mm Höhe und 2 Querstege von 100 mm Höhe. Zulässige Belastung einschließlich Eigenmasse 285, 345, 385 und 480 kp je m^2, Stahlverbrauch 4,39; 4,79; 5,54 und 6,64 kg/m^2. Die Bewehrung besteht aus nicht vorgespannten geschweißten Stahlnetzen. In mehreren Skizzen wird die Ausführung von Dächern für landwirtschaftliche Produktionsgebäude (Ställe) unter Verwendung dieser Platten als tragende Elemente und gewellter Asbestbetonplatten als Dachhaut mit wärmedämmender Zwischenlage, Durchlüftung und Dampfsperre angegeben. W.Balkin. 13110d.

1-68/09-0452 A n o n y m. Leichte Dacheindeckungen für Kalt- und Warmbauten. - Dtsch. Architektur 17 (1968) Nr. 5. S. 293-300. - 2 Tab., 35 Zeichn.
Für die z.Z. hergestellten Stahlleichtbauten: Fachwerkbinder Typ Plauen, Stabnetzwerktonne Typ Ruhland und Stabrost Typ Weimar werden Wärmedämmeigenschaften, Materialaufwand und Kostenkennwerte der Dacheindeckungen mitgeteilt, wobei unterschiedliche Konstruktionen Beachtung finden. Die Tabellenwerte sind durch Detailzeichnungen ergänzt. H.Wanka. 13110d.

1-68/09-0453 K a l l i e s, Joachim. Leichte Dach- und Außenwandkonstruktionen für eingeschossige Industriegebäude. - Dtsch. Architektur 17 (1968) Nr. 5. S. 290-292. - 11 Abb., 2 Zeichn.
Ausführungsmöglichkeiten von wärmegedämmten und ungedämmten Bauteilen aus Asbestzement, Aluminium, Feinstahl und Plasten werden aufgezählt und die Gebrauchseigenschaften der aus diesen Baustoffen hergestellten Elemente erläutert. H.Wanka. 13110d.

1-68/09-0454 A n o n y m. Könnyű acélszerkezetek Csehszlovákiában. (Leichtmetallkonstruktionen in der ČSSR.) - Magyar Építőipar /Ung. Bauind./ 17 (1968) Nr. 4. S. 229-232. - 9 Tab., 47 Zeichn.
Die ostslovakischen Stahlwerke werden in Zukunft den Bedarf an Kaltwalzererzeugnissen für die Bauindustrie decken. In den verschiedenen Abmessungen werden L, Z, U, C, S, G, A, M, I, Omega und Geländer-Typenprofile hergestellt. In Verwendung genannter Typenprofile wurden für die Landwirtschaft Typenbauten (Type 456/15-0-456/15-8) entwickelt, die zur Futter- und Getreidetrocknung sowie Lagerung Verwendung finden. Auch für Reparaturwerkstätten sowie Unterstellung von landwirtschaftlichen Maschinen sind sie geeignet. Die Type 456/12-1 hat folgende Maße: Breite/Länge/Höhe: 15/45/6 m; Fläche: 675 m^2; Rauminhalt: 4560 m^3; Gesamtmasse 44990 kg. H.Höning. 13110d.

1-68/09-0455 A n o n y m. Stahlleichtkonstruktionen für Produktionsbauten der Landwirtschaft. - Bauzeitung 22 (1968) Nr. 5. S. 229-233. - 8 Abb.
Stahlleichtkonstruktionen, vor allem für Dachtragwerke, bieten für große Anlagen und bei Gebäudetiefen von mehr als 18 m eine Anzahl technologischer und ökonomischer Vorteile gegenüber den Stahlbetonkonstruktionen. Weitere ökonomische Vorteile kann der Einsatz leichter Stahlkonstruktionen dann bringen, wenn zwischen dem Auftraggeber Landwirtschaft, den Ingenieurbüros und der Bauindustrie eine sorgfältige Abstimmung der Planung erfolgt. In der Gegenwart steht als technische Hauptaufgabe der Korrosionsschutz der Stahlelemente. Sie wird durch den Bau einer Verzinkerei gelöst werden, bis

in weiterer Zukunft anstelle der Stahlleichtelemente nicht korrodierende Plaste eingesetzt werden. H.Wanka. 13110d.

1-68/09-0456 A n o n y m. Produktionsprogramm VEB Walzwerk Hettstedt. - Dtsch. Archtektur 17 (1968) Nr. 5. S. 307. - 1 Abb., 8 Zeichn.
Es wird eine Halle von 30 m Tiefe und 54 m Länge ohne Kranbahn und eine Halle von 18 m Tiefe und 54 m Länge mit Kranbahn angeboten. Höhen, Rastermaße, die Anordnung der Tore, Wand- und Deckenverkleidung sowie die technischen Daten von He-Al-Profilwand und He-Al-Verbundprofilwand mit wärmedämmenden Schaumstoffschichten werden angeführt. H.Wanka. 13110d.

1-68/09-0457 A n o n y m. Produktionsprogramm VEB Stahlbau Plauen. - Dtsch. Architektur 17 (1968) Nr. 5. S. 306. - 1 Abb., 2 Zeichn.
Es werden Vollwandrahmenhallen von 15 und 18 m Spannweite angeboten, die als Lager- und Produktionshallen mit und ohne Kranbahn geliefert werden. Im Rahmen des 6-m-Längsrasters können Hallen beliebiger Länge errichtet werden. Die Traufhöhen betragen 5,70 m, 6,90 m und 8,10 m. Ferner wird ein Stahlleichtbaudach von 12, 15 und 18 m Spannweite bei 3 m Binderentfernung und 6 m Stützenabstand gebaut. H.Wanka. 13110d.

1-68/09-0458 R ü h l e, Hermann und S c h u l z, Rainer. Pneumatische Konstruktionen. - Dtsch. Architektur 17 (1968) Nr. 5. S. 284-289. - 12 Abb., 1 Zeichn., 3 Lit.
Kissen- und Stützschlauchkonstruktionen haben z.Z. weniger Bedeutung als Tragluftkonstruktionen. Baustoffe sind luft- und wasserdicht beschichtete textile Materialien auf der Basis von Kunstfaser. Konstruktionsprinzipien, funktionelle Eigenschaften sowie die Fragen der Gründung oder Verankerung im Boden werden erläutert und Zugangsbauwerke, Stabilisierungsanlagen und die Probleme der Klimatisierung beschrieben. H.Wanka. 13110d.

1-68/09-0459 M a k a r o v, G. Mechanizacija buivnyctva-najvažlivišij zasib pidviščennja produktivnosti praci. (Mechanisierung des Bauwesens als wichtigste Reserve zur Erhöhung der Arbeitsproduktivität.) - Sil'ske budivnyctvo, Kyiv 1968 Nr. 3. S. 11-12. - 4 Tab.
Vf. behandelt das Problem der Maschinenausfallzeiten in den Bauvereinigungen der Ukr. SSR und bringt in 4 Tab. statistisch erfaßte Unterlagen über diese Verlustzeiten, aufgeschlüsselt nach Maschinenarten, die Betriebszugehörigkeit, Zeitabschnitt und Ursache des Ausfalls. Neben gewissenhaften Mechanikern, die systematisch 120...130 % der Maschineneinsatznormen erarbeiten, gibt es eine nicht geringe Anzahl von Maschinisten und unfähigen Leitern der zuständigen Baukolonnen, die durch mangelhafte Wartung der Maschinen sowie durch Nachlässigkeit erhebliche Verlustzeiten verursachen. In einigen Bauvereinigungen wird der vorhandene Maschinenpark nicht höher als zu 50 % und nur in einer Arbeitsschicht ausgenutzt. Gewisse Maschinenarten wie Raupenkräne, Karren mit Fahrantrieb u.a. werden höchstens bis zu 30 % ihrer Kapazität eingesetzt. Im allg. ist der Maschinenausnutzungskoeffizient niedrig. Die Verlustzeiten für das vergangene Jahr werden, nach Maschinenarten aufgeschlüsselt, in einer Aufstellung angeführt. An erster Stelle stehen Bagger sowie Turm- und Autokräne. Vf. appelliert an die verantwortlichen Leiter der Bauorganisationen, die Maschinenkapazitäten des ländlichen Bau-

wesehs zur Erhöhung der Arbeitsproduktivität voll auszunutzen.

P.Wudel. 13110e.

1-68/09-0460 A n o n y m. Zur Beurteilung von Baulärm. - Haustechn. Rdsch. 67 (1968) Nr. 4. Wärme-, Kälte- u. Schallschutz S. 13-15.

Das Lärmbekämpfungszentrum der Versuchsanstalt für Wärme- und Schalltechnik Wien stellt fest, daß in der DBR das Gesetz zum Schutz gegen Baulärm 1965 erlassen wurde. Danach sind Geräusche der Baumaschinen zu verhindern, die nach dem Stand der Technik vermeidbar sind. Die Ausbreitung unvermeidbarer Geräusche von der Baustelle sind auf ein Mindestmaß zu beschränken. Zu unterscheiden ist die Emission (Lärmabgabe der Maschinen) und die Immission (Lärmeinwirkung der Maschinen auf die Bauarbeiter und die nächst der Baustelle lebenden Menschen). In der Schweiz sind die Grenzrichtwerte der einzelnen Zonen für die Immission auch durch den Baulärm einzuhalten. Baustellen, die diese Werte nicht einhalten, können durch die Lärmbekämpfungsstelle gesperrt werden. In England sind ebenfalls Grenzwerte für die Lärmimmission festgelegt worden. In Österreich ist festgelegt worden, daß die Grenze der zumutbaren Störung erreicht ist, wenn der Lärm 10 dB über dem Störpegel liegt. Bei einem Schallpegel von 90 dB am Arbeitsplatz ist bei täglich mehrstündiger Einwirkung die Gefahr einer Gehörschädigung gegeben. Eine Typenprüfung von Baumaschinen auf Lärm gilt als wirtschaftlich. Nach der VDI-Richtlinie 2550 wird der Schallpegel in 1 bzw. 7 m Entfernung gemessen. Die so erhaltenen Werte werden auf den festgelegten Bezugsradius von 3 m umgerechnet.

E.Mothes. 13110e.

1-68/09-0461 F a s t e n k o, V. Koli zanedbano organizacijnu i ěkonomičnu robotu. (Wenn Arbeitsorganisation und Betriebsplanung vernachlässigt werden.) - Sil'ske budivnyctvo, Kyiv 1968 Nr. 3. S. 7-8. - 1 Tab.

Es werden Ursachen der Nichterfüllung der Planaufgaben in den Bauvereinigungen der Gebiete behandelt. Anhand technisch-wirtschaftlicher Kennziffern analysiert Vf. - als Beispiel - die Tätigkeit der mechanisierten fliegenden Baukolonnen einer Bauvereinigung im Gebiet Shdanov (Shdanovsil bud) und verweist durch Gegenüberstellung der Kennziffern einzelner Baukolonnen auf die Ursachen der Planrückstände und die niedrige Rentabilität der Betriebe. Als Hauptursachen betrachtet Vf. das Fehlen gut organisierter Leitungen auf den Baustellen sowie das Fehlen rationeller Betriebspläne in vielen mechanisierten Baukolonnen. Auf den meisten Baustellen gibt es keine Arbeitsablaufpläne und keine Kontrolle des Bauablaufs. Vom Fortschritt auf den Baustellen erfahren die Leiter in den Baukolonnen bzw. in den zentralen Verwaltungsstellen in der Regel erst am Monatsende. Die Materialeingänge werden nur mangelhaft kontrolliert. Sie sind nicht exakt erfaßt. Ausfallende Lieferungen führen zu Stillstandzeiten. Materialien wie Sand, Bruchstein u.ä. werden nicht selten zu Preisen geliefert, die die der Kostenpläne um das Zweifache übersteigen. Nicht viel besser bestellt ist es mit der bautechnischen Seite - neue Konstruktionen, z.B. Fundamente auf Pfählen, Vollmontagekonstruktionen, Dächer mit Kaltbitumenmastix-Eindeckungen usw. werden nur in ganz geringem Ausmaß eingeführt. Vf. appelliert an die Zentralstellen, entschlossen an die Abstellung dieser Mißstände heranzugehen und die bautechnische Seite mit der Ökonomie zu koppeln.

P.Wudel. 13110i.

1-68/09-0462 F i c h t n e r, Wolfgang. Neue Leitungsmethoden im LBK Frankfurt (Oder). - Bauzeitung 22 (1968) Nr. 5. S. 258-260.

Im Rahmen der schrittweisen und komplexen Verwirklichung des neuen ökonomischen Systems der Planung und Leitung werden nach dem Beispiel des Wohnungsbaukombinates Rostock und des Bau- und Montagekombinates Schwedt im Landbaukombinat Frankfurt/Oder Netzplantechnik, Variantenberechnung und Prozeßoptimierung in die Produktion eingeführt. Eine betriebseigene Informationseinrichtung ist zu schaffen. Die Leitung von Forschung, Projektierung, Transport, Vorfertigung, Montage und Ausbau wird kombiniert mit dem Ziel, durch Konzentration von Wissenschaft und Technik auf strukturbestimmende Erzeugnisse und Technologien die Zersplitterung zu beseitigen und die Forschungsergebnisse kurzfristig der Produktion zu übergeben. Am Aufbau eines Erzeugnisgruppenverbandes und eines WTZ für Bauten der Landwirtschaft und Nahrungsgüterwirtschaft wird gearbeitet. H.Wanka. 13110i.

1-68/09-0463 N i k o l ' s k i j, V., R e p i n a, E. und T i m o f e e n k o, L. Zvukoizoljacija konstrukcij zdanij. (Schalldämmung in Gebäuden.) - Sel'skoe stroitel'stvo, Moskva 22 (1968) Nr. 4. S. 20-23. - 3 Tab., 1 Zeichn.

Beim Bau niedriger Gebäude in ländlichen Gebieten können örtliche Baustoffe (Faserplatten verschiedener Art) verwendet werden, wobei ihre schalldämmenden Eigenschaften zu beachten sind, die für Wände zwischen Wohnungen 1 dB, zwischen Zimmern - 9 dB und in öffentlichen Gebäuden 5 dB betragen. Betonplatten haben bei Beachtung dieser Zahlen als Wohnungsbegrenzung Massen von 350 kg/m^2 oder zwischen Zimmern 120 kg/m^2 und Leichtbauplatten Massen von 1′ oder 65 kg/m^2, während für öffentliche Gebäude Leichtbauplatten von 50 bis 100 kg/m^2 verwendet werden können. Vff. bringen anhand zahlreicher Beispiele ins einzelne gehende Konstruktionsdaten für unter Verwendung verschiedener Baustoffe und verschiedenen Putzes errichtete Wände zwischen Zimmern in Wohnungen und in öffentlichen Gebäuden sowie für Geschoßzwischendecken.
W.Balkin. 13115.

1-68/09-0464 D ü r r e, Wolfgang. Anforderungen an moderne Arbeitsräume. - (Erläuterungen zur TGL 10 724, Bl. 1 - Arbeitsräume). - Bauzeitung 22 (1968) Nr. 5. S. 246-248. - 2 Abb., 3 Tab.

Unter dem Aspekt der günstigsten technologischen Bedingungen, bester Arbeitsbedingungen und der Gesunderhaltung der Werktätigen werden Luftrate, Temperatur, relative Luftfeuchte, Luftgeschwindigkeit, Wärmedämmung und farbige Gestaltung der raumumschließenden Bauteile erläutert. Eine Reihe von optimalen Raummaßen im Hinblick auf die Lüftungsanlagen werden mitgeteilt. - Der Aufsatz wird fortgesetzt. H.Wanka. 13120.

1-68/09-0465 H a l l, Marvin D. Solar - heated. Ventilation air for swine buildings. (Erwärmung durch die Sonne. Ventilation für Schweineställe.) - Agric. Engng. 49 (1968) Nr. 2. S. 79. 81.

Um die Erwärmung der Luft, der Wände und der Decken zur Vorwärmung der Frischluft in den Schweineställen, bes. in den Wintermonaten auszunutzen, wurde ein neues Belüftungssystem entwickelt. Es wird in eine Sommer- und Winterbelüftung unterteilt, die in den Gebäuden den Jahreszeiten entsprechend umgestellt werden können. Beide Arten werden eingehend beschrieben. Die durch die Sonneneinwirkung erzielte Temperaturerhöhung der Frischluft betrug mehr als 350000 BTU/h (88200 kcal/h). Rund 14400 BTU (3630 kcal), die sonst durch die Decke verloren gehen, werden bei diesem System zur Lufterwärmung mit ausgenutzt. Die vorhandenen Gebläse arbeiten in 2 Drehzahlbereichen, wobei sie 900 oder 1790 cfm. (25,74 oder 50,7 m^3) Frischluft liefern. Die Luftbewegung am Fußboden ist auf weniger als 50 fpm. (0,25 m/s) festgelegt. Die Steuerung des Systems erfolgt automatisch über Thermostaten. Durch die Ausnutzung der Sonneneinstrahlung zur Vorwärmung der Frischluft können, wie die Versuche bewiesen haben, erhebliche finanzielle Mittel eingespart werden, die sonst zur Bezahlung von Heizöl verwendet werden müssen.

W.Bohrisch/Bornim. 13120.

1-68/09-0466 A n o n y m. Stallbelüftung mit Turbo-Ventilatoren. - Dtsch. landwirtsch. Presse 91 (1968) Nr. 15. S. 8. - 2 Abb.

Zu den Forderungen an eine Stallüftungsanlage gehören: gute Durchspülung des Raumes, ausreichende Frischluftmengen, sichere Regulierung, kostensparende Montage und preisgünstige Lieferung. Unter diesen Gesichtspunkten wird das Turbo-Ventilatoren-Baukastensystem (Hersteller: C. Hellmann, Lüftungs- und Klimatechnik, 2 Hamburg 26, Quellenweg 13), auch zum zusätzlichen bzw. nachträglichen Einbau geeignet, beschrieben: allseitig ausblasende Druckbelüfter in Flachbauweise, automatische Drehzahlsteuerung über Thermostate nach Minimal-Maximaltemperatur, Baugrößen 500, 1200, 3500 und 7000 m^3 Std.-Leistung, Arbeiten mit klimatisierter Luft möglich. Bei Spaltenböden wird die Abluft größtenteils über die Gülle aus dem Stall gedrückt. Sonderform: ein auf Ozonbasis arbeitendes Gerät (bes. günstig bei geringen Luftwechselraten). Der Preis liegt zwischen 350 und 870 DM je Ventilator (letzterer ausreichend für 130...150 Mastschweine bei einer Stallbreite von 8...10 m).

E.Kulpe. 13120b.

1-68/09-0467 Zusammengest. von D o w n i n g, C.G.E. und M i l n e, W.R. Ventilation of dairy, poultry and pig buildings. (Lüftung von Milchvieh-, Geflügel- und Schweineställen.) - Ottawa: Canada Dep. of Agric. 1962. (32 S.) 4° = Canada Dep. Agric., Publ. 1129. (SR 1366, 1129). 13120b.

1-68/09-0468 A n o n y m. Modern oil burners - cheap and efficient. (Moderne Ölbrenner - preiswert und wirksam.) - Power Farming 40 (1968) Nr. 1. S. S. 45. - 3 Abb.

Auf Grund des breiten Anwendungsbereiches der Ölfeuerung, wie z.B. bei der Getreidetrocknung sowie bei der Heizung von Intensivställen und Gewächshäusern, steigt der Verbrauch an Heizöl in der britischen Landwirtschaft ständig an. Ölfeuerung ist bedeutend billiger als elektrische Heizung. Gebräuchlich sind meist transportable Lufterhitzer. Sie bestehen aus einem horizontalen zylindrischen Windkanal, der auf einem fahrbaren Gestell montiert ist. Im Inneren des Windkanales befinden sich das Gebläse, die Öldüse und die Verbrennungskammer. Die Verbrennungskammer ist aus rostfreiem, hitzebeständigem Stahl gefertigt, besitzt eine zylindrische Gestalt und ist konzentrisch im Windkanal angebracht. S.Lehmann/Bornim. 13120f.

C. DORF- UND GRÜNPLANUNG

1-68/09-0469 C s a b a y, Béla, E ö t t e v é n y i, Tibor und T ó t h, Kálmán. Mezőgazdasági épületgépészet. (Landwirtschaftliche Gebäudeinstallation.) - Budapest: Mezőgazdasági Kiadó 1967. (198 S.) 8°. (1967 A 1100). 13220.

D. WOHN-, KULTUR-, GEMEINSCHAFTS- UND VERWALTUNGSBAUTEN

1-68/09-0470 I l ' i n, V. und M a r t e m j a n o v, A. Osnovnye voprosy žiliščnogo stroitel'stva v sel'skoj mestnosti. (Grundfragen des ländlichen Wohnungsbaus.) - Sel'skoe stroitel'stvo, Moskva 22 (1968) Nr. 4. S. 2-3.
Vff. geben einen umfassenden Überblick über die Situation auf dem Gebiete des ländlichen Wohnungsbaues in der RSFSR, stellen eine Reihe von Mängeln heraus und machen Vorschläge zur Verbesserung des Bauwesens. U.a. wird ausgeführt: 1967 wurden 1,772 Mill. m^2 Wohnraum fertiggestellt, 1968 werden es über 2,5 Mill. m^2 sein. 15 % der landwirtschaftlichen Rayons und die Hälfte der Sowchosen haben noch keine Baupläne. Das Ministerium für landwirtschaftliches Bauwesen der RSFSR ist bemüht, den Zustand zu verbessern. Es sind 229 Typenprojekte bestätigt worden. Der ländliche Wohnungsbau muß verbilligt werden. 1967 wurden 12 % und 1968 werden 16 % der Häuser nach der Großblockbauweise errichtet. Vff. zählen eine Reihe von auf dem Gebiet der Großblockbauweise durchzuführenden Verbesserungsmaßnahmen auf. Die Produktion von Baumaterial und Bauteilen, vor allem aus Plasten, ist zu erhöhen, die Bauqualität, die noch sehr niedrig ist, muß verbessert werden.
W.Balkin. 13310.

1-68/09-0471 P e t r o v a, Z. und Č v a n o v a, L. Žiliščnoe stroitel'stvo v selach Zakarpat'ja. (Wohnungsbau in den Transkarpaten-Dörfern.) - Sel'skoe stroitel'stvo, Moskva 22 (1968) Nr. 4. S. 14-16. - 5 Abb., 3 Schemata.
In den westlichen Bezirken der Ukrainischen SSR gibt es riesige Lehmvorkommen. Daher werden dort ländliche Wohnhäuser in großem Umfange aus 12 x 12 x 25 cm großen Lehmsteinen (aus Lehm hergestellte ungebrannte Bausteine mit Strohzusatz) gebaut, die 15...20 % billiger sind als Ziegel. Die Hausmauern können allein aus Lehmsteinen oder abwechselnd aus Schichten von Lehmsteinen und Ziegeln bestehen. Vff. erläutern kurz das Mauern mit Lehmsteinen und gehen anschließend ausführlicher auf das Verputzen von Lehmsteinmauern ein. Sie geben die Zusammensetzung verschiedener Arten von Putzmörtel sowie die zum Auftragen des Putzes erforderlichen Vorbereitungen der Lehmstein-Mauern an und besprechen die in den Transkarpaten üblichen Putzarten und Fassadengestaltungen. W.Balkin. 13310.

1-68/09-0472 P a v l o v, O. Perspektivni tipi budinkiv sil's'kich ditjačich sadkiv-jasel. (Perspektivprojekte für ländliche Kindergärten und Säuglingsheime.) - Sil's'ke budivnyctvo, Kyïv 1968 Nr. 3. S. 12-14. - 3 Tab., 4 Zeichn.
Es handelt sich um Vorschläge für die Schaffung vorschulischer Einrichtungen (Kombination von Kinderkrippen und Kindergärten) in ländlichen Bezirken mit ganzjährigem Betrieb, die entsprechend den örtlichen Verhältnissen und Bedürfnissen in den Sommermonaten als Wochenkrippen bzw. als Wochenkindergärten betrieben werden und nach der Saison wieder auf Tagesanstalten umgestellt werden können. Bei einer Perspektivnorm von 50...100 Plätzen je 1000 Einwoh-

ner dürfte die Anzahl der für ganzjährigen Betrieb erforderlichen Plätze bei 45...50 liegen. Als optimalen Gebäudetyp für Anstalten mit ganzjährigem Betrieb empfiehlt Vf. unter Berücksichtigung der perspektivischen Entwicklung die vom Kiever Institut für Typenprojektierung ausgearbeiteten Projekte, die für eine Belegschaft von 180 Kindern im Verhältnis - 90 Säuglinge und 90 drei- bis sechsjährige - je Pavillon projektiert sind. Die Ausführung ist in Leichtbauweise vorgesehen. Es werden Hinweise und Formeln für die rechnerische Bestimmung der Anlagen im Verhältnis zur Einwohnerzahl und den klimatischen Erfordernissen gebracht. P. Wudel. 13320.

F. GEHÖFTPLANUNG

1-68/09-0473 F i s c h e r, J. Schweizer Normscheune T 110 - System Lehmann. - Grüne, Zürich 96 (1968) Nr. 20. S. 707-712.
Bei der Suche nach Rationalisierung und Kostensenkung im Bauwesen stößt man unwillkürlich auf die Normung. Verbilligung kann der Landwirt durch Verzicht auf Perfektionismus, Bescheidenheit in den Ansprüchen und tatkräftige Selbsthilfe erreichen. Dem Architekten obliegt die Wahl von preiswerten Materialien, zweckmäßiger Bemessung der Bauteile und die Beachtung der Baunormen. Das Landwirtschaftliche Bauamt St. Gallen prüfte verschiedene Typenscheunen und hielt die näher beschriebene Normscheune Lehmann für die zweckmäßigste. Sie bietet je nach Binderzahl 13...27 Kühen, Jungvieh und dem Heuvorrat Platz. Sie wird aus vorgefertigten Bauelementen errichtet und kann auch in Hanglagen gebaut werden. Güllebetrieb ist möglich.
E.Mothes. 13510.

G. BAUTEN FÜR DIE TIERHALTUNG

1-68/09-0474 F i s c h e r, J. Stall-Umbauten. - Grüne, Zürich 96 (1968) Nr. 20. S. 720-722. - 6 Abb.
Es steht außer Zweifel, daß alle sanierungsbedürftigen landwirtschaftlichen Betriebsgebäude durch Neubauten ersetzt werden können. Andererseits gibt es unzählige Stallbauten, deren Zustand noch so gut ist, daß ein totaler Abbruch oder eine Zweckentfremdung (leer stehen lassen) betriebs- und volkswirtschaftlich nicht verantwortet werden kann. Bei Umbauten geht es grundsätzlich um eine bessere Tierhygiene und die Anpassung der Gebäude an die modernen Produktionsmethoden. Beim Studium der Umbaulösung muß genügend Zeit für die Prüfung verschiedener Varianten zur Verfügung stehen. Kostenmäßig sind Umbauten dann interessant, wenn die vorhandenen Abmessungen den Anforderungen an eine moderne Aufstallungsform entsprechen. In den Abb. werden verschiedene Umbauten gezeigt und kurz erläutert.
E.Mothes. 13605.

1-68/09-0475 A n o n y m. Normblattentwurf für Stallfußböden. - Bauen auf d. Lande 19 (1968) Nr. 4. S. 95-97. - 1 Tab.
Das Blatt beschäftigt sich mit Spaltenböden. Für Rindvieh sollen, je nach Masse, die Auftrittsbreiten der Balken zwischen 100 und 150 mm und die Spaltenweiten zwischen 30 und 50 mm variieren. Die entsprechenden Maße

für Schweine sind 100...150 mm und 20...25 mm, für Schafe 100...150 mm und 20 mm. Bei Tiermassen bis 200 kg muß eine gleichmäßig verteilte Belastung von 250 kp je m Balken, bei Massen über 200 kg eine solche von 400 kp angenommen werden. Die Güte des Betons muß mindestens der Qualität B 300 entsprechen, der Zementgehalt je m^3 Fertigbeton muß mindestens 350 kg betragen. Hinweise für Balken und Roste aus Holz und aus Baustoffkombinationen werden gegeben. H.Wanka. 13605.

1-68/09-0476 I n d e r g a n d, R. Betriebswirtschaftliche Gedanken zum Bau von Rindviehställen. - Grüne, Zürich 96 (1968) Nr. 20. S. 701-703. - 1 Diagr.
Im Zusammenhang mit der landwirtschaftlichen Bauplanung, bei der der relativ teure Produktionsfaktor "Arbeit" durch den relativ billigen Faktor "Kapital" mindestens teilweise zu ersetzen ist, stellt sich die Forderung nach Betriebsgrößen, die einen Neubau als sinnvoll und einigermaßen wirtschaftlich erscheinen lassen. Am Anfang der Gebäudeplanung steht eine klare wirtschaftliche Konzeption für den Gesamtbetrieb. Die Betriebsgebäude sind nicht nur in der Industrie, sondern auch in der Landwirtschaft Betriebsmittel und nicht Selbstzweck. Sie berühren damit alle Betriebszweige und beeinflussen deren Entfaltungsmöglichkeiten ausgesprochen stark. Der wirtschaftliche Wert eines Betriebsgebäudes ist nicht ohne weiteres erkennbar. Er läßt sich nur durch den Vergleich von Raumprogramm und Kosten einerseits und arbeitswirtschaftlicher Zweckmäßigkeit andererseits ermitteln. Zur Beurteilung der Zweckmäßigkeit eines Rinderstalles sind die Gesichtspunkte der Tierhaltung, der Arbeitswirtschaft und der Kosten zu berücksichtigen. Das landwirtschaftliche Bauen der Zukunft ist nicht Aufgabe einzelner. Es ist ein Teamwork von Landwirt, Berater, Techniker und Architekt.
E.Mothes. 13615a.

1-68/09-0477 B e c h l e r, P. Gedanken eines Architekten zum Bau von Rindviehställen. - Grüne, Zürich 96 (1968) Nr. 20. S. 703-707. - 3 Abb.
Die Studie und Planung eines Landwirtschaftsbetriebes muß in 4 Hauptpunkte aufgeteilt werden: Betriebsplanung (Betriebsberater hinzuziehen), Einfühlung (Gebäude in den ausgewählten Bauplatz einfügen, Standortwahl), Funktionsprogramm (das nicht nur die Verbindung zwischen den einzelnen Sektoren wie Stallungen, Futter-, Kotlagerung usw. klärt, sondern auch die speziellen Belange eines jeden Sektors berücksichtigt) und Konstruktion (Berücksichtigung der Tatsache, daß sich die Funktion des Gebäudes schneller ändert als seine Haltbarkeit; Bauten in einheitlichen Materialien, durch einen einzigen Generalunternehmer geliefert; vorfabrizierte Betriebsgebäude aus vielfältigen Materialien erstellt und durch ein einziges spezialisiertes Unternehmen aufgerichtet; genormte Stallbauten, die durch verschiedene Unternehmer zur Ausführung gelangen). In jedem Falle hat die Vorfertigung der Bauelemente größte Bedeutung. E.Mothes. 13615a.

1-68/09-0478 S c h o l z, K. Landwirtschaftliche Anforderungen an die bauliche Gestaltung von Ställen für Milchkühe. - Karl-Marx-Univ. Leipzig, Landwirtsch.-Fak. Vortr.-Tag. 14 (1966) S. 41-50. - nach Zus.
Für die Haltung von Kühen in Großbeständen sind spezialisierte, komplette und ganzjährig funktionssichere Anlagen notwendig. Nutzungsfähige Einzel-

ställe und Bergeräume der Alt- und Neubausubstanz sind durch Um- und Ergänzungsbauten sowie technische Einrichtungen zu möglichst kompakten Anlagen zusammenzufassen. Die Rinderställe sollen mit weitgehend standardisierten Elementen so gebaut und mit technischen Hilfsmitteln derart ausgestattet werden, daß sie entsprechend den Anforderungen von Mensch und Tier zur Leistungssteigerung der Tiere beitragen, die Arbeit der Menschen verringern bzw. erleichtern und die laufenden Produktionskosten senken helfen. Es werden jetzige und künftige Bau- und Mechanisierungsmöglichkeiten bei der Haltung von Kühen in Anbinde- und Laufställen erörtert. Dabei finden bes. Berücksichtigung: Haltung mit und ohne Einstreu sowie Mechanisierung der Fütterung und des Melkens im Stall und im Melkstand. Auf die notwendigen Ergänzungseinrichtungen für Kuhstallanlagen wird eingegangen und zwar auf: Abkalbeställe, Berge- und Aufbereitungsräume, Milchhäuser, Dung- und Jauchelager, Ausläufe, Waagen, Sozialräume, Energie- und Wasserversorgung, Entwässerung, Wege, Einzäunungen und Bepflanzungen. 13615a.

1-68/09-0479 A n o n y m. Rationalisierung bestehender Rinderstallanlagen. - Bauzeitung 22 (1968) Nr. 5. S. 255-257. - 3 Zeichn.
Die ZBO in Neuruppin entwickelte aus dem Milchviehtypenstall L 203 e mit 200 Kuhplätzen sechsreihige Kuhställe mit 312 Plätzen bei Verwendung von stationären technologischen Elementen. Außerdem wurde derselbe Typ zu drei Jungviehställen für unterschiedliche Altersgruppen mit 336, 402 und 504 Plätzen weiterentwickelt. Durch diese Rationalisierungsmaßnahmen konnte je Kuhplatz eine Kosteneinsparung von 1163 Mark erreicht werden.

H.Wanka. 13615a.

1-68/09-0480 A n o n y m. Viehhaltung mit Gewinn. Landtechnik 23 (1968) Nr. 11. S. 388. 390. - 1 Abb.
Die Fa. Stallit hat einen neuen Kunststoff-Stallbodenbelag (Stalliflex-Matten) entwickelt, der die bei strohloser Aufstallung am Tier beobachteten Schäden ausschließen soll. Milchvieh wird in Zukunft nur noch in "technisierungswürdigen Beständen" gehalten werden. Die gesunde Milchviehhaltung ist in strohlosen Ställen durchaus möglich, wobei jedoch verschiedene Forderungen hinsichtlich des Stallklimas und der Stallelemente erfüllt sein müssen. Auch von der arbeitswirtschaftlichen Seite ergeben sich wesentliche Rationalisierungsreserven, insbesondere dann, wenn der Unrentabilitätsgrenze von 150 AKh/Kuh und Jahr der in der Praxis festgestellte Arbeitsaufwand von 300 AKh/Kuh und Jahr gegenübergestellt wird. Die strohlose Aufstallungsform in Verbindung mit der Güllekette wird als allen anderen Formen der Viehhaltung überlegen bezeichnet, wobei der zweireihige Anbindestall für kleine und die Laufstallhaltung in Form des Liegeboxenstalles für größere Bestände empfohlen wird. In Zukunft wird es auch bei den "technisierungswürdigen Beständen" keine Mammut-Ställe geben, vielmehr muß die Entwicklung zur industriellen Vorfertigung standardisierter Elemente führen, die optimale Bestände und Haltungsformen durch Addition von Stalleinheiten ermöglicht. Die Grenze wird für die nähere Zukunft mit Produktionseinheiten von 200 Kühen, 500 Mastschweinen und 100 Sauen angegeben.

H.-J.Graef/Bornim. 13615a.

1-68/09-0481 H o l e n s t e i n, J. Die zweireihige Längsaufstallung. - Grüne, Zürich 96 (1968) Nr. 20. S. 712-716. - 8 Abb.

Vf. verweist auf die Notwendigkeit, die Wechselwirkung zwischen Bautechnik, Arbeitstechnik und Fütterungstechnik bei der Planung landwirtsch. Gebäude genau zu bedenken. Bei Beständen von mehr als 25 Kühen gewinnt die zweireihige Aufstallung an Bedeutung. Dabei ist der Doppelstall mit zentralem Futtergang für Betriebe mit überwiegender Stallfütterung von Vorteil. Er beansprucht weniger Grundfläche und damit weniger umbauten Raum, so daß Belichtung, Belüftung und Wärmehaushalt leichter regulierbar sind. Der Doppelstall mit zentralem Stallgang erleichtert die Tierwartung und kann für die mechanische Entmistung Vorteile bieten. Die deckenlastige Zuordnung des Bergeraumes bringt hohe Kosten mit sich, erlaubt aber einen bequemen Futterabwurf im Winter, während die erdlastige Futterlagerung zwar eine Vergrößerung der Gebäudegrundfläche und längere Futtertransportwege mit sich bringt, andererseits aber für die Unabhängigkeit in der Wahl der Konservierungsverfahren vorteilhafter sein dürfte. H.-J.Marx/Iden-Rohrbeck. 13615b.

1-68/09-0482 K ö n i g, Dieter. Die Nutzung der Offenställe in den Vor- und Mittelgebirgslagen als Kaltanbindeställe. - Diss. Leipzig, Landwirtsch. Fak. 1966. (188 S.) 4°. (Diss. 13314). 13615c.

1-68/09-0483 D o m a n s k ý, L. Studie provozně technického řešení boxové stáje. (Studie über die technologische Lösung eines Boxenlaufstalles.) - Zemědělská Techn. 13(40) (1967) Nr. 12. S. 731-744. - 8 Abb., 4 Tab., 8 Lit. Zus. in Russ., Engl., Dtsch.

Hoher Strohbedarf in Laufställen führte zur Entwicklung des Liegeboxenstalles. Unter den verschiedenen Boxenlaufstalltypen erwies sich ein Boxenlaufstall als arbeitswirtschaftlich am zweckmäßigsten, der auch eine Boxenfütterung ermöglicht. Andererseits hatte dieser Stall einige Nachteile für eine gesunde Tierhaltung. Im Fischgrätenmelkstand des Forschungsinstitutes für Landtechnik in Řepy wird Naßfutter durch Rohrleitungen gepumpt verabreicht. Die Einstreu wird einmal wöchentlich ergänzt (0,5 kg/Tier·Tag). Entmistet wird über eine Rampe. Die Kühe sind sauber. Der Arbeitsaufwand ist gering. ČSSR/ÚVTI. 13615c.

1-68/09-0484 K o n e č n ý, V. Úprava objektov na boxové ustajnenie dojnic. (Gestaltung der Boxenlaufställe für Milchvieh.) - Mechanizace Zemědělství 18 (1968) Nr. 2. S. 53-56. - 6 Abb.

In Boxenställen ist es günstig, wenn die Fütterungsanlage so vorgesehen wird, daß mehrere Tiere nacheinander vom gleichen Freßplatz fressen können. Für die Entmistung ist es bei strohloser Aufstallung günstig, wenn sich der Anfall der breiförmigen Exkremente auf den Kotgängen konzentriert (Spaltenböden oder ebene Betonfußböden für Schlepperentmistung). Die Liegeboxen sollen 2000...2100 mm lang und 1000...1100 mm breit sein. Die Milch wird in Tandem-, Fischgräten- oder Karussellmelkständen gewonnen. Vf. geht auch auf Umbaumöglichkeiten vorhandener Ställe zu Boxenlaufställen ein. ČSSR/ÚVTI. 13615c.

1-68/09-0485 R e b e r, M. Der Boxenlaufstall. - Grüne, Zürich 96 (1968) Nr. 20. S. 717-719. - 5 Abb.

Der Boxenlaufstall kann als Mehrraumlaufstall, als Einraumlaufstall und als Warmlaufstall errichtet werden. Er bietet betriebswirtschaftlich die Möglichkeit, die Baukosten und den Arbeitskräftebedarf zu senken sowie die Hygiene und die Leistungen der Tiere zu verbessern. Das unterste Größenmaß liegt z.Z. bei etwa 30 Kühen, wird in Zukunft aber weiter ansteigen. Vf. geht kurz auf den Mehrraumlaufstall mit Liegeplatz, Laufplatz, Freßplatz und Melkstand ein. Die hohen Investitionsaufwendungen für den Melkstand lassen z.Z. für Kleinbetriebe keine Laufstallösung zu. Deshalb wird als Zwischenlösung die gemeinsame Benutzung des Melkstandes im Dorf in Erwägung gezogen. H.-J.Marx/Iden-Rohrbeck. 13615c.

1-68/09-0486 A n o n y m. Bedre muligheter for klimaforskning i husdyrrom. (Bessere Möglichkeiten für die Klimaforschung in Rinderställen.) - Norsk Landbruk 1968 Nr. 3. S. 19. - 2 Abb.

Vom Institut für Bautechnik wurde ein Versuchslaufstall mit Liegeplätzen für 24 Milchkühe und 4...6 Kälber in Betrieb genommen. Je Kuh ist eine Fläche von 8,5 m^2 (netto 5,6 m^2) vorgesehen, für den Melkstand 23,5 m^2 und den Milchraum 18 m^2; die Silokapazität beträgt 2 x 157 m^3 oder 2 x 100 t Silage. Die Untersuchungen erstrecken sich auf Spaltenfußböden, Liegeplätze und Melkstände; Rationalisierung der Stallarbeit (Verteilung von Heu und Gärfutter, Umgang mit Naßdung); Versuche mit Fischgrätenmelkstand, inneren und äußeren Wandverkleidungen und schaumplastgedämmten Fassadenelementen.

E.Kahn. 13615c.

1-68/09-0487 A n o n y m. Cost of cubicles cut. (Kosten für Rinderboxen gesenkt.) - Farm Mechanizat. & Buildings, London 20 (1968) Nr. 223. S. 42-43. - 3 Abb., 1 Tab.

Der Investitionsaufwand für Rinderställe konnte bedeutend gesenkt werden, weil man dazu überging, komplette Fertigteile nach dem Baukastensystem zu produzieren. Daneben hat der Farmer noch den Vorteil, die Baukosten einzusparen, da er den Stall mühelos selbst montieren kann. Als Baustoffe werden Stahlbleche, Stahlträger, imprägniertes Holz und Asbestbeton verwendet. Zwei Grundtypen (mit und ohne Innenfütterung), die in verschiedenen Größen (72, 120 und 216 Boxen) geliefert werden, stehen im Mittelpunkt der Betrachtungen. Die Stallbreite beträgt jeweils 67 ft. (20,44 m).

S.Lehmann/Bornim. 13615c.

1-68/09-0488 O b e r, Josef. Trennwände für Liegebuchten in Milchviehlaufställen. - Mitt. dtsch. Landwirtsch.-Ges. 83 (1968) Nr. 23. S. 873-874. - 1 Abb., 4 Zeichn.

Als Trennwände für Einzelbuchten im Laufstall werden die Baustoffe Holz, Stahl und Beton angeboten. Der unterschiedliche Wärmeentzug ist unbedeutend. Die Abnutzung ist gering, und die Standfestigkeit ist eine Frage der Konstruktion. Bei Ausführungen aus Holz können die Verbindungsstellen geleimt, genagelt oder verschraubt werden. Sämtliche Holzteile sind gegen Fäulnis und Insektenbefall zu schützen. Verankert wird mit Flachstählen. Das Einbetonieren oder das Einstecken in betonierte Rohre ist billiger, berücksichtigt aber nicht das Arbeiten des Holzes. Bei Stahlkonstruktionen sollten alle Teile im Vollbad feuerverzinkt werden. Galvanische Verzinkung oder Schutzanstriche sind nur beschränkte Zeit wirksam. Geschweißte Verbindungen sind billiger als Klemmverbindungen. G.Wünsche/Bornim. 13615c.

1-68/09-0489 N y g å r d, Anders. Liggebåser for mjølkekyr. (Liegeplätze für Milchkühe in Laufställen.) - Norsk Landbruk 1968 Nr. 5. S. 17. 39. - 1 Abb.

Die Liegeplätze eines Laufstalles richten sich nach dem Kuhbestand. Länge und Breite der Liegeplätze müssen der Größe der Tiere angepaßt sein. Die nachstehende Tabelle enthält einige schwedische Größenangaben für Liegeplätze:

Masse der Kühe kg	Liegeplatzlänge cm	Liegeplatzbreite cm
350	195...205	105
450	200...210	112
550	205...215	120
650	210...220	125

In den schwedischen Versuchen zogen die Kühe weiche Liegeplätze (mit Sägemehlbett) denen mit fester Decke vor. Der Liegeplatz muß mit einer 20 cm hohen Schwelle versehen sein. E.Kahn. 13615c.

1-68/09-0490 M o l l e n h a u e r, Wilfried. Stellungnahme zu den Typenprojekten L 311/65 und L 243/65. - Bauzeitung 22 (1968) Nr. 5. S. 265-267. - 8 Abb., 3 Lit.

Es werden zum "TPL 311/65-67" (Jungviehstall mit Liegeboxen) 12 Verbesserungsvorschläge hinsichtlich Altersgruppen, Liegeboxenabtrennung und -abmessungen, Kapazitätserweiterung und einer Reihe baulicher Einzelheiten gemacht. Zum "TPL 243/65" (174 Tränk- und Absatzkälber) wird vorgeschlagen, die im LVG Iden-Rohrbeck angewandte Technologie einzuarbeiten. Versuchsweise wurden Kälbereinzelzellen aus Rohr- und Stahlblech im Typenstall eingebaut. Darin werden die Kälber angebunden, um bebaute Fläche und auch Baukosten einzusparen. H.Wanka. 13615f.

1-68/09-0491 G i e s s e n, P. Rindermast im Laufstall auf Vollspaltenboden. - Grüne, Zürich 96 (1968) Nr. 20. S. 723-728. - 7 Abb., 1 graph. Darst., 5 Zeichn.

Die Arbeitsersparnis sowie die guten Mastergebnisse ohne erkennbare schädigende Einflüsse auf das Tier unter den Bedingungen der Vollspaltenbodenhaltung werden zu einer breiten Anwendung dieser Aufstallungsform in der Zukunft führen. Die Bauweise der Mastställe sollte jedoch auch eine Nutzung als Milchviehstall ohne größere Umbauten ermöglichen. Es werden 2 Bauweisen erörtert. Die Massivbauweise mit wärmedämmenden Außenwänden bringt höhere Kosten und Entlüftungsprobleme, während die Leichtbauweise auf jegliche Dämmung verzichtet und sich besonders für eine Kombination mit Fahrsilos eignet. Die Stalltemperatur sollte jedoch nicht unter +3 °C absinken. Die Spaltenriegel sollten im Winkel von 90° zur Krippenachse verlegt werden, um die Grubentrennwände als Auflage verwenden zu können. In einer Graphik werden Angaben über die benötigte Buchtenfläche, die Krippenlänge sowie die Spaltenbreite in Abhängigkeit von der Lebendmasse der Tiere gemacht (bei 100 kg LM - 1 m^2 - 35 cm - 2,5 cm; bei 400 kg LM - 2 m^2 - 60 cm - 3,3 cm). Die Mechanisierung der Fütterung ist erst bei Beständen von mehr als 100 Tieren diskutabel. Einige bauliche Lösungen werden im Querschnitt und Grundriß dargestellt. H.-J.Marx/Iden-Rohrbeck. 13615h.

1-68/09-0492 A n o n y m. Technik im Schweinestall. - Landtechnik 23 (1968) Nr. 11. S. 382-384. - 2 Abb.

Folgende Empfehlungen werden für die Sauenhaltung gegeben: Einzelfütterung, Ferkelnest mit Bodenheizung und Einstreu, separate Fütterung der Ferkel, Lauffläche für Zucht- und Jungsauen aus Asphalt anstelle von Beton. Skeptisch wird die "modernste" Technik (Spaltenboden, Anbindung und Boxenhaltung von Sauen, Heizung, Lüftung) beurteilt. Da der Sauenplatz etwa 1500 DM kostet, wird ein platzsparendes System vorgeschlagen: Abferkelkäfig, Schwenkgitterbucht, primitivere Haltung der tragenden Sauen. Für die Mastschweinehaltung werden drei Möglichkeiten herausgestellt: 1. Extensive Haltung in alten Scheunen mit Einstreu, 2. Teuerste Haltungsform in Schweineställen mit 1...1,5 m^2 Bodenfläche, 3. Intensivhaltung in Spezialställen bei 40 % Kosten für den umhüllenden Bau und 60 % für die darin enthaltene Technik. Hinsichtlich der Fütterungstechnik wurden die Vorteile der Naßfütterung gegenüber der Trockenfütterung herausgestellt. Nach Berichten über einen Wageninger Versuch ist die Bodenfütterung nur bei sehr großen Beständen vorteilhaft, wobei insbes. auf die bessere Futterverwertung bei Trogfütterung speziell bei der Endmast hingewiesen wird. H.-J.Graef/Bornim. 13625a.

1-68/09-0493 H a a l c k, E.G. Um ein besseres Klima in Schweineställen. - Mitt. dtsch. Landwirtsch.-Ges. 83 (1968) Nr. 23. S. 871-873. - 1 Abb., 1 Tab.

Vf. geht aus von der Temperatur- und Zugluftempfindlichkeit moderner Fleischschweine und vom intensiveren Stoffumsatz. Es wird die Meinung vertreten, daß durch Verkleinerung der Liegeflächen, Anwendung der vollautomatischen Fütterung und Entmistung und die Verringerung des umbauten Raumes bis 2 m^3 je Schwein Gesundheit und Wohlbefinden der Tiere beeinträchtigt sind, daß aber in 70...80 % aller Mastbetriebe das Stallklima verbesserungswürdig ist und dadurch der Gewinn je Mastplatz um 20...30 DM verbessert werden kann. Es folgen Angaben über gute Stalluft (max. 0,35 Vol-% CO_2, 0,01 Vol-% NH_3, 0,002 Vol-% H_2S), Wärme-(120 kcal je h und 50 kg Masse) und Wasserdampferzeugung (40 g je h und 50 kg Masse der Tiere, notwendige Frischluftmengen je Schwein (50...70 m^3), erforderliche Wärmedämmung in Abhängigkeit von der Höhe der Luftwechselrate im Winter (5 m^3 je Tier als unterste Grenze), die Ölheizung von sog. Problemställen und die Ausrüstung mit Ventilatoren und Zuluftöffnungen (0,8 m^2 je 100 Tiere) und deren Anordnung.

L.Türpitz/Bornim. 13625c.

1-68/09-0494 G a d d, John. A house for all seasons. (Ein Stall für alle Jahreszeiten.) - Pig Farming 16 (1968) Nr. 4. S. 27-29. - 4 Abb.

Vf. beschreibt einen Dunkelstall zur Schweinemast in zweireihiger Aufstallung, mit stationärer Fütterung und Entmistung. Die unterschiedlich großen Buchten haben Liegeflächen und entlang der Außenwände Spaltenfußboden. Es ist möglich, wahlweise Bodenfütterung, Vorratsautomatenfütterung oder fließfähige Fütterung anzuwenden bzw. für jüngere Tiere fließfähige Fütterung und Vorratstrockenfütterung gleichzeitig, weil der Mischer nur 2 Teile Wasser und 1 Teil Trockenfutter bewältigt, aber junge Schweine ein Futter aus 1 Teil Wasser und 1 Teil Trockenfutter benötigen. Die Tröge verlaufen zwischen Außenwand und mittigem Kontrollgang. Sie sind durch

Rohre gegen ein Übersteigen durch Tiere gesichert und ersetzen damit je eine Buchtenabtrennung, so daß Tiere aus zwei Buchten aus einem Trog fressen. Unter dem Spaltenboden befinden sich Kotgruben die von einem Pumpensumpf aus entleert werden. Das Dach ist wärmegedämmt ausgeführt. Klimatisierung kann wahlweise durch Schwerkraftlüftung über Firsthauben und Öffnungen in der Seitenwand oder durch Ventilatoren erfolgen. Als vorteilhaft werden gute Stallraumausnutzung und die Möglichkeit der Anwendung mehrerer Fütterungsverfahren angesehen. Die Abmessungen gehen aus den Abb. hervor.

L.Türpitz/Bornim. 13625c.

1-68/09-0495 K o t z b a u, Siegfried und R e n n e k a m p, Hans. Ein Stallgebäude für Mastschweinehaltung. - Bauen auf d. Lande 19 (1968) Nr. 4. S. 98-100. - 5 Abb., 3 Zeichn.

Für 390 Schweine wurde ein Stall von 12 m Tiefe mit Hilfe enggestellter Zweigelenkrahmen in einer "vorgeschnittenen Holzbauweise" errichtet. Stützen und Riegel der Rahmen bestehen aus Kanthölzern 10/22 cm, die aufgenagelten Knotenplatten aus 19 mm dickem Sperrholz. Innen- und Außenverkleidung der Wände und Decken besteht aus großformatigen Sperrholzplatten, 12,5 mm dick. Zur Wärmedämmung wurden 10 cm dicke Mineralwoll-Baufilze benutzt. Das Gebäude wurde von ländlichen Handwerksbetrieben in etwa 3 Wochen auf fertigen Fundamenten errichtet. Der Kapitalaufwand des Stalles wird detailliert ausgewiesen, wobei die Gebäudehülle 37,2 % der Gesamtkosten für sich beansprucht.

H.Wanka. 13625c.

1-68/09-0496 L u c c h i n i, P. Les porcheries d'engraissement "clefs en main". (Die "schlüsselfertigen" Schweinemästereien.) - Génie rural 61 (1968) Nr. 4. S. 241-251. - 4 Abb., 1 Diagr., 2 Tab., 1 Zeichn.

Die Zahl der schlüsselfertig gelieferten Schweinemästereien hat sich in Frankreich in den letzten Jahren vervielfacht, und ihre Anzahl ist weiter im starken Anstieg begriffen. Bevorzugt werden Gebäude, die aus vorgefertigten Bauelementen an Ort und Stelle zusammengebaut werden, nachdem vorher lediglich die Gründungsarbeiten durchgeführt wurden. Aus Gründen des leichteren Transportes und der bequemeren Errichtung wird hauptsächlich die Leichtbauweise angewendet. Um den Umsatz von Futter und Fleisch günstig zu beeinflussen, werden vornehmlich die geschlossenen Anlagen gewählt, bei denen die Umweltbedingungen wie Temperatur, Feuchtigkeit, u.a.m., weitgehend geregelt werden können. Aus demselben Grunde ist auch der Bau von Gebäuden mit nur wenig Fensterfläche anzusehen, da, wie Versuche gezeigt haben, sich die Schweine bei Dunkelheit weniger bewegen und daher auch schneller zunehmen. In Frankreich werden 7, 8 oder 10 Schweine in eine Bucht gesperrt. Bei den kleineren Boxen für 1 oder 2 Tiere können zwar bessere Mastergebnisse erzielt werden, jedoch liegen bei dieser Bauweise die Kosten pro eingestalltem Schwein wesentlich höher als bei den großen Boxen. Die Breite eines derartigen Mastgebäudes, dessen Wände immer, und dessen Decken oft gedämmt sind, schwankt je nach der Boxengröße und -anordnung zwischen 6,70 und 9,80 m. Die Wände bestehen aus 1,20 x 2,50 m großen und 3 oder 4 cm starken Platten. Die Fütterung erfolgt je nach Futterart mit Hilfe von Futterschnecken oder auch mit Futterverteilungswagen. An Frischluft werden 40...80 m^3/h und Tier gerechnet.

Die Steuerung der Ventilatoren, die häufig 2 Gänge besitzen, erfolgt über Thermostaten oder auch von Hand. Eine Liste vom Stand im Januar 1968 über die in Frankreich vorhandenen Mastanstalten mit technischen Details vervollständigt die Ausführung. W.Bohrisch/Bornim. 13625c.

1-68/09-0497 B l e n d l, H.M. Zur Problematik der Spaltenböden bei Schweinen. - Tierzüchter 19 (1967) Nr. 23. S. 813-814.

Vf. stellt fest, daß bei den auf Vollspaltenboden gehaltenen Schweinen eine durchschnittliche Beeinträchtigung der Mastleistungen um 3...5 % zu verzeichnen ist. Durch entsprechende Balkenausbildung und Raumklimatisierung könnte eine Verbesserung im Masterfolg herbeigeführt werden. In Westdeutschland wird von der obersten Baubehörde eine Mindestauftrittsbreite von 10 cm gefordert. Weitere Forderungen an die Balken sind: 1. mechanisch nicht abnutzbar, 2. splitter- und verbißfest, 3. gut reinigungsfähig, 4. dürfen sie nicht glatt werden. Schadhafte Balken sind sofort zu ersetzen, da die Mastleistungen hierdurch sehr stark sinken. Hinsichtlich einer Verbesserung des Raumklimas in Spaltenbodenställen fordert Vf.: 1. Zwangslüftung, 2. größere Luftumwälzungen, 3. evtl. Stallheizung bei tiefen Außentemperaturen, 4. kontinuierliches Ausbringen des Kot-Harn-Gemisches. Der Teilspaltenbodenstall kann nur dann mit den arbeitswirtschaftlichen Vorteilen des Vollspaltenbodens verglichen werden, wenn der Liegeplatz der Schweine auf ein Minimum beschränkt wird, so daß die Tiere gezwungen sind, Teile des Spaltenbodens mit als Liegefläche zu benutzen und somit die Liegeflächen nicht verschmutzen können. Hierbei ist ein zweimaliges Umbuchten der Tiere unerläßlich.
K.Kirmse/Dummerstorf. 13625c.

1-68/09-0498 A n o n y m. Mechanizirovannyj kormocech. (Mechanisiertes Futterhaus.) - Sel'skoe stroitel'stvo, Moskva 22 (1968) Nr. 4. S. 16-17. - 2 Schemata.

Das Futterhaus ist ein zweistöckiges Ziegelgebäude von 7,4 m Höhe und einer Gesamtnutzfläche von 290 m^2 mit 3 Vorbauten, einem Kesselhaus, einer Häckselscheune von 420 m^3 Inhalt, einem pneumatischen Förderer von der Häckselscheune zum Futterhaus und Rohrleitungen zwischen Futterhaus und Melkraum oder Schweinemastraum. Von dem Futterhaus aus können 2000...3000 Schweine oder 400...600 Rinder gefüttert werden. Es besitzt Räume und Maschinen für die allgemeine Futterbereitung, die Kraftfutter- und die Rauhfutter-Bearbeitung sowie die zugehörigen Fördereinrichtungen. Der größte Teil des Obergeschosses wird von einer Hydroponikanlage zum Erzeugen von Grünfutter eingenommen. Vf. zählt die Maschinen auf und beschreibt die Bereitung der verschiedenen Futterarten. Die Produktivität beträgt 25 t/Schicht. Beschäftigt sind einschließlich Heizer nur 3 Personen. W.Balkin. 13625f.

1-68/09-0499 C h a s i e v a, S. Tipy ptičnikov dlja južnych rajonov. (Geflügelstalltypen für südliche Gegenden.) - Sel'skoe stroitel'stvo, Moskva 22 (1968) Nr. 4. S. 18-19. - 3 Abb.

Die in den letzten Jahren entwickelten Geflügelstallprojekte berücksichtigen die klimatischen Verhältnisse des Südens nicht, obgleich z.B. die Hühnerhaltung in Ställen mit Bretterböden und Auslauf in warmen und feuchten Gegenden besonders vorteilhaft ist. Ein wesentlicher Nachteil der Projekte besteht darin, daß die Längsachse der Ställe nordsüdlich gerichtet ist. Für die Hühnerfarm von Baku sind daher eigene Projekte entwickelt worden. Zunächst wurden 2 Ställe mit je 18 x 162 m Grundfläche für 12500 Legehennen gebaut, bei denen die Südseite zwischen Dach und 60 cm hohem Wandsockel nur mit einem Drahtgitter abgedeckt war. Ein Kükenstall mit 20 x 210 m Fläche, 2,6 m Längswand- und 5,7 m Firsthöhe mußte aus Platzgründen mit der Längsachse in der Nord-Süd-Richtung gebaut werden. Die Längswände wurden daher mit schattenspendenden Vorbauten versehen. Ein weiterer Stall von 13 x 162 m Fläche, 2,4 m Längswand- und 3,5 m Firsthöhe wurde in Leichtbauausführung in der Ost-West-Richtung gebaut. Die Südwand wurde mit einem 50 cm vorspringenden Gesims versehen, das die Sonneneinstrahlung verhindert. Im Sommer werden die großen Längswandfenster, die 75 % der Wandfläche einnehmen, offen gelassen. Die Legetätigkeit der Hennen ist in diesen Ställen höher als in den normalen Typenställen. W.Balkin. 13635f.

1-68/09-0500 S t i e t e n r o t h, K. und E i s e l e, O. Ein Stall für 2000 Legehennen. - Dtsch. Geflügelwirtsch. 20 (1968) Nr. 7. S. 280-283. - 1 Tab., 8 Abb.

Um den Legehennenbestand im Versuchsbetrieb Karlshof (Institut für angewandte landwirtschaftliche Betriebslehre der Univ. Stuttgart-Hohenheim) von 1000 auf 2000 Tiere zu erhöhen, wurde in eine vorhandene Stallscheune ein Batteriestall für 1000 Hennen eingebaut, wobei verschiedene neue Baustoffe und Einrichtungen erprobt wurden. Im einzelnen werden Baukonstruktion, Käfige und Zubehör, Wärmehaushalt, Lüftung und Beleuchtung des Stalles erörtert. - Baukonstruktion: 16,63 m lang; 5,40 m breit; 2,75 m hoch; Wand- und Deckenkonstruktion aus Stahlskelett NP 24; Wandverkleidung (von außen nach innen): Bretter, 0,5 mm Alu-Profilblech; 80,0 mm Steinwollefilz-Wärmedämmschicht; 0,5 mm Alu-Profilblech (Gesamt-k-Wert 0,39). Deckenausbildung (von oben nach unten): 0,5 mm Alu-Blech, 4/6 cm Dachlatten; 100,0 mm Glasfasermatten-Wärmedämmschicht; 3/10 cm Bretter; 0,3 mm Alu-Blech (Gesamt-k-Wert 0,32). Als Vorteile des Aluminiums werden Dampfsperre, Licht- und Wärmerückstrahlung, Korrosionsfestigkeit, Bakterienneutralität und leichte Desinfizierbarkeit angeführt. - Käfige und Zubehör: dreistöckige Käfigbatterien, ein dreimal unterteilter Käfig (je Abteil 33 cm lang, 40 cm breit, 40...45 cm hoch) für 9 Legehennen; deckenlastiges, 7,5 t fassendes Futtersilo; trichterförmige Futterbehälter mit Mengenkontrolle; Wasserversorgung über Zwischenbehälter durch Nippeltränken; Entmistung drei- bis viertägig mittels Handkurbel und endlosem Plastikband mit Schabeblech und Transportkarre. - Wärmehaushalt: Lufttemperatur +15 °C (außen bis -12 °C, Klimazone II), Wasserdampfgehalt 70 %; je Std. und 500 kg Tiermasse fallen 3000 kcal Wärme, 1600 g Wasserdampf und 360 l Kohlendioxyd an; durch 59 m^2 wärmeabgebende Fläche/500 kg Tiermasse entweichen 17,6 % der erzeugten Wärmemenge. - Lüftung: Unterdruck-Zwangslüftung (Drehzahl schaltbar, 700, 930 oder 1400 U/min); die erforderlichen Mengen Frischluft (bzw. die Luftwechsel-Zahl) betragen im Winter 865 m^3/h (bzw. 3,5), in den Übergangszeiten 2170 m^3/h (bzw. 8,85) und im Sommer bis 8100 m^3/h (bzw. 33,3). - Beleuchtung: 12 Glühlampen je 25 Watt = 3,5 Watt/m^2 ≙ 13 (4...40) lx, automatisch geregelt. - Die Bau-

und Montagearbeiten wurden von betriebseigenen AK ohne spezielle fachliche Ausbildung ausgeführt. E.Kulpe. 13635f.

1-68/09-0501 E r a s m u s, J.E. und S w a r t, L.G. Batteries and battery houses. (Batterien und Batterieställe.) - Farming South Africa 44 (1968) Nr. 1. S. 49. 61.

Die alten mehretagigen Batterien für Einzelkäfighaltung werden wegen des hohen Arbeitsaufwandes ständig durch moderne Batterien ersetzt, bei denen der Kot direkt auf den Fußboden fällt. Am bekanntesten sind die Stufenkäfige, die Platz sparen. Bei Flat-deck Batterien werden hängende Batterien stehenden vorgezogen. Neuerdings kommen auch "Chute-Batterien" in Gebrauch, die Stufenkäfige darstellen, bei denen die unteren Etagen um weniger als eine ganze Käfigbreite vorgesetzt sind. Der Kot der oberen Käfige fällt auf schräge Asbestbetontafeln und wird hier wöchentlich einmal entfernt. Die "Chute-Batterien" erhöhen gegenüber Stufenkäfigen den Stallbesatz um 25 %. Als beste Größe für eine Produktionseinheit werden 2500 Hennen genannt, bei größeren Einheiten entstehen Schwierigkeiten bei der gleichzeitigen Stallbesetzung. Wegen des höheren Investitionsaufwandes und der größeren Ventilationsprobleme werden bei den günstigen Klimabedingungen in Südafrika die geschlossenen Ställe mehr und mehr durch Batterieställe ersetzt, die an einer Seite völlig offen sind. Vff. geben Hinweise für den Bau solcher Ställe. H.Hattenhauer. 13635f.

H. BAUTEN FÜR DIE VORRATSHALTUNG UND KONSERVIERUNG

1-68/09-0502 S l a n n, P.A. Airhouses-1, some practical modern developments. (Lufthäuser. 1. Mitt. Einige praktische und moderne Entwicklungen.) - Farm Mechanizat. & Buildings, London 20 (1968) Nr. 224. S. 51-52. - 1 Abb., 1 Tab., 3 Zeichn.

Auch in der Landwirtschaft werden die sogenannten "Lufthäuser" wegen ihrer Billigkeit immer mehr angewendet. Es handelt sich hierbei vornehmlich um Flächen im Garten- und Gemüsebau, die mit einer Kunststoffolie abgedichtet werden, die dann mit Hilfe eines Gebläses aufgeblasen wird, so daß praktisch eine überdachte Fläche entsteht, die einen gewissen Schutz gegen Witterungs- und Klimaeinflüsse bietet. Die Struktur derartig überdachter Flächen ist in der Regel rechteckig wie die angewendete Kunststoffolie, die dann durch das Aufblasen die Form eines Halbzylinders annimmt. Der Aufblasdruck, der auch die Höhe dieser lediglich vom Innendruck gehaltenen Abdekkung bestimmt, hängt von der Stärke und der Zerreißfestigkeit des Folienmaterials ab. Normalerweise liegt er in der Größenordnung von 0,3...0,6 in. (7,6...15,2 mm) WS. Vf. beschreibt ausführlich die verschiedenen Möglichkeiten der Abdichtung der Folie bei einer Beton- oder Ziegelwandeinfassung oder bei dem Vorhandensein von Holzpfosten. Der Eingang zu einer derartigen Überdachung erfolgt meistens von der Giebelseite aus durch eine Luftschleuse, die in der Regel aus 2 engen Türen besteht, um den Verlust an Überdruck so klein als möglich zu halten. Um den Innendruck immer auf der gleichen Höhe zu halten und somit ein Zusammensinken des Gebäudes zu vermeiden, ist eine dauernde Luftzufuhr notwendig, die auch zur Ventilation dient. Hierfür ist meistens ein kleines Gebläse eingesetzt, das von einem 0,5 PS starken Motor angetrieben wird. Z.Z. wird die Verwendung von derartigen Gebäuden auch für Viehställe untersucht. Letztere müssen eine größere Festigkeit und Zuverlässigkeit aufweisen, als die im Garten- und Gemüsebau verwendeten Foliengebäude. W.Bohrisch/Bornim. 13715.

1-68/09-0503 A n o n y m. Airhouses-2, butyl grain store. (Lufthäuser. 2. Mitt. Getreidesilos aus Butyl.) - Farm Mechanizat. & Buildings, London 20 (1968) Nr. 224. S. 55. - 2 Abb.

Zur Lagerung von 750 t trockener Gerste oder von 840 t trockenem Weizen wurden Versuche mit einem neuartigen Silo aus Butyl (Kunststoff) durchgeführt. Um die Zweckmäßigkeit eines derartigen Silos zu bestimmen, wurden außerdem 700 t Gerste mit einem Feuchtigkeitsgehalt von 18...20 % eingelagert. Es zeigte sich, daß durch den Luftabschluß innerhalb von 6 Monaten an diesem Getreide keinerlei Schäden auftraten. Die Vorteile eines derartigen Silos liegen einmal in der Billigkeit der Anlage und zum anderen in der leichten und bequemen Art der Aufstellung. Dieser Silo besteht aus einem aus Maschendrahtsegmenten zusammengebauten Zylinder von 7 ft. 10 in. (3,39 m) Höhe und einem Dmr. von 60 ft. (18,29 m). Dieser Zylinder wird zweckmäßigerweise auf einer Betonplatte aufgestellt. Er dient zur Aufnahme des zur Einlagerung vorgesehenen Getreides. Vor dem Füllen dieses Maschendrahtzylinders wird er mit einer 1 mm starken Kunststoffolie aus Butyl bezogen. Die Hülle hat oberhalb des Zylinders die Form eines abgerundeten Kegels. Sie kann innerhalb von 15 Min. aufgeblasen werden und wiegt lediglich 18 cwt. (412,4 kg). In Höhe des oberen Randes des Maschendrahtzylinders befindet sich eine Öffnung in Form einer kleinen Tür, die zum Beschicken des Silos, entweder mit einem mechanischen oder einem pneumatischen Fördergerät, sowie zum Einstieg einer Arbeitskraft notwendig ist. Nach dem Füllen wird diese Öffnung luftdicht verschlossen, so daß ein Luftaustausch zwischen innen und außen nicht möglich ist. Erst zum Zeitpunkt des Getreidebedarfes wird der Silo wieder geöffnet. Das Entleeren erfolgt meistens mit Hilfe eines pneumatischen Saugförderers. W.Bohrisch/Bornim. 13715.

1-68/09-0504 C o n v e r t, J., C h a p u i s, A. und R o c h e t, J. Construction d'un atelier moderne de fabrication d'aliments du bétail. (Konstruktion einer modernen Fabrik zur Herstellung von Mischfutter.) - Génie rural 61 (1968) Nr. 3. S. 181-183. - 5 Abb.

Vff. beschreiben ausführlich den Aufbau bzw. die Entwicklung einer auf genossenschaftlicher Basis beruhenden Fabrik zur Herstellung von Mischfutter, für die eine Jahresproduktion von 60000 t vorgesehen ist. Das Werk ist verkehrstechnisch günstig gelegen und besitzt einen Anschluß an das Eisenbahnnetz. Der Bau basierte auf folgenden Bedingungen: 1. Einlagerung von 6000 t Getreide mit Hilfe von Silos, die je 300...400 t fassen. 2. Bau eines Werkes mit 1500...2000 t Getreide fassenden Speichern von 20 m Höhe und einer Höhe der Fabrikationsräume von 8 m über dem Erdboden. Diese geforderten Höhen ergeben sich aus der Erwägung, daß die Schwerkraft sowohl beim Zulauf zu den Mühlen als auch bei der Verladung des Fertiggutes weitgehend ausgenutzt wird. Folgendes Arbeitsdiagr. des Werkes ergibt sich nach dem Bau:

1. Die Annahme des losen Schüttgutes erfolgt in einen 25 m^3 umfassenden Schüttbunker, der durch die Abdeckung mit Rosten ein Überfahren mit Wagen und Hängern ermöglicht. 2. Das Füllen der 16 Silos wird von Elevatoren vorgenommen, die zusammen eine Stundenleistung von 60 t Getreide besitzen. 3. Zum Zwecke der Produktion wird das Getreide von den Silos in die Fabrikationsspeicher überführt, von wo aus es in die Mühlen und anschließend in die Dosier- und Abfülleinrichtungen gelangt. 4. Ein weiterer Annahmeplatz erlaubt eine Versorgung der Fabrikationsspeicher mit abgesacktem Getreide. 5. Die Dosierungsanlage umfaßt 24 Speicher, 2 Waagen (für 500 und für 2500 kg), 2 Mischer und ein Sicherheitssieb. 6. Das Mehl kann in verschiedenen Formen verwendet werden: a) in loser Form, b) in gepreßter Form, c) in Verbindung mit Melasse als Kuchen. Die Fabrik und die Silos sind aus Stahlbeton hergestellt. Die Höhe der Anlage (20 m) ermöglicht die Verwendung der Schwerkraft für die Zwecke der Förderung, wodurch nicht nur Förderorgane eingespart, sondern auch die Leistungen des Werkes erheblich vergrößert werden. W.Bohrisch/Bornim. 13715.

1-68/09-0505 A n o n y m. Clamp silage mechanized. (Mechanisierung des Füllens von Flachsilos und der Entnahme der Silage.) - Farm Mechanizat. & Buildings, London 20 (1968) Nr. 224. S. 56. - 2 Abb., 3 Zeichn.
In England wurde erstmalig eine in den USA entwickelte Vorrichtung vorgestellt, die sowohl ein mechanisches Beschicken von Flachsilos als auch eine maschinelle Entnahme der fertigen Silage ermöglicht, die für die Verfütterung bestimmt ist. Diese Einrichtung, die für mittlere Betriebe geeignet ist, besteht im Prinzip aus folgenden 2 Hauptteilen: 1. einer an den Traktor angebauten und über seine Zapfwelle angetriebene Fräsvorrichtung (an einem Hebelarm kann sie auf einen bestimmten Kreissegment gehoben und gesenkt werden. Die abgefräste Silage gelangt über eine Förderschnecke zu einem Wurfgebläse), 2. einem Behälter oder Kasten, der auf ein einachsiges Fahrgestell gesetzt ist und zur Aufnahme des abgefrästen und über das Wurfgebläse geförderten Gutes bestimmt ist (dieser Kasten wird nun zum Futtertisch gefahren, wo die Verteilung durch den Rollboden vorgenommen wird. Die Geschwindigkeit des Rollbodens kann den jeweiligen Bedürfnissen entsprechend variiert werden). Beim Einsilieren wird dieser kastenförmige Behälter durch einen Behälter aus Maschendraht ersetzt, der zur Aufnahme des gemähten und gehäckselten Grases bestimmt ist. Im Gegensatz zum Silagekasten wird dieser Maschendrahtbehälter in eine Vorrichtung abgekippt, die eine Beschickung des Flachsilos mittels eines Gebläses vornimmt.
W.Bohrisch/Bornim. 13735c.

I. BAUTEN FÜR DIE DÜNGERWIRTSCHAFT

1-68/09-0506 Z ä n s l e r, G. Mehrzweckgruben. - Bauzeitung 22 (1968) Nr. 5. S. 263-264. - 1 Tab., 2 Zeichn.
Vom VEB Hochbauprojektierung Karl-Marx-Stadt wurden Grubenprojekte für Handmontage mit Kapazitäten zwischen 10 und 350 m^3 entwickelt. Sie eignen sich als Jauche-, Silosaft-, Schmutz- und Löschwasserbehälter. Diese Mehrzweckgruben sind im Durchschnitt 15...35 % billiger als die Typenprojekte der

Kleinkläranlagen. Technische Einzelheiten und die Bezugsbedingungen der Projekte werden angegeben. H.Wanka. 13815.

1-68/09-0507 Anonym. High-temperature dryer for poultry manure. (Hochtemperaturtrockner für Geflügeldung.) - Farm Mechanizat. & Buildings, London 20 (1968) Nr. 225. S. 27. - 1 Abb., 1 Zeichn.

Ein spezieller Geflügelhaltebetrieb in Essex, in dem 16000 Stück Geflügel gehalten werden, hat einen neuen Hochtemperaturtrocknungsofen für die Trocknung des anfallenden Mistes installiert. Durch diese Maßnahme entfallen die sonst notwendigen Dungbeseitigungskosten. Auf der anderen Seite werden Gelder durch den Verkauf des getrockneten, granulierten, sterilen und praktisch geruchlosen Geflügeldunges zusätzlich eingenommen. Der Aufbau und die Funktion des Trocknungsofens werden anhand einer Schemazeichnung beschrieben, und die Zweckmäßigkeit eines derartigen Vorgehens wird durch eine einfache Kostenberechnung dargelegt. Es ist ein Trommelofen, der sich mit Hilfe eines 1 h.p. (1 PS) starken E-Motors langsam um seine etwas schräg liegende Mittelachse dreht. Die Trommel wird von Hand über einen Einschütttrichter und eine Förderschnecke, deren Drehzahl variiert werden kann, beschickt. Auf seinem Weg durch die Trommel wird der Dung mit Hilfe eines Ölbrenners, der die Trommel auf rd. 400 °C aufheizt, getrocknet. Das Feuer kommt mit dem Dung nicht direkt in Berührung. Innerhalb von 20 Min. wird der Geflügelmist, der eine durchschnittliche Feuchtigkeit von 75 % aufweist, auf einen Endfeuchtigkeitsgehalt von 10 oder 12 % herabgetrocknet. Bei einer täglichen Betriebsdauer von 11 Std. werden bei einem Einsatz von 5 Tagen 3,75...4,0 t Dung getrocknet. Ein Gebläse drückt die mit Gerüchen beladene Luft über einen zweiten Brenner in den Schornstein, wo die Luft durch Verbrennen der Ammoniakgase bei 900 °C gereinigt wird. Obwohl der Ölverbrauch für die beiden Brenner und der Stromverbrauch zum Betrieb der Förderschnecke sowie der beiden Gebläse nur gering sind, reicht der Erlös aus dem Dungverkauf nicht ganz aus, um einen Gewinn zu erzielen. In dieser Betrachtungsweise sind jedoch die Kosten für die sonst notwendige Dungbeseitigung nicht berücksichtigt.

W.Bohrisch/Bornim. 13835.

Redaktionsschluß: 30. 08. 1968

NAMENVERZEICHNIS

1–68/09–0001–0507

Ab Jahrgang 1964 beziehen sich die hinter dem Autorennamen angegebenen Zahlen auf die Signatur des Dokumentationsmaterials

Signatur in [Klammern] bedeutet Bibliographie, mit Stern * bedeutet Buchbesprechung

Agena, M.-U. 0196.
Anders, H. 0284.
Aniščenko, V. V. 0028.
Anisimov, G. M. 0379.
Antonov, V. A. 0173.
Artemenko, V. 0141.

Bacuk, V. 0438.
Baillie, W. F. 0034.
Balser, R. L. 0091.
Banholzer, G. 0323. 0333.
Baranyai, O. 0343.
Barekjan, A. Š. 0085.
Bartmann, R. 0268. 0271. 0272.
Bataev, F. I. 0223.
Bauch, W. 0098.
Baumgarten, O. 0067.
Bechler, P. 0477.
Becker, E. 0349. 0356. 0358.
Beeby, L. D. 0253.
Beer, M. 0016.
Beger, D. 0309.
Begg, C. 0334.
Behrndt, W. 0402.
Beljaev, E. A. 0134.
Belokurov, V. N. 0007.
Belyj, V. A. 0009.
Beneman, M. 0087.
Bergmann, F. 0170.
Bergner, W. 0171.
Berlage, A. G. 0324.
Blanken, G. 0232. 0262.
Blaser, E. 0294.
Blendl, H. M. 0497.
Blum, W.-R. 0418.
Bockstedte, W. 0316.
Böhme, E. 0443.
Boer, J. 0101.
Boetzelaer, G. J. van 0307. 0308.
Bojadžiev, P. 0113.
Bond, R. A. 0075.
Bondarenko, G. 0444.
Borisov, F. A. 0380.
Bosma, A. H. 0249.
Botzenhart, K. 0299.
Brenk, G. J. van 0325.
Brock, P. 0205.
Brodersen, G. 0231.
Brooker, D. B. 0208.
Brown, C. M. 0269.
Brown, S. A. 0338.
Buchele, W. F. 0152.
Buck, W. 0404.
Budzko, I. A. 0020.
Buki, A. A. 0051.
Bukštam, M. 0059.
Bunge, H. 0011.
Burger, G. 0446.
Burlingame, B. B. 0327.
Butenko, A. 0240.

Cačev, S. 0341.
Cape, R. 0235.
Catterall, F. H. 0287.
Čekalin, I. 0234.
Čelyšev, A. K. 0085.
Cera, M. 0187.
Černikov, V. I. 0144.
Chalilov, B. B. 0353.
Chapuis, A. 0504.
Chasieva, S. 0499.
Christensen, L. P. 0327.
Chudiev, F. 0094.
Čirik, P. I. 0026.
Čižkov, Ju. P. 0027.
Claus, H.-G. 0158.
Clyde, O. 0019.
Colzani, G. 0182.
Conrad, H. 0129.
Contius, H. 0171.
Convert, J. 0504.
Courtney, A. D. 0406.
Cradock, H. T. 0038.
Crucq, J. 0421.
Cruqee, M. van der 0022.
Csabay, B. [0469].
Čurbanov, I. S. 0069.
Curtin, P. J. 0023.
Čvanova, L. 0471.
Cvetanov, C. 0265.
Cvetkova, A. G. 0352.
Cyciv, M. V. 0340.

Davšan, S. M. 0146.
Deaton, J. W. 0014.
Dengler, V. 0306.
Denisov, G. 0237.
Derevjankin, A. 0261.
Dillon, W. M. 0269.
Doganovskij, M. G. 0125.
Dohne, E. 0056. 0058. 0074.
Dojkov, K. 0092.
Domanský, L. 0483.
Douglas, G. 0410.
Dovereb, R. J. van 0307.
Doveren, R. J. van 0308.
Dovgič, P. 0313.
Downing, C. G. E. [0468].
Drake, A. D. 0379.
Drozdov, N. I. 0080.
Dürre, W. 0464.
Dumaj, L. B. 0326.
Dunkel, K.-H. 0345.
Duškin, A. I. 0340.
Džebašvili, I. Ja. 0025.

Ėfros, V. V. 0026.
Eisele, O. 0500.
Ekimenkov, S. G. 0015.
Elfenbein, K. 0331.
Emel'janov, L. M. 0084.
Eöttevényi, T. [0469].
Erasmus, J. E. 0501.
Estler, M. 0070.

Farmer, S. 0127.
Farobin, Ja. E. 0050.
Fastenko, V. 0461.
Faulkner, G. 0226.
Fechner, M. 0157.
Feifer, R. 0171.
Feuerlein, W. 0100.
Fichtner, W. 0462.
Fischer, J. 0473. 0474.
Fischer, K. 0177 .
Friedrich, W. 0243.
Frolov, V. 0318.
Frowein, H. J. 0414.
Fulda, E. 0090.

Gadd, J. 0494.
Gaitzsch, K. 0433.
Gajdarov, N. 0179.
Galjamičev, V. A. 0379.
Garner, G. B. 0208.
Gatal'skij, E. 0087.
Geisler, H. 0286.
Genzmer, W. 0423.
Georgiev, M. P. 0409.
Gervol'skij, M. M. 0340.
Giessen, P. 0491.
Gilbert, E. Y. 0324.
Glaser, S. 0282.
Glerum, J. C. 0249.
Gluchovškij, V. 0439.
Göhlich, H. 0153.
Görlitz, H. 0129.
Götz, W. 0180.
Gol'berg, D. 0437.
Gol'cov, O. N. 0086.
Goldina, V. N. 0021.
Golovizyn, S. K. 0140.
Goodman, N. J. 0149.
Gorštejn, V. A. 0027.
Griffel, C. 0298.
Grigoŕev, A. M. 0060.
Grigorov, P. K. 0257.
Griń, A. 0319.
Grinčuk, I. M. 0136.
Gröné, L. 0365.
Groth, K. 0099.
Gubareva, I. 0247.
Gulin, M. A. 0080.
Guščin, E. G. 0352.
Gusejn-Zade, S. 0094.
Gutschmidt, J. 0293.
Gvinianidze, I. I. 0025.

Haalck, E. G. 0493.
Habsburg, U. 0374.
Hain, K. 0052.
Hall, M. D. 0465.
Hall, W. K. 0258.
Hansen, C. M. 0119.
Hansen, H. J. 0241.
Hansen, W. 0283.
Harkema, J. 0347.
Haugen, Ø. 0005.
Hechelmann, H.-G. 0185.
Heege, Hermann J. 0132.
Heinrich 0035.
Helbig, W. 0016.
Henkel, A. 0314.
Hergert, G. B. 0167.
Herrmann, K. 0172.
Hertsch, H. 0278.
Hertwig, W. 0063. 0213. 0218. 0236.
Heynisch, W. 0447.
Hine, H. J. 0428.
Hirschberger, P. 0282.
Hofmann, E.-G. 0297.
Holenstein, J. 0481.
Hoogerkamp, M. 0102.
Horsnail, A. G. 0012.
Hunt, D. 0010.

Il'in, V. 0470.
Indergand, R. 0476.
Isensee, E. 0118.
Ivanov, I. 0135.

Jachwitz, E. 0383. 0385.
Jankowski, L. 0233.
Jeske, A. 0357.
Jonas, K. 0061.
Jones, P. 0166.
Jones, P. B. 0216.
Jušmanova, I. Ju. 0084.

Kaasen, N. O. 0371.
Kämmerling, H. J. 0030. 0031. 0033.
Kaiser, R. 0064. 0242.
Kallies, J. 0453.
Kalmykov, P. 0089.
Kaminskij, V. N. 0025.
Kanivec, I. D. 0145.
Karakaševa, M. 0179.
Karrass, H. 0210.
Kasimatis, A. N. 0327.
Kehr, B. 0276.
Kellermann, C. 0194.
Kemp, J. G. 0167.
Kerkhof, J. A. 0275
Kistenfeger, J. 0377
Klinner, W. E. 0066.
Knap, J. 0047. 0048
Kobrin, M. M. 0007
Kobzaŕ, L. A. 0008
König, D. [0482].
Kolev, K. 0341.
Koll, F. 0436.
Konečný, V. 0484.
Koning, K. de 0078.
Koriath, H. 0129.
Korotaėv, E. 0440.
Koršikov, A. 0093.
Kosteneckij, S. 0141.
Kotzbau, S. 0495.
Kozlov, N. M. 0086.
Kozlovskij, E. V. 0125.
Krasničenko, L. V. 0008.
Krschka, K. 0404.
Krugljakov, M. L. 0124.
Ksczmarski, Z. S. 0228.
Kubyšev, V. A. 0214.
Kucyn, L. M. 0060.
Kulakovskij, I. V. 0250.
Kulikova, V. V. 0053.
Kuperšmidt, V. L. 0027.

Lalor, W. F. 0152.
Lammert, T. 0431.
Lancashire, R. 0155.
Landgren, B. 0329.
Landschütz, W. 0375.
Langley, J. T. 0238.
Lapickij, I. M. 0009.
Larjuchina, G. G. 0352.
Lecker, F. 0310.
Lembcke, G. 0404.
Leppack, E. 0219.
Levi, S. A. 0143.
Linask, Ė. 0451.
Lindemann, G. 0054. 0055.
Lindner, H. 0245.
Lipkan, V. D. 0138.
Lisland, T. 0370.

Ljapunov, N. A. 0145.
Loewel, E. L. 0315.
Lohde, H. H. 0032.
Long, D. 0435. 0448.
Longhouse, H. 0337.
Lovelidge, B. 0040. 0041. 0105.
Lucas, G. K. 0382.
Lucchini, P. 0496.
Lutz, R. 0251.
Luvisi, D. A. 0327.
Lysov, A. M. 0044.

Makarov, G. 0459.
McKee, R. K. 0406.
McKibben, J. S. 0208.
Maleř, J. 0176.
Malašenko, N. 0244.
Maley, W. A. 0344.
Mammitzsch 0445.
Manfredi, E. 0079. 0159. 0168. 0192.
Markwardt, E. D. 0337.
Marquardt, K. 0281.
Marshall, J. R. 0212.
Martenjanov, A. 0470.
Marx, B. 0128.
Matjašin, Ju. 0112.
Maton, A. 0432.
Mauch, A. 0364.
Medvedev, A. 0330.
Mehner, S. 0328.
Meijer, E. N. C. 0148.
Mejsachovič, Ja. A. 0352.
Menovščikov, Ju. A. 0214.
Merényi, K. 0343.
Meyer, F. 0068.
Michalčenkov, M. 0451.
Miller, M. L. 0043.
Miller, M. R. 0162.
Milne, W. R. [0468].
Mišina, L. A. 0020.
Mollenhauer, W. 0490.
Mosin, M. A. 0144.
Mudrjak, V. I. 0051.
Müller, M. 0206.

Nazarov, B. 0246.
Neururer, H. 0320.
Nikitin, V. F. 0015.
Nikolov, G. 0120.
Nikol'skij, V. 0463.
Nygård, A. 0489.

Ober, J. 0488.
O'Brien, M. 0332.
O'Daniel, 0361.
Oehring, J. 0211.
Opitz, B. 0404.
Oehring, Manfred 0207.
Ognev, K. 0318.
Olmo, H. P. 0339.
Omel'čenko, A. A. 0250.
Otto, F.-K. [0264].

Panasenko, P. D. 0097.
Panin, V. K. 0321.
Paraškevov, I. 0230.
Paškov, I. 0439.
Patzelt, O. 0449.
Pavlov, O. 0472.
Pereverzev, S. K. 0095.
Petrovskij, G. N. 0408.
Pestal, E. 0386.
Petermann, I. 0328.
Petsche, A. 0063.
Petrov, G. D. 0223.
Petrov, Ju. N. 0051.
Petrova, Z. 0471.
Pfaff, Franz 0312.
Philipp, F. 0378.
Piron, F. 0062.
Pletinckx, A. 0062.
Poesse, G. J. 0101.
Pollok, Günter 0449.
Ponomarenko, Ju. A. 0027.
Popov, V. I. 0340.
Popova, T. I. 0095.
Potapov, G. P. 0124.
Prather 0019.
Priščep, L. 0330.
Probst 0129.
Puckett, H. B. 0248.
Puzey, G. A. 0010.

Rabinkov, B. I. 0045.
Reber, M. 0485.
Reece, A. R. 0002.
Reece, F. N. 0014.
Rehkugler, G. E. 0337.
Rehrl, K. 0036.
Reinsch, H. 0303.
Rennekamp, H. 0495.
Repina, E. 0463.
Rettig, H. 0016.
Rieger, W. 0342.
Riemann, U. 0227.
Rimpler, R. 0342. 0346.
Rjadnych, V. V. 0125.
Rochet, J. 0504.
Rohrer, M. 0260.
Rom, R. C. 0338.
Romanjuk, A. 0141.
Rostovška, G. 0439.
Rubinštejn, S. Ja. 0027.
Rühmann, H. 0273.
Rühle, H. 0458.
Ruhm, E. 0131.
Ryan, K. 0337.
Ryk, G. M. 0026.

Šabliovskij, A. 0319.
Sakoveev, V. 0169.
Samedov, I. I. 0353.
Sánta, J. 0195.
Šarov, N. 0256.
Sautter, L. 0302.
Savenko, V. A. 0137.
Schacht, H. Rosenstand 0103.
Schafer, R. L. 0019.
Schalnat, H. 0336.
Schlegel, H. 0003.
Schlünsen, D. 0197.
Schmid, H. 0110.
Schmidt, G. 0403.
Scholz, K. 0478.
Schönbeck, H. 0415.
Schreier, O. 0416.
Schulz, H. 0193.
Schulz, H. 0057.
Schulz, R. 0458.
Schuricht, R. 0350. 0351.
Schuring, D. 0017.
Seifert, H. 0154.
Serdečnyj, A. N. 0136.
Sexauer 0295.
Shove, G. C. 0215.
Sieg, Roman 0042.
Šiškov, I. 0096.
Skjegstad, A. 0369.
Skrynnik, N. 0151.
Slann, P. A. 0441. 0502.
Smirnov, I. K. 0134.
Smirnov, V. 0142.
Snegirev, I. A. 0085.
Sonne, J. 0046.
Šokina, A. I. 0134.
Sokolov, A. 0093.
Sokul'skij, O. V. 0138.
Specht, A. 0071.
Spirin, A. P. 0049.
Spruyt, P. M. J. 0270.
Stackelberg, S. von 0368.
Stanek, G. 0322. 0335.
Starčevška, O. 0439.
Steflik, J. 0337.
Steinbach, J. 0384.
Šternberg, K. 0437.
Stietenroth, K. 0442. 0500.
Strehlke, B. 0367.
Studer, H. E. 0339.
Sudak, V. 0237.
Surikov, V. 0088.
Swärt, L. G. 0501.
Sysoev, P. V. 0009.
Szeless, S. 0373.

Tabakov, E. P. 0379.
Tarasjuk, V. A. 0144.
Tauchert, W. 0171.
Ten Cate, H. R. 0354.
Thaer, R. 0220.
Thofern, E. 0299.
Thomson, D. C. G. 0191.
Throop, J. 0337.
Timofeenko, L. 0463.
Timofeev, A. F. 0008.
Titarenko, P. V. 0138.
Tkačev, V. N. 0257.
Tóth, K. [0469].
Trümper, H. 0279.
Tüller, R. 0239.
Turbin, B. I. 0107.
Tufjan, D. 0247.
Turner, N. V. 0076.

Uezono, T. 0077.
Uzunov, P. 0179.

Vagner-Nemčinova, I. A. 0044.
Valjuško, A. 0244.
Vámosi, J. 0201.
Varlamov, G. P. 0130.
Vasey, C. H. 0034.
Vasiljev, A. 0254.
Vaškevič, R. 0244.
Venturi, G. 0184.
Veremeev, A. P. 0134.
Vitlox, O. 0062.
Virovec, V. 0133.
Völks, B. 0336.
Vogt, C. 0106.
Voronov, Ju. I. 0183.
Vos, H. W. 0266.
Voznesenskij, N. P. 0028.

Walter, E. 0322. 0335.
Walter, H. 0029.
Wartenberg, G. 0413.
Wegenaar, C. 0348. 0359.
Weissenborn, K. 0317.
Wenzl, H. 0415.
Wiechmann, P. 0404.
Wiedenhoff, H. 0311.
Wieland, K. 0013.
Wienecke, F. 0156.
Wintermann, M. 0292.
Williams, M. 0165.
Witney, B. D. 0018.
Wittkopp, W. 0277.

Zacepin, M. A. 0380.
Zünsler, G. 0506.
Zagralov, I. 0111.
Zaks, M. N. 0007.
Zamotaev, A. I. 0144.
Zihlmann, F. 0259.
Zillig, R. 0204.
Zimmer, E. 0202.
Zimmermann, E. 0328.
Zimmerman, M. 0160. 0181.
Zinne, G. 0430.
Zislavsky, W. 0410. 0411.
Zolotuchin, A. 0451.
Zumbach, W. 0114.
Zumbach, W. 0104.
Zymbal, A. G. 0073.

Herausgeber: Deutsche Demokratische Republik · Deutsche Akademie der Landwirtschaftswissenschaften zu Berlin, Institut für Landwirtschaftliche Information und Dokumentation, 108 Berlin, Krausenstraße 38/39; Fernsprecher: 225161. Chefredakteur: Dr. Werner Kleeberg, 108 Berlin, Krausenstraße 38/39; Fernsprecher: 225161. Redaktion der Abteilung I – Landtechnik: Dr. Joachim Güssefeldt. Verlag: Akademie-Verlag GmbH, 108 Berlin, Leipziger Straße 3–4; Fernsprecher: 220441, Telex-Nr. 112020, Postscheckkonto: Berlin 35021. Bestellnummer dieses Heftes: 1030 I – XIV/9. Das Landwirtschaftliche Zentralblatt, Abt. I Landtechnik, erscheint jährlich in 9 Heften. Einzelheft 25,– M; einseitig bedruckte Ausgabe 29,– M. Jahresbezugspreis 225,– M; einseitig bedruckte Ausgabe 261,– M. Sonderpreise für die DDR: Einzelheft 20,– M; einseitig bedruckte Ausgabe 24,– M. Jahresbezugspreis 180,– M; einseitig bedruckte Ausgabe 216,– M. Preise einschließlich Register, zuzüglich Porto und Versandkosten. Offsetdruck und buchbinderische Weiterverarbeitung: VEB Druckerei „Thomas Müntzer“, 582 Bad Langensalza. Veröffentlicht unter der Lizenznummer 1289 des Presseamtes beim Vorsitzenden des Ministerrates der Deutschen Demokratischen Republik

LANDWIRTSCHAFTLICHES ZENTRALBLATT

ABTEILUNG I
LANDTECHNIK

SACHREGISTER

1968

Heft Nr. 9

Bearbeitet von Dr. Margot Lüpnitz

Versuchsarbeit

V o r w o r t

Das beiliegende Sachregister der Abteilung Landtechnik für das Heft Nr. 9 des Jahrganges 1968 wurde mit Hilfe alphanumerischer Lochkartenmaschinen (System BULL) erarbeitet. Die Heftsachregister sollen dem Benutzer des LZ. zusätzlich zum "System" als Hilfsmittel beim Auffinden der Referate im laufenden Heft dienen. Während das "System" nach Stoffgebieten gegliedert ist, gibt das Sachregister Schlagwörter (mit ergänzendem Kontext) in alphabetischer Reihenfolge wieder. Nach Abschluß des Jahrganges 1968 werden die Heft-Sachregister zu einem Jahressachregister zusammengestellt, mit dessen Erscheinen Anfang des Jahres 1969 zu rechnen ist.

Die Herstellung von Sachregistern für die gleichzeitige Herausgabe mit dem Heft ist nur durch einschneidende Rationalisierungsmaßnahmen und Einsatz der maschinellen Datenverarbeitung möglich. Es werden daher Veränderungen herausgestellt, die sich gegenüber der konventionellen Form von Sachregistern ergeben:

Beschränkung des Textes auf die 80 Stellen der Maschinenlochkarte, daher wurden längere Texte in zwei oder mehr Sachverhaltseinheiten zerlegt.

Die Eigenart der Tabelliermaschine bedingt die zeilenweise Einheit von Schlagwort und Kontext, Einschränkung von Durchschuß auf volle Zeilenhöhe bzw. Typenbreite und Beschränkung auf den Punkt als einziges Satzzeichen.

Im Interesse der Lesbarkeit wurden die Referatenummern v o r den Text gestellt und bei Schlagwortgruppen das erste Wort oder der erste Teil nicht wiederholt.

Es wurden im erhöhten Maße Abkürzungen angewendet. Zur Erhaltung der Verständlichkeit wurden nur solche Abkürzungen benutzt, die auch sonst häufig im Gebrauch sind. Bei Gefahr der Mehrdeutigkeit wurde nicht gekürzt, insbesondere wurden Artikel nicht gekürzt, teilweise wurde nach dem Abkürzungspunkt ohne Zwischenraum weitergeschrieben.

Einführung in das Sachregister

Das Sachregister für das Heft Nr. 9 des Jahrganges 1968 besteht aus einem alphabetisch angeordneten Schlagwortverzeichnis. Die Schlagwörter wurden den Referaten, Titeln, Übersetzungsnachweisen, Buchbesprechungen und den bibliographischen Angaben entnommen. Sachlich zusammengehörende Schlagwörter wurden zusammengefaßt (Beispiel: SCHLEUDERSTREUER und PENDELSTREUER zu 'DUENGEN'). Umfangreiche Schlagwortkomplexe wurden durch Zwischenüberschriften gegliedert, außerdem wurde das sich wiederholende Schlagwort fortgelassen.

Die laufende Nummer von Referat, Titel, Übersetzungsnachweis, Buchbesprechung oder bibliographischer Angabe steht v o r dem Schlagwort. (Beispiel:

2 PROGNOSE BILD EINES VOLLAUTOMAT. LANDW. BETRIEBES DER ZUKUNFT

bedeutet, daß im Heft 9 unter der lfd. Nummer 2 ein Referat mit dieser Thematik zu finden ist).

Abkürzungen entsprechen den üblichen Schreibgepflogenheiten. Häufig angewendet wurden:

V. = von, vom
S. = siehe
U. = und

Die Schlagwörter sind untereinander weitgehend durch Hinweise verbunden. Hierfür wurden verschiedene Formen verwendet.

S. (= siehe) weist auf ein Synonym, unter dem der Begriff abgehandelt ist (Beispiel: SCHLEPPER S. TRAKTOR).

S. UNTER und S. DORT bedeuten, daß der Begriff unter dem Hinweis im Sachzusammenhang erfaßt oder mit ihm sachlich verbunden ist (Beispiel: BODENBEARBEITUNG PFLUEGEN S. DORT).

S. AUCH besagt, daß unter dem Hinweis eine engverwandte oder ähnliche Sachverhaltseinheit abgehandelt ist (beispiel: SAMMELRODER S. AUCH KARTOFFEL..ERNTE).

Ein Doppelpunkt wurde durch zwei Punkte (..) ausgedrückt.

280 ABFALLBESEITIGUNG MUELL-KARUSSELLS IN DAENISCHEN HOCHHAEUSERN
ABFERKELBOX S.UNTER SCHWEINESTALL
ABFERKELSTALL S.UNTER SCHWEINESTALL
478 ABKALBESTALL STAELLE FUER MILCHVIEHGROSSANLAGEN
81 ABWASSER PROBLEME DER RIESELFELDER TAGUNGSBERICHT
329 AKRYL ALS BAUSTOFF FUER GEWAECHSHAEUSER
223 AKUSTISCHE IMPULSE AUSNUTZG.ZUR TRENNG.V.KARTOFFELN U.BEIMENGUNGEN
210 ALUMINIUM SILOS MIT EIN- UND AUSLAGERUNGSTROGKETTENFOERDERUNG
329 ALS SPROSSENMATERIAL IM GEWAECHSHAUSBAU
435 FORMEN UND ABMESSUNGEN VON BAUELEMENTEN
442 ALS BAUSTOFF FUER DIE LANDWIRTSCHAFT
448 ALS WANDBAUSTOFF IN SCHWED.VORFERTIGUNGSSYSTEM
453 LEICHTE DACH- U.AUSSENWANDKONSTRUKT.F.EINGESCHOSS.BAUTEN
416 ATTRAPPE ZUR VERHINDERUNG VON VOGELSCHAEDEN
128 AGROCHEMISCHES ZENTRUM OEKON.PROBLEME BEI DER STANDORTFESTLEGUNG
129 DESSOW ORG.U.ENTWICKLUNG DER MINERALDUENGUNG
AMMONIAKDUENGUNG S.UNTER DUENGEN
482 ANBINDESTALL NUTZUNG V.OFFENSTAELLEN IN MITTELGEBIRGSLAGEN
478 LANDW.ANFORDER.AN BAUL.GESTALTG.V.MILCHVIEHGROSSSTAELLEN
479 RATIONALISIERUNG BESTEHENDER STALLANLAGEN
481 DOPPELSTALL MIT ZENTRALEM FUTTERGANG
230 VORRICHTUNG FUER GRUPPENWEISES AN- UND LOSBINDEN
418 HALSRAHMEN MIT AUTOMATISCHEM VERSCHLUSS
480 STALLBODENBELAG STALLIFLEX FUER STROHLOSE AUFSTALLUNG
260 FESTMISTVERFAHREN ODER GRENZEN DER FLUESSIGMISTBEREITUNG
ANWELKFUTTER S.UNTER GRUENFUTTER
S.AUCH SILIEREN
343 APFEL MASCHINEN ZUR AUFBEREITUNG IN UNGARN
343 LEISTUNG DER KALIBRIERMASCHINE UNIFRUCT.SUPER
337 ARBEITSBUEHNE FAHRB.HYDRAUL.HEB-U.SENKBARE TAFEL M.GEPOLST.STAEBEN
361 SELBSTFAHR.PFLUECKBUEHNE F.HOHE BAUMFORMEN VON TIFONE
6 ARBEITSGESCHWINDIGKEIT UNTERSUCH.B.BODENBEAR.MIT UEBER NEUN KM JE STD.
308 ARBEITSPHYSIOLOGIE ARBEITSVERFAHREN UND ARBEITSPLATZ
307 ERGONOMIE MENSCH UND PRODUKTIVITAET
370 LAERM UND VIBRATION BEI WALDARBEITEN
92 ARBEITSPRODUKTIVITAET VERWENDG.V.PE-ROHREN BEIM BEWAESSERN V.MAIS
464 ARBEITSRAUM ANFORDERUNGEN AN MODERNE ARBEITSRAEUME ERLAEUTER.ZUR TGL
307 ARBEITSTECHNIK ERGONOMIE MENSCH UND PRODUKTIVITAET
308 ARBEITSVERFAHREN UND ARBEITSPLATZ
368 KOORDINIER.V.HANDARBEIT.ARBEITSSTUD.M.AUFGENOM.SCHMALF.
369 EFFEKTIVE ARBEITSMETHODEN IM BAUERNWALD
375 ANALYSE VON TEILZEITSTRUKTUREN
ARBOLIT S.DORT
440 ZUSAMMENSETZUNG UND PRODUKTION IN DER UDSSR
435 ASAE JAHRBUCH
448 ASBESTBETON ALS WANDBAUSTOFF IN SCHWED.VORFERTIGUNGSSYSTEM
453 LEICHTE DACH- U.AUSSENWANDKONSTRUKT.F.EINGESCHOSS.BAUTEN
487 KOSTENSENKG.DURCH KOMPL.FERTIGTEILE FUER BOXENLAUFSTAELLE
305 AUFTAUEN KLEINAUFTAUGERAET AUFTAUFIX VON DUESTERBERG
4 AUSBILDUNG VON LANDWIRTSCHAFTSLEHRERN LANDTECHN.ABSCHNITTE
367 TAETIGKEIT UND AUFGABEN DER INTERNAT.ARBEITSORGANISAT.IAO
AUSDUENNEN S.UNTER VEREINZELN VON RUEBEN
AUSFORMEN S.UNTER HOLZAUFBEREITUNG
478 AUSLAUF FUER MILCHVIEHGROSSANLAGEN
AUSSENBELEUCHTUNG S.UNTER BELEUCHTUNG
AUSSENWIRTSCHAFT S.UNTER FELDBAU
30 AUSSTELLUNG TRAKTOR UND ZUBEHOER AUF DER DLG-AUSSTELLUNG
31 TRAKTOR UND ZUBEHOER AUF DER DLG-AUSSTELLUNG
32 TRAKTOR UND ZUBEHOER AUF DER DLG-AUSSTELLUNG
35 TRAKTORANGEBOT IN MUENCHEN
37 EINACHSTRAKTOREN UND MOTORKLEINGERAETE AUF DER DLG-SCHAU
56 TRANSPORT UND DUENGUNG AUF DER DLG-SCHAU
71 MASCHINEN FUER DEN KARTOFFELANBAU AUF DER DLG-SCHAU
100 GERAETE ZUR BODENBEARBEITUNG AUF DER DLG-SCHAU
295 1968 KOELNER FRUEHJAHRSMESSE KAELTETECHNIK
304 INTERNAT.HAUSRAT- UND EISENWARENMESSE IN KOELN
305 HAUSHALTGERAETE AUF DER HAUSRAT- U.EISENWARENMESSE KOELN
306 MEILENSTEINE DER HAUSTECHNIK AUF DER DLG-SCHAU
360 INTERNATIONALE LANDWIRTSCHAFTSSCHAU IN MUENCHEN
363 TECHN.BESONDERHEITEN BEIM 10. HOHENHEIMER GARTENBAUTAG
366 NEUHEITEN UND VORSCHAU ZUR DLG
401 TECHN.NEUERUNGEN AUF DER DLG-SCHAU IN MUENCHEN
425 NEUHEITEN VON DER DLG-AUSSTELLUNG
418 UGEXPO IN BRUESSEL WILL ZENTRUM EUROPAS WERDEN
422 1968 SIMA PARIS LANDTECHN.ENTWICKLUNGEN
423 LANDWIRTSCHAFTSMESSE IN PARIS
424 EXPONATE DER INTERNAT.LANDMASCHINENAUSSTELLUNG IN PARIS
419 SMITHFIELD AUSSTELLUNG
420 LANDMASCHINEN AUF DER ROYAL SHOW
361 INTERNAT.LANDWIRTSCHAFTSMESSE IN VERONA
421 21. LANDMASCHINENTAG IN LIEMPDE
399 FORSTGERAETE AUF DER LANDWIRTSCH.AUSSTELLG.IN NORWEGEN
400 DER SCHWEDISCHEN FORSTWOCHE
362 5.SCHWEIZ.SCHAU F.GARTEN- U.OBSTBAU IN OESCHBERG KOPPINGEN
253 AUSTRALIEN AUSSICHTEN DES RINDERHALTUNGSSYSTEMS IN SOG.FUTTERPARZELL.
267 KONSTRUKTIONSAENDERUNGEN BEI MELKMASCHINEN
226 AUTOMATION VOLLAUTOMATISIERUNG DER INNENWIRTSCHAFT
2 BILD EINES VOLLAUTOMAT.LANDW.BETRIEBES DER ZUKUNFT
65 AXIALGEBLAESE ZUM ANBAU AN TRAKTOREN NIAE-TEST

BACKOFEN S.AUCH HERD
294 DOPPELBACKOFEN MIT DUNSTABZUGHAUBE VON NEFF
306 EINBAUBACKROEHREN DER FA. NEFF MIT SCHWENKTUEREN
302 BAD MINDESTWAERMESCHUTZ UND VOLLWAERMESCHUTZ
303 KUNSTSTOFFE IN KUECHE BAD UND WC
82 BAGGER SELBSTFAHRENDE GRABENBAGGER VON JOHN ALLAN U.SONS
82 ZAPFWELLENGETRIEBENE GRABENBAGGER V.BARFORDS OF BELTON LTD.
82 ANBAULOEFFELBAGGER VON BARSYKE LTD.

82 BAGGER DRAENGRABENBAGGER VON BARTH HOLLAND
82 DRAENBAGGER DER BRIT.CRANE AND EXCAVATOR CORPORATION LTD.,
82 DER CLARK INTERNATIONAL MARKETING S.A.
82 GRABENBAGGER DER CUMBRIAN IMPLEMENT CO.LTD.
82 MODELL 9 VON R.I.FLEMING
82 HYDRAULISCHE LOEFFELBAGGER VON FOSTER SALES
82 GRABENBAGGER VON HOWARD ROTAVATOR
82 GRABENBAGGER VON LEEFORD LTD.
82 ANBAULOEFFELBAGGER FUER DEN UNIMOG
82 HYDRAULISCHER BAGGER MIT FRAESRAD VON MUIR HILL
82 ANBAULOEFFELBAGGER VON MASSEY FERGUSON UND F.W.MC.CONNEL
82 ANBAULOEFFELBAGGER VON TWOSE UND ERNEST A.WEBB
82 HYDRAULISCHER LOEFFELBAGGER MUSTANG 90 V.PRIESTMAN BROTHERS
86 DRAENBAGGER ETN 171 ARBEITSTECHNOL.BEI ROHRVERLEGUNG
390 UEBERSICHT UEBER 22 LOEFFELBAGGERTYPEN
427 ANBAUGRABENBAGGER
428 KETTENFAHRZEUG ZUM AUSBAGGERN VON FLUESSEN UND KANAELEN
428 HYDRAUL.SCHUERFKUEBELGERAET ZUM REINIGEN VON GRABENSOHLEN
66 BALLENLADER BEWERTUNGSKRITERIEN FUER VERGLEICHSPRUEFUNGEN
424 ZWEI HYDRAULISCH ARBEITENDE GERAETE
BALLENLADEWAGEN S.UNTER LADEWAGEN
BANDFOERDERER S.FOERDERBAND
461 BAUDURCHFUEHRUNG URSACHEN V.NICHTERFUELL.DER PLAENE IN BAUVEREIN.SU
462 NEUE LEITUNGSMETHODEN IM LBK FRANKFURT/ODER
BAUHYGIENE BELEUCHTUNG S.DORT
LUEFTUNG S.DORT
WAERMESCHUTZ S.DORT
S.AUCH STALLKLIMA
431 BAUKONSTRUKTION WISSENSCHAFTL.TECHN.ENTWICKLG.IM LANDWIRTSCHAFTSBAU
432 MODERNE TENDENZEN IN BELGIEN
456 PRODUKTIONSPROGRAMM VEB WALZWERK HETTSTEDT
457 PRODUKTIONSPROGRAMM VEB STAHLBAU PLAUEN
458 TRAGLUFTKONSTRUKTIONEN FUNKTIONELLE EIGENSCHAFTEN
431 PAVILLON- U.GROSSFLAECH.BAUTEN MIT KOMPAKT.ZUORDNUNG
431 KOMPAKTBAUTEN UND GESCHOSSBAUTEN
447 ENTWICKLUNGSSTAND IM LEICHTBAU
454 LEICHTMETALLKONSTRUKTIONEN IN DER CSSR
455 STAHLLEICHTKONSTRUKTIONEN FUER LANDW.PRODUKTIONSBAUTEN
450 MONTAGEFAEH.DECKE RAHMENLEICHTBAUELEMENTE SYST.GLAGIT
453 LEICHTE DACH- U.AUSSENWANDKONSTR.F.EINGESCHOSS.BAUTEN
486 WANDVERKLEID.U.SCHAUMPLASTGEDAEMM.FASSADENELEMENTE
500 BATTERIESTALL FUER 1000 HENNEN EINBAU IN STALLSCHEUNE
431 STUETZEN-RIEGEL-KONSTRUKTION
449 ENTWICKLUNGSTENDENZEN VON RAUMTRAGWERKEN
477 VORFERTIGUNG DER BAUELEMENTE FUER RINDERSTAELLE
496 SCHLUESSELFERTIG GELIEFERTE SCHWEINEMAESTEREIEN
433 FERTIGBAU VORSCHLAEGE F.RATIONALIS.IM LANDW.BAUWESEN
433 ENTWICKLUNG LEICHTER EINBAUELEMENTE FUER INNENAUSBAU
437 INDUSTRIELLE VERSORGUNGSBASIS F.GENOSSENSCH.BAUORG.
448 EINFACHES SCHWEDISCHES VORFERTIGUNGSSYSTEM
232 INNENAUSBAU FUER BODENFUETTERUNG
423 ONDULINE WELLPLATTEN ZUR DACHEINDECKUNG
451 LEICHTE STAHLBETONDACHPLATTEN KONSTRUKT.U.VERWENDG.
452 LEICHTE DACHEINDECKUNGEN FUER KALT- U.WARMBAUTEN
430 BAUKOSTEN INVESTITIONSPOLITIK IN LANDW.UND NAHRUNGSGUETERWIRTSCHAFT
434 UMSATZSTEIGERUNG IM LANDWIRTSCHAFTLICHEN BAUEN IN DER DDR
436 ERMITTLUNG VOM UMBAUTEN RAUM UND AUFMASSEN
485 INVESTITIONSAUFWENDUNGEN FUER DEN MELKSTAND
487 KOSTENSENKUNG DURCH KOMPL.FERTIGTEILE FUER BOXENLAUFSTAELLE
495 SCHWEINEMASTSTALL IN VORGESCHNITTENER HOLZBAUWEISE
BAUMASCHINEN BAGGER S.DORT
DUMPER S.DORT
KOMPRESSOR S.DORT
STEINBRECHER S.DORT
WALZEN S.DORT
S.AUCH BODENBEWEGUNG
402 BAU- UND ZUGMASCH.AUF DER W.HANNOVER MESSE
402 NEUERUNGEN AM MBU GRADER
428 ERDBOHRER FUER TRAKTORANBAU
437 INDUSTRIELLE VERSORGUNGSBASIS F.GENOSSENSCH.BAUORGANIS.
459 MASCHINENAUSFALLZEITEN IN BAUVEREINIGUNGEN DER UKR.SSR
460 GRENZWERTE FUER DIE LAERMIMMISSION
5 BAUMSCHULE SPEZIALSPRUEHER FUER FORSTBAUMSCHULEN
146 BAUMWOLLE BEWERTUNG DER LENKBARKEIT VON HACKMASCHINEN
BAUPLANUNG GEBIETSPLANUNG S.DORT
433 FERTIGBAU VORSCHLAEGE F.RATIONALIS.IM LANDW.BAUWESEN
461 URSACHEN V.NICHTERFUELL.DER PLAENE IN BAUVEREINIG.DER SU
462 NEUE LEITUNGSMETHODEN IM LBK FRANKFURT/ODER
472 PERSPEKTIVPROJEKTE F.LAENDL.KINDERGAERTEN U.SAEUGLINGSHEIME
476 BETRIEBSWIRTSCHAFTLICHE GEDANKEN ZUM BAU VON RINDERSTAELLEN
BAUSTOFF ALUMINIUM S.DORT
ARBOLIT S.DORT
ASBESTBETON S.DORT
BETON S.DORT
DACHPAPPE S.DORT
LEHM S.DORT
PVC S.DORT
SCHILF S.DORT
STAHL S.DORT
ZEMENT S.DORT
S.AUCH KUNSTSTOFF
431 EINSATZ NEUER EFFEKTIVER BAUSTOFFE
437 INDUSTRIELLE VERSORGUNGSBASIS FUER GENOSSENSCH.BAUORGANIS.
441 ENTWICKLUNG METALLBESCHICHTETER BAUPLATTEN
444 AUS ABGAENGEN D.ERZAUFBEREIT.KOMBINATE ALS FEINZUSCHLAGSTOFF
463 SCHALLDAEMMUNG IN GEBAEUDEN
500 VERWENDUNG IM BATTERIESTALL FUER 1000 HENNEN
436 BAUTECHNIK ERMITTLUNG VON UMBAUTEN RAUM UND AUFMASSEN
BAUVEREINIGUNG S.UNTER BAUDURCHFUEHRUNG
447 BAUWEISE EINGESCHOSSIGE BAUTEN IN MASTENBAUWEISE

491 BAUWEISE V.RINDERMASTSTAELLEN FUER VOLLSPALTENBODENHALTUNG
431 LEICHTBAU- UND MASTENBAUWEISE
430 BAUWESEN INVESTITIONSPOLITIK IN LANDW.UND NAHRUNGSGUETERWIRTSCHAFT
431 WISSENSCHAFTLICH TECHN.ENTWICKLUNG IM LANDWIRTSCHAFTSBAU
433 FERTIGBAU VORSCHLAEGE FUER RATIONALISIER.IM LANDW.BAUWESEN
434 UMSATZSTEIGERUNG IM LANDWIRTSCHAFTLICHEN BAUEN IN DER DBR
435 HANDBUCH IN FORM VON TAB.
154 BECHERWERK ZUR SENKRECHTFOERDERUNG VON HAECKSELGUT
5 BEERENOBST ENTWICKLUNG VON PFLANZENSCHUTZANLAGEN
356 BEGASEN SCHWEFELVERDAMPFER PRUEFBERICHT POTSDAM BORNIM
BEHAELTER S.AUCH VERPACKUNG
16 VERHALTEN VON ROH GEMUSTEN KARTOFFELN BEI LAGERUNG
344 FUER DIE MASCHINELLE TOMATENERNTE
23 BELEUCHTUNG AUSSENBELEUCHTUNG AUF DER FARM
500 BATTERIESTALL FUER 1000 HENNEN
BELGIEN AUSSTELLUNG S.DORT
1 ENTWICKLUNG DER LANDTECHNIK SEIT 1945
22 ELEKTRIFIZIERUNG DER LANDWIRTSCHAFTSBETRIEBE
432 TENDENZEN BEI LANDWIRTSCH.PRODUKTIONSBAUTEN
BELUEFTUNG VON GETREIDE S.UNTER GETREIDE
HEUBELUEFTUNG S.DORT
16 VON HEU- UND RUEBENSTAPELN BESTIMMUNG MIT RADIONUKLIDEN
178 ANLAGEN ZUR TROCKNUNG DER MAISKOLBEN
199 GEBLAESE LAW TYP RF 10 MIT OELHEIZUNG PRUEFBERICHT
200 GEBLAESE LAW TYP RP 1 UND RP 8 FUER PROPAN PRUEFBERICHT
201 TECHNOLOGIE DER BELUEFTUNGSTROCKNUNG
BEREGNUNG S.AUCH BEWAESSERUNG
81 AENDERUNGEN DES MIKROKLIMAS DURCH VERSPRUEHEN VON WASSER
81 AUFTREFFWIRKUNG VON SYSTEMEN
314 TENSIOMETER ZUM BESTIMM.DES ZEITPUNKTES IM FELDGEMUESEBAU
5 EINFL.V.ARBEITSDRUCK U.ABSTAND ZWISCH.REGNERN AUF VERTEILG.
90 SCHNECKENPUMPEN
91 SYSTEME BETRIEBSKOSTEN UND ARBEITSAUFWAND
94 WIRKUNG ERHOEHTER LUFTFEUCHTE AUF DIESELMOTOREN
90 EINSPUELSTANDROHRE UND STANDORTKUPPLUNGEN
90 DYNALEN KUNSTSTOFFROHRE MIT SYMMETRISCHEN SCHNELLKUPPLUNGEN
90 WEITERENTWICKLUNG VON ROHR SCHLAUCH KOMBINATIONEN
478 BERGERAUM FUER MILCHVIEHGROSSANLAGEN
481 ZUORDNUNG ZUM ANBINDESTALL
BESTELLUNG PFLANZEN S.DORT ; SAEEN S.DORT
3 ZAPFWELLENANGETRIEBENE BESTELLGERAETE
363 AUTODUX ANBAUVIELFACHGERAET
297 BESTRAHLUNG GERAET V.AEG TELEFUNKEN MIT HOCHLEISTUNGSROENTGENROEHREN
BETON BETON ASBESTBETON S.DORT
STAHLBETON S.DORT
85 ERPROBUNG VON DRAENROHREN AUS POROESEM BETON
437 INDUSTRIELLE VERSORGUNGSBASIS FUER GENOSSENSCH.BAUORGANIS.
439 ERDSILIKATBETON ZUSAMMENSETZUNG UND EIGENSCHAFTEN
444 ABGAENGE DER ERZAUFBEREITUNG
475 NORMBLATTENTWURF FUER SPALTENBOEDEN
488 TRENNWAENDE FUER LIEGEBUCHTEN IN MILCHVIEHLAUFSTAELLEN
6 BETRIEBSMITTEL NORMATIVE FUER KONSTRUKTION VORBEREITUNG UND BAU
476 BETRIEBSWIRTSCHAFT GEDANKEN ZUM BAU VON RINDERSTAELLEN
12 KOSTEN ARBEITS UND MASCHINENPLANUNG
309 ORG.PLANUNG U.ABRECHNUNG DES MASCHINENEINSATZES
BEWAESSERUNG IM GEWAECHSHAUS S.UNTER GEWAECHSHAUS
S.AUCH BEREGNUNG
81 TAGUNG IN CHATTANOOGA TENNESSEE
81 UMWELTEINFLUESSE AUF DIE BIOLOGISCHEN SPEZIES
81 UMWELTEINFLUESSE IM ZENTRALEN TAL VON ARIZONA
313 STEUERUNGSSYSTEM FUER EINEN WASSERTURM
134 VORRICHT.FUER SAEMASCH.ZUM ZIEHEN V.BEWAESSERG.FURCHEN
81 V.HUEGEL.GELAENDE MIT AUFBEREITETEN STAEDT.ABWAESSERN
93 PAS 3 TRANSPORTABLER HEBER FUER DEN TRAKTOR MTZ
95 DIESELPUMPENAGGREGAT OP 35 G AM 01
96 BEWEGLICHE PUMPSTATION SNP 500 10
92 VERWENDUNG V.PE-ROHREN BEIM BEWAESSERN V.KOERNERMAIS
97 VERSUCHSHERSTELLUNG VON NIEDERDRUCK-STAHLBETONROHREN
89 KRAUTMAEHEN AN KANAELEN LEISTUNG UND KOSTEN
16 BEWEGUNG UNTERSUCHUNGEN MIT RADIOAKTIV-MARKIERTEN STOFFEN
423 BINSEN HYDRAULISCHES MAEHWERK ZUM UNTERWASSERMAEHEN
415 BLATTLAUS ANWEND.SYSTEM.BLATTLAUSTOET.GRANULATE IM PFLANZKARTOFFELBAU
323 BLUMENKOHL PRODUKTIONSVERFAHREN DES ANBAUS TECHNOLOG.MUSTERKARTEN
346 E 914 I UNIVERSALTRANSPORTGERAET FUER GEMUESEERNTE
17 BODEN TRAEGHEITSERSCHEINUNGEN BEI BESTIMMUNG DER BODENKRAEFTE
18 BESTIMMUNG DER TEILCHENBEWEGUNG IM ZWEIDIMENIONALEN BRUCH
19 AUFBAU UND FUNKTION EINER ELEKTRONISCHEN BODENSONDE
401 HYGRO-MULL-AUFSCHAEUMGERAETE ZUR BODENVERBESSERUNG
BODENBEARBEITUNG EGGEN S.DORT
FRAESEN S.DORT
GRUBBERN S.DORT
PFLUEGEN S.DORT
ROTIERENDE BODENBEARBEITUNG S.DORT
101 BODEN UND WERKZEUG NOTWENDIGK.EINER BODENBEARBEITG.
315 ALS GRUNDLAGE FUER WIRTSCHAFTLICHE OBSTKULTUREN
364 1969 INTERNAT.KONGRESS Z.M.DES GARTENBAUES KECSKEMET
6 UNTERSUCH.MIT ARBEITSGESCHWIND.UEBER NEUN KM JE STD.
3 ZAPFWELLENANGETRIEBENE BESTELLGERAETE
100 GERAETE AUF DER DLG-SCHAU
100 RAU-ROTEX-SYSTEM FUER MINIMALBEARBEITUNG
360 ARBEITSBLOCK DES GUTBROD GARTENBOY
389 BODENBEWEGUNG STRASSENPLANIERSCHILDE TECHN.DATEN UND PREISE
BODENFUETTERUNG S.UNTER SCHWEINEFUETTERUNG
89 BOESCHUNGSMAEHER KOK 5,8 ARBEITSLEISTUNG UND KOSTEN
1 BOHNE MECHANISIERUNG DER ERNTE IN BELGIEN
20 REFLEXIONSVERMOEGEN VON VERSCHIEDENEN SORTEN
322 PRODUKTIONSVERFAHREN DES GEMUESEBOHNENANBAUS
335 ERNTE VON GEMUESEBOHNEN MIT BUNKERMASCHINEN
423 PFLUECKMASCHINE AUF DEM LANDMASCHINENSALON IN PARIS
428 BOOT MIT MESSERBALKEN ZUM SCHNEIDEN VON ROHR

BOXENLAUFSTALL S.UNTER LAUFSTALL
219 BOXENSTAPLER MIT GROSSEM SCHWENKBEREICH
BREITSAAT S.UNTER SAEEN
BREMSEN S.AUCH TRAKTOR
30 SCHEIBENBREMSEN AUF DER DLG-SCHAU
398 BRUECKE KONSTRUKTION AUS VORGEFERTIGTEN STAHLBETONTEILEN
241 BRUTANLAGE AUSBRUETEN UND HALTUNG DER KUEKEN IN DRAHTKAEFIGEN
298 BUEGELN LEICHTBUEGELEISEN V.PHILIPS M.HARTALU.SOHLE M.TEFLONBESCHICH.
298 MIELE BUEGELZENTRUM MIT BUEGELAUTOMAT B 600
306 BUEGELZENTRUM V.MIELE MIT EINGEBAUTER BUEGELMASCHINE
306 WOHNRAUM MODELL DES SIEMENS HEIMBUEGLERS
397 BULLDOZER UEBERSICHT UEBER TECHN.DATEN VON 19 TYPEN
BUNKERKOEPFRODER S.UNTER RUEBEN
BUNKERZIEHMASCHINE S.UNTER RUEBEN.. ERNTE
211 BUTYL ALS BAUSTOFF FUER SILOS FUER GETREIDESILIERUNG
217 ALS BAUSTOFF FUER SILOS FUER GETREIDESILIERUNG
503 TRAGLUFTZELT FUER DIE GETREIDELAGERUNG

454 CSSR LEICHTMETALLKONSTRUKTIONEN

DACHEINDECKUNG S.UNTER BAUKONSTRUKTION
446 DACHPAPPE SCHUTZ BITUMINIERTER DACHPAPPEN GEG.MIKROBIOG.KORROSION
DAEMPFEN VON KARTOFFELN S.UNTER FUTTERZUBEREITUNG
DDR AUSSTELLUNG S.DORT
278 GUETEZEICHEN K VOM RAL FUER KUNSTSTOFFERZEUGNISSE
434 UMSATZSTEIGERUNG IM LANDWIRTSCHAFTLICHEN BAUEN
460 GESETZ ZUM SCHUTZ GEGEN BAULAERM
67 DDR OEKON.UND TECHN.ASPEKTE DER GETREIDEPRODUKTION
99 MELIORATION VON FELDSOELLEN IN DEN NORDBEZIRKEN
430 INVESTITIONSPOLITIK IN DER LANDW.UND NAHRUNGSGUETERWIRTSCHAFT
433 FERTIGBAU VORSCHLAEGE FUER RATIONALISIERG.IM LANDW.BAUWESEN
449 ENTWICKLUNGSTENDENZEN VON RAUMTRAGWERKEN
462 NEUE LEITUNGSMETHODEN IM LBK FRANKFURT/ODER
DESINFEKTION VON MELKANLAGEN S.UNTER MELKEN
233 IN DER WOLLSCHAFHALTUNG ARBEITSAUFWAND
223 DIELEKTRIZITAETSKONSTANTE AUSNUTZ.Z.TRENN.V.KARTOFFELN U.BEIMENGUNGEN
28 DIESELMOTOR D 48PL UMBAU ZUM GASMOTOR KENNWERTE
96 AM 01 FUER PUMPSTATION
24 ERHOEHTE LEISTUNG DURCH VORVERDICHTUNGSTURBINE
25 ARBEIT DES D 50 MIT TURBOAUFLADUNG
43 VERAENDERUNGE AN KONVENT.DIESELMOTOREN NACHTEILE
26 EINFL.V.SCHIEFSTELL.V.ZYLINDER U.KOLBENACHSEN MECH.VERLUST
27 MIT EINKAMMERBRENNRAUM CNIDI ANLASSEIGENSCHAFTEN
94 AUF BEREGNUNGSMASCH. WIRKUNG ERHOEHT.LUFTFEUCHTE
DIESELPUMPE S.UNTER BEWAESSERUNG
DIFFERENTIALSPERRE S.UNTER TRAKTOR.. KRAFTUEBERTRAGUNG
170 DINKEL ERNTE MIT DEM MAEHDRESCHER IN DER SCHWEIZ
DOPPELROTORHEUWENDER S.UNTER HEUERNTE
DORFPLANUNG S.AUCH GEHOEFTPLANUNG
S.AUCH WOHNHAUS
469 LANDWIRTSCHAFTLICHE GEBAEUDEINSTALLATION
153 DOSIEREN UNTERS.V.DOSIERSYSTEMEN FUER FEINGRANULIERTE HERBIZIDE
156 ENTWICKLUNG MECH.ABLADE- UND DOSIEREINRICHTUNGEN
226 DER FUTTERRATION FEHLERGRENZE
282 CHEMIKALIENDOSIERUNG BEI DER WASSERAUFBEREITUNG
DRAENAGE S.AUCH BAGGER
81 TAGUNG IN CHATTANOOGA TENNESSEE
81 EINFL.V.UNDURCHLAESSIGEN SCHICHTEN AUF HOEHE DES WASSERSPIEG.
81 VERBIND.SCHLUESSEL ZUM DRAENAGEPROGR.V.LANDSTRASSEN U.LANDW.
315 ALS GRUNDLAGE FUER WIRTSCHAFTLICHE OBSTKULTUREN
81 MESSUNGEN DES FLUSSES IN OFFENEN KANAELEN MIT TAINTER WEHREN
82 PFLUG FUER GRABENLOSES VERLEGEN V.PLASTROHREN VON HUDSWELL
82 UEBERBLICK UEBER MASCHINEN UND GERAETE MIT TECHN.DATEN
82 MAULWURFDRAENMASCHINEN VON BLANCH LELY LTD.
82 MAULWURFDRAENMASCH.TYP VISCOUNT MK.III VON BROWNS
82 MAULWURFSPFLUG DER CRITCHLEY BROS. LTD.
82 DRAENMASCHINEN DER J.A.CUTHBERTSON LTD.
83 DRAENMASCH.MIT LICHTSTRAHLGESTEUERTER ARBEITSTIEFE U.RICHTG.
83 MASCHINEN ZUM VERLEGEN V.DRAENROHREN AUS KUNSTSTOFF
86 DRAENBAGGER ETN 171 ARBEITSTECHNOL.BEI ROHRVERLEGUNG
84 PRUEF.V.POLYAETHYLENROHRLEITUNGEN B.UNTERIRD.VERLEGUNG
85 ERPROBUNG VON DRAENROHREN AUS POROESEM BETON
86 PALETTENUMSCHLAG VON DRAENROHREN
87 SPUELGERAET D 910 M.SUCHGERAET Z.ORTEN V.TRASSEN U.VERSTOPFG.
316 TECHN.AUSRUESTG.ZUR DRUCKWASSERSPUELUNG V.DRAENROHREN
317 DRAENSPUELUNG IM NIEDERELBISCHEN OBSTBAU
428 TON- UND KUNSTSTOFFROHRE
DRAENSPUELGERAET S.UNTER DRAENAGE
385 DRAHTSEIL NORWEGISCHE STANDARDS
44 DREHMOMENTWANDLER GTR 21 U.MOTOR KENNLINIENANPASSG.MIT ANALOGRECHNER
DRILLMASCHINE FUER SAATGUT S.UNTER SAEEN
DRUCKWASSERSPUELUNG S.UNTER DRAENAGE
130 DUENGEN NEUE MASCHINEN ZUM AUSBRINGEN ORGANISCHEN DUENGERS
259 VERFAHRENSTECHN.UEBERLEGUNGEN ZUR HOFDUENGERWIRTSCHAFT
116 1968 FRUEHJAHRSTAGUNG DES NIAE UEBER DUENGEMITTELANWENDUNG
129 ORG.U.ENTWICKLUNG IM AGROCHEMISCHEN ZENTRUM DESSOW
126 HOEHERER KORNERTRAG DURCH TIEF EINGEDRILLTEN DUENGER
127 TIEF EINGEDRILLTER DUENGER VERSUCHE IN NORFALK
56 MASCHINEN AUF DER DLG-SCHAU
61 STREUER RAUCH FUER VERSUCHSFELDER
65 LF 12 ANHAENGESTREUER VON JOHN DEERE NIAE-TEST
66 BEWERTUNGSKRITERIEN FUER VERGLEICHSPRUEFUNGEN
127 MASCH.F.RAEUML.GETRENN.AB.GLEICHZEIT.AUSBRING.V.SAAT U.DUENGER
401 HYGRO-MULL-AUFSCHAEUMGERAETE ZUR BODENVERBESSERUNG
419 KOMB.DRILL U.DUENGESTREUMASCH.V.WESTERN MACHINERY U.EQUIPMENT
122 GRUPPENPRUEFUNG VON SCHLEUDER- UND PENDELSTREUERN

123 DUENGEN SCHLEUDERSTREUER EBERHARDT TYP WIESEL 2 PRUEFBERICHT
124 BESTIMMUNG DER WURFLEISTENHOEHE VON SCHLEUDERSTREUERN
125 WAHL DER STELLE FUER DUENGERZUFUHR AUF SCHLEUDERSCHEIBE
65 ANBAUSCHLEUDERSTREUER V.BJERKES MASKINFABRIK NIAE-TEST
428 ROTATIONSVERTEILER VON HOWARD
91 DUENGERVERREGNUNG MIT SELBSTFAHRENDEN ANLAGEN
100 PFLUG GRUBBER ODER SCHEIBENEGGE MIT AMMONIAKDUESEN
117 AMMONIAKTRANSPORT UND AUSBRINGUNG IN DEN NIEDERLANDEN
118 VERGLEICH DER FLUESSIGEN U.FESTEN STICKSTOFFDUENGUNG
119 GERAETE ZUM EINBRINGEN VON AMMONIAK
120 MAV 4.2 MASCHINE ZUM EINBRINGEN VON AMMONIAKWASSER
121 MIT FLUESSIGEM AMMONIAK VERFAHREN IN ENGLAND
134 KOMB.V.SAEMASCH.MIT HERBIZID-U.AMMONIAKWASSERSPRITZMASCHINEN
56 DUENGER AUSBAU DER LOSEN DUENGERKETTE

56 DUENGERLAGER HOFLAGERSILOS UND FOERDERANLAGEN
66 DUENGERSTREUER BEWERTUNGSKRITERIEN FUER VERGLEICHSPRUFUNGEN
394 DUMPER TECHN.DATEN VON DREI TYPEN
DUNG... S.STALLMIST...
S.AUCH ENTMISTEN
DUNKELSTALL S.UNTER SCHWEINESTALL

106 EGGEN SPATENWAELZ- U.ROLLSPATENEGGEN FUER DIE STROHEINARBEITUNG
132 MECHANISIERUNG DER GETREIDEBESTELLUNG
61 FUER ARBEITEN IM VERSUCHSWESEN
71 RUETTELEGGE MIT HAEUFLERN DER FA.KRONE
73 NETZEGGEN UND ROTATIONSHACKEN FUER DIE RUEBENPFLEGE
100 RUETTELEGGEN MIT 2...4 BALKEN
100 ZINKENEGGEN MIT WAELZEGGEN GEKOPPELT
100 DREIWELLIGE SPATENWAELZEGGEN
114 EIGNUNG UND WIRTSCHAFTLICHKEIT MODERNER GERAETE
115 ZINKENEGGE PRELA TYP SH 5 PRUEFBERICHT ULTUNA
113 BD 2.2 SCHEIBENEGGE EINSATZ ZUR SAATBETTBEREITUNG
426 ALS SCHEIBENEGGE ODER KULTIVATOR EINSETZBARER ARBEITSBALKEN
99 GERAETE FUER AMMONIAKDUESEN FUER FLUESSIGDUENGUNG
293 EIER KUEHLLAGERUNG IM ERZEUGERBETRIEB
358 EIMERSPRITZE REKORD 60 PRUEFBERICHT POTSDAM BORNIM
EINACHSANHAENGER S.AUCH LADEWAGEN
3 MIT TANDEMACHSE
56 FUER HOHE NUTZLASTEN MIT TANDEMACHSE
58 FUER HOHE NUTZLASTEN MIT TANDEMACHSE
177 EINSATZ FUER DEN SACKLOSEN KOERNERTRANSPORT
204 THK 4.H KIPPENHAENGER EINLAG.LEISTUNG B.SILIERGUT
37 EINACHSTRAKTOR UND MOTORKLEINGERAETE AUF DER DLG-SCHAU
423 TENDENZEN AUF DEM LANDMASCHINENSALON IN PARIS
EINSCHNEIDEN S.UNTER HOLZAUFBEREITUNG
436 EINSTELLRAUM ERMITTLUNG VON UMBAUTEM RAUM UND AUFMASSEN
454 LEICHTMETALLKONSTRUKTIONEN IN DER CSSR
233 EINSTREU IN DER WOLLSCHAFHALTUNG ARBEITSAUFWAND
363 EINTOPFMASCHINE PLANTER UND MINITOPFER
EINZELKORNSAAT S.UNTER SAEEN
2 ELEKTRIFIZIERUNG ALLER LANDW.MASCHINEN PROGNOSE
22 DER LANDWIRTSCHAFTSBETRIEBE IN BELGIEN
5 ELEKTROENERGIE ANWENDUNG IN DER LANDWIRTSCHAFT IN NORWEGEN
276 ELEKTROINSTALLATION IN DEN KUECHEN
19 ELEKTRONIK AUFBAU UND FUNKTION EINER ELEKTRONISCHEN BODENSONDE
150 ELEKTRON.AUSDUENNGERAET AH 61 VON STANHAY
235 ELEKTROZAUN AUFBAU UND FUNKTION
236 WEIDEZAUNPRUEF.ZP 1 DES VEB MEININGER ELEKTROGERAETEWERKES
177 ELEVATOR EINSATZ FUER DEN TRANSPORT VON GETREIDEKOERNERN
216 FUER DEN GETREIDETRANSPORT IN EINER LAGERZENTRALE
222 ZUM KARTOFFELTRANSPORT VON DER ABSIEB- ZUR SORTIERANLAGE
423 ENDIVIE ERNTEMASCHINE AUF DEM LANDMASCHINENSALON IN PARIS
478 ENERGIE ANLAGEN FUER MILCHVIEHGROSSSTAELLE
ENTASTEN S.UNTER HOLZAUFBEREITUNG
ENTLADEN VON HOLZ S.UNTER HOLZVERLADEN
59 MECHANISMEN FUER KREIDE U.SALZ AUS EISENBAHNWAGGONS
156 ENTWICKLUNG MECH.ABLADE- UND DOSIEREINRICHTUNGEN
421 TRANSPORTEURE ALS VERBINDG.ZWISCH.LADEWAGEN U.FOERDEREINRICH.
ENTMISTEN S.AUCH GUELLE
258 DUNGBESEITIGUNG VOR VERGROESSERUNG DES VIEHBESTANDES KLAEREN
258 BERECHNUNG DER LAGERKAPAZITAET FUER TIERISCHE AUSSCHEIDG.
234 KOMPLEXE EINRICHTUNG FUER MUTTERTIERHERDE VON PUTEN
233 IN DER WOLLSCHAFHALTUNG ARBEITSAUFWAND
259 VERFAHRENSTECHN.UEBERLEGUNGEN ZUR HOFDUENGERWIRTSCHAFT
260 FESTMISTVERFAHREN ODER GRENZEN DER FLUESSIGMISTBEREITUNG
263 GESCHLOSS.SCHWEMMENTMISTUNGSSYSTEM IN SCHWEINEMASTANLAGEN
264 VON RINDVIEH- UND SCHWEINESTAELLEN
231 TEILSPALTENBODEN MIT SCHWEMMENTMISTUNG IM SCHWEINESTALL
262 ARBEITSAUFWAND BEIM FLUESSIGMISTVERFAHREN
237 SCHLEPPSCHAUFELENTMISTUNGSANLAGE FUER HUEHNERGROSSSTAELLE
500 MITTELS ENDLOSEM PLASTIKBAND MIT SCHABEBLECH U.TRANSP.KARRE
261 BETRIEB UND BAU DES PNEUMATISCHEN DUNGFOERDERERS TSN 2
ENTNEHMEN VON SILAGE
166 FRAESEN VON UNSINN EICHER UND STRAUTMANN
205 AUS HOHEN FAHRSILOS MECHANISIERUNG
226 MIT OBEN- ODER UNTENENTNAHMEVORRICHTUNGEN
227 VERBESSERUNG VON OBEN- UND UNTENENTNAHMEFRAESEN
242 VERFAHREN B.GROSSVOLUMIG.BETONHOCHSILOS IM LVG DUMMERSTORF
254 MECHANISIERUNG IN DEN USA
505 VORRICHT.FUER MECH.BESCHICKEN V.FLACHSILOS U.MASCH.ENTNAHME
ENTRINDEN VON HOLZ S.UNTER HOLZAUFBEREITUNG
1 ERBSE MECHANISIERUNG DER ERNTE IN BELGIEN
20 REFLEXIONSVERMOEGEN VON VERSCHIEDENEN SORTEN
423 DRESCHMASCHINE AUF DEM LANDMASCHINENSALON IN PARIS
354 ERDBEERE SPRITZMASCHINEN
428 ERDBOHRER FUER TRAKTORANBAU
134 ERDNUSS ZUSATZVORRICHTUNGEN FUER AUSSAAT MIT MAISSAEMASCHINEN

ERDSILIKATBETON S.UNTER BETON
318 ERDTOPFPRESSE IG 9M KONSTRUKTION UND LEISTUNG
307 ERGONOMIE MENSCH UND PRODUKTIVITAET

504 FABRIK ZUR HERSTELLUNG VON MISCHFUTTER
400 FAELLKEIL HYDRAULISCHER FAELLKEIL DES HUSQVARNA WERKES
FASERPFLANZE FLACHS S.DORT
HANF S.DORT
FASS S.UNTER BEHAELTER
3 FELDBAU TECHN.TENDENZEN IN DER MECHANIS.DER AUSSENWIRTSCHAFT
FELDHAECKSLER SCHLEGELERNTER S.DORT
5 ERMITTLUNG DES LEISTUNGSBEDARFES
3 FUER DIE FUTTERGEWINNUNG
63 E 066 I EINSATZ FUER ANWELKGUT
64 GEWINNUNG VON ANWELKFUTTER IM LVG DUMMERSTORF
157 TECHNOLOGISCHE ANFORDERUNGEN AN DIE WELKGUTERNTE
172 E 066 EINSATZ ZUR STROHBERGUNG
176 ERNTE VON GETREIDE PROBLEM DER KORNTRENNUNG
66 BEWERTUNGSKRITERIEN FUER VERGLEICHSPRUEFUNGEN
154 MIT MAISGEBISS U.ANBAUMAISFELDHAECKSLER
156 SPEZIALANBAUMAISHAECKSLER DER FA. KEMPER
163 DLG-ANERKANNTE HAECKSLER
FELDSPRITZGERAET S.UNTER SPRITZEN
FERTIGBAU S.UNTER BAUKONSTRUKTION
14 FEUCHTEMESSUNG EINFACHSCHREIBER DER ZWEI WERTE REGISTRIEREN KANN
FISCHGRAETENMELKSTAND S.UNTER MELKSTAND
183 FLACHS RAUFMASCHINE MIT VORRICHTUNG ZUM BILDEN VON HOCKEN
FLACHSILO S.UNTER SILIEREN
FLACHSTRAHLDUESE S.UNTER SPRITZEN
372 FLAECHENABRAEUMEN MOEGLICHKEITEN DER SCHLAGABRAUMBEHANDLUNG
403 SCHLAGABRAUMBEHANDLUNG TAGUNGSBERICHT
152 FLAMMENWERFER FUER DIE UNKRAUTBEKAEMPFUNG
372 VERBRENNEN VON SCHLAGABRAUM WALDBRANDGEFAHR
FLUESSIGDUENGUNG S.UNTER DUENGEN
FLUESSIGGAS S.UNTER GAS
FLUESSIGMIST S.GUELLE
20 FLUGHAFER REFLEXIONSVERMOEGEN VON VERSCHIEDENEN SORTEN
53 FLUGZEUG HUBSCHRAUBEREINSATZ ZUR CHEM.GRABENENTKRAUTUNG
53 AUSBRINGUNG VON DIKOTEX MIT DER AN 2
53 BEKAEMPFUNG DER CERCOSPORA IN ZUCKERRUEBEN
355 HUBSCHRAUBEREINSATZ ZUM PFLANZENSCHUTZ IM WEINBAU
223 FLUORESZENZ AUSNUTZUNG ZUR TRENNUNG VON KARTOFFELN UND BEIMENGUNGEN
428 FLUSS KETTENFAHRZEUG ZUM AUSBAGGERN
63 FOERDERBAND FB 82 I EINSATZ FUER ANWELKGUT
177 EINSATZ FUER DEN TRANSPORT VON GETREIDEKOERNERN
196 FUER DEN TRANSPORT VON BALLEN
210 ZUM KOERNERTRANSPORT IN GETREIDEAUFBEREITUNGSANLAGEN
219 FUER LAGERUNG UND AUFBEREITUNG VON KARTOFFELN
227 FUER DIE FUTTERVERTEILUNG IM STALL
234 BESEITIGEN DER FUTTERRESTE U.EIERTRANSPORT B.PUTENHALTUNG
63 FOERDERGEBLAESE FG 35 2 EINSATZ FUER ANWELKGUT
172 STROHTRANSPORT MIT DEM NEMA GEBLAESE G 3 U.EG 35
177 EINSATZ FUER DEN TRANSPORT VON GETREIDEKOERNERN
196 TELESKOPSAUGGEBLAESE FUER DEN GRUENFUTTERTRANSPORT
218 KOERNERGEBLAESE T 501 V.VEB PETKUS PRUEFB.POTSDAM
242 FUNKTIONSTUECHTIGKEIT BEI DER HOCHSILOBESCHICKUNG
427 ZAPFWELLENANGETRIEBENES GEBLAESE
427 FOERDERN MECHANISCHE FOERDERANLAGE FUER VIEHFUTTER
FOERDERSCHNECKE S.SCHNECKENFOERDERER
196 FOLIE AUSKLEIDUNG VON HOCHSILOS MIT SCHLAEUCHEN AUS PVC
196 ABDECKUNG VON FREIGAERHAUFEN UND BALLENMIETEN
5 FORSCHUNG 1967 JAHRESBERICHT LANDBRUKSTEKN.INST.VOLLEBEKK
6 1966 KURZBERICHTE UEBER ABGESCHLOSSENE ARBEITEN
431 WISSENSCHAFTL.TECHN.ENTWICKLUNG IM LANDWIRTSCHAFTSBAU
435 JAHRBUCH DER ASAE
462 NEUE LEITUNGSMETHODEN IM LBK FRANKFURT/ODER
FORSTSTRASSEN S.AUCH FORSTWEGE ; WEGEBAU
369 ORGANISIERUNG VON BAUARBEITEN AUF GENOSSENSCH.GRUNDLAGE
389 STRASSENPLANIERSCHILDE TECHN.DATEN UND PREISE
392 KOMBINATIONSAUSRUESTG.F.LEICHTERE STRASSENBAUARBEITEN
393 TECHN.ANGABEN UEBER ACHT VIBRATIONSSTRASSENWALZEN
395 UEBERSICHT UEBER 22 FAHRBARE KOMPRESSOREN
396 STEINBRECHER TECHN.DATEN VON ZWEI TYPEN
397 BULLDOZER UEBERSICHT UEBER TECHN.DATEN VON 19 TYPEN
FORSTWEGE S.AUCH FORSTSTRASSEN
403 WECHSELWIRKUNG ZWISCHEN HOLZERNTE UND WEGEBAU
386 BERUECKSICHTIGUNG V.KNICKTRAKTORRUECKUNG U.MECH.ENTRINDUNG
367 FORSTWIRTSCHAFT TAETIGK.U.AUFGABEN DER INTERNAT.ARBEITSORG.IAO
FRAESEN FUER DIE SILAGEENTNAHME S.UNTER ENTNEHMEN VON SILAGE
GRABENFRAESE S.DORT
144 PFLEGE VON KARTOFFELN MIT BODENFRAESEN ARBEITSERGEBNISSE
61 FRAESE FUER ARBEITEN IM VERSUCHSWESEN
100 MIT SCHALTGETRIEBE
100 HOWARD FRAESE MIT ZAHNRADANTRIEB
102 FRAESE V.LELY FUER DIE VERBESSERUNG VON GRUENLAND
106 GERAETE FUER DIE STROHEINARBEITUNG
112 WEGE ZUR HERABSETZUNG DES ENERGIEVERBRAUCHS
132 PNEUMATISCHES BREITSAATGERAET MIT FRAESE
FRANKREICH AUSSTELLUNG S.DORT
178 ERNTE UND KONSERVIERUNG VON KOERNERMAIS
496 SCHLUESSELFERTIG GELIEFERTE SCHWEINEMAESTEREIEN
FRONTLADER S.UNTER TRAKTOR.. TRAKTORLADER
246 FUELLSTANDSMESSER ELEKTRONISCH FUER SCHWEINEFUTTERVERTEILER
FUETTERN RINDERFUETTERUNG S.DORT ; SCHWEINEFUETTERUNG S.DORT
SCHAFFUETTERUNG S.DORT
226 DOSIEREN DER FUTTERRATION FEHLERGRENZE
248 AUTOMAT.FUTTERVORBEREITUNG UND VERTEILUNG IN DEN USA
249 MECHANISIERUNG IN WESTDEUTSCHLAND

58 FUETTERN SPEZIALFUETTERUNGSWAGEN ANGEBOT IN DER DDR
227 BANDFOERDERER FUER DIE FUTTERVERTEILUNG IM STALL
428 FUNKGERAET FAHRZEUGFUNKAUSRUESTUNG
FURCHENBEWAESSERUNG S.UNTER BEWAESSERUNG
435 FUSSBODEN AUSBILDUNG IN MELKSTAELLEN
FUSSBODENFUETTERUNG S.UNTER SCHWEINEFUETTERUNG
FUTTERBAU S.UNTER GRUENFUTTER ; HEUERNTE
FUTTERERNTER S.UNTER GRUENFUTTER
498 FUTTERHAUS ZIEGELGEBAEUDE FUER BEREITUNG V.RINDER- U.SCHWEINEFUTTER
FUTTERMITTEL MISCHFUTTER S.DORT
427 MECHANISCHE FOERDERANLAGE
FUTTERVERTEILUNG S.UNTER FUETTERN
FUTTERWAGEN S.UNTER FUETTERN
S.UNTER SCHWEINEFUETTERUNG
FUTTERZUBEREITUNG S.AUCH MISCHFUTTER
478 RAEUME FUER MILCHVIEHGROSSANLAGEN
248 AUTOMAT.FUTTERVORBEREITUNG U.VERTEILUNG IN DEN USA
254 FUER MASTRINDER MECHANISIERUNG IN DEN USA
421 MAHL- UND MISCHEINRICHTUNG FUER KRAFTFUTTER
498 MECHANISIERTES FUTTERHAUS F.RINDER- U.SCHWEINEFUTTER
504 FABRIK ZUR HERSTELLUNG VON MISCHFUTTER
212 SICHERHEITSMAGNET AM EINLAUFKANAL ZUR GETREIDEMUEHLE
227 KONTINUIERL.ARBEITENDE SCHROTAUFBEREITUNGSANLAGEN
244 ZUSATZEINRICHT.AM STREUER ISU 4 ZUM HACKFRUCHTZERKL.
255 AUFBAU EINER KONTINUIERL.ARBEITENDEN MISCHANLAGE
418 GERAETEANGEBOT AUF DER UGEXPO
16 VERWEILZEIT V.RADIONUKLIDEN IN KARTOFFELDAEMPFERN
220 VERSUCHE UEBER LUFTKUEHLG.GEDAEMPFT.KARTOFFELN
245 ELEKTRO-KIPPDAEMPFER PGE 100 FUER KARTOFFELN

219 GABELSTAPLER EINSATZ IN KARTOFFELLAGER- UND AUFBEREITUNGSRAEUMEN
427 MIT 1-MP-TRAGFAEHIGKEIT
427 SEITEN- UND NEIGUNGSVERSTELLBARER STAPLER
29 GAS FLUESSIGGAS ALS HEIZENERGIE FUER LANDW.TROCKNUNGSANLAGEN
285 FLUESSIGGAS IN HAUS UND HOF
306 SPEZIALKESSEL FUER KOHLE- UND GASBEFEUERUNG
435 GEBAEUDE ZENTRALER BERICHT UEBER LANDWIRTSCHAFTLICHE BAUTEN
455 STAHLLEICHTKONSTRUKTIONEN FUER LANDW.PRODUKTIONSBAUTEN
469 LANDWIRTSCHAFTLICHE GEBAEUDEINSTALLATION
98 GEBIETSPLANUNG PRINZIPIEN DES BAUENS IN DER LANDWIRTSCHAFT
GEBLAESE FOERDERGEBLAESE S.DORT
S.AUCH BELUEFTUNG
65 AXIALGEBLAESE ZUM ANBAU AN TRAKTOREN NIAE-TEST
GEHOEFTPLANUNG S.AUCH DORFPLANUNG
473 SCHWEIZER NORMSCHEUNE T 110 SYSTEM LEHMANN
507 GEFLUEGELKOT HOCHTEMPERATUROFEN FUER DIE TROCKNUNG
GEFLUEGELSTALL S.AUCH HUEHNERSTALL
499 PROJEKTE FUER SUEDLICHE GEGENDEN DER SU
467 LUEFTUNG
GEFRIER- UND KUEHLKONSERVIERUNG
295 1968 KOELNER FRUEHJAHRSMESSE KAELTETECHNIK
276 KRAFTEINSPARUNG,HOCHGESTELLTE BZW.GEHAENGTE KUEHLSCHRAENKE
291 KOMPLETTE KLEINSTKUECHENEINRICHTUNG MIT KUEHLSCHRANK
294 KUEHLAUTOMATEN MIT VOLLAUTOMATISCHER ABTAUVORRICHTUNG
294 AEG TISCHKUEHLSCHRANK SANTO JUNIOR
295 ABSORPTIONSKUEHLSCHRANK DER SCHWEIZER FA. SIBIR
296 400 LITER VERTIKALKUEHLSCHRANK V.UPO LTD. LONDON
294 LINDE AUTOMATIC KUEHLTRUHE MIT GEFRIERZEITAUTOMATIK
295 GEFRIERAUTOMAT NOVOFROST VON BBC
295 GT 320 GEFRIERTRUHE VON BOSCH
304 KUEHLAUTOMAT SGL 270 VON BOSCH
304 HEIMGEFRIERER MIT GEFRIERZEIT-AUTOMATIK
304 150 L KUEHLSCHRANK MIT 50 L GEFRIERBOX
GEFRIERTRUHE S.UNTER KUEHL- UND GEFRIERKONSERVIERUNG
GEMUESE TREIBGEMUESEBAU S.UNTER GEWAECHSHAUS
BLUMENKOHL S.DORT
BOHNE S.DORT
ENDIVIE S.DORT
ERBSE S.DORT
GURKE S.DORT
KAROTTE S.DORT
KOHL S.DORT
MOEHRE S.DORT
ROSENKOHL S.DORT
SALAT S.DORT
TOMATE S.DORT
ZWIEBEL S.DORT
310 F 230 GT GERAETETRAEGER TEST MIT ZUSATZGERAETEN IM BEETANBAU
365 MECHANISIERUNG IM FELDGEMUESEBAU IN SCHWEDEN
319 WASSERBOHRER FUER SETZLINGE AUF AUEBOEDEN
365 BAUPRINZIPIEN VON EINZELKORNSAEMASCHINEN FUER GEMUESE
314 TENSIOMETER ZUR BESTIMMUNG DES BEREGNUNGSZEITPUNKTES
332 REDUZIERUNG V.BESCHAEDIGUNGEN BEI DER ERNTE
346 E 914 I UNIVERSALTRANSPORTGERAET FUER GEMUESEERNTE
332 SORTIERUNG NACH GROESSE AUSSEHEN SOWIE REIFEGRAD
345 VERPACKUNG IN STYROPORSTEIGEN ABSATZUNTERSUCHUNGEN
293 KUEHLLAGERUNG IM ERZEUGERBETRIEB
41 GERAETEKOMBINATION BASIEREND AUF EINEM KETTENTRAKTOR
363 AUTODUX ANBAUVIELFACHGERAET
31 GERAETETRAEGER MIT LIEGENDEM MOTOR AUF DER DLG-SCHAU
32 MIT UNTERFLURMOTOR
310 F 230 GT V.FENDT TEST M.ZUSATZGERAETEN IM GEMUESEANBAU
346 E 914 I UNIVERSALTRANSPORTGERAET FUER GEMUESEERNTE
20 GERSTE REFLEXIONSVERMOEGEN VON VERSCHIEDENEN SORTEN
170 ERNTE MIT DEM MAEHDRESCHER IN DER SCHWEIZ
103 GESCHICHTE UEBERBLICK UEBER DIE HISTORISCHE ENTWICKLG.DES PFLUGES
291 GESCHIRRSPUELEN KOMPLETTE KLEINSTKUECHENEINRICHTUNG MIT KUEHLSCHRANK
294 BAUKNECHT AUTOMAT GS 50 U.SPUELZENTRUM VON SIEMENS

GESCHOSSBAUTEN S.UNTER BAUKONSTRUKTION
80 GESCHWINDIGKEIT EINFL.V.ERHOEHUNG AUF FESTIGKEIT VON LANDMASCHINEN
GETREIDE HINWEISE
FUTTERZUBEREITUNG S.DORT
MAEHDRESCHER S.DORT ; MAEHEN S.DORT ; SAEEN S.DORT
MAIS S.DORT
SCHWADMAEHER S.DORT
ALLGEMEINES
67 INDUSTRIEMAESSIGE PRODUKTION IN DER DDR
67 AUFGABEN DES ENDPRODUZENTEN IN DER GETREIDEWIRTSCHAFT
ANBAU
68 MECHANISIERUNG DES ANBAUES
121 DUENGUNG MIT FLUESSIGEM AMMONIAK
127 TIEF EINGEDRILLTER DUENGER VERSUCHE IN NORFALK
SAEEN BESTELLUNG
69 ZNU 4 ANBAUDRILLMASCHINE
132 MECHANISIERUNG DER BESTELLUNG
132 PNEUMATISCHES BREITSAATGERAET MIT FRAESE
PFLEGE PFLANZENSCHUTZ
53 AUSBRINGUNG VON DIKOTEX MIT DER AN 2
406 CHEMISCHE UNKRAUTBEKAEMPFUNG
ERNTE
67 PLANUNG UND LEITUNG DER ERNTE MIT HILFE DER NETZWERKTECHNIK
69 NEUE MASCHINEN FUER DIE ERNTE
167 EINREIHIGE ERNTEMASCHINE FUER VERSUCHSFELDER
168 MECHANISIERUNG DER WEIZENERNTE
170 NEUZEITLICHE ERNTE IN DER SCHWEIZ
176 FELDHAECKSLERERNTE PROBLEM DER KORNTRENNUNG
REINIGEN SORTIEREN
6 ARBEITSWEISE NEUER TRENNELEMENTE FUER MAEHDRUSCHNACHREINIGER
69 ZAR 5 U.ZAV 40 REINIGUNGSANLAGE
210 LEISTUNGSSTARKE MASCHINEN U.AGGREGATE BEIM ENDPRODUZENTEN
213 K 522 MAEHDRUSCHNACHREINIGER V.VEB PETKUS PRUEFB.POTSDAM
214 STATISTISCHE UNTERSUCHUNG DER FLIESSENDEN AUFBEREITUNG
TROCKNUNGSANLAGEN
194 TYPENTABELLE WARMLUFTSATZTROCKNER
195 ERFAHRUNGEN MIT NEUEN UNGARISCHEN TROCKNERN
210 FLACHBAUKOMPAKTKOERNERTROCKNER
468 TROCKNUNG TRANSPORTABLE LUFTERHITZER MIT OELFEUERUNG
BELUEFTUNGSTROCKNUNG
210 ZWISCHENLAGER MIT KALTBELUEFTUNG
226 KALTBELUEFTUNG
419 TRAKTORBETRIEBENES GEBLAESE VON WOODS
KUEHLUNG
68 MIT 18 PROZENT WASSERGEHALT KUEHLKONSERVIERUNG
293 KOERNERKUEHLSAETZE FUER FEUCHTES GETREIDE
LAGERUNG
210 ALUMINIUMSILOS MIT EIN- U.AUSLAGERUNGSTROGKETTENFOERDERUNG
216 ENTWURF FUER EINE LAGERZENTRALE VERSCHIED.SILOANORDNUNGEN
297 INAKTIVIERUNG VON SCHAEDLINGEN DURCH BESTRAHLUNG
427 TROCKEN- UND SPEICHERSILOS
454 LEICHTMETALLKONSTRUKTIONEN IN DER CSSR
503 SILOS AUS BUTYL
504 SPEICHER FUER DIE EINLAGERUNG IM MISCHFUTTERWERK
SILIEREN
211 SILIEREN GANZER KOERNER IN LUFTDICHTEN BUTYL-OD.STAHLSILOS
217 KONSERVIERUNG ERNTEFRISCHER KOERNER IN STAHL- OD.BUTYLSILOS
227 FOLIENSILOS FUER DIE KONSERVIERUNG ERNTEFRISCHER KOERNER
TRANSPORT
177 TRANSPORTFAHRZEUGE FUER SACKLOSEN KOERNERTRANSPORT
177 ANLAGEN FUER DEN LOSETRANSPORT ZUM SPEICHER
210 W 50 LAS K SATTELAUFLIEGER FUER TRANSPORT V.LOSEM GETREIDE
427 SELBSTAUFNEHMENDES VIBRATIONSBAND
218 KOERNERGEBLAESE T 402 V.VEB PETKUS PRUEFBERICHT POTSDAM
30 GETRIEBE MIT UMKEHREFFEKT
31 MIT UMKEHREFFEKT U.LASTSCHALTGETRIEBE
44 ANGLEICHEN DER KENNLINIEN VON MOTOR UND DREHMOMENTWANDLER
47 AUFBAU UND FUNKTION EINES HYDROSTATISCHEN ANTRIEBES
48 ANWENDUNG HYDROSTATISCHER GETRIEBE VOR- UND NACHTEILE
52 LADEGERAETE MIT 2 SCHUBKOLBENZYLINDERN FUER LASTHUB
100 FRAESEN MIT SCHALTGETRIEBE
418 HYDROMATIC-GETRIEBE VON IHC
429 TRIEBWERKE U.GETRIEBE DLG-ANERKANNT
329 GEWAECHSHAUS TRADITION UND NEUERUNGEN IM SCHWED.GEWAECHSHAUSBAU
329 VOR- UND NACHTEILE DES TURMGEWAECHSHAUSES
363 FOLIENHAEUSER U.LEICHTBAUHALLEN MIT NEUART.KONSTRUKTION
363 PEVECLAIR KUNSTSTOFFWELLPLATTEN ZUR ABDECKUNG
502 VERWENDUNG VON TRAGLUFTHALLEN
356 SCHWEFELVERDAMPFER PRUEFBERICHT POTSDAM BORNIM
363 LIFTTYPEN U.SCHNITTBLUMENSCHIFF ZUR TRANSPORTMECHANIS.
16 BELUEFTUNG BESTIMMUNG MIT RADIONUKLIDEN
363 FOLIENHAEUSER MIT AUTOMATISCHEN ZENTRAL.LUEFTUNGSANLAGEN
330 HOCHFREQUENZANLAGEN ZUR ZUSATZBELICHTUNG V.JUNGPFLANZEN
329 WAERMEVERBRAUCH IN FOLIENHAEUSERN UND UNTER GLAS
331 PROBLEME DER HEIZOELLAGERUNG
468 TRANSPORTABLE LUFTERHITZER MIT OELFEUERUNG
365 AUTOMAT.BEWAESSERUNG UND BEIMISCHUNG V.DUENGERLOESUNGEN
357 GIESSEN AUSBRINGEN VON GIESSMITTELN IN HOPFENANLAGEN
450 GIPS MONTAGEFAEHIGE DECKE RAHMENLEICHTBAUELEMENTE SYSTEM GLAGIT
363 GITTERGEWEBE BINA SCHATTENGEWEBE
23 GLUEHLAMPE ZUR AUSSENBELEUCHTUNG AUF DER FARM
GRABENBAGGER S.UNTER BAGGER
GRABENBAU GRABENFRAESE S.DORT
S.AUCH BAGGER
371 GRABENFRAESE KO PO ERFAHRUNGEN BEIM EINSATZ IN NORWEGEN
402 EINSATZ VON LASER ZUR FUEHRUNG GFP 2 V.EBERHARDT
53 GRABENRAEUMUNG HUBSCHRAUBEREINSATZ ZUR CHEM.GRABENENTKRAUTUNG
88 GRABENREINIGER D 450 M MIT FRAESSCHEIBE U.KRATZKETTE
89 KRAUTMAEHEN AN BEWAESSERUNGSKANAELEN LEISTG.U.KOSTEN
423 HYDRAUL.MAEHWERK Z.UNTERWASSERMAEHEN V.BINSEN U.SCHILF

428 GRABENRAEUMUNG HYDRAUL.SCHUERFKUEBELGERAET ZUM REINIGEN V.GRABENSOHLEN
GRABENREINIGER S.UNTER GRABENRAEUMUNG
402 GRADER NEUERUNGEN AM MBU GRADER
153 GRANULAT UNTERS.V.DOSIERSYSTEMEN FUER FEINGRANULIERTE HERBIZIDE
415 ANWEND.SYSTEM.BLATTLAUSTOET.GRANULATE IM PFLANZKARTOFFELBAU
157 GRAS TECHNOLOGISCHE ANFORDERUNGEN AN DIE WELKGUTERNTE
GRASZETTER S.UNTER HEUERNTE
196 GREIFER FUER DEN GRUENFUTTERTRANSPORT
196 FUER DEN TRANSPORT VON BALLEN
399 GREIFLADER HYDRAULISCHER GREIFLADER WAERTSILA
191 GROSSBRITANNIEN MECHANISIERUNG DER ZUCKERRUEBENERNTE
427 UEBERSICHT UEBER NEUE MASCHINEN UND GERAETE
460 GRENZWERTE FUER DIE LAERMIMMISSION IN ENGLAND
506 GRUBE MEHRZWECKGRUBEN PROJEKTE FUER HANDMONTAGE
132 GRUBBERN MECHANISIERUNG DER GETREIDEBESTELLUNG
80 KPG 4 FESTIGKEIT BEI ERHOEHTEN GESCHWINDIGKEITEN
100 VERBESSERUNGEN BEI FEINGRUBBERN
100 SCHWINGENDER GRUBBER MIT ZAPFWELLENANTRIEB V.HOES
426 ALS SCHEIBENEGGE ODER KULTIVATOR EINSETZBARER ARBEITSBALKEN
99 GERAETE FUER AMMONIAKDUESER FUER FLUESSIGDUENGUNG
114 VIBRIERZINKENKULTIVATOREN IN KOMB.MIT DRAHTWALZEN
424 MASCH.FUER GLEICHZEIT.DRILLEN U.KULTIVIEREN V.HOWARD ROTAVAT.
GRUENFUTTER FELDHAECKSLER S.DORT ; SCHLEGELERNTER S.DORT
FUTTERZUBEREITUNG S.DORT
MAEHEN S.DORT
SILIEREN S.DORT
S.AUCH LADEWAGEN
S.AUCH SILO
63 RUETTELZETTER E 251 FUER ANWELKGUT
63 RADRECHWENDER E 247 UND E 249 FUER ANWELKGUT
64 GEWINNUNG VON ANWELKFUTTER IM LVG DUMMERSTORF
154 MASCHINEN UND GERAETE FUER DIE FUTTERERNTE
156 ERFAHRUNGEN U.ENTWICKLUNGEN IN DER HALMFUTTERGEWINNUNG
157 TECHNOLOGISCHE ANFORDERUNGEN AN DIE WELKGUTERNTE
159 MECHANISIERUNG DER FUTTERERNTE
196 ERNTE UND KONSERVIERUNG
202 EINFLUSS DER MECH.AUFBEREITUNG AUF DIE SILIERFAEHIGKEIT
420 ERNTEMASCHINE MIT EINER SELBSTSCHAERF.SCHNEIDEVORRICHTUNG
428 FUTTERERNTER VON TAARUP
154 BECHERWERK ZUR SENKRECHTFOERDERUNG VON HAECKSELGUT
156 TROCKNUNG VON HALMFUTTER MIT WARMLUFT
198 PROBLEME BEIM TROCKNEN VON HAECKSEL
227 KONSERVIERUNG AUFBEREITUNG UND FUTTERVERTEILUNG
65 GRUENLAND MASCH.FUER WIESEN UND WEIDEBEWIRTSCHAFTUNG PRUEFB.DES NIAE
66 MASCHINENKETTE ZUR BEWIRTSCHAFTUNG VERGLEICHSPRUEFUNG
102 BODENFRAESE V.LELY FUER DIE VERBESSERUNG
121 DUENGUNG MIT FLUESSIGEM AMMONIAK
GUELLE FLUESSIGMIST
259 VERFAHRENSTECHN.UEBERLEGUNGEN ZUR HOFDUENGERWIRTSCHAFT
260 FESTMISTVERFAHREN ODER GRENZEN DER FLUESSIGMISTBEREITUNG
5 UNTERSUCH.AN MISCHEINRICHTUNGEN UND MISCHMETHODEN
16 BEWEGUNG BESTIMMUNG MIT RADIONUKLIDEN
421 VAKUUMTANKWAGEN MIT ZAPFWELLENANGETRIEB.PUMPE
346 GURKE E 914 1 UNIVERSALTRANSPORTGERAET FUER GEMUESEERNTE
6 GUSS ERPROBUNG VON VERSCHLEISSFESTEM GUSS FUER DRILLSCHARSPITZEN

61 HACKEN HACKRAHMEN FUER ARBEITEN IM VERSUCHSWESEN
146 BEWERTUNG DER LENKBARKEIT VON BAUMWOLLHACKMASCHINEN
148 ARBEITSERGEBNISSE VON SIEBEN HACKMASCHINEN
363 R 4 EINE EINRAEDRIGE TRIEBWERKHACKE
418 EINMANNFRONTHACKE
145 ZWECKMAESSIGER SATZ VON HACKMESSERN FUER DIE MAISPFLEGE
HACKFRUECHTE KARTOFFEL S.DORT
RUEBEN S.DORT
16 HAECKSEL GESCHWINDIGKEITSMESS.BEIM PNEUMATISCHEN TRANSPORT
154 BECHERWERK ZUR SENKRECHTFOERDERUNG VON HAECKSELGUT
198 PROBLEME BEI DER VERTEILUNG ZUR TROCKNUNG
176 HAECKSELDRUSCH PRUEFUNG DER TANDEMANLAGE MAR 90
176 PRUEFUNG DER KORNTRENNANLAGEN VUZT UND OZH 5
HAECKSELLADEWAGEN S.UNTER LADEWAGEN
63 HAECKSELWAGEN SCHWERHAECKSELAUFBAU SHA 5 FUER ANWELKGUT
HAECKSLER S.AUCH FELDHAECKSLER
S.AUCH SCHLEGELERNTER
106 ANBAUHAECKSLER AM MAEHDRESCHER LEISTUNGSBEDARF
421 FUER DAS HAECKSELN UND VERTEILEN V.STROH AUS DEM SCHWAD
147 HAEUFELN KARTOFFELHAEUFELGERAET VON STANDEN AND SONS
456 HALLE PRODUKTIONSPROGRAMM VEB WALZWERK HETTSTEDT
457 PRODUKTIONSPROGRAMM VEB STAHLBAU PLAUEN
20 HALMFRUECHTE REFLEXION DER SAMENKOERNER IM SICHTBAREN SPEKTRUM
202 HALMFUTTER EINFLUSS DER MECH.AUFBEREITUNG AUF DIE SILIERFAEHIGKEIT
HALSRAHMEN S.UNTER ANBINDESTALL
417 HAMSTER BEKAEMPFUNG DER HAMSTERPLAGE
435 HANDBUCH FUER DAS LAENDLICHE BAUWESEN IN FORM VON TAB.
435 UEBER ALUMINIUM FORMEN UND ABMESSUNGEN V.BAUELEMENTEN
184 HANF MECHANISIERUNG DER ERNTE
473 HANGLAGE SCHWEIZER NORMSCHEUNE T 110 SYSTEM LEHMANN
42 TRANSPORTFAHRZEUGE FUER DEN BERGBAUERN
5 PFLANZENSCHUTZGERAETE FUER OBSTPLANTAGEN
5 PRUEFUNG VON ZUGMASCHINEN UND WINDEN IN NORWEGEN
277 HAUSARBEITSRAUM VERWENDUNG UND EINRICHTUNG
305 HAUSHALTGERAETE AUF DER HAUSRAT- UND EISENWARENMESSE IN KOELN
279 HAUSTECHNIK VORGEFERTIGTE HAUSTECHNISCHE ANLAGEN
306 AUF DER DLG-SCHAU
HEBER S.UNTER BEWAESSERUNG
428 HECKENSCHNEIDER VORRICHTUNG FUER TRAKTORANBAU
HEIZUNG EINRICHTUNGEN FUER GEWAECHSHAEUSER S.UNTER GEWAECHSHAUS
EINRICHTUNGEN FUER STAELLE S.UNTER KAELBERSTALL
EINRICHTUNGEN FUER STAELLE S.UNTER STALL

HEIZUNG S.AUCH KLIMAANLAGE
HEIZUNG VON WOHNRAEUMEN
306 SPEZIALKESSEL FUER KOHLE- UND GASBEFEUERUNG
286 WAERMEDAEMMUNG UND ELEKTRISCHE RAUMHEIZUNG
287 NUTZUNG DER ZEIT AUSSERHALB DES TAGESTARIFES
288 ELECTRICAIRE-SPEICHEROFEN FUER WOHNRAEUME
289 RAUMTHERMOSTAT FUER WARMLUFTHEIZUNG
226 HEUBELUEFTUNG VERRINGERUNG DER NAEHRWERTVERLUSTE
62 VERFAHREN ENERGIEBEDARF UND KOSTEN
158 TECHN.LOESUNGEN DER HEUWERBUNG UND LAGERUNG
197 BALLENTROCKNUNG VON HALMFUTTER
198 BALLENKALTBELUEFTUNG IN GESCHLOSSENEN SCHEUNEN
198 RADIALE DURCHLUEFTUNG VON HEUSTAPELN
201 TECHNOLOGIE DER BELUEFTUNGSTROCKNUNG
226 HOLLAENDISCHE METHODE DER TROCKNUNG VON BALLENHEU
199 BELUEFTUNGSGEBLAESE LAW TYP RF 10 MIT OELHEIZ.PRUEFBER.
200 BELUEFTUNGSGEBLAESE LAW TYP RP 1 U.RP 2 F.PROPAN PRUEFB.
419 TRAKTORBETRIEBENES GEBLAESE VON WOODS
16 UNTERSUCHUNG MIT RADIONUKLIDEN
156 EINFL.V.AUFBEREITUNG AUF TROCKNUNGSGESCHWINDIGKEIT
HEUBRIKETTIERUNG S.HEUPRESSLINGE
HEUERNTE HEUBELUEFTUNG S.DORT
HEUPRESSLINGE S.DORT
MAEHEN S.DORT
62 VERGLEICH VERSCHIEDENER ERNTE- UND TROCKNUNGSVERFAHREN
158 TECHN.LOESUNGEN DER HEUWERBUNG UND LAGERUNG
155 TREND ZU MASCH.FUER MEHRERE ARBEITSGAENGE U.GROSSMASCHINEN
156 AUFBEREITUNG DURCH QUETSCHEN KNICKEN ODER SCHLEGELN
156 VERKUERZEN DER TROCKNUNGSZEIT DURCH MAEHQUETSCHZETTER
158 KNICKZETTER QUETSCHZETTER UND MAEHQUETSCHZETTER
62 SCHWADLUEFTER ZUR TROCKNUNGSBESCHLEUNIGUNG VON SCHWADEN
65 GRASZETTER FAN TED. V.VICON LELY NIAE-TEST
427 DOPPELROTORHEUWENDER
426 VORRICHTUNG FUER FRONTLADER ZUM STAPELN U.TRANSPORT.V.BALLEN
HEULAGER HEUTURM S.DORT
227 VOLLMECHANISCHER HEUSTOCK ZUM EINBAU IN VORHANDENE SCHEUNEN
227 MECHANISIERTE EI - UND AUSLAGERUNG VON HEU VERTEILGERAETE
249 HEUTUERME UND ENTWICKLUNG VON SPEZ.HEUBERGEN
473 SCHWEIZER NORMSCHEUNE T 110 SYSTEM LEHMANN
3 HEUPRESSLINGE BRIKETTIERMASCHINEN FUER DIE FUTTERGEWINNUNG
156 AMER.WICKELBRIKETTIERPRESSE
165 HEUWICKELMASCHINE VON HOWARD F. MC. CULLY
166 WICKELMASCHINEN VON KEMPER UND UNSINN FUER HEUBRIKETTS
5 HEUTROCKNUNG UNTERSUCHUNG DER ZWEISTUFENTROCKNUNG IN SCHEUNEN
62 VERGLEICH VERSCHIEDENER ERNTE- UND TROCKNUNGSVERFAHREN
249 HEUTURM INVESTKOSTEN IN DEN NIEDERLANDEN
264 HEUTUERME VON SECHS FIRMEN TECHNISCHE DATEN
423 MIT GREIFERZUGENTNAHME
153 HERBIZIDE UNTERS.V.DOSIERSYSTEMEN FUER FEINGRANULIERTE HERBIZIDE
HERD S.AUCH BACKOFEN
291 KOMPLETTE KLEINSTKUECHENEINRICHTUNG MIT KUEHLSCHRANK
292 TYPEN AUF DER HAUSRAT- UND EISENWARENMESSE IN KOELN
292 THERMOTHEK EINE KOMB.VON BACKOFEN UND AUSKLAPPBAREM KOCHTEIL
294 DOPPELBACKOFEN MIT DUNSTABZUGHAUBE VON NEFF
304 KOCH-BACK-SPUELZENTR.M DER AEG
304 SCHALTKAESTEN ZUR BEDIEN.V.PLATTENSAETZEN OD.EINBAUKOCHMULDEN
305 KLEINAUFTAUGERAET AUFTAUFIX VON DUESTERBERG
306 HS 7474 SIEMENS AUTOMATIC HERD MIT GRILL U.MOTOR.DREHSPIESS
137 HIRSE WAHL DER SAESCHEIBEN FUER DIE AUSSAAT
HOCHDRUCKPRESSE S.UNTER SAMMELPRESSE
330 HOCHFREQUENZANLAGE ZUR ZUSATZBELICHTUNG VON JUNGPFLANZEN
439 HOCHOFENSCHLACKE ALS ZUSCHLAGSTOFF FUER ERDSILIKATBETON
HOCHSILO S.UNTER SILO
475 HOLZ NORMBLATTENTWURF FUER SPALTENBOEDEN
467 KOSTENSENKUNG DURCH KOMPLETTE FERTIGTEILE FUER BOXENLAUFSTAELLE
488 TRENNWAENDE FUER LIEGEBUCHTEN IN MILCHVIEHLAUFSTAELLEN
373 HOLZAUFBEREITUNG SPEZIELLES ARBEITSVERFAHREN FUERS GEBIRGE
374 SCHWEDISCHE HOLZERNTEMETHODEN IN OESTERREICH
375 ANALYSE VON TEILZEITSTRUKTUREN
376 ENTASTEN MIT DER EINMAN MOTORKETTENSAEGE
369 DURCHFUEHRUNG VON ENTRINDUNGSARBEITEN IN NORWEGEN
374 EINSATZ VON ENTRINDUNGSMASCHINEN IN OESTERREICH
376 ENTRINDEN V.NADELSCHICHTHOLZ MIT DER CAMBIO MASCH.
377 CAMBIO E TRINDUNGSZUG ERGEBN.V.MASCH.BUCHFUEHRUNGEN
378 SCHNITTWARE UND HACKSPAENE MIT EINER MASCHINE
400 HYDRAUL.MASCH.OESA Z.SPANLOS.FAELLEN U.BUEND.D.STAEM.
378 SCHNITTWARE UND HACKSPAENE MIT EINER MASCHINE
HOLZEINSCHLAG S.UNTER HOLZFAELLEN
MOTORSAEGE S.DORT
HOLZFAELLEN MOTORSAEGE S.DORT
SAEGE S.DORT
375 ANALYSE VON TEILZEITSTRUKTUREN
376 SENKUNG DER ERNTEKOSTEN DURCH LANGBAUMMETHODE
400 HYDRAULISCHER FAELLKEIL DES HUSQVARNA WERKES
400 HYDRAUL.MASCH.OESA ZUM SPANLOS.FAELLEN U.BUEND.D.STAEMME
373 HOLZGEWINNUNG SPEZIELLES ARBEITSVERFAHREN FUERS GEBIRGE
374 SCHWEDISCHE HOLZERNTEMETHODEN IN OESTERREICH
367 HOLZINDUSTRIE TAETIGK.U.AUFGABEN DER INTERNAT.ARBEITSORGANISATION IAO
HOLZRUECKEN UND BRINGEN
383 STANDARD FUER KETTEN IM NORWEGEN
382 ZEIT- UND KOSTENVERGLEICH VON VIER VERFAHREN
374 SPEZIALRUECKETRAKTOREN MIT KNICKLENKUNG
376 SPEZIALTRAKTOREN MIT KNICKLENKUNG
379 UNTERSUCH.DES BETRIEBSVERHALTENS V.RUECKETRAKTOR TDT 55
380 TDT 55 UND TT 4 RUECKETRAKTOREN KRAEFTE UND LEISTUNGEN
386 BERUECKSICHTIGUNG V.KNICKTRAKTORRUECKUNG B.FORSTWEGEBAU
381 TRAKTORSCHLEPP- UND RUECKEWAGEN
399 RUECKEKARREN ALS ERGAENZUNG GROSSER RAHMENGEST.TRAKTOREN
384 FUNKGESTEUERTE KLEINSEILWINDE AUS SCHWEDEN
403 HOLZSCHUTZ RUNDHOLZSCHUTZ TAGUNGSBERICHT

400 HOLZTRANSPORT LKW FLEXOR
400 LASTZUG SCANIA VABIS MIT ZWEI ANHAENGERN
382 HOLZVERLADEN ZEIT- UND KOSTENVERGLEICH VERSCHIEDENER VERFAHREN
387 HUBLADER MIT KETTENANTRIEB UEBERSICHT UEBER 19 TYPEN
388 SELBSTFAHRHUBLADER MIT RADANTRIEB UEBERSICHT UEB.31 TYP.
399 HYDRAULISCHER GREIFLADER WAERTSILA
328 HOPFEN RICHTWERTE FUER DIE KALKULATION VON VERFAHRENSKOSTEN
357 RATIONELLE SCHAEDLINGSBEKAEMPFUNG
366 Z 6 S SPRITZ- UND SPRUEHGERAET
387 HUBLADER MIT KETTENANTRIEB UEBERSICHT UEBER 19 TYPEN
388 SELBSTFAHRHUBLADER MIT RADANTRIEB UEBERSICHT UEBER 31 TYPEN
392 HECKMONTIERTE FINNISCHE HUBLADER TYP SISU
311 HUBMAST MIT HUBGABEL AUF EINEM TRAKTOR
224 HUBSCHAUFLER BOBCAT EINSATZ ZUR KARTOFFELAUSLAGERUNG
HUEHNERSTALL KUEKENSTALL S.DORT
499 PROJEKTE FUER SUEDLICHE GEBIETE DER SU
239 PRUEFUNGSERGEBN.V.STUFENKAEFIGANLAGEN FUER LEGEHENNEN
500 BATTERIESTALL FUER 1000 HENNEN EINBAU IN STALLSCHEUNE
501 UEBERBLICK UEBER BATTERIEN UND BATTERIESTAELLE
237 KOMPLEXAUSRUESTUNG PROMYSCHLENYI FUER GROSSSTAELLE
20 HUELSENFRUECHTE REFLEXION DER SAMENKOERNER IM SICHTBAREN SPEKTRUM
69 ZNU 4 ANBAUDRILLMASCHINE
HYDRAULIK S.UNTER TRAKTOR
3 HYDROMOTOR ZUM ANTRIEB V.FOERDER- U.TRENNELEMENTEN BEI SAMMELRODERN
71 ZUM ANTRIEB DER TRENNVORRICHTUNGEN IN SAMMELRODERN
498 HYDROPONIK ANLAGE ZUM ERZEUGEN VON GRUENFUTTER
HYDROSTATISCHES GETRIEBE S.UNTER GETRIEBE
HYGIENE TIERPFLEGE S.DORT
299 BAKTERIOLOG.UNTERSUCHUNGEN AN REIHENWASCHMASCHINEN

67 INDUSTRIEMAESSIGE PRODUKTION VON GETREIDE IN DER DDR
432 PRODUKTION ANPASSUNG DER LANDWIRTSCH.BAUTEN
117 INJEKTOR AMMONIAKTRANSPORT UND AUSBRINGUNG IN DEN NIEDERLANDEN
226 INNENWIRTSCHAFT SCHRITTE IN RICHTUNG EINER VOLLAUTOMATISIERUNG
INSTANDHALTUNG S.WARTUNG
INSTANDSETZUNG TRAKTOR S.DORT
10 KOSTENMODELLE FUER DIE MASCHINENREPARATUR
363 ZUSAMMENLEGBARE ARBEITSBOECKE F.GAERTN.REPARATURARBEIT.
430 INVESTITION INVESTITIONSPOLITIK IN LANDW.U.NAHRUNGSGUETERWIRTSCHAFT
ITALIEN AUSSTELLUNG S.DORT

435 JAHRBUCH DER ASAE
JAHRESBERICHT S.UNTER FORSCHUNG
130 JAUCHE ZU 3.6 TRANSPORTWAGEN MIT JAUCHEVERTEILER
426 TANKWAGEN MIT ZAPFWELLENBETRIEBENER JAUCHEPUMPE
428 TANKWAGEN AUS GROSSBRITANNIEN
478 LAGER FUER MILCHVIEHGROSSANLAGEN
506 MEHRZWECKGRUBEN PROJEKTE FUER HANDMONTAGE
JUNGPFLANZENANZUCHT SAEEN S.DORT
S.AUCH GEWAECHSHAUS
318 ERDTOPFPRESSE IG 9M KONSTRUKTION UND LEISTUNG
363 EINTOPFMASCHINEN PLANTER UND MINITOPFER
JUNGVIEHSTALL KAELBERSTALL S.DORT
479 RATIONALISIERUNG BESTEHENDER STALLANLAGEN
490 MIT LIEGEBOXEN VERBESSERUNG VON TYPENPROJEKTEN

KAEFIGHALTUNG VON HUEHNERN S.UNTER HUEHNERSTALL
VON KUEKEN S.UNTER KUEKENSTALL
252 KAELBERFUETTERUNG MECHANISIERUNG DER ARBEITEN OEKON.U.TECHN.UNTERS.
229 KAELBERSTALL BEHEIZTE BOXEN FUER MILCHKAELBER
490 MIT LIEGEBOXEN VERBESSERUNG VON TYPENPROJEKTEN
305 KAFFEEMUEHLE MIT DOSIEREINRICHTUNG VON SIEMENS
KALTBELUEFTUNG S.UNTER.. GETREIDE ; HEUBELUEFTUNG
KANAL S.AUCH DRAENAGE
81 MESSUNGEN DES FLUSSES IN OFFENEN KANAELEN MIT TAINTER WEHREN
428 KETTENFAHRZEUG ZUM AUSBAGGERN
423 KAROTTE ERNTEMASCHINE AUF DEM LANDMASCHINENSALON IN PARIS
KARTOFFEL HINWEISE
DAEMPFEN S.UNTER FUTTERZUBEREITUNG
SAMMELRODER S.DORT
ANBAU
71 MASCHINEN FUER DEN ANBAU AUF DER DLG-SCHAU
LEGEN
3 VERBESSERUNGEN AN LEGEMASCHINEN
71 LEGEMASCH.MIT SELBSTTAET.ENTNAHME FUER VORGEKEIMTE KNOLLEN
71 LEGEMASCHINE MIT DOPPELBECHERKETTE VON CRUSE
139 KONSTRUKTION EINER LEGEMASCHINE DER NAT.RES.DEV.CORP.
140 SAJA 4 AUTOMAT.MASCH.ZUM LEGEN JAROWISIERTER KARTOFFELN
141 LEGEN MIT WEITEM REIHENABSTAND IM WESTEN DER UKR.SSR
142 MASCHINE SNR 1 ZUM LEGEN VORGEKEIMTER KARTOFFELN
PFLEGE
71 RUETTELEGGE MIT HAEUFLERN DER FA.KRONE
144 PFLEGE MIT BODENFRAESEN ARBEITSERGEBNISSE
147 HAEUFELGERAET VON STANDEN AND SONS
415 ANWEND.SYSTEM.BLATTLAUSTOET.GRANULATE IM PFLANZKARTOFFELBAU
ERNTE
187 MECHANISIERUNG DER ERNTE
189 VERGLEICH VON 16 ERNTEMASCHINEN
422 SAMMLER AUF DEM LANDMASCHINENSALON IN PARIS
KRAUTBESEITIGEN
185 ARBEITSBREITEN FUER FELDSPRITZEN ZUM KRAUTABTOETEN
188 KRAUTVERNICHTUNG MIT CHEMIKALIEN IN GROSSBRITANNIEN
407 KRAUTFAEULEBEKAEMPFUNG IN NORDIRLAND
RODEN VORRATSRODEN

61 KARTOFFEL ERNTE MIT DEM FUX 66 SCHWINGSCHARRODER IM VERSUCHSWESEN
71 SIEBROSTRODER MIT LAENGS- ODER QUERROSTEN
185 LEISTUNGEN MIT SCHLEUDERRODERN UND VORRATSRODERN
190 DLG-ANERKANNTE RODER PRUEFERGEBNISSE
421 2-REIHIGE RODER
TRANSPORT
219 HOLLAEND.ENTNAHMEGERAET FUER DIE HAUFENLAGERUNG
219 BOXENSTAPLER MIT GROSSEM SCHWENKBEREICH
219 BAENDER FUER UNTERFLURBELUEFTUNGSKANAELE
224 HUBSCHAUFLER BOBCAT EINSATZ ZUR AUSLAGERUNG
421 ANNAHMEFOERDERER MIT JE 1 FOERDERBAND FUER ABGESIEBTE ERDE
427 SELBSTAUFNEHMENDES VIBRATIONSBAND
ERNTEAUFBEREITUNG
72 AUFBEREITUNG DURCH POTATO MARKETING BOARDS
219 MASCHINEN FUER DIE AUFBEREITUNG
221 HERKULES AUFBEREITUNGSANLAGE AUS HOLLAND
222 AUFBEREITUNGSANLAGE DER FA.BIJLSMA FRANEKSER
ABSCHEIDEN VON BEIMENGUNGEN
222 ABSIEBVORRICHTUNG ZUM ABLOESEN DER ANHAFTENDEN ERDE
223 6 VERFAHREN FUER AUTOMAT.ABTRENNEN V.BEIMENGUNGEN
418 ROENTGENSTRAHLEN ZUR ABTRENNUNG DER KLUTEN UND STEINE
SORTIEREN
222 SORTIERTISCH MIT ABSACKVORRICHTUNG
420 SORTIERMASCHINE MIT HOHER LEISTUNG
SONSTIGE AUFBEREITUNG
219 LICHTSCHRANKENGESTEUERTE KISTENFUELLGERAETE
219 KISTENKIPPGERAET U.GABELSTAPLER
219 LEISTUNG VON WASCHMASCHINEN
421 AUTOMATISCHE SACKVERSCHLIESSMASCHINE
LAGERUNG
1 LAGERHAEUSER IN BELGIEN
16 VERHALTEN V.ROH GEMUSTEN KARTOFFELN IN BEHAELTERN
219 MASCHINEN FUER DIE LAGERUNG
219 KLEINSTTRAKTOR LICHUS FUER HUB- UND TRANSPORTARBEITEN
435 UNTERSUCH.VON BELUEFTETEN KEIMHAEUSERN
435 STUDIE UEBER EIN GEKUEHLTES KEIMHAUS
177 KASTENSCHNECKE EINSATZ FUER DEN TRANSPORT VON GETREIDEKOERNERN
KEGELSTRAHLDUESE S.UNTER SPRITZEN
383 KETTE STANDARD FUER KETTEN IN NORWEGEN
KETTENSAEGE S.UNTER MOTORSAEGE
S.UNTER SAEGE
40 KETTENTRAKTOR GRUENDE FUER DEN EINSATZ
41 EIN KETTENTRAKTOR FUER 800 ACRES MIT GERAETETRAEGER
402 KOMATSU MOORRAUPE MIT SIMUS BODENPLATTEN
49 REIBUNGSVERLUSTE IN GLEISKETTENGUMMIGELENKEN
428 VERSTAERKTE DREIPUNKTHYDRAULIK ZUM ANHEBEN GROSSER LAST.
50 DIFFERENTIALGLEICH.DES KRAEFTEGLEICHGEWICHTS
379 UNTERSUCH.D.S BETRIEBSVERHALTENS V.RUECKETRAKTOR TDT 55
380 TDT 75 U.TT 4 RUECKETRAKTORN KRAEFTE UND LEISTUNGEN
9 KETTENTRIEB KAEMM.V.ROLLE KETTEN M.STAHL-OD.POLYKAPROAMIDZAHNRAEDERN
472 KINDERGARTEN PERSPEKTIVPROJEKTE FUER LAENDLICHE GEBIETE
472 KINDERKRIPPE PERSPEKTIVPROJEKTE FUER LAENDLICHE GEBIETE
69 KIPPBUEHNE GAP 2C FUER LKW
69 GAP 2N FUER LKW
KIPPER KIPPANHAENGER
56 AUF DER DLG-SCHAU
58 KIPPEN DURCH HANDHYDRAULIK ODER TRAKTORHYDRAULIK
177 EINSATZ FUER DEN SACKLOSEN KOERNERTRANSPORT
204 VERFAHREN ZUR EINLAGERUNG VON SILIERGUT IN FLACHSILOS
337 KIRSCHE MASCHINELLE SAUERKIRSCHENERNTE IM STAATE NEW YORK
219 KISTENKIPPGERAET EINSATZ IN KARTOFFELLAGER- UND AUFBEREITUNGSRAEUMEN
196 KLEBESTREIFEN MIT BITUMENKLEBER ZUM ABDICHTEN V.BETONFOLIEVERBINDUNGEN
157 KLEE TECHNOLOGISCHE ANFORDERUNGEN AN DIE WELKGUTERNTE
193 ROTKLEESAMENERNTE MIT MASCHINENKOMPLEXEN
81 KLIMA AENDERUNGEN DES MIKROKLIMAS DURCH VERSPRUEHEN VON WASSER
290 KLIMAANLAGE BEDENKEN GEGE UEBER OZONERZEUGENDEN KLIMAGERAETEN
KNICKZETTER S.UNTER HEUERNTE
KOCHENDWASSERBEREITER S.UNTER WARMWASSERVERSORGUNG
KOEPFRODER S.UNTER RUEBEN
346 KOHL E 914 1 UNIVERSALTRANSPORTGERAET FUER GEMUESEERNTE PRUEFB.BORNIM
419 DRILLMASCHINE VON DER FA. GIBBES
KOMPAKTBAUTEN S.UNTER BAUKONSTRUKTION
363 KOMPOST ZERKLEINERUNGSMASCHINE BERKILI ZE 10
395 KOMPRESSOR UEBERSICHT UEBER 11 FAHRBARE KOMPRESSOREN
KONSERVIERUNG GEFRIER- UND KUEHLKONSERVIERUNG S.DORT
SILIEREN S.DORT ; TROCKNUNG S.DORT
297 V.LEBENSMITTELN DURCH AEG TELEFUNKEN BESTRAHLUNGSANLAGE
KORNTRENNANLAGE S.UNTER HAECKSELDRUSCH
283 KORROSION SCHUTZ VON WARMWASSERBEREITUNGSANLAGEN
284 URSACHEN UND VERHUETUNG IN WARMWASSERANLAGEN
331 PROBLEME DER HEIZOELLAGERUNG
331 KATHODISCHE SCHUTZANLAGEN ZUM AEUSS.SCHUTZ V.HEIZOELTANKS
443 SCHUTZ AN STAHLLEICHTBAUKONSTRUKTIONEN
446 SCHUTZ BITUMINIERTER DACHPAPPEN GEG.MIKROBIOG.KORROSION
455 SCHUTZ DER STAHLELEMENTE FUER DACHTRAGWERKE
KOSTEN BAUKOSTEN S.DORT
10 MODELLE FUER DIE MASCHINENREPARATUR
11 METHODISCHE HINWEISE FUER INSTANDHALTUNGSKOSTENPROGNOSE
12 ARBEITS- UND MASCHINENPLANUNG
309 ZWECKMAESSIGE ABRECHNUNG DES MASCHINENEINSATZES
328 RICHTWERTE FUER KALKULATION VON VERFAHRENSKOSTEN
507 KOT HOCHTEMPERATURTROCKNER FUER GEFLUEGELDUNG
416 KRAEHE ATTRAPPEN ZUR VERHINDERUNG VON VOGELSCHAEDEN
KRAFTFAHRZEUG EINACHSTRAKTOR S.DORT
GERAETETRAEGER S.DORT
KETTENTRAKTOR S.DORT
LKW S.DORT
TRAKTOR S.DORT
S.AUCH TRANSPORTER
428 FUNKAUSRUESTUNG

392 KRAN FAHRBARER KRAN MOELVEN SERIE 100
459 MASCHINENAUSFALLZEITEN IN BAUVEREINIGUNGEN DER UKR.SSR
59 KREIDE UNIVERSALLADER MGU ZUM ENTLADEN AUS EISENBAHNWAGGONS
3 KREISELMAEHER FUER DIE FUTTERGEWINNUNG
154 ANGEBOT AN KREISELMAEHWERKEN IN DER DBR
418 ANGEBOT AUF DER UGEXPO
421 VERBESSERTE ABSCHIRMUNG
422 TENDENZEN AUF DEM LANDMASCHINENSALON IN PARIS
KREISELPUMPE S.UNTER PUMPEN
276 KUECHE RICHTMASSE UND GRUNDLEGENDE BAULICHE GESTALTUNG
291 KOMPLETTE KLEINSTKUECHENEINRICHTUNG MIT KUEHLSCHRANK
303 KUNSTSTOFFE IN KUECHE BAD UND WC
304 KOCH-BACK-SPUELZENTRUM DER AEG
KUECHENHERD S.UNTER HERD
KUEHLEN VON MILCH S.MILCHKUEHLEN
VON GETREIDE S.UNTER GETREIDE
GEFRIER- UND KUEHLKONSERVIERUNG S.DORT
293 KUEHLWIRTSCHAFT IM LANDWIRTSNHAFTLICHEN BETRIEB
KUEHLSCHRANK S.UNTER GEFRIER- U.KUEHLKONSERVIERUNG
KUEHLWANNE FUER MILCH S.UNTER MILCHKUEHLEN
241 KUEKENHALTUNG AUSBRUETEN UND HALTUNG DER KUEKEN IN DRAHTKAEFIGEN
240 KUEKENSTALL VERWENDUNG DER KAEFIGE KBE I FUER DIE KUEKENAUFZUCHT
499 PROJEKTE FUER SUEDLICHE GEBIETE DER SU
KUNSTSTOFF DRAENROHRE S.UNTER DRAENAGE
EINSATZ IM GEWAECHSHAUSBAU S.UNTER GEWAECHSHAUS
AKRYL S.DORT
BUTYL S.DORT
FOLIE S.DORT
LUPOLEN S.DORT
POLYAETHYLEN S.DORT
POLYESTER S.DORT
POLYKAPROAMID S.DORT
POLYVINYLCHLORID S.PVC
PVC S.DORT
STYROPOR S.DORT
TRAGLUFTHALLE S.DORT
278 GUETEZEICHEN K VOM RAL FUER KUNSTSTOFFERZEUGNISSE
303 IN KUECHE BAD UND WC
423 MASCHENGEWEBE OHNE DRAHTEINLAGE
428 BOOT MIT MESSERBALKEN ZUM SCHNEIDEN VON ROHR
470 PRODUKTION VON BAUMATERIAL U.BAUTEILEN AUS PLASTEN IN RSFSR
453 LEICHTE DACH- U.AUSSENWANDKONSTRUKT.F.EINGESCHOSS.BAUTEN
480 STALLBODENBELAG STALLIFLEX FUER STROHLOSE AUFSTALLUNG
283 KUPFER ALS MATERIAL FUER WASSERROHRLEITUNGEN
KUPPLUNG S.AUCH TRAKTOR
45 BESTIMMUNG DER REIBUNGSARBEIT BEIM ANFAHREN

363 LADELIFT ZUM BELADEN VON TRANSPORTMASCHINEN
LADEN VON HOLZ S.UNTER HOLZVERLADEN
LADEWAGEN S.DORT
3 SELBSTFAHRENDE ARBEITSMASCHINEN
52 GERAETE MIT 2 SCHUBKOLBENZYLINDERN FUER DEN LASTHUB
210 SELBSTFAHRENDES LADEGERAET FUER DEN KOERNERTRANSPORT
224 HUBSCHAUFLER BOBCAT EINSATZ ZUR KARTOFFELAUSLAGERUNG
82 LADER BOBCAT 500 VON MELROE LTD.
3 LADEWAGEN HAECKSLERLADEWAGEN FUER DIE FUTTERGEWINNUNG
177 EINSATZ FUER DEN SACKLOSEN KOERNERTRANSPORT
1 ENTWICKLUNG UND EINSATZ IN BELGIEN
56 FUER LANGGUT HAECKSEL UND BALLEN AUF DER DLG-SCHAU
57 ANGEBOT IN DER DBR
57 MIT SCHEIBENHAECKSLER ALS ABLADEGEBLAESE
154 U.HAECKSELLADEWAGEN MIT SCHEIBENRADHAECKSLER
421 MIT TRANSPORT- U.DOSIEREINRICHT. FUER ERNTEGUTWEITERGABE
429 L 15 VON BERGMANN DLG-ANERKANNT
156 FOERDER- U.VERDICHTUNGSELEMENTE SCHNEIDEINRICHTUNGEN
156 ENTWICKLUNG MECH.ABLADE- UND DOSIEREINRICHTUNGEN
370 LAERM UND VIBRATION BEI WALDARBEITEN NORWEGISCHE UNTERSUCHUNGEN
460 BEURTEILUNG VON BAULAERM IN EUROPAEISCHEN LAENDERN
6 LAGER WARTUNGSARME LAGER ABGESCHLOSSENE FORSCHUNGSARBEITEN
8 GLEITLAGER AUS DEM HARTGEWEBE VOLOKNIT
LAGERBAUTEN DUENGERLAGER S.DORT
S.AUCH.: KARTOFFEL ; OBST
S.AUCH SILO
347 NUTZUNG EINES MOTORRUECKENSPRUEHGERAETES ZUR RAUMBELUEFT.
436 ERMITTLUNG VON UMBAUTEM RAUM UND AUFMASSEN
454 LEICHTMETALLKONSTRUKTIONEN IN DER CSSR
457 PRODUKTIONSPROGRAMM VEB STAHLBAU PLAUEN
LAGERUNG GEMUESE S.DORT
GETREIDE S.DORT
KARTOFFEL S.DORT
OBST S.DORT
LANDMASCHINEN INSTANDSETZUNG S.DORT
420 AUF DER ROYAL SHOW
2 VOLLELEKTRIFIZIERUNG ALLER MASCHINEN PROGNOSE
426 MASCH.UND GERAETE ENTWICKELT V.PRAKTISCHEN LANDWIRTEN
6 NITRIERVERFAHREN FUER TEILE
6 ANWEND.MOEGLICHK.DES QUERWALZENS IM LANDMASCHINENBAU
6 NORMATIVE F.KONSTRUKT.VORBEREITG.U.BAU V.BETRIEBSMITTELN
8 GLEITLAGER AUS DEM HARTGEWEBE VOLOKNIT
7 UNTERSUCHUNG DER TORSIONSFESTIGKEIT VON RAHMENKNOTEN
13 1963...1967 MASCHINENPRUEFUNGEN IN WIESELBURG
15 VERSCHLEISS D.OBERFLAECHEN V.MASCH.ELEMENTEN MESSGERAET
80 FESTIGKEIT BEI NORMALEN U.ERHOEHTEN GESCHWINDIGKEITEN
429 DLG-GEPRUEFTE UND ANERKANNTE GERAETE
1 LANDTECHNIK ENTWICKLUNG DER BELGISCHEN LANDTECHNIK SEIT 1945
402 LASER ZUR FUEHRUNG DER GRABENFRAESE GFP 3 V.EBERHARDT EINSATZ
LASTKRAFTWAGEN S.LKW
LAUFSTALL RINDERFUETTERUNG S.DORT ; OFFENSTALL S.DORT

478 LAUFSTALL LANDW.ANFORDER.AN BAUL.GESTALTG.V.MILCHVIEHGROSSSTAELLEN
483 STUDIE UEBER DIE TECHNOLOG.LOESUNG EINES BOXENLAUFSTALLES
484 GESTALTUNG DER BOXENLAUFSTAELLE FUER MILCHVIEH
485 BOXENLAUFSTALL BAUTYPEN UND NUTZUNG IN DER SCHWEIZ
487 KOSTENSENKUNG DURCH KOMPL.FERTIGTEILE FUER BOXENLAUFSTAELLE
488 TRENNWAENDE FUER LIEGEBUCHTEN IN MILCHVIEHLAUFSTAELLEN
489 GESTALTUNG DER LIEGEPLAETZE FUER MILCHKUEHE
490 JUNGVIEHSTALL MIT LIEGEBOXEN VERBESSERUNG V.TYPENPROJEKTEN
480 STALLBODENBELAG STALLIFLEX FUER STROHLOSE AUFSTALLUNG
486 UNTERSUCHUNGEN IM VERSUCHSSTALL MIT LIEGEPLAETZEN
491 RINDERMAST AUF VOLLSPALTENBODEN
260 FESTMISTVERFAHREN ODER GRENZEN DER FLUESSIGMISTBEREITUNG
471 LEHM MAUERN MIT LEHMSTEINEN UND VERPUTZEN VON LEHMSTEINMAUERN
LEICHTBAU S.UNTER BAUKONSTRUKTION
S.UNTER BAUWEISE
223 LEITFAEHIGKEIT AUSNUTZUNG ZUR TRENNUNG V.KARTOFFELN U.BEIMENGUNGEN
67 LEITUNG DER GETREIDEERNTE MIT HILFE DER NETZWERKTECHNIK
462 NEUE METHODEN IM LBK FRANKFURT/ODER
429 LENKUNG LENKHILFEN OELPUMPEN UND HYDRAULISCHE LENKANLAGEN
23 LEUCHTSTOFFLAMPE ZUR AUSSENBELEUCHTUNG AUF DER FARM
LICHTSCHRANKE S.UNTER REGELTECHNIK
LIEGEBOXE S.UNTER LAUFSTALL
LIEGEPLATZ S.UNTER LAUFSTALL
LKW LASTKRAFTWAGEN
69 KIPPBUEHNE GAP 2C
69 KIPPBUEHNE GAP 2N
172 MIT ANHAENGER EINSATZ FUER DEN KORNTRANSPORT BEIM MAEHDRUSCH
210 W 50 LAS K SATTELAUFLIEGER FUER TRANSPORT V.LOSEM GETREIDE
400 FLEXOR FUER HOLZTRANSPORT
400 LASTZUG SCANIA VABIS MIT ZWEI ANHAENGERN
LOEFFELBAGGER S.UNTER BAGGER
LUEFTUNG BELUEFTUNG VON GETREIDE S.UNTER GETREIDE
S.AUCH STALLKLIMA
276 SCHACHTENTLUEFTUNG MIT EINGEBAUTEM KRAFTENTLUEFTER IN KUECHEN
464 ANFORDERUNGEN AN MODERNE ARBEITSRAEUME ERLAEUTER.ZUR TGL
466 TURBO-VENTILATOREN BAUKASTENSYSTEM VON HELLMANN
467 VON MILCHVIEH-,GEFLUEGEL- UND SCHWEINESTAELLEN
491 V.RINDERMASTSTAELLEN FUER VOLLSPALTENBODENHALTUNG
231 EINES FENSTERLOSEN MASTSCHWEINESTALLES MIT VENTILATOREN
465 SYSTEM FUER SOMMER- UND WINTERBELUEFTUNG IN SCHWEINESTAELLEN
492 EMPFEHLUNGEN FUER DIE SAUENHALTUNG
494 IN EINEM DUNKELSTALL FUER DIE SCHWEINEMAST
497 IN SPALTENBODENSTAELLEN FUER SCHWEINE
500 BATTERIESTALL FUER 1000 HENNEN
347 NUTZUNG EINES MOTORRUECKENSPRUEHGERAETES ZUR RAUMBELUEFTUNG
464 LUFTFEUCHTE ANFORDERUNGEN AN MODERNE ARBEITSRAEUME ERLAEUTER.ZUR TGL
360 LUPOLEN EIGENSCHAFTEN VON LUPOLENROHREN
157 LUZERNE TECHNOLOGISCHE ANFORDERUNGEN AN DIE WELKGUTERNTE

MAEHBALKEN S.UNTER MAEHEN
428 MAEHBOOT AUS KUNSTSTOFF ZUM SCHNEIDEN VON ROHR
MAEHDRESCHER STROHBERGUNG S.UNTER STROH
11 E 512 METHOD.HINWEISE F.INSTANDHALTUNGSKOSTENPROGNOSE
1 ENTWICKLUNG UND EINSATZ IN BELGIEN
422 TENDENZEN AUF DEM LANDMASCHINENSALON IN PARIS
67 E 512 TECHN.OEKON.GESICHTSPUNKTE BEIM EINSATZ
78 ERNTE VON RUEBENSAMENTRAEGERN
170 ERNTE VON GETREIDE UND RAPS IN DER SCHWEIZ
171 EINSTELLSCHEIBE ALS TECHNOLOGISCHES HILFSMITTEL
172 E 512 KOMPLEXERPROBUNG
61 PARZELLENMAEHDRESCHER HEGE 125
69 SKD 5 SIBIRJAK MIT ZWEI DRESCHTROMMELN
69 SK 5 NIVA MIT 100-PS-MOTORLEISTUNG
175 E 512 AUS DEM VEB KOMBINAT FORTSCHRITT NEUSTADT
428 LELY VICTORY
173 SKG 4M FUER REIS DYNAM.BEANSPRUCHUNG DES RAHMENS
174 AKTIV TYP 1000 PRUEFBERICHT ULTUNA
3 ENTWICKLUNGSTENDENZEN DETAILVERBESSERUNGEN
6 ARBEITSWEISE NEUER TRENNELEMENTE FUER NACHREINIGER
68 STEUERUNG DER HYDRAULIK MIT ELEKTROMAGNET.EINRICHT.
70 MIT MAISPFLUECKVORSAETZEN UND REISSWALZEN
169 SK 4 ANBAU VON SCHWADMAEHER
180 AUSRUESTUNG MIT VORSAETZEN FUER DIE KOERNERMAISERNTE
MAEHEN MAEHDRESCHER S.DORT
MAEHLADER S.DORT
SCHLEGELMAEHER S.DORT
SCHWADMAEHER S.DORT
1 HECKMAEHWERKE MIT DOPPELMESSERN UND SCHEIBENMAEHER
3 KREISELMAEHER FUER DIE FUTTERGEWINNUNG
3 SELBSTFAHRENDE ARBEITSMASCHINEN
61 GUTBROD MAEHER FUER VERSUCHSFELDER
62 SCHEIBENMAEHER FUER DIE HEUGEWINNUNG
63 MAEHWERK E 143 UND E 032
65 ROTATIONSMAEHWERK TTM VON E.V. TWOSE NIAE-TEST
66 MAEHWERKE BEWERTUNGSKRITERIEN FUER VERGLEICHSPRUEFUNGEN
89 KRAUTMAEHEN AN BEWAESSERUNGSKANAELEN LEISTUNG UND KOSTEN
154 ANGEBOT AN KREISELMAEHWERKEN IN DER DBR
154 VOLLHYDRAULISCHES MAEHWERK MIT INNENSCHUHANTRIEB
154 MAEHWERK MIT UMLAUFENDEN MESSERKLINGEN
156 MAEHWERKE MIT ROTIERENDEN ARBEITSWERKZEUGEN
158 MAEHWERKE MIT HYDRAUL.ANTRIEB DOPPELMESSERMAEHWERKE
162 MAEHWERK MIT DOPPELT GEWUNDENER SCHNECKE ALS SCHNEIDORGAN
341 PFEFFERMINZERNTE DURCH GRASMAEHER MIT ZUSATZVORRICHTUNGEN
360 AS-ALLMAEHER MIT GROSSEM FUEHRUNGSRAD
360 RADANGETRIEBENER SICHELRASENMAEHER VON WOLF
360 RASENMAEHER VON SOLO MIT BENZINMOTOR
360 ARBEITSBLOCK DES GUTBROD GARTENBOY
418 KREISELMAEHER ANGEBOT AUF DER UGEXPO

419 MAEHEN ROTORMAEHER VON DER FA. BLANCH LELY
419 ROTORMAEHER VON BAMLETT REVELLER MIT ZWEI TROMMELN
419 SCHEIBENMAEHER VON T.V. KNOX MIT VIER SCHEIBEN
419 ROTORMAEHER VON MELOTTE MIT ZWEI TROMMELN
420 ROTORMAEHER VON JOHN DEERE LTD.
421 VERBESSERTE ABSCHIRMUNG DER KREISELMAEHER
422 SCHEIBEN- UND KREISELMAEHWERKE AUF DEM SIMA IN PARIS
423 HYDRAUL.MAEHWERK ZUM UNTERWASSERMAEHEN VON BINSEN UND SCHILF
427 HYDRAULISCH ANGETRIEBENER GRASMAEHER
429 RASENMAEHER VON STIHL
333 MAEHLADER E 062 ZUR MECHANISIERUNG DER ROSENKOHLERNTE
MAEHQUETSCHZETTER S.UNTER HEUERNTE
212 MAGNET SICHERHEITSMAGNET AM EINLAUFKANAL ZUR GETREIDEMUEHLE
70 MAIS WERKZEUGE FUER EINLEGEN VON STROH IN DIE PFLUGFURCHE
70 ARBEITSMETHODEN IM KOERNERMAISANBAU STREIFENBEARBEITUNG
100 PFLUEGE AUF DER DLG-SCHAU
134 SAEMASCHINEN SKNK 6 SKNK 8 U.SKPN 8 ZUSATZVORRICHTUNGEN
135 DRILLAGGREGAT MIT GROSSER ARBEITSBREITE
136 RICHTIGES BESTIMMEN DER SAATSTAERKE
136 SAATSTAERKE VERSUCHE MIT QUADRATNESTSAEMASCH.SKGN 6 U.SKGK 6V
92 VERWENDUNG V.PE-ROHREN BEIM BEWAESSERN V.KOERNERMAIS
145 ZWECKMAESSIGER SATZ VON HACKMESSERN FUER DIE PFLEGE
152 UNKRAUTBEKAEMPFUNG MIT FLAMMENWERFER
70 MAEHDRESCHER MIT MAISPFLUECKVORSAETZEN UND REISSWALZEN
178 ERNTE UND KONSERVIERUNG VON KOERNERMAIS IN FRANKREICH
178 KOLBENPFLUECKER ENTKOERNER MIT AUFGEBAUTEN KOERNERBUNKERN
179 VERGLEICHSPRUEFUNGEN NEUER ERNTEMASCHINEN
180 MAEHDRESCHEREINSATZ IN DER KOERNERMAISERNTE
181 MASCHINEN FUER DAS REBBELN AUF DEM FELDE
182 MECHANISIERUNG DER KOERNERMAISERNTE
154 FELDHAECKSLER MIT MAISGEBISS UND ANBAUMAISFELDHAECKSLER
156 SPEZIALANBAUMAISHAECKSLER DER FA. KEMPER
423 STROHZERREISSER AUF DEM LANDMASCHINENSALON IN PARIS
178 REUSCHEN ODER BELUEFTUNGSANLAGEN ZUR TROCKNUNG VON KOLBEN
215 KUEHLTROCKNUNG VON GEREBBELTEM MAIS VERSUCHSANLAGE
63 MASCHINENSYSTEM MECHANISIERUNGSKETTE FUER SILIERUNG IM HOCHSILO
MASTENBAUWEISE S.UNTER BAUWEISE
356 MEHLTAU BEKAEMPFUNG SCHWEFELVERDAMPFER PRUEFBERICHT POTSDAM BORNIM
MELIORATION BEREGNUNG S.DORT
BEWAESSERUNG S.DORT
DRAENAGE S.DORT
PFLUEGEN S.DORT
99 VON FELDSOELLEN IN DEN NORDBEZIRKEN DER DDR
265 MELKEN ARBEITSZEITAUFWAND UND KOSTEN VERSCHIED.VERFAHREN IN BULGARIEN
266 VERGLEICH VON MELKMETHODEN RECHENMODELL
478 MECHANISIERUNG IM STALL UND IM MELKSTAND
265 IM ANBINDESTALL MIT EINER ROHRMELKANLAGE
266 ANLAGE FUER DAS GRUPPENWEISE MELKEN
267 KONSTRUKTIONSAENDERUNGEN BEI MELKMASCHINEN IN AUSTRALIEN
267 TRANSISTORISIERTE TAKTGEBER MIT VISUELLER STOERANZEIGE
268 VZT 20 79 OELLOSLAUF.EINSTUF.ZELLENVERDICHTER PRUEFB.BORNIM
269 VERGLEICH V.ZITZENGUMMIS MIT VERSCHIED.SCHAFTDURCHMESSER
273 REINIGUNG UND DESINFEKTION VON MELKANLAGEN
273 AUTOMATISCHE UMLAUFSPUELUNG FUER MILCHROHRLEITUNGEN
435 MELKSTAND AUSBILDUNG DES FUSSBODENS IN MELKSTAELLEN
485 INVESTITIONSAUFWENDUNGEN
226 STAENDE MIT DRUCKKNOPFGESTEUERTEN GATTERN
226 FISCHGRAETENMELKSTAND MIT ACHT BOXEN
486 VERSUCHE MIT DEM FISCHGRAETENMELKSTAND
483 VERABREICHUNG VON NASSFUTTER IM FISCHGRAETENMELKSTAND
MESSEN MESSINSTRUMENTE UND VERFAHREN
S.AUCH.. LANDMASCHINEN ; TRAKTOR
14 EINFACHSCHREIBER DER ZWEI WERTE REGISTRIEREN KANN
15 VERSCHLEISS DER OBERFLAECHEN VON MASCHINENELEMENTEN MESSGERAET
16 BEWEGUNGSUNTERSUCH.MIT RADIOAKTIV-MARKIERTEN STOFFEN
17 TRAEGHEITSERSCHEINUNGEN BEI BESTIMMUNG DER BODENKRAEFTE
18 BESTIM.V.BODENTEILCHENBEWEGUNG IM ZWEIDIMENSIONALEN BRUCH
19 AUFBAU UND FUNKTION EINER ELEKTRONISCHEN BODENSONDE
441 METALL ENTWICKLUNG METALLBESCHICHTETER BAUPLATTEN
449 ENTWICKLUNGSTENDENZEN VON RAUMTRAGWERKEN
MILCH MELKEN S.DORT
478 MILCHHAUS FUER MILCHVIEHGROSSANLAGEN
293 MILCHKUEHLEN IN KANNEN ODER GROSSBEHAELTERN
270 TECHNISCHE DATEN UND PREISE VON MILCHTIEFKUEHLTANKS
271 PA 400 801 EINSTROM-PLATTENWAERMEAUSTAUSCHER
272 KUEHLWANNE 1000 L V.VEB KYFFHAEUSERHUETTE ARTERN
418 KUEHLWANNE BENUTZG.DER ABWAERME ZUR HEISSWASSERBEREITUNG
5 MILCHLEITUNG VON ROHRMELKANLAGEN FLIESSVERHALTEN V.MILCH
16 MILCHTANK REINIGUNGSVERLAUF BESTIMMUNG MIT RADIONUKLIDEN
270 TECHNISCHE DATEN UND PREISE VON MILCHTIEFKUEHLTANKS
273 NIEDERDRUCKSPRUEH- UND DOSIERGERAETE ZUR REINIGUNG
274 M 801 IMPULSA-TANKREINIGUNGSGERAET PRUEFBER.POTSDAM BORNIM
275 AUTOMAT.REINIGUNGSAPPARATUREN AUF NIEDERLAEND.AUSSTELLUNG
MILCHVIEHHALTUNG S.UNTER RINDERHALTUNG
MISCHEN VON FUTTERMITTELN S.UNTER FUTTERZUBEREITUNG
16 MISCHFUTTER BEWEGUNGSUNTERSUCH.MIT RADIOAKTIV-MARKIERTEN STOFFEN
59 UNIVERSALLADER MGU ZUM ENTLADEN AUS EISENBAHNWAGGONS
243 AUFGABEN DER TECHNOLOGIE BEI DER HERSTELLUNG
255 SELBSTHERSTELLUNG ODER KAUF FERTIGER FUTTERMISCHUNGEN
504 KONSTRUKTION EINER MODERNEN FABRIK
MIST S.STALLMIST
ENTMISTEN S.DORT
365 MOEHRE ERNTE MIT VOLLAUTOMATISCHEN KARTOFFELAUFNEHMERN
MOTOR DIESELMOTOR S.DORT
MOTORBAUMSPRITZE S.UNTER SPRITZEN
375 MOTORSAEGE EINSATZ ANALYSE VON TEILZEITSTRUKTUREN
376 ENTASTEN MIT DER EINMANNMOTORKETTENSAEGE
365 FUER DEN OBSTBAUMSCHNITT
429 PROGRAMM U.ANBAUGERAETE VON STIHL
400 SCHUTZBUEGEL UEBER DEM LINKEN HANDGRIFF

370 MOTORSAEGE LAERM UND VIBRATION BEI WALDARBEITEN
212 MUEHLE SICHERHEITSMAGNET AM EINLAUFKANAL ZUR GETREIDEMUEHLE
MUELLKARUSSELL S.UNTER ABFALLBESEITIGUNG

NACHREINIGER S.UNTER GETREIDE
NASSFUETTERUNG S.UNTER SCHWEINEFUETTERUNG
98 NATURSCHUTZ PRINZIPIEN DES BAUENS IN DER LANDWIRTSCHAFT
414 NEBELN RAUMVERNEBELUNG MICROJET NEBELGERAET
NETZEGGE S.UNTER EGGEN
67 NETZWERKPLANUNG PLANUNG UND LEITUNG DER GETREIDEERNTE
309 ZUR VORBEREITUNG U.KONTROLLE DER ARBEITSABLAUFPLANUNG
462 NEUE LEITUNGSMETHODEN IM LBK FRANKFURT/ODER
NGW NAHRUNGSGUETERWIRTSCHAFT
430 INVESTITIONSPOLITIK IN DER DDR
NIEDERDRUCKPRESSE S.UNTER SAMMELPRESSE
NIEDERLANDE AUSSTELLUNG S.DORT
6 NITRIERVERFAHREN FUER LANDMASCHINENTEILE
433 NORMUNG DER KLEINBAUELEMENTE FUER DEN FERTIGBAU
473 SCHWEIZER NORMSCHEUNE T 110 SYSTEM LEHMANN
475 NORMBLATTENTWURF FUER STALLFUSSBOEDEN
NORWEGEN AUSSTELLUNG S.DORT
5 ANWENDUNG DER ELEKTROENERGIE IN DER LANDWIRTSCHAFT
369 EFFEKTIVE ARBEITSMETHODEN IM BAUERNWALD

OBENENTNAHMEFRAESE S.UNTER ENTNEHMEN VON SILAGE
OBST HINWEISE
ERDBEERE S.DORT
WEINBAU S.DORT
ALLGEMEINES
316 TECHN.AUSRUESTUNG ZUR DRUCKWASSERSPUELUNG VON DRAENROHREN
317 DRAENSPUELUNG IM NIEDERELBISCHEN OBSTBAU
362 5. SCHWEIZ.SCHAU FUER GARTEN- U.OBSTBAU IN OESCHBERG KOPPINGEN
NEUANLAGEN
315 BODENVORBEREITUNG FUER DIE PFLANZUNG
324 BAUMSPALIERE BEI KERNOBSTKULTUREN
BODENBEARBEITUNG
315 POLDERUNG DRAENAGE UND BODENBEARBEITUNG
SCHNITT
325 HYDRAUL.SCHNITTWERKZEUGE ZUR KRONENGESTALTUNG BEI KERNOBST
365 SCHNEIDWERKZEUGE UND MOTORSAEGEN
PFLANZENSCHUTZ
5 ENTWICKLUNG VON PFLANZENSCHUTZANLAGEN FUER BEERENOBST
5 PFLANZENSCHUTZGERAETE FUER PLANTAGEN IN HANGLAGEN
348 ANHAENGESPRITZE FUER DEN GARTENBAU
349 S 301 6 MOTORBAUMSPRITZE PRUEFBERICHT POTSDAM BORNIM
350 MASCHINEN FUER EINSATZ IN GROSSFLAECHIGEN ANLAGEN
351 LEISTUNG UND KOSTEN VON MASCH.BEI UNTERSCHIEDL.EINSATZBEDING.
352 OVT IA U.OVS A FUER NIEDR.AUFWANDMENGEN IN OBSTANLAGEN
353 OBSTMADENBEKAEMPFUNG MIT BRUEHESPARENDEM SPRUEHVERFAHREN
358 EIMERSPRITZE REKORD 60 PRUEFBERICHT POTSDAM BORNIM
ERNTE
324 AUF RAUPEN FAHRENDE ERNTEMASCHINE MIT VIER AK FUER SPALIERE
332 REDUZIERUNG VON BESCHAEDIGUNGEN BEI DER ERNTE
332 ERNTE VON ZITRUSFRUECHTEN MIT SCHUETTELVORRICHTUNG
332 VORHERBESTIMM.DER WIRTSCHAFTLICHK.EINES MASCH.ERNTESYSTEMS
332 ZWECKMAESSIGE HUBGROESSE U.FREQUENZ V.SCHUETTELEINRICHTUNGEN
332 EINFL.V.KRONENGESTALTUNG DES BAUMES AUF BESCHAEDIGUNGSRATE
337 1967 MASCHINELLE ERNTEENTWICKLUNG IN DEN USA
337 MASCHINELLE SAUERKIRSCHENERNTE IM STAATE NEW YORK
337 ERNTE DURCH VIBRATION
337 VERWENDUNG VON FAHRBAREN ARBEITSBUEHNEN ZUR OBSTERNTE
337 AGGREGAT MIT ZYLINDRISCHEN TROMMELN ZUM ABERNTEN VON HECKEN
338 MASCHINELLE PFIRSICHERNTE IN ARKANSAS
361 SELBSTFAHRENDE PFLUECKBUEHNE F.HOHE BAUMFORMEN VON TIFONE
364 ERNTEMECHANISIERUNG STAMM- UND KRONENSCHUETTLER
365 ERNTE MIT SCHUETTELMASCHINEN
TRANSPORT
361 STAPELGERAET V.PERKINS FUER KISTEN UND STEIGEN
AUFBEREITUNG
343 MASCHINEN ZUR AUFBEREITUNG VON AEPFELN IN UNGARN
SORTIEREN
332 SORTIERUNG NACH GROESSE AUSSEHEN SOWIE REIFEGRAD
332 MOEGLICHKEITEN DER AUSWAHL UND SORTIERUNG MIT STRAHLEN
332 BESCHAEDIGUNGEN BEI MASCHINELLEM UND MANUELLEM SORTIEREN
343 LEISTUNG DER KALIBRIERMASCHINE UNIFRUCT.SUPER
VERPACKEN
332 BESCHAEDIGUNGEN BEI MASCHINELLEM UND MANUELLEM VERPACKEN
343 VERWENDUNG VON FUELLTRICHTERN FUER NETZVERPACKUNG VON AEPFELN
361 NEUE MATERIALIEN UND FORMEN FUER VERLUSTPACKUNGEN
LAGERUNG
1 KLIMATISIERTE LAGER IN BELGIEN
293 KUEHLLAGERUNG IM ERZEUGERBETRIEB
343 LAGERHAEUSER FUER AEPFEL IN UNGARN
331 OEL PROBLEME DER HEIZOELLAGERUNG
468 OELHEIZUNG TRANSPORTABLE LUFTERHITZER MIT OELFEUERUNG
460 OESTERREICH GRENZWERTE FUER DIE LAERMIMMISSION
482 OFFENSTALL NUTZUNG IN MITTELGEBIRGSLAGEN ALS KALTANBINDESTAELLE
171 OPTIMIERUNG ALLER TECHNOLOG.BEZIEH.B.MAEHDRUSCH IN EINER SKALA
290 OZON BEDENKEN GEGENUEBER OZONERZEUGENDEN KLIMAGERAETEN

86 PALETTE PALETTENUMSCHLAG VON DRAENROHREN
196 FUER DEN TRANSPORT VON BALLEN
PARZELLENMAEHDRESCHER S.UNTER MAEHDRESCHER
PAVILLONBAUTEN S.UNTER BAUKONSTRUKTION

PENDELSTREUER S.UNTER DUENGEN
363 PEVECLAIR KUNSTSTOFFWELLPLATTEN ZUR ABDECKUNG VON GEWAECHSHAEUSERN
427 PFAHLRAMME WERKZEUG ZUM EINRAMMEN VON PFAEHLEN
341 PFEFFERMINZE ZUSATZVORRICHTUNGEN AM GRASMAEHER ZUM SCHNITT
338 PFIRSICH MASCHINELLE ERNTE IN ARKANSAS
343 LEISTUNG DER KALIBRIERMASCHINE UNIFRUCT.SUPER
364 PFLANZEN 1967 INTERNAT.KONGRESS ZUR MECH.DES GARTENBAUES IN KECSKEMET
143 PRINZIPSCHEMATA VON SCHEIBENPFLANZMASCHINEN
PFLANZENSCHUTZ FLUGZEUGEINSATZ S.UNTER FLUGZEUG
BEGASEN S.DORT
GIESSEN S.DORT
NEBELN S.DORT
SPRITZEN S.DORT
SPRUEHEN S.DORT STAEUBEN S.DORT
UNKRAUTBEKAEMPFUNG S.DORT
347 VORSICHTSMASSNAHMEN BEI DER LAGERUNG VON MITTELN
416 ATTRAPPEN ZUR VERHINDERUNG VON VOGELSCHAEDEN
417 BEKAEMPFUNG DER HAMSTERPLAGE
1 GERAETE ENTWICKLUNG UND EINSATZ IN BELGIEN
5 ENTWICKLUNG VON ANLAGEN FUER BEERENOBST
5 GERAETE FUER OBSTPLANTAGEN IN HANGLAGEN
350 TECHNOLOGISCHE PROBLEME
351 LEISTG.U.KOSTEN V.MASCH.B.UNTERSCHIEDL.EINSATZBEDING.
364 FORTSCHRITTE BEI DER ENTWICKLUNG VON GERAETEN
404 ZWISCHENGENOSSENSCH.EINSATZ MODERNER TECHNIK
411 1967 UEBERBLICK UEBER ANERKANNTE GERAETE
418 GERAETEANGEBOT AUF DER UGEXPO
PFLEGE MASCHINENPFLEGE S.UNTER WARTUNG
PFLUEGEN ALLGEMEINES
103 UEBERBLICK UEBER DIE HISTORISCHE ENTWICKLUNG DES PFLUGES
UNTERSUCHUNGEN
16 BODENVERLAGERUNG BESTIMMUNG MIT RADIONUKLIDEN
80 PFLUG PN 4 35? FESTIGKEIT BEI ERHOEHT.GESCHWINDIGKEITEN
107 BERICHTIGUNG DER THEORIE DES PFLUGES
107 NEUES VERFAHREN FUER BESTIMM.DER 3 AM PFLUG ANGREIF.KRAEFTE
EINSATZ
41 ARBEITSLEISTUNG MIT SECHSFURCHENPFLUG U.KETTENTRAKTOR
104 EIGNUNG UND WIRTSCHAFTLICHKEIT MODERNER GERAETE
105 ERFAHRUNGEN MIT DEM SCHNELLPFLUEGEN AUF VERSCHIED.BOEDEN
BAUARTEN TYPEN
3 PFLUEGE MIT STEINSICHERUNG UND GROESSEREN ARBEITSBREITEN
100 MAISPFLUEGE AUF DER DLG-SCHAU
100 DREHPFLUEGE AUF DER DLG-SCHAU
104 ANBAUPFLUEGE MIT STEINSICHERUNG
106 SCHAEL- U.KREISELPFLUG FUER DIE STROHEINARBEITUNG
106 SCHEIBENPFLUG FUER STROHEINARBEITUNG MIT GEZACKT.SCHEIBEN
108 STENOMAT PFLUG MIT VOLLAUTOMAT.AUSLOESER F.JEDEN PFLUGKOERPER
109 PFLUG FISKARS ASLAK TYP PP 313 PRUEFBERICHT ULTUNA
110 ANHAENGESCHEIBENSCHAELPFLUEGE ETB 24 U.ETB 1?
111 BULGARISCHER SCHEIBENPFLUG TECHN.DATEN U.FLAECHENLEISTUNG
422 VOLLDREHPFLUEGE TENDENZEN AUF DEM LANDMASCH.SALON IN PARIS
427 MEHRFURCHENPFLUEGE MIT GROSSEM DURCHGANG
428 AUFGESATT.FUENFFURCHENPFLUG FUER HOHE GESCHWINDIGKEITEN
BAUGRUPPEN BAUTEILE
5 UNTERGRUNDLOCKERER FUER SERIENMAESSIGE ZWEIFURCHENPFLUEGE
70 WERKZEUGE FUER EINLEGEN V.STROH IN DIE PFLUGFURCHE
GERAETEKOMBINATIONEN
99 GERAETE FUER AMMONIAKDUESEN FUER FLUESSIGDUENGUNG
281 PHOSPHAT LOESUNGEN ZUR TRINKWASSERBEHANDLUNG IM HAUSHALT
282 CHEMIKALIENDOSIERUNG BEI DER WASSERAUFBEREITUNG
284 VERHUETUNG DER KORROSION IN WARMWASSERANLAGEN
389 PLANIERSCHILD STRASSENPLANIERSCHILDE TECHN.DATEN UND PREISE
PLANUNG BAUPLANUNG S.DORT
NETZWERKPLANUNG S.DORT
309 UND ABRECHNUNG DES MASCHINENEINSATZES
PLATTENMILCHKUEHLER S.UNTER MILCHKUEHLEN
16 PNEUMATISCHER TRANSPORT V.HAECKSEL BESTIMMUNG DER GESCHWINDIGKEIT
315 POLDERUNG ALS GRUNDLAGE FUER WIRTSCHAFTLICHE OBSTKULTUREN
84 POLYAETHYLEN PRUEFUNG VON ROHRLEITUNGEN BEI UNTERIRD.VERLEGUNG
92 VERWENDUNG V.PE-ROHREN BEIM BEWAESSERN V.KOERNERMAIS
329 POLYESTER ALS BAUSTOFF FUER GEWAECHSHAEUSER
9 POLYKAPROAMID KAEMMEN V.ROLLENKETT.MIT STAHL OD.POLYKAPROAMIDZAHNRAD
POLYVINYLCHLORID S.PVC
219 PRALLSEGEL FUER SECHS M HOEHE
PRESSEN FUER HEU S.UNTER HEUPRESSLINGE
SAMMELPRESSE S.DORT
427 SCHNELLPRESSE AUS GROSSBRITANNIEN
2 PROGNOSE BILD EINES VOLLAUTOMAT.LANDW.BETRIEBES DER ZUKUNFT
3 TECHN.TENDENZEN IN DER MECHANIS.DER AUSSENWIRTSCHAFT
11 METHODISCHE HINWEISE FUER INSTANDHALTUNGSKOSTENPROGNOSE
98 PRINZIPIEN DES BAUENS IN DER LANDWIRTSCHAFT
191 MECHANISIERUNG DER ZUCKERRUEBENERNTE IN GROSSBRITANNIEN
431 WISSENSCHAFTL.TECHN.ENTWICKLUNG IM LANDWIRTSCHAFTSBAU
PROPAN S.UNTER GAS
138 PRUEFSTAND FUER DAS ABDREHEN VON DRILLMASCHINEN
5 PRUEFWESEN 1967 BERICHT DES LANDTECHN.INSTITUTS VOLLEBEKK
13 1963...1967 MASCHINENPRUEFUNGEN IN WIESELBURG
65 MASCH.FUER WIESEN UND WEIDEBEWIRTSCHAFTUNG PRUEFB.DES NIAE
66 MASCHINENKETTE ZUR BEWIRTSCHAFT.V.GRUENLAND VERGL.PRUEFG.
429 DLG-GEPRUEFTE UND ANERKANNTE GERAETE
PUMPEN GUELLEPUMPEN S.UNTER GUELLE
S.AUCH BEWAESSERUNG
51 FOERDERLEISTUNG DER ZAHNRADPUMPEN V.HYDRAULIKSYSTEM F.TRAKTOREN
90 SCHNECKENPUMPEN ALS BEREGNUNGSPUMPEN
95 DIESELPUMPENAGGREGAT 0? 38 G AM 01
96 BEWEGLICHE PUMPSTATION SNP 500 10
274 KREISELPUMPE MIT ELEKTROMOTOR FUER TANKREINIGUNGSGERAET
363 NEUARTIGES PUMPWERK DER FA. PERROT
234 PUTENHALTUNG KOMPLEXE EINRICHTUNG FUER MUTTERTIERHERDE VON PUTEN
238 PUTENSTALL PRODUKTION VON PUTEN IN GESCHLOSSENEN STAELLEN

PUTZEN VON ZWIEBELN S.UNTER ZWIEBEL
196 PVC AUSKLEIDUNG VON HOCHSILOS MIT SCHLAEUCHEN AUS FOLIE
329 ALS BAUSTOFF FUER GEWAECHSHAEUSER
445 PVC-H-PLATTEN ALS WANDBELAG TECHNISCHE DATEN

23 QUECKSILBERDAMPFLAMPE ZUR AUSSENBELEUCHTUNG AUF DER FARM
QUETSCHZETTER S.UNTER HEUERNTE

16 RADIONUKLIDE MESSUNG DER BEWEGUNG VON STOFFEN
RADRECHWENDER S.UNTER GRUENFUTTER
RADTRAKTOR S.TRAKTOR
EINACHSTRAKTOR S.DORT
170 RAPS ERNTE MIT DEM MAEHDRESCHER IN DER SCHWEIZ
419 DRILLMASCHINE VON DER FA. GIBBS
RASENMAEHER S.UNTER MAEHEN
RAUHFUTTER ERNTE S.HEUERNTE ; STROH
SILIEREN S.DORT
301 RAUMPFLEGE TEST VON TEPPICHKEHRMASCHINEN
RAUMTRAGWERK S.UNTER BAUKONSTRUKTION
44 RECHENTECHNIK ANGLEICHEN DER KENNLINIEN V.MOTOR UND DREHMOMENTWANDLER
50 DIFFERENTIALGLEICH.DES KRAEFTEGLEICHGEWICHTS B.TRAKTOREN
54 ANWEND.V.EDVA 3.BERECH.DER VERKEHRSBEANSPRUCHUNG V.WEGEN
20 REFLEXION DER SAMEN VON HUELSEN- U.HALMFRUECHTEN IM SICHTB.SPEKTRUM
223 AUSNUTZUNG ZUR TRENNUNG VON KARTOFFELN UND BEIMENGUNGEN
219 REGELTECHNIK MENGENREGULIERUNG V.FOERDERBAENDERN DURCH LICHTSCHRANKEN
248 FUER AUTOMAT.FUTTERVORBEREITUNG U.VERTEILUNG IN DEN USA
289 RAUMTHERMOSTAT FUER WARMLUFTHEIZUNG
313 STEUERUNGSSYSTEM FUER EINEN WASSERTURM
REGNER S.UNTER BEREGNUNG
49 REIBUNG VERLUSTE IN GLEISKETTENGUMMIGELENKEN
REINIGEN VON GESCHIRR S.GESCHIRRSPUELEN
VON MELKANLAGEN S.UNTER MELKEN
VON WOHNRAEUMEN S.UNTER RAUMPFLEGE
69 REIS NEUE MASCHINEN FUER DIE ERNTE
69 ZNU 4 ANBAUDRILLMASCHINE
227 RINDERFUETTERUNG ARBEITSWIRTSCHAFTLICHE VORTEILE MOBILER FUETTERUNG
253 FUETT.V.MASTRINDERN IN PARZELLEN AUSSICHT IN AUSTRA.
478 MECHANISIERUNG IM STALL UND IM MELKSTAND
486 VERTEILUNG VON HEU UND SILAGE IM LAUFSTALL
247 MONTAGE DES FUTTERVERTEILERS TVK #0A
483 VERABREICHUNG V.NASSFUTTER IM FISCHGRAETENMELKSTAND
251 EINBAU EINER VOLLAUTOMAT.FUETT.ANLAGE IM ANBINDESTALL
254 MECHANISIERUNG IN DEN USA
254 RINDERHALTUNG MECHANISIERUNG DER MASTBETRIEBE IN DEN USA
256 REINIGUNGSANLAGE MIT SPRITZDUESEN FUER KUEHE
432 RINDERMASTSTALL BULLENMASTANLAGE FUER 1000 TIERE IN BELGIEN
491 MAST IM LAUFSTALL AUF VOLLSPALTENBODEN
RINDERSTALL FUETTERUNGSEINRICHTUNGEN S.UNTER RINDERFUETTERUNG
ABKALBESTALL S.DORT
ANBINDESTALL S.DORT
JUNGVIEHSTALL S.DORT
KAELBERSTALL S.DORT
LAUFSTALL S.DORT
OFFENSTALL S.DORT
RINDERMASTSTALL S.DORT
ENTMISTEN S.DORT
S.AUCH LUEFTUNG
473 SCHWEIZER NORMSCHEUNE T 110 SYSTEM LEHMANN
476 BETRIEBSWIRTSCHAFTLICHE GEDANKEN ZUM BAU V.RINDERSTAELLEN
477 GEDANKEN EINES ARCHITEKTEN ZUM BAU
478 LANDW.ANFORDER.AN BAUL.GESTALTG.V.MILCHVIEHGROSSSTAELLEN
435 KOSTEN U.WIRKUNGSGRAD V.SPALTENBOEDEN IN ZUCHTSTAELLEN
475 NORMBLATTENTWURF FUER SPALTENBOEDEN
467 LUEFTUNG IN MILCHVIEHSTAELLEN
264 ENTMISTEN AID-SCHRIFTENREIHE
134 RIZINUS ZUSATZVORRICHTUNGEN FUER AUSSAAT MIT MAISSAEMASCHINEN
RODEN VON KARTOFFELN S.UNTER KARTOFFEL V.RUEBEN S.UNTER RUEBEN
223 ROENTGENSTRAHLEN AUSNUTZUNG ZUR TRENNUNG V.KARTOFFELN U.BEIMENGUNGEN
297 GERAET V.AEG TELEFUNKEN M.HOCHLEIST.ROENTGENROEHREN
418 ZUR ABTRENNUNG DER KLUTEN UND STEINE V.KARTOFFELN
ROHR S.SCHILF
360 ROHRE EIGENSCHAFTEN VON LUPOLENROHREN
ROHRMELKANLAGE S.UNTER MELKEN
9 ROLLENKETTE KAEMMEN V.ROLLENKETTEN MIT STAHL- OD.POLYKAPROAMIDZAHNRAED.
ROLLSPATENEGGE S.UNTER EGGEN
333 ROSENKOHL MAEHEN UND LADEN DER PFLANZEN MIT MAEHLADER
333 FRAESE ZUM TRENNEN DER ROSEN VOM STRUNK
418 EINFACHE MASCHINE ZUM PFLUECKEN
ROTIERENDE BODENBEARBEITUNG
FRAESEN S.DORT
73 ROTATIONSHACKEN FUER DIE RUEBENPFLEGE
ROTKLEE S.UNTER KLEE
ROTORMAEHER S.AUCH MAEHEN
65 TTM VON E.V. TWOSE NIAE TEST
419 VON DER FA. BLANCH LELY
419 VON BAMLETT REVELLER MIT ZWEI TROMMELN
419 VON MELOTTE MIT ZWEI TROMMELN
420 VON JOHN DEERE LTD.
RUEBEN HINWEISE
SILIEREN ; VEREINZELN S.DORT
S.AUCH SAEEN
ANBAU
73 MECHANISIERUNG V.ANBAU UND ERNTE IN DER UDSSR
74 MASCHINEN UND GERAETE FUER DEN ANBAU
76 MECHANISIERUNG DES ZUCKERRUEBENANBAUES
77 SYSTEME ZUR MECH.DES ANBAUES MIT KLEINTRAKTOREN

79 RUEBEN MASCHINEN FUER ANBAU UND ERNTE VON ZUCKERRUEBEN
121 DUENGUNG MIT FLUESSIGEM AMMONIAK
148 MECH.DER FRUEHJAHRSARBEITEN VORFUEHRUNG IN SUED-LIMBURG
BESTELLUNG SAEEN
3 EINZELKORNSAAT MIT BANDSPRITZUNG
73 HALBBRACHESYSTEM DER BODENVORBEREITUNG
73 AUSSAAT MIT ZWOELFREIHIGEN EINZELKORNSAEMASCHINEN
74 EINZELKORNSAAT MIT BANDSPRITZUNG
75 MECH.DER FRUEHJAHRSSAATBETTVORBEREITUNG UND AUSSAAT
75 VERWENDUNG VON MONOGERMSAATGUT
76 VERWENDUNG VON MONOGERMSAATGUT
131 BESTELL-DRILLGERAET MIT ZAHNKRUEMLER
133 BREITSAAT FELD- UND GROSSVERSUCHE IM CHARKOVER GEBIET
148 VERGLEICH VON REIHEN- UND SAEABSTAENDEN IN DER REIHE
148 AUSWIRKG.VERSCHIED.SAATBETTBEREITG.VERFAHREN AUF PFLANZ.BEST.
PFLEGE
53 BEKAEMPFUNG DER CERCOSPORA MIT FLUGZEUGEN
73 NETZEGGEN UND ROTATIONSHACKEN FUER DIE PFLEGE
76 VOLLMECHANISIERTE UNKRAUTBEKAEMPFUNG MIT CHEM.MITTELN
148 ARBEITSERGEBNISSE VON SIEBEN HACKMASCHINEN
ERNTE
1 MECHANISIERUNG DER ERNTE IN BELGIEN
79 MASCHINEN FUER ANBAU UND ERNTE VON ZUCKERRUEBEN
191 MECHANIS.DER ERNTE ENTWICKLUNGSTENDENZEN IN ENGLAND
192 MECHANISIERUNG DER ERNTE
KOEPFEN KOEPFLADER
77 KARTOFFELKRAUTSCHLAEGER ZUM KOEPFEN
418 KOEPFMASCHINE FUER UNREGELMAESSIGE BESTAENDE
423 MASCH., DIE DAS BLATT U.ANSCHLIESSEND DIE KOEPFE ABSCHNEIDEN
RODEN KOEPFRODER
73 ERNTE MIT KOEPFRODERN ODER KOEPFRODELADERN
74 KAMPAGNELEISTUNG DES SCHWED.SECHSREIHIGEN VOLVO KOEPFRODERS
77 RODEN MIT KARTOFFELRODEKOERPERN
LADEN RODELADER
421 RUEBEN LADER MIT REINIGUNGSEINRICHTUNG V.MATROT
VOLLERNTE
3 BUNKERKOEPFRODER
74 BUNKERZIEHMASCHINE FUER DIE FUTTERRUEBENERNTE
74 EINREIHIGE U.MEHRREIHIGE BUNKERKOEPFRODER
428 SELBSTFAHRENDE ERNTEMASCHINE VON STANDEN
LAGERUNG
16 BELUEFTEN V.STAPEL UNTERSUCHUNG MIT RADIONUKLIDEN
78 LAGERUNG VON STECKLINGEN
SAMENBAU
73 ANBAU VON SAMENTRAEGERN IN DER UDSSR
78 MECHANISIERUNG DES SAMENANBAUS IN DEN NIEDERLANDEN
RUECKEWAGEN S.UNTER HOLZRUECKEN UND BRINGEN
RUETTELZETTER S.UNTER GRUENFUTTER

421 SACK AUTOMATISCHE VERSCHLIESSMASCHINE
SAEEN MASCHINEN UND GERAETE FUER GEMUESE S.AUCH GEMUESE
MASCHINEN UND GERAETE FUER MAIS S.AUCH MAIS
MASCHINEN UND GERAETE FUER RUEBEN S.AUCH RUEBEN
136 RICHTIGES BESTIMMEN DER SAATSTAERKE
68 KOPPLUNG VON ZWEI DRILLMASCHINEN
132 MECHANISIERUNG DER GETREIDEBESTELLUNG
133 BREITSAAT BEI RUEBEN FELD- UND GROSSVERSUCHE
3 DRILLMASCHINEN TENDENZ ZU GROESSEREN ARBEITSBREITEN
61 DRILLMASCH.WALTER WINTERSTEIGER FUER VERSUCHSFELDER
68 PNEUMATISCHE DRILLMASCHINE
80 SAEMASCH.SNP 24 FESTIGKEIT BEI ERHOEHTEN GESCHWINDIGKEITEN
134 MAISSAEMASCHINEN SKNK 6 SKNK [illegible] U.SKPN [illegible] ZUSATZVORRICHTUNGEN
135 MAISDRILLAGGREGAT MIT GROSSER ARBEITSBREITE
138 UNIVERSALPRUEFSTAND FUER DAS ABDREHEN VON DRILLMASCHINEN
363 GERAET FUER DIE AUSSAAT IN KISTEN
419 DRILLMASCHINE FUER KOHL UND RAPS VON DER FA. GIBBS
424 DRILLMASCHINE VON UGUGIG
127 MASCH.F.RAEUML.GETRENN.ABER GLEICHZEIT.AUSBRING.V.SAAT U.DUENGER
131 BESTELL-DRILLGERAET FUER RUEBEN MIT ZAHNKRUEMLER
132 PNEUMATISCHES BREITSAATGERAET MIT FRAESE
134 KOMB.V.SAEMASCH.MIT HERBIZID-U.AMMONIAKWASSERSPRITZMASCHINEN
134 VORRICHTUNG FUER SAEMASCH.ZUM ZIEHEN VON BEWAESSERUNGSFURCHEN
419 KOMB.DRILL- U.DUENGESTREUMASCH.V.WESTERN MACHINERY U.EQUIPMENT
424 MASCH.FUER GLEICHZEIT.DRILLEN U.KULTIVIEREN V.HOWARD ROTAVATOR
6 ERPROBUNG VON VERSCHLEISSFESTEN GUSS FUER DRILLSCHARSPITZEN
3 EINZELKORNSAAT MIT BANDSPRITZUNG IM RUEBENBAU
73 RUEBENAUSSAAT MIT ZWOELFREIHIGEN EINZELKORNSAEMASCHINEN
74 EINZELKORNSAAT MIT BANDSPRITZUNG
365 BAUPRINZIPIEN VON EINZELKORNSAEMASCHINEN FUER GEMUESE
136 SAATSTAERKE-VERSUCHE MIT QUADRATNESTSAEMASCH.SKGN 6 U.SKGK 6V
137 WAHL DER SAESCHEIBEN FUER DIE AUSSAAT VON SORGHUM
SAEGE MOTORSAEGE S.DORT
400 HYDRAUL.KETTENSAEGE AN EINEM GREIFLADER
293 SALAT KUEHLLAGERUNG IM ERZEUGERBETRIEB
59 SALZ UNIVERSALLADER MGU ZUM ENTLADEN AUS EISENBAHNWAGGONS
66 SAMHELPRESSE BEWERTUNGSKRITERIEN FUER VERGLEICHSPRUEFUNGEN
68 STROHBERGUNG MIT DER HOCHDRUCKPRESSE
172 K 442 HOCHDRUCKPRESSE EINSATZ ZUR STROHBERGUNG
1 ENTWICKLUNG UND EINSATZ IN BELGIEN
62 NIEDERDRUCKPRESSEN FUER PRESSGUT FUER BELUEFTUNG
65 MF 20 NIAE TEST
423 HOCHDRUCKPRESSEN FUER PRESSBALLENWELKSILAGE
427 HOCHLEISTUNGSPRESSE MIT GLEICHMAESSIGEN AUSSTOSS
SAMMELRODER FUER KARTOFFELN
S.AUCH KARTOFFEL.. ERNTE
185 FLAECHENLEISTUNG BUNKER MIT ROLLBODEN
1 MIT VERLESETISCHEN EINSATZ IN BELGIEN
71 V.HAGEDORN MIT HUBRAD ZUR SCHWADAUFNAHME

71 SAMMELRODER V.HAGEDORN OHNE HUBRAD ZUR SCHWADABLAGE
189 VERGLEICH VON 2[illegible] MASCHINEN
190 DLG-ANERKANNTE RODER PRUEFERGEBNISSE
429 K 60 VON BERGMANN DLG-ANERKANNT
3 HYDROMOTORE ZUM ANTRIEB V.FOERDER- U.TRENNELEMENTEN
221 HYDRAULIKANTRIEB AM EINREIHIGEN COMMANDER VON GRIMME
71 MIT ROTIERENDEN BUERSTEN ODER GUMMIFINGERBAND
71 HYDROMOTOREN ZUM ANTRIEB DER TRENNVORRICHTUNGEN
18 SAND BESTIMMUNG DER TEILCHENBEWEGUNG IM ZWEIDIMENSIONALEN BRUCH
SAUENSTALL S.UNTER SCHWEINESTALL
416 SCHADVOGEL ATTRAPPEN ZUR VERHINDERUNG VON VOGELSCHAEDEN
SCHAELPFLUG S.UNTER PFLUEGEN
233 SCHAFFUETTERUNG ARBEITSZEITAUFWAND BEI VERFAHREN
233 SCHAFHALTUNG ARBEITSWIRTSCH.FRAGEN BEI DER PRODUKTION VON SCHAFWOLLE
257 SCHAFSCHUR SELBSTSCHAERFENDE MESSER UND GEGENMESSER V.SCHERMASCHINEN
475 SCHAFSTALL NORMBLATTENTWURF FUER SPALTENBOEDEN
463 SCHALLSCHUTZ SCHALLDAEMMUNG IN GEBAEUDEN
23 SCHALTUHR FUER EIN- UND AUSSCHALTEN DER AUSSENBELEUCHTUNG AUF FARMEN
SCHEIBENBREMSE S.UNTER BREMSEN
1 SCHEIBENMAEHER ENTWICKLUNG UND EINSATZ IN BELGIEN
62 FUER DIE HEUGEWINNUNG
156 ERFAHRUNGEN BEI DER HALMFUTTERGEWINNUNG
158 EINSATZ BEI DER HEUWERBUNG
419 VON T.V.KNOX MIT VIER SCHEIBEN
422 TENDENZEN AUF DEM LANDMASCHINENSALON IN PARIS
SCHEIBENRADHAECKSLER S.AUCH LADEWAGEN

SCHEIBENSCHAELPFLUG S.UNTER PFLUEGEN
257 SCHERMASCHINE SELBSTSCHAERFENDE MESSER UND GEGENMESSER
473 SCHEUNE SCHWEIZER NORMSCHEUNE T 110 SYSTEM LEHMANN
423 SCHILF HYDRAULISCHES MAEHWERK ZUM UNTERWASSERMAEHEN
428 KUNSTSTOFF BOOT MIT MESSERBALKEN ZUM SCHNEIDEN
SCHLAGABRAUMBESEITIGUNG S.UNTER FLAECHENABRAEUMEN
156 SCHLEGELERNTER ERFAHRUNGEN BEI DER HALMFUTTERGEWINNUNG
65 TRIUMPH MK II V.TAARUP NIAE-TEST
163 DLG-ANERKANNTE HAECKSLER
164 UGERLOSE HN. 110C PRUEFBERICHT
156 SCHLEGELMAEHER ERFAHRUNGEN BEI DER HALMFUTTERGEWINNUNG
158 EINSATZ BEI DER HEUWERBUNG
419 VON DER FA.WILDER
SCHLEPPER S.TRAKTOR
SCHLEPPSCHAUFEL S.UNTER ENTMISTEN
SCHLEUDERRODER S.UNTER KARTOFFEL
SCHLEUDERSTREUER FUER MINERALDUENGER S.UNTER DUENGEN
60 SCHNECKENFOERDERER FOERDERLEISTUNG VERTIKALER SCHNECKEN
177 EINSATZ FUER DEN TRANSPORT VON GETREIDEKOERNERN
216 FUER DEN GETREIDETRANSPORT IN EINER LAGERZENTRALE
496 SCHWEINEFUETTERUNG MIT FUTTERSCHNECKEN
SCHNECKENPUMPE S.UNTER PUMPEN
360 SCHNEERAEUMEN ARBEITSBLOCK DES GUTBROD GARTENBOY
21 SCHNEIDEN BESTIMMUNG DER SCHNEIDENDICKE
325 HYDRAUL.SCHNITTWERKZEUGE ZUR KRONENGESTALTUNG BEI KERNOBST
327 PNEUMAT.SCHNITT U.SCHNITT VON HAND KOSTENVERGL.IM WEINBAU
SCHNELLPFLUEGEN S.UNTER PFLUEGEN
SCHROTEN S.UNTER FUTTERZUBEREITUNG
52 SCHUBKOLBENANTRIEB V.LADEGERAETEN SYSTEMATIK UND KINEMATIK
177 SCHUETTELRINNE EINSATZ FUER DEN TRANSPORT VON GETREIDEKOERNERN
59 SCHUETTGUT UNIVERSALLADER MGU ZUM ENTLADEN AUS EISENBAHNWAGGONS
78 SCHWADDRUSCH VON RUEBENSAMENTRAEGERN
62 SCHWADLUEFTER ZUR TROCKNUNGSBESCHLEUNIGUNG VON HEUSCHWADEN
78 SCHWADMAEHEN VON RUEBENSAMENTRAEGERN
80 SCHWADMAEHER ZRS [illegible].9 FESTIGKEIT BEI ERHOEHTEN GESCHWINDIGKEITEN
160 MIT AUFBEREITUNGSVORRICHTUNG UND ZUFUEHRUNGSORGAN
161 VON NEU HOLLAND MIT ZWEI SCHNEIDWERKEN
169 ANBAU AN MAEHDRESCHER
SCHWEDEN AUSSTELLUNG S.DORT
317 SCHWEFELDIOXID DRAENSPUELUNG IM NIEDERELBISCHEN OBSTBAU
356 SCHWEFELVERDAMPFER PRUEFBERICHT POTSDAM BORNIM
227 SCHWEINEFUETTERUNG ARBEITSWIRTSCHAFTLICHE VORTEILE MOBILER FUETTERUNG
432 TROCKENFUETTERUNG MIT AUTOMATEN FUSSBODENFUETT.
492 EMPFEHLUNGEN FUER DIE SAUENHALTUNG
492 SEPARATE FUETTERUNG DER FERKEL
492 VORTEILE DER NASSFUETT.GEGENUEBER TROCKENFUETT.
492 BODENFUETT. BERICHT UEBER EINEN WAGENING.VERSUCH
494 VERFAHREN IN EINEM DUNKELSTALL FUER DIE MAST
246 SYSTEM FUER FUTTERTRANSPORT UND VERTEILUNG
250 BESTIMMUNG DER BELASTUNG EINES KRATZERFOERDERERS
496 MIT FUTTERSCHNECKEN ODER FUTTERVERTEILWAGEN
232 FUTTERAUTOMATEN FUER EINMALIGE FUETTERUNG AM TAG
432 AUTOMATISCHE FLUESSIGFUETTERUNG IN BELGIEN
232 SCHWEINEHALTUNG MASCHINEN GERAETE UND EINRICHTUNGEN
432 SCHWEINESTALL RECHTECKIGE ABFERKELBOXEN
435 UNTERSUCHUNG UEBER ABFERKELSTAELLE
482 FERKELNEST MIT BODENHEIZUNG UND EINSTREU
432 STAELLE FUER SAUEN MIT AUTOMAT.FUTTERSTANDVERRIEGELUNG
492 EMPFEHLUNGEN FUER DIE SAUENHALTUNG
231 RUNDSTALL BACON BIN AUS GALVAN.GEWELLTEM STAHLBLECH
435 MASTHAEUSER MIT FUSSBODENFUETTERUNG
492 FUER EXTENSIV- U.INTENSIVHALTG.V.MASTSCHWEINEN BAUTECH.
494 DUNKELSTALL ZUR MAST IN ZWEIREIHIGER AUFSTALLUNG
495 MASTSTALL IN VORGESCHNITTENER HOLZBAUWEISE
496 SCHLUESSELFERTIG GELIEFERTE MAESTEREIEN IN FRANKREICH
232 EINHEITLICHER INNENAUSBAU MIT FERTIGTEILEN
435 WIRKSAMKEIT VON TEILSPALTENBOEDEN
475 NORMBLATTENTWURF FUER SPALTENBOEDEN
497 PROBLEMATIK DER SPALTENBOEDEN BEI SCHWEINEN
465 SYSTEM FUER SOMMER- UND WINTERBELUEFTUNG
466 TURBO VENTILATOREN BAUKASTENSYSTEM VON HELLMANN
467 LUEFTUNG
493 TEMP.U.ZUGLUFTEMPFINDLICHKEIT MODERNER FLEISCHSCHWEINE

263 SCHWEINESTALL VOLLAUTOMAT.SCHWEMMENTMISTUNGSSYSTEM FUER MASTSTAELLE
264 ENTMISTEN AID-SCHRIFTENREIHE
7 SCHWEISSEN UNTERSUCHUNG DER TORSIONSFESTIGKEIT VON RAHMENKNOTEN
SCHWEIZ AUSSTELLUNG S.DORT
460 GRENZRICHTWERTE FUER DIE IMMISSION UND DEN BAULAERM
SCHWINGSCHARRODER S.UNTER KARTOFFEL.. RODEN VORRATSRODEN
385 SEILBAHN NORWEGISCHE STANDARDS FUER DRAHTSEILE
177 SELBSTENTLADEWAGEN EINSATZ FUER DEN SACKLOSEN KOERNERTRANSPORT
204 T 077 ABLADEN VON SILIERGUT IN FLACHSILOS
SICHELRASENMAEHER S.UNTER MAEHEN
SIEBROSTRODER S.UNTER KARTOFFEL.. RODEN VORRATSRODEN
SILAGE ENTNAHME AUS SILO S.UNTER ENTNEHMEN VON SILAGE
SILIEREN GETREIDE S.DORT
63 MECHANISIERUNGSKETTE FUER SILIERUNG IM HOCHSILO
64 GEWINNUNG VON ANWELKFUTTER IM LVG DUMMERSTORF
157 TECHNOLOGISCHE ANFORDERUNGEN AN DIE WELKGUTERNTE
202 EINFLUSS DER MECH.AUFBEREITUNG AUF DIE SILIERFAEHIGKEIT
205 BEWIRTSCHAFTUNG VON HOHEN FAHRSILOS IN LPG WEDLITZ
207 ERFAHRUNGEN MIT WELKGUTPRESSBALLEN IN FOLIENSILOS
208 IN PLASTIKSAECKEN FUER CA.500 KG ERFAHRUNGEN IN DEN USA
196 ENDVERTEILER MIT WINDDRUCK ODER MOTORANTRIEB
203 FUELLVERFAHREN FUER FLACHSILOS
204 VERFAHREN ZUR EINLAGERUNG VON SILIERGUT IN FLACHSILOS
204 VERTEILEN MIT VERTEILHAKEN AM MTS 50
242 VERFAHREN DER HOCHSILOBESCHICKUNG IM LVG DUMMERSTORF
505 VORRICHT.FUER MECH.BESCHICKEN V.FLACHSILOS U.MASCH.ENTNAHME
203 VERDICHTEN DURCH TRAKTOREN ODER DURCH ABSAUGEN DER LUFT
204 VERFAHREN ZUR EINLAGERUNG VON SILIERGUT IN FLACHSILOS
206 VERDICHTEN VON GRUENGUT VERFAHREN LAGERUNGSDICHTEN
SILO VORRICHTUNGEN FUER DIE SILAGEENTNAHME S.ENTNEHMEN VON SILAGE
FUER GETREIDE S.UNTER GETREIDE
S.AUCH SILIEREN
1 VERWENDUNG IN BELGIEN
196 KLEBESTREIFEN MIT BITUMENKLEBER ZUM ABDICHT.V.BETONFOLIEVERBIND.
209 EIGNUNG OFF.U.GESCHLOSS.WASSERPRESSEN ALS SILOVERSCHLUSS
436 ERMITTLUNG VON UMBAUTEM RAUM UND AUFMASSEN
227 ANWENDUNG VON FOLIENSILOS FUER HD-PRESSBALLEN
64 HOCHSILOBAU UND GEWINNUNG VON ANWELKFUTTER IM LVG DUMMERSTORF
196 AUSKLEIDUNG V.HOCHSILOS MIT SCHLAEUCHEN AUS PVC-FOLIE
435 GRUNDLAGEN FUER DEN BAU VON TURMSILOS
506 SILOSAFT MEHRZWECKGRUBEN PROJEKTE FUER HANDMONTAGE
99 SOELLE MELIORATION VON FELDSOELLEN IN DEN NORDBEZIRKEN DER DDR
152 SOJABOHNE UNKRAUTBEKAEMPFUNG MIT FLAMMENWERFER
134 SONNENBLUME ZUSATZVORRICHTUNGEN FUER AUSSAAT MIT MAISSAEMASCHINEN
465 SONNENENERGIE AUSNUTZG.ZUR VORWAERMG.DER FRISCHLUFT F.SCHWEINESTAELLE
SORGHUM S.UNTER HIRSE
SORPTIONSISOTHERM S.UNTER TROCKNUNG
SORTIEREN GETREIDE S.DORT
KARTOFFEL S.DORT
OBST S.DORT
ZWIEBEL S.DORT
475 SPALTENBODEN NORMBLATTENTWURF FUER STALLFUSSBOEDEN
435 KOSTEN UND WIRKUNGSGRAD IM RINDERZUCHTSTALL
486 UNTERSUCH.IM VERSUCHSLAUFSTALL MIT LIEGEPLAETZEN
491 RINDERMAST IM LAUFSTALL AUF VOLLSPALTENBODEN
231 TEILSPALTENBODEN MIT SCHWEMMENTMISTG.IM SCHWEINESTALL
435 WIRKSAMKEIT VON TEILSPALTENBODEN IM SCHWEINESTALL
492 EMPFEHLUNGEN FUER DIE SAUENHALTUNG
494 IN EINEM DUNKELSTALL FUER SCHWEINEMAST
497 PROBLEMATIK BEI SCHWEINEN
SPATENWAELZEGGE S.UNTER EGGEN
SPEICHER FUER GETREIDE S.UNTER GETREIDE.. LAGERUNG
SPEICHEROFEN S.UNTER HEIZUNG VON WOHNRAEUMEN
409 SPRITZEN BEWEGUNG EINES TROPFENS IM LUFTSTROM EINER GEBLAESESPRITZE
6 DRUCKLUFTLOSES SPRITZEN ABGESCHLOSSENE FORSCHUNGSARBEITEN
188 KRAUTVERNICHTUNG MIT CHEMIKALIEN IN GROSSBRITANNIEN
357 RATIONELLE SCHAEDLINGSBEKAEMPFUNG IM HOPFEN
406 UNKRAUTBEKAEMPFUNG IM GETREIDE
407 KARTOFFELKRAUTFAEULEBEKAEMPFUNG IN NORDIRLAND
185 ARBEITSBREITEN FUER FELDSPRITZEN ZUM KRAUTABTOETEN
361 KLEINSTPFLANZENSCHUTZGERAET DER FA. TIFONE
405 TECHNISCHE PROBLEME BEI FELDSPRITZGERAETEN
348 ANHAENGESPRITZE FUER DEN GARTENBAU
349 S 301 6 MOTORBAUMSPRITZE PRUEFBERICHT POTSDAM-BORNIM
350 MASCHINEN FUER EINSATZ IN GROSSFLAECHIGEN OBSTANLAGEN
351 LEISTUNG U.KOSTEN V.MASCH.BEI UNTERSCHIEDL.EINSATZBEDING.
352 OVT IA U.OVS A FUER NIEDR.AUFWANDMENGEN IN OBSTANLAGEN
354 SPRITZMASCHINEN FUER ERDBEEREN
358 EIMERSPRITZE REKORD 60 PRUEFBERICHT POTSDAM-BORNIM
366 Z 6 S SPRITZ- UND SPRUEHGERAET
320 FLACHSTRAHLDUESEN STATT KEGELSTRAHLDUESEN
350 ANTRIEBSLEISTUNGSBEDARF FUER KOLBENPUMPEN
401 DOSIEREINRICHTG.PLATZ O MATIC ZUM AUSBRINGEN V.SPRITZMITTELN
408 BESTIM.V.OPT.FASSUNGSVERMOEGEN DER BRUEHEBEHAELTER
410 VERGL.V.VIBRAJET U.FAECHERDUESE B.AUSBRINGEN V.HERBIZIDEN
353 SPRUEHEN OBSTMADENBEKAEMPFUNG MIT BRUEHESPARENDEN SPRUEHVERFAHREN
357 RATIONELLE SCHAEDLINGSBEKAEMPFUNG IM HOPFEN
359 SCHAEDLINGSBEKAEMPFUNG AN WINDSCHUTZSTREIFEN
347 NUTZUNG EINES MOTORRUECKENSPRUEHGERAETES ZUR RAUMBELUEFTUNG
5 SPEZIALSPRUEHER FUER FORSTBAUMSCHULEN
354 RUECKENSPRUEHGERAET FUER ERDBEEREN
427 VOM TRAKTORSITZ AUS REGELBARES SPRUEHGERAET
427 LEICHTES RUECKENSPRUEHGERAET
428 SPRUEHBALKEN MIT ACHTZEHN METER ARBEITSBREITE
366 Z 6 S SPRITZ- UND SPRUEHGERAET
411 ATO 39 RUECKENTRAGBARES MOTORSPRUEH- UND STAEUBEGERAET
412 ATO 77 RUECKENTRAGBARES MOTORSPRUEH- UND STAEUBEGERAET
413 MOTORRUECKENSPRUEH- UND STAEUBEGERAET S 100 PRUEFB.BORNIM
411 STAEUBEN ATO 39 RUECKENTRAGBARES MOTORSPRUEH- UND STAEUBEGERAET
412 ATO 77 RUECKENTRAGBARES MOTORSPRUEH- UND STAEUBEGERAET

413 STAEUBEN MOTORRUECKENSPRUEH- UND STAEUBEGERAET S 100 PRUEFB.BORNIM
9 STAHL KAEMMEN V.ROLLENKETTEN MIT STAHL- ODER POLYKAPROAMIDZAHNRAEDERN
211 ALS BAUSTOFF FUER SILOS FUER GETREIDESILIERUNG
217 ALS BAUSTOFF FUER SILOS FUER GETREIDESILIERUNG
344 BEHAELTER FUER DIE MASCHINELLE TOMATENERNTE
383 STANDARD FUER KETTEN IN NORWEGEN
441 ENTWICKLUNG METALLBESCHICHTETER BAUPLATTEN
443 KORROSIONSSCHUTZ AN STAHLLEICHTBAUKONSTRUKTIONEN
450 MONTAGEFAEHIGE DECKE RAHMENLEICHTBAUELEMENTE SYSTEM GLAGIT
452 LEICHTE DACHEINDECKUNGEN FUER KALT- UND WARMBAUTEN
453 LEICHTE DACH- UND AUSSENWANDKONSTRUKT.FUER EINGESCHOSS.BAUTEN
455 LEICHTKONSTRUKTIONEN FUER LANDW.PRODUKTIONSBAUTEN
456 PRODUKTIONSPROGRAMM VEB WALZWERK HETTSTEDT
457 PRODUKTIONSPROGRAMM VEB STAHLBAU PLAUEN
467 KOSTENSENKUNG DURCH KOMPLETTE FERTIGTEILE FUER BOXENLAUFSTAELLE
488 TRENNWAENDE FUER LIEGEBUCHTEN IN MILCHVIEHLAUFSTAELLEN
97 STAHLBETON NIEDERDRUCKSTAHLBETONROHRE FUER BEWAESSERUNGSSYSTEME
97 TECHNOLOGIE DER VERTIKALEN VIBROFORMUNG V.NIEDERDRUCKROHR.
398 BRUECKENKONSTRUKTION AUS VORGEFERTIGTEN TEILEN
451 LEICHTE DACHPLATTEN KONSTRUKTION UND VERWENDUNG
STALL ANBINDESTALL S.DORT
HUEHNERSTALL S.DORT
LAUFSTALL S.DORT
PUTENSTALL S.DORT
RINDERSTALL S.DORT
SCHWEINESTALL S.DORT
ENTMISTEN S.DORT
STALLKLIMA S.DORT
436 ERMITTLUNG VON UMBAUTEM RAUM UND AUFMASSEN
468 TRANSPORTABLE LUFTERHITZER MIT OELFEUERUNG
450 MONTAGEFAEHIGE DECKE RAHMENLEICHTBAUELEMENTE SYSTEM GLAGIT
474 VORSCHLAEGE FUER UMBAULOESUNGEN
502 VERWENDUNG VON TRAGLUFTHALLEN
228 GRUNDLAGEN FUER DIE WAERME- UND FEUCHTIGKEITSBILANZ
STALLFUSSBODEN SPALTENBODEN S.DORT
480 KUNSTSTOFFBELAG STALLIFLEX FUER STROHLOSE AUFSTALLUNG
228 STALLKLIMA GRUNDLAGEN FUER DIE WAERME- UND FEUCHTIGKEITSBILANZ
486 KLIMAFORSCHUNG IN RINDERSTAELLEN
466 TURBO VENTILATOREN BAUKASTENSYSTEM VON HELLMANN
493 TEMP.UND ZUGLUFTEMPFINDLICHKEIT MODERNER FLEISCHSCHWEINE
497 VERBESSERUNG IN SPALTENBODENSTAELLEN FUER SCHWEINE
500 IM BATTERIESTALL FUER 1000 HENNEN
STALLMIST GUELLE S.DORT ; JAUCHE S.DORT
S.AUCH KOT
259 VERFAHRENSTECHN.UEBERLEGUNGEN ZUR HOFDUENGERWIRTSCHAFT
3 STALLMISTSTREUER SELBSTFAHRENDE ARBEITSMASCHINEN
58 ANGEBOT IN DER DDR
130 RNS 4.0
177 EINSATZ FUER DEN SACKLOSEN KOERNERTRANSPORT
428 MIT EINER KAPAZITAET VON VIER TONNEN
361 STAPELGERAET VON PERKINS FUER KISTEN UND STEIGEN
69 STAUBABSCHEIDER FUER DIE GETREIDEREINIGUNG
STEIGE FUER GEMUESE S.UNTER GEMUESE
61 STEIGSICHTER PELZ FUER ARBEITEN IN VERSUCHSWESEN
396 STEINBRECHER TECHN.DATEN VON ZWEI TYPEN
STEINSICHERUNG S.UNTER PFLUEGEN
STEUERUNGSTECHNIK S.UNTER REGELTECHNIK
STICKSTOFFDUENGUNG S.UNTER DUENGEN
STRASSENBAU FORSTSTRASSEN S.DORT
S.AUCH BAUMASCHINEN
81 VERBIND.SCHLUESSEL Z.DRAENAGEPROGR.V.LANDSTRASS.U.LANDW.
392 STRASSENHOBEL KOMB.AUSRUESTUNG FUER LEICHTERE STRASSENBAUARBEITEN
70 STROH WERKZEUGE FUER EINLEGEN VON STROH IN DIE PFLUGFURCHE
106 EINARBEITUNG VON MAEHDRESCHERSTROH
172 BERGUNG MIT FELDHAECKSLER SCHLEGELERNTER ODER HOCHDRUCKPRESSE
421 HAECKSLER FUER HAECKSELN UND VERTEILEN AUS DEM SCHWAD
68 BERGUNG MIT DER HOCHDRUCKPRESSE
16 GESCHWINDIGKEITSMESS.BEIM PNEUMAT.TRANSPORT V.HAECKSEL
172 TRANSPORT MIT NEMA GEBLAESE G 3 U.EG 35
426 VORRICHTUNG FUER FRONTLADER ZUM STAPELN U.TRANSPORTIER.V.BALLEN
STUFENKAEFIG S.UNTER HUEHNERSTALL
345 STYROPOR STEIGE ZUR GEMUESEVERPACKUNG ABSATZUNTERSUCHUNGEN

81 TAGUNG IN CHATTANOOGA UEBER BEWAESSERUNGS UND DRAENAGETECHNIK
116 1968 FRUEHJAHRSTAGUNG DES NIAE UEBER DUENGEMITTELANWENDUNG
364 1967 INTERNAT.KONGRESS ZUR MECH.DES GARTENBAUES IN KECSKEMET
403 KWF TAGUNG IN BAD HOMBURG
81 TAINTER WEHR MESSUNGEN DES FLUSSES IN OFFENEN KANAELEN
TANDEMACHSE S.UNTER EINACHSANHAENGER
TANK MILCHTANK S.DORT
331 FUER HEIZOELLAGERUNG INNENAUSKLEIDUNG
TANKREINIGUNGSGERAET S.UNTER MILCHTANK

117 TANKWAGEN AMMONIAKTRANSPORT UND AUSBRINGUNG IN DEN NIEDERLANDEN
119 GERAETE ZUM EINBRINGEN VON AMMONIAK
262 ZUM AUSBRINGEN VON FLUESSIGMIST
421 FUER GUELLE MIT ZAPFWELLENANGETRIEBENER PUMPE
426 MIT ZAPFWELLENBETRIEBENER JAUCHEPUMPE
428 FUER JAUCHE AUS GROSSBRITANNIEN
TELESKOPSAUGGEBLAESE S.UNTER FOERDERGEBLAESE
14 TEMPERATUR EINFACHSCHREIBER DER ZWEI WERTE REGISTRIEREN KANN
464 ANFORDERUNGEN AN MODERNE ARBEITSRAEUME ERLAEUTER.ZUR TGL
314 TENSIOMETER ZUM BESTIMM.DES BEREGNUNGSZEITPUNKTES IN FELDGEMUESEBAU
301 TEPPICHKEHRMASCHINE TEST VON KEHRMASCHINEN
TIERHALTUNG KUEKENHALTUNG S.DORT
PUTENHALTUNG S.DORT
RINDERHALTUNG S.DORT
SCHWEINEHALTUNG S.DORT

226 TIERHALTUNG SCHRITTE IN RICHTUNG EINER VOLLAUTOMATISIERUNG
256 TIERPFLEGE REINIGUNGSANLAGE MIT SPRITZDUESEN FUER KUEHE
332 TOMATE MECH.ERNTE PROBLEME DES EINHEITLICHEN REIFEGRADES
334 EINSATZ V.ERNTEMASCHINEN V.BLACKWELDER AUF AUSTRAL.GROSSFARM
343 LEISTUNG DER KALIBRIERMASCHINE UNIFRUCT.SUPER
344 STAHLBEHAELTER IN FORM VON HORDEN FUER DIE MASCH.ERNTE
346 E 914 I UNIVERSALTRANSPORTGERAET FUER GEMUESEERNTE
365 MASCHINELLE ERNTE IN KALIFORNIEN
7 TORSIONSFESTIGKEIT VON RAHMENKNOTEN
78 TOTSPRITZEN VON RUEBENSAMENTRAEGERN
17 TRAEGHEIT ERSCHEINUNGEN BEI BESTIMMUNG DER BODENKRAEFTE
232 TRAENKEN TRAENKEBECKEN FUER SCHWEINE
234 KOMPLEXE EINRICHTUNG FUER MUTTERTIERHERDE VON PUTEN
500 NIPPELTRAENKEN IN BATTERIESTALL FUER 1000 HENNEN
458 TRAGLUFTHALLE FUNKTIONELLE EIGENSCHAFTEN UND GRUENDUNG
502 MODERNE ENTWICKLUNGEN
503 GETREIDESILOS AUS BUTYL
TRAKTOR HINWEISE
EINACHSTRAKTOR S.DORT
EINSTELLRAUM S.DORT
KETTENTRAKTOR S.DORT
EINSATZ
36 OPTIMALE LEISTUNG FUER DEN BAEUERLICHEN BETRIEB
77 SYSTEME ZUR MECH.DES RUEBENANBAUES MIT KLEINTRAKTOREN
UEBERSICHTEN
1 ENTWICKLUNG UND EINSATZ IN BELGIEN
30 UND ZUBEHOER AUF DER DLG-AUSSTELLUNG
31 UND ZUBEHOER AUF DER DLG-AUSSTELLUNG
32 UND ZUBEHOER AUF DER DLG-AUSSTELLUNG
33 STAND UND ENTWICKLUNG DER ACKERTRAKTOREN
35 ANGEBOT IN MUENCHEN
418 ANGEBOT AUF DER UGEXPO
422 TENDENZEN AUF DEM LANDMASCHINENSALON IN PARIS
423 TENDENZEN AUF DEM LANDMASCHINENSALON IN PARIS
ZWEIACHSTRAKTOR
32 TYPEN MIT ALLRADANTRIEB FUER EXTREME BEDINGUNGEN
38 TECHNISCHE EINZELHEITEN VOM MF 1100
39 UNGAR.DUTRA 1000 D TECHNISCHE DATEN UND ERPROBUNG
61 AGRIA KLEINTRAKTOR FUER ARBEITEN IM VERSUCHSWESEN
420 FRONTLENKERTRAKTOR COUNTY 1004 MIT HYDRAULIKSTEUERUNG
424 FORD 8000 LEISTUNG
429 NEUE TYPEN VON DAVID BROWN
SONDERTRAKTOR
219 KLEINSTTRAKTOR EICHUS FUER HUB- UND TRANSPORTARBEITEN
428 TANDEMTRAKTOR MIT 2 TRIEBACHSEN
429 HOCHRADTRAKTOR VON DAVID BROWN
ENTWICKLUNG KONSTRUKTION
44 ANGLEICHEN DER KENNLINIEN V.MOTOR U.DREHMOMENTWANDLER
MOTOR
24 ERHOEHTE MOTORLEISTUNG DURCH VORVERDICHTUNGSTURBINE
25 ARBEIT DES DIESELS D 50 MIT TURBOAUFLADUNG
27 ANLASSEIGENSCHAFTEN DES DIESELS MIT BRENNRAUM CNIDI
28 KENNWERTE DES ZYKLUS DES GASMOTORS
30 VORWAERMUNG DER MOTOREN DURCH HEIZSPIRALEN IM MOTORBLOCK
30 MOTOREN EINHEITLICHE BAUREIHEN
30 UEBERWIEGEN V.MOTOREN MIT DIREKTEINSPRITZUNG AUF DER DLG-SCHAU
31 MOTOREN EINHEITLICHE BAUREIHEN
31 UEBERWIEGEN V.MOTOREN MIT DIREKTEINSPRITZUNG AUF DER DLG-SCHAU
32 UEBERWIEGEN V.MOTOREN MIT DIREKTEINSPRITZUNG AUF DER DLG-SCHAU
33 MOTORE MIT DIREKTEINSPRITZUNG STAND UND ENTWICKLUNG
43 VERAENDERUNGEN AN KONVENT.DIESELMOTOREN NACHTEILE
KRAFTUEBERTRAGUNG
30 GETRIEBE MIT UMKEHREFFEKT
30 HYDRAULISCHE DIFFERENTIALSPERRE
31 GETRIEBE MIT UMKEHREFFEKT UND LASTSCHALTGETRIEBE
31 HYDRAULIKANLAGE MIT RADIALKOLBENPUMPEN
32 VOLLHYDRAUL.U.HYDROSTAT.FAHRANTRIEB MECH.STUFENGETRIEBE
32 ANFORDERUNGEN AN DAS HYDRAULIKSYSTEM
33 VIELGANGGETRIEBE STAND UND ENTWICKLUNG
33 ALS DUOZAPFWELLE AUSGEBILDETE UNABHAENGIGE ZAPFWELLE
45 BESTIMMUNG DER REIBUNGSARBEIT DER KUPPLUNG BEIM ANFAHREN
46 ZUGFAEHIGKEIT BEI HINTERRAD- UND ALLRADANTRIEB
47 AUFBAU UND FUNKTION EINES HYDROSTATISCHEN ANTRIEBES
48 ANWENDUNG HYDROSTATISCHER GETRIEBE VOR- UND NACHTEILE
51 BESTIMM.V.FOERDERLEISTUNG DER ZAHNRADPUMPEN V.HYDRAULIKSYSTEM
429 TRIEBWERKE U.GETRIEBE DLG-ANERKANNT
BREMSEN
30 SCHEIBENBREMSEN AUF DER DLG-SCHAU
31 ZUSAETZL.VORDERRADBREMSEN U.HYDRAUL.BETAETIGTE SCHEIBENBREMSEN
LENKUNG
429 LENKHILFEN OELPUMPEN UND HYDRAULISCHE LENKANLAGEN
TRAKTORLADER
52 LADEGERAETE MIT 2 SCHUBKOLBENZYLINDERN FUER LASTHUB
311 HUBMAST MIT HUBGABEL
363 LADESCHAUFEL U.TIEFLOEFFEL FUER KLEINTRAKTOREN
391 UEBERSICHT UEBER ZWOELF FRONTLADERTYPEN
392 HECKMONTIERTE FINNISCHE HUBLADER TYP SISU
423 HALBAUTOMATISCHE SCHNELLKUPPLUNG FUER FRONTLADER
427 FRONTLADER MIT VIER HYDRAUL.BETRIEB.LADEEINSAETZEN
TRAKTORGERAETE ANBAUVORRICHTUNGEN
392 KOMBINATIONSAUSRUESTUNG FUER LEICHTERE STRASSENBAUARBEITEN
ZUBEHOER
429 VERDECKE MIT UEBERSCHLAGBUEGEL RUND- U.FLACHSCHEIBENVERDECKE
ARBEITSSCHUTZ UNFALLSCHUTZ
370 LAERM UND VIBRATION BEI WALDARBEITEN
GARTENBAU WEINBAU
31 GARTENTRAKTOR AUF DER DLG SCHAU
366 ALLRADTRAKTOR CULTITRAC AG 35
366 VIERRADTRAKTOR B 25 V.HOLDER
366 TYPEN VON LANZ UND KRAMER

TRAKTOR FORSTWIRTSCHAFT
31 SPEZIAL-FORSTTRAKTOR AUF DER DLG-SCHAU
374 SPEZIALRUECKETRAKTOREN MIT KNICKLENKUNG
376 SPEZIALTRAKTOREN MIT KNICKLENKUNG
392 BM VOLVO T 675 MIT FRONTLADER UND LOEFFELBAGGER
MESS- UND PRUEFWESEN
34 ARBEITSWEISE EINER AUSTRALISCHEN PRUEFSTATION
50 DIFFERENTIALGLEICHUNG DES KRAEFTEGLEICHGEWICHTS
TRAKTORANHAENGER SELBSTENTLADEWAGEN S.DORT
S.AUCH KIPPER
58 ANGEBOT IN DER DBR
63 THK 5 FUER TRANSPORT VON ANWELKGUT
177 EINSATZ FUER DEN SACKLOSEN KOERNERTRANSPORT
204 THK 5 MOTORHYDRAUL.ABKIPPEN VON SILIERGUT
TRANSPORT IM OBSTBAU S.UNTER OBST IM WEINBAU S.UNTER WEINBAU
HAECKSELWAGEN S.DORT
HOLZTRANSPORT S.DORT
KARTOFFEL S.DORT
LADEWAGEN S.DORT
3 TECHN.TENDENZEN IN DER MECHANIS.DER AUSSENWIRTSCHAFT
3 SELBSTFAHR.ARBEITSMASCH.ZUM MAEHEN LADEN U.STALLDUNGSTREUEN
56 ANLAGEN UND MASCHINEN AUF DER DLG SCHAU
42 TRANSPORTER ALS TRANSPORTFAHRZEUGE FUER DEN BERGBAUERN
69 TRIEUR FUER DIE GETREIDEREINIGUNG
TRINKWASSERBEHANDLUNG S.UNTER WASSERVERSORGUNG
TROCKENFUETTERUNG S.UNTER SCHWEINEFUETTERUNG
61 TROCKENSCHRANK HERAEUS FUER ARBEITEN IM VERSUCHSWESEN
TROCKNUNG GRUENFUTTER S.DORT
HEUBELUEFTUNG S.DORT
MAIS S.DORT
156 FELD DER SORPTIONSISOTHERMEN ERWEITERUNG VON TUNCER
1 MEHRZWECKTROCKNER IN BELGIEN
29 FLUESSIGGAS ALS HEIZENERGIE FUER LANDW.ANLAGEN
61 ANLAGE SCHWARTING FUER ARBEITEN IM VERSUCHSWESEN
78 TROCKNEN V.RUEBENSAMEN IM SCHACHTTROCKNER
194 TYPENTABELLE WARMLUFTSATZTROCKNER
195 ERFAHRUNGEN MIT NEUEN UNGARISCHEN TROCKNERN
336 AUFBEREITUNGSHALLE FUER ZWIEBELN
418 GERAETEANGEBOT AUF DER UGEXPO
507 HOCHTEMPERATURTROCKNER FUER GEFLUEGELDUNG
177 TROGKETTENFOERDERER EINSATZ FUER DEN TRANSPORT VON GETREIDEKOERNERN
TROMMELTROCKNER FUER WAESCHE S.UNTER WASCHEN VON TEXTILIEN
TURMSILO S.UNTER SILO
25 TURBOAUFLADUNG BEIM DIESELMOTOR D 50 ARBEITSERGEBNISSE
43 VERAENDERUNGEN AN KONVENT.DIESELMOTOREN NACHTEILE

73 UDSSR MECHANISIERUNG V.ANBAU UND ERNTE VON ZUCKERRUEBEN
141 KARTOFFELLEGEN MIT WEITEM REIHENABSTAND IM WESTEN DER UKR.SSR
459 MASCHINENAUSFALLZEITEN IN BAUVEREINIGUNGEN DER UKR.SSR
470 GRUNDFRAGEN DES LAENDLICHEN WOHNUNGSBAUS IN DER RSFSR
471 WOHNUNGSBAU IN DEN TRANSKARPATEN DOERFERN
499 GEFLUEGELSTALLPROJEKTE FUER SUEDLICHE GEGENDEN
343 UNGARN APFELAUFBEREITUNG UND LAGERUNG
406 UNKRAUTBEKAEMPFUNG IM GETREIDE
61 UNKRAUTSPRITZE PLATZ
70 CHEMISCH IM KOERNERMAISANBAU
76 VOLLMECHANISIERT MIT CHEM.MITTELN IM RUEBENBAU
153 UNTERS.V.DOSIERSYST.FUER FEINGRANULIER.HERBIZIDE
320 IM GARTENBAU MITTELAUFWAND DUESENWAHL
321 SPRITZGERAET ONK 8 ZUM AUSBRINGEN IM WEINBAU
403 CHEM.IM WALDE TAGUNGSBERICHT
410 VERGL.V.VIBRAJET U.FAECHERDUESE B.AUSBRING.V.HERBI.
73 IM HERBST DURCH HACKMASCHINEN ODER SCHARSCHAELPFLUG
152 MIT HILFE VON FLAMMENWERFERN
363 ABFLAMMGERAET
401 HYGRO-MULL-AUFSCHAEUMGERAETE ZUR BODENVERBESSERUNG
5 UNTERGRUNDLOCKERER FUER SERIENMAESSIGE ZWEIFURCHENPFLUEGE
USA TAGUNG S.DORT
248 AUTOMAT.FUTTERVORBEREITUNG UND VERTEILUNG
254 MECHANISIERUNG DER RINDERMAST

VEREINZELN VON RUEBEN
74 MASCHINENANGEBOT IN DER DBR
75 MIT ELEKTRONISCH GESTEUERTEN MASCHINEN
76 EINSATZ ELEKTRONISCHER MASCHINEN IN ENGLAND
77 MECHANISCHE AUSDUENNER ARBEITSLEISTUNG
148 ARBEITSERGEBNISSE VON SIEBEN AUSDUENNGERAETEN
149 TECHN.NEUERUNGEN AUF DEM GEBIET DES CHEM.VEREINZELNS
150 ELEKTRON.AUSDUENNGERAET AH 68 VON STANHAY
151 AUSDUENNSCHEMATA ZUM AUSDUENNGERAET PPS 6 F.BEWAESS.FLAECH.
424 GERAET ZUM AUSDUENNEN VON SAFARY SEBILLE
54 VERKEHRSBEANSPRUCHUNG UND ABLAUF AUF WIRTSCH.WEGEN ERMITTL.MIT EDVA
55 U.ABLAUF AUF WIRTSCH.WEGEN BEGRIFFSBESTIMMUNGEN
VERLADEGERAETE S.UNTER LADEN
FUER HOLZ S.UNTER HOLZVERLADEN
VERPACKUNG GEMUESE S.DORT
219 LICHTSCHRANKENGESTEUERTE KISTENFUELLGERAETE
332 BESCHAEDIGUNGEN B.MASCHINELLEM U.MANUELLEM VERPACKEN
361 NEUE MATERIALIEN UND FORMEN FUER VERLUSTPACKUNGEN
421 AUTOMATISCHE SACKVERSCHLIESSMASCHINE
471 VERPUTZEN VON LEHMSTEINMAUERN
6 VERSCHLEISS ERPROBUNG V.VERSCHLEISSFESTEM GUSS FUER DRILLSCHARSPITZEN
8 GLEITLAGER AUS DEM HARTGEWEBE VOLOKNIT
9 KAEMMEN V.ROLLENKETTEN M.STAHL-OD.POLYKAPROAMIDZAHNRAEDERN
15 DER OBERFLAECHEN V.MASCH.ELEMENTEN MESSGERAET
94 WIRKUNG ERHOEHTER LUFTFEUCHTE AUF DIESELMOTOREN

105 VERSCHLEISS ERFAHRUNGEN MIT DEM SCHNELLPFLUEGEN AUF VERSCHIED.BOEDEN
437 VERSORGUNG INDUSTRIELLE VERSORGUNGSBASIS FUER GENOSSENSCH.BAUORGANIS.
61 VERSUCHSFELD MODERNE TECHNISCHE AUSRUESTUNG IM VERSUCHSWESEN
167 EINREIHIGE GETREIDEERNTEMASCHINE
61 VERSUCHSWESEN MODERNE TECHNISCHE AUSRUESTUNG
488 VERZINKUNG TRENNWAENDE FUER LIEGEBUCHTEN IN MILCHVIEHLAUFSTAELLEN
97 VIBRATION VERTIKALE VIBROFORMUNG V.NIEDERDRUCKROHREN AUS STAHLBETON
337 MECHANISIERUNG DER OBSTERNTE
340 UNTERSUCHUNG DER KELTERWEINLESE
370 BEI WALDARBEITEN NORWEGISCHE UNTERSUCHUNGEN
393 TECHN.ANGABEN UEBER ACHT VIBRATIONSSTRASSENWALZEN
427 SELBSTAUFNEHM.VIBRATIONSBAND FUER KARTOFFELN UND GETREIDE
VIBRIERZINKENKULTIVATOREN S.UNTER GRUBBERN
8 VOLOKNIT HARTGEWEBE EIGNUNG FUER DAS FERTIGEN VON GLEITLAGERN
VORFERTIGUNG S.UNTER BAUKONSTRUKTION
63 VORRATSFOERDERER DODS 7 EINSATZ FUER ANWELKGUT
172 EINSATZ ZUM STROHTRANSPORT
196 FUER DEN GRUENFUTTERTRANSPORT

478 WAAGE FUER MILCHVIEHGROSSANLAGEN
WAELZEGGE S.UNTER EGGEN
WAERMEDAEMMUNG S.UNTER WAERMESCHUTZ
286 WAERMESCHUTZ WAERMEDAEMMUNG UND ELEKTRISCHE RAUMHEIZUNG
302 MINDESTWAERMESCHUTZ UND VOLLWAERMESCHUTZ VON BAEDERN
464 ANFORDERUNGEN AN MODERNE ARBEITSRAEUME ERLAEUTER.ZUR TGL
WAESCHETROCKNER S.UNTER WASCHEN VON TEXTILIEN
59 WAGGON UNIVERSALLADER MGU ZUM ENTLADEN VON SCHUETTGUT
WALDWEGE S.FORSTWEGE
6 WALZEN ANWENDUNGSMOEGLICHKEITEN DES QUERWALZENS IM LANDMASCHINENBAU
393 TECHN.ANGABEN UEBER ACHT VIBRATIONSSTRASSENWALZEN
WARMLUFTSATZTROCKNER S.UNTER TROCKNUNG

276 WARMWASSERVERSORGUNG IN KUECHEN
283 WERKSTOFFE UND KORROSIONSSCHUTZ DER GERAETE
284 URSACHEN U.VERHUETUNG DER KORROSION IN ANLAGEN
418 AUSNUTZUNG DER ABWAERME EINER MILCHKUEHLWANNE
287 NUTZUNG DER ZEIT AUSSERHALB DES TAGESTARIFES
294 KOCHENDWASSERBEREITER VON DER AEG MIT SUMMER
11 WARTUNG METHOD.HINWEISE FUER INSTANDHALTUNGSKOSTENPROGNOSE
WASCHEN VON TEXTILIEN
298 AEG GERAET LAVALUX S MIT 11 WASCHPROGRAMMEN
299 BAKTERIOLOG.UNTERSUCHUNGEN AN REIHENWASCHMASCHINEN
298 WAESCHETROCKNER MINERVA VON DER AEG
300 VERBESSERUNG DES BURCO TROMMELTROCKNERS
305 WAESCHETROCKNER DER FA. R. THOMAS
WASSERAUFBEREITUNG S.UNTER WASSERVERSORGUNG
506 WASSERBEHAELTER MEHRZWECKGRUBEN PROJEKTE FUER HANDMONTAGE
319 WASSERBOHRER FUER GEMUESESETZLINGE AUF AUEBOEDEN
WASSERVERSORGUNG TRAENKEN S.DORT
233 IN DER WOLLSCHAFHALTUNG ARBEITSAUFWAND
281 TRINKWASSERBEHANDLG.MIT SCHWER LOESL.PHOSPHATEN
282 CHEMIKALIENDOSIERUNG BEI DER WASSERAUFBEREITUNG
313 STEUERUNGSSYSTEM FUER EINEN WASSERTURM
401 HYGRO-HULL-AUFSCHAEUMGERAETE Z.BODENVERBESSERUNG
478 ANLAGEN FUER MILCHVIEHGROSSSTAELLE
313 WASSERTURM STEUERUNGSSYSTEM
WEGEBAU FORSTWEGE S.DORT
54 ANWENDUNG V.EDVA B.DER VERKEHRSBEANSPRUCHUNG V.WEGEN
55 VERKEHRSBEANSPRUCHUNG U.VERKEHRSABLAUF BEGRIFFSBESTIMMUNGEN
WEIDEZAUN S.UNTER ZAUN
WEINBAU S.AUCH.. SPRITZEN SPRUEHEN STAEUBEN
312 EINSATZ TECHNISCHER HILFSMITTEL
364 FORTSCHRITTE BEI DER MECHANISIERUNG
423 SPEZIALTRAKTOREN AUF DEM LANDMASCHINENSALON IN PARIS
312 GERAETE ZUR REBHOLZZERKLEINERUNG
321 SPRITZGERAET OMK 5 ZUM AUSBRINGEN VON HERBIZIDEN
326 PRVN 74000 VORRICHTUNG ZUM FREILEGEN ABGEDECKT.REBSTOCKREIHEN
327 PNEUMAT.SCHNITT VERGLEICH MIT KOSTEN BEI SCHNITT VON HAND
312 DRAHTRAHMENZUBEHOER REIHENZIEHER UND DRAHTHASPELN
312 PFAHLRAMMEN UND PFLANZGERAETE
355 HUBSCHRAUBEREINSATZ ZUM PFLANZENSCHUTZ
312 TRANSPORTEINRICHTUNGEN
339 MASCH.ERNTE DER SAMENLOSEN THOMPSON WEINTRAUBEN
340 UNTERSUCHUNG DER KELTERWEINLESE MIT VIBRATION
361 VOLLMECHANISCHE TRAUBENERNTEMASCHINE
364 PROBLEME BEI DER TRAUBENVERARBEITUNG
20 WEIZEN REFLEXIONSVERMOEGE VON VERSCHIEDENEN SORTEN
168 MECHANISIERUNG DER ERNTE
170 ERNTE MIT DEM MAEHDRESCHER IN DER SCHWEIZ
WICKELBRIKETTIERPRESSE S.UNTER HEUPRESSLINGE
5 WINDE FUER HANGMECHANISIERUNG PRUEFUNG IN NORWEGEN
385 NORWEGISCHE STANDARDS FUER DRAHTSEILE
359 WINDSCHUTZSTREIFEN SCHAEDLINGSBEKAEMPFUNG IN DEN NIEDERLANDEN
WIRTSCHAFTSWEGEBAU S.UNTER WEGEBAU
WOHNHAUS S.AUCH DORFPLANUNG
470 GRUNDFRAGEN DES LAENDLICHEN WOHNUNGSBAUS IN DER RSFSR
471 WOHNUNGSBAU IN DEN TRANSKARPATEN DOERFERN

9 ZAHNRAD KAEMMEN V.ROLLENKETTEN MIT STAHL- ODER POLYKAPROAMIDZAHNRAEDERN
ZAHNRADPUMPE S.UNTER PUMPEN
ZAPFWELLE S.UNTER TRAKTOR.. KRAFTUEBERTRAGUNG
ZAUN ELEKTROZAUN S.DORT
435 KONSERVIERUNGSMITTEL FUER WEIDEZAUNPFAEHLE
ZELLENVERDICHTER S.UNTER MELKEN
438 ZEMENT EINSPARUNG DURCH VERBESS.V.TRANSPORT U.LAGERHALTUNG
438 EINSPARUNG DURCH VERWEND.V.LAUGEN B.BETON U.MOERTELHERSTELLUNG

ZENTRIFUGALSTREUER S.UNTER DUENGEN
ZINKENEGGE S.UNTER EGGEN
332 ZITRUS ERNTE VON FRUECHTEN MIT EINER SCHUETTELVORRICHTUNG
ZITZENGUMMI S.UNTER MELKEN
16 ZUCKERINDUSTRIE VERWEILZEIT V.RADIONUKLIDEN IN DRUCKVERDAMPFERN
336 ZWIEBEL LOESUNG ZUR TECHNISCHEN NACHREIFE AUFBEREITUNGSHALLE
336 PUTZ- UND SORTIERMASCHINE
342 B 902 PUTZ- UND SORTIERANLAGE PRUEFBERICHT BORNIM
365 ERNTE IN SCHWEDEN NOTWENDIGKEIT DER KUENSTL.TROCKNUNG
422 LEGEMASCHINE AUF DEM LANDMASCHINENSALON IN PARIS

Notizen

Notizen

INHALTSVERZEICHNIS

System-Nr.

I Allgemeines .... 1005 – 1505

II Technische Grundlagen .... 2005 – 2675

III Energie, Kraftmaschinen und Traktoren .... 3005 – 3405

IV Transport und Förderung .... 4005 – 4505

V Pflanzliche Produktion .... 5005 – 5330

VI Tierische Produktion .... 6005 – 6235

VII Hauswirtschaft einschließlich gemeinschaftliche Wirtschaftseinrichtungen ...... 7005 – 7715

VIII Nebengewerbe der Landwirtschaft .... –

IX Gartenbau einschließlich Obst- und Weinbau .... 9005 – 9820

X Forstwirtschaft .... 10005 – 10615

XI Pflanzenschutz .... 11005 – 11410

XII Ausstellungen, Tagungen, Vorführungen, Reisen, Übersichten .... 12005 – 12205

XIII Ländliches Bauwesen .... 13005 – 13965

Buchbesprechungen (siehe Signatur): .... –

Namenverzeichnis .... 1530 – 1532

Anmerkung: Die System-Nr. ist rechts unten am Schluß jeder Informationseinheit, die Signatur links oben angegeben.

Umrechnung von ausländischen Einheiten in metrische Einheiten

(Stand 1. 1. 1966)

Länge

1 in.	25,4 mm
1 ft.	30,5 cm
1 yd.	91,4 cm
1 mile (stat.)	1609,3 m

Geschwindigkeit

1 ft.p.m.	0,051 cm/s
1 m.p.h.	4,47 cm/s
	1,609 km/h

Fläche

1 sq. in.	6,452 cm^2
1 sq. ft.	929,03 cm^2
1 sq. yd.	0,836 m^2
1 acre	0,405 ha
1 sq. mile	2,59 km^2
1 feddan (Ägypten, Sudan)	0,42 ha
1 Katastraljoch (VR Ungarn)	0,575 ha

Raum und Volumen

1 cu. in.	16,39 cm^3
1 cu. ft.	28,32 l
1 cu. yd.	764,6 dm^3
1 acrefoot	1233,48 m^3
1 reg. ton	2,83 m^3
1 gal. (Brit.)	4,546 l
1 gal. (USA)	3,785 l
1 bu. (Brit.)	36,368 l
1 bu. (USA)	35,242 l
1 qt. (Brit.)	1,36 l
1 qt. dry (USA)	1,102 l
1 qt. liquid (USA)	0,946 l
1 pt. (Brit.)	0,568 l
1 pt. dry (USA)	0,551 l
1 pt. liquid (USA)	0,473 l

Masse

1 oz. (Brit.) (USA)	28,35 g
1 lb. (Brit.) (USA)	0,4536 kg
1 cwt. (Brit.)	50,80 kg
(USA)	45,36 kg
1 long ton (USA)	1,016 t
1 ton (Brit.)	1,016 t
1 short ton (USA)	0,907 t
1 bag (Süd-Afrika) = 150 lb.	68,04 kg

Menge/Fläche

1 lb./acre	1,12 kg/ha

Kraft

1 lb. force (Brit.) (USA)	0,4536 kp
1 long ton force (USA)	1,016 Mp
1 ton force (Brit.)	1,016 Mp
1 short ton force (USA)	0,907 Mp

Druck

1 lb.force/sq.in.	$7{,}031 \cdot 10^{-2}$ at
	51,715 Torr
1 lb.force/sq.ft.	$4{,}883 \cdot 10^{-4}$ at
	0,3591 Torr
1 lb.force/sq.yd	$0{,}543 \cdot 10^{-4}$ at
	$3{,}990 \cdot 10^{-2}$ Torr

Dichte

1 lb./cu.in.	27,68 g/cm^3
1 lb./cu.ft.	16,019 kg/m^3
1 lb./cu.yd.	0,593 kg/m^3
1 lb./gal.(Brit.)	0,0998 kg/dm^3
1 lb./gal.(USA)	0,1198 kg/dm^3
1 cwt./gal.(Brit.)	0,1766 kg/dm^3

Leistung

1 ft. lb./s	0,1382 kpm/s
1 h.p.	76,04 kpm/s
	1,014 PS
	745,7 W

Arbeit, Energie

1 lb. in.	$1{,}15 \cdot 10^{-2}$ kpm
1 lb. ft.	0,1383 kpm
1 h. p. h.	1,0139 PSh
	0,74548 kW
	641,10 kcal
	$2{,}7375 \cdot 10^5$ kpm

Temperatur

1 °F = 5/9 °C oder °K

Temp. °F = 5/9 (Temp. °F − 32) °C

Temp. °F = 5/9 (Temp. °F − 32) + 273 °K

Wärmemenge

1 BTU	0,2522 kcal
1 BTU/sq.in.	390,8 $kcal/m^2$
1 BTU/sq.ft.	2,713 $kcal/m^2$

Wärmeleitzahl

1 BTU/in. hr. °F	20,77 W/m grd
	17,858 kcal/m h grd
1 BTU/ft. hr. °F	1,731 W/m grd
	1,488 kcal/m h grd

Wärmeübergangs- und Wärmedurchgangszahl

1 BTU/sq. ft. hr. °F	5,681 W/m^2 grd
	4,886 $kcal/m^2$ h grd

Beleuchtungsstärke

1 foot candle (Brit.)	10,76 lx

Vorsätze zur Bildung von Vielfachen und Teilen von metrischen Einheiten

(Vorsätze, die in Klammern stehen, sind in der DDR nicht gebräuchlich)

Vorsatz	Kurzzeichen	Bedeutung
Tera	T	10^{12}
Giga	G	10^{9}
Mega	M	10^{6}
(Myria	ma	10^{4})
Kilo	k	10^{3}
Hekto	h	10^{2}
Deka	da	10^{1}
Dezi	d	10^{-1}
Zenti	c	10^{-2}
Milli	m	10^{-3}
(Dimi	dm	10^{-4})
Mikro	µ	10^{-6}
Nano	n	10^{-9}
Piko	p	10^{-12}
(Femto	f	10^{-15})
(Atto	a	10^{-18})

FSC
www.fsc.org
MIX
Papier | Fördert gute Waldnutzung
FSC® C083411

Kolibri 360 GmbH
Ferdinand-Jühlke-Straße 7
99095 Erfurt, Deutschland
produktsicherheit@kolibri360.de